# PRINZIPIEN DER ÖKOLOGIE

# PRINZIPIEN DER ÖKOLOGIE

Lebensräume, Stoffkreisläufe, Wachstumsgrenzen

## Eugene P. Odum

Aus dem Amerikanischen übersetzt
von Sabine Grein

Mit einem Vorwort zur deutschen Ausgabe
von Jürgen Overbeck

Erschienen bei  in Heidelberg

Dieses Buch widme ich in Liebe meiner
Frau Martha Ann und meinem Sohn
William Eugene, der sich ebenfalls der
Ökologie verschrieben hat.

# Inhalt

# Vorwort zur deutschen Übersetzung

Das vorliegende Buch des US-amerikanischen Ökologen Eugene P. Odum folgt ganz konsequent dem von ihm entworfenen Konzept der Ökologie. In seinem berühmten, 1953 in erster Auflage erschienenen Werk *Fundamentals of Ecology* (deutsche Ausgabe: *Grundlagen der Ökologie*. 2. Aufl. Stuttgart (Thieme) 1983) wurde erstmalig Ökologie als Wissenschaft klar definiert. E. P. Odum legte damit die Grundlagen zur Entwicklung der heutigen Ökologie. Im Vorwort zur dritten amerikanischen Auflage (1971) heißt es: »Der holistische Ansatz und die Ökosystemtheorie, die in den ersten beiden Auflagen dieses Buches nachdrücklich unterstrichen wurden, haben sich weltweit durchgesetzt. Allgemein ist die Bedeutung des Wortes Ökologie, nämlich Haus-Umwelt, in der wir leben, verstanden worden. So bedeutet für viele Ökologie heute die Untersuchung der Gesamtheit von Mensch und Umwelt.« Holistisch bedeutet nach Odum, daß die Wissenschaft sich nicht auf den Versuch beschränken sollte, die von ihr beobachteten Phänomene durch Untersuchung immer kleinerer Teile zu verstehen, sondern daß sie sich intensiv bemühen muß, große, übergeordnete Komponenten − in unserem Falle also Ökosysteme − als funktionelle Einheiten synthetisch und in ihrem jeweiligen Gesamtzusammenhang zu erfassen.

Etwas Wesentliches über den Odumschen Ansatz ist bereits gesagt: Stets wird der Mensch in die Betrachtung einbezogen. Er ist Teil seines Öko-systems. Vor diesem Hintergrund kann man Odums Buch auch als Ein-führung in die Humanökologie ansehen. Das ökologische System Erde wird durch die vielfältigen Eingriffe des Menschen in den Naturhaushalt immer stärker belastet und gefährdet. Ganz bewußt vergleicht Odum im Prolog seines Buches (dessen englischer Titel *Ecology and Our Endan-gered Life-Support Systems* lautet) die Erde mit einem Raumschiff mit nur begrenzten lebenserhaltenden Ressourcen, von denen das Überleben im Weltall abhängt und deren Mißbrauch fatale Konsequenzen haben kann.

Das Wort *Ökologie* unterliegt heute einer starken Abnutzung. „Öko"-Produkte sind zu festen Bestandteilen der Werbebranche geworden. Das zeugt zwar sicher auch von einer gestiegenen Sensibilität für Umwelt-probleme, mit denen die heutige stark wachsende, in Teilen hochindu-strialisierte Menschheit im Übermaß geplagt ist. Vergessen wird darüber jedoch − falls es überhaupt bekannt ist −, was Ökologie eigentlich heißt. Das vorliegende Buch will hier Abhilfe schaffen. Es vermittelt einen

Überblick über die Grundprinzipien der Ökologie und läßt erkennen, mit welch dynamischer, in ungeheuer rascher Entwicklung befindlicher Wissenschaft wir es hier zu tun haben. Eines macht Odum dabei immer wieder klar: Wenn wir die großen Umweltprobleme meistern wollen, müssen wir die grundlegenden Gesetze, welche die Gesamtheit der Beziehungen zwischen Organismen und ihrer Umwelt beherrschen, verstehen lernen. Dieses Buch, das sich an einen breiten Leserkreis, also keineswegs nur an ein akademisches Publikum richtet, ist dafür bestens geeignet. In gut verständlicher Sprache und unterstützt von zahlreichen Abbildungen und Diagrammen werden wesentliche Teile der heutigen Ökologie vorgeführt. Es will mir scheinen, als ob es dem Autor hier gelungen ist, Grundlegendes noch klarer zu formulieren, als es in den zuvor erschienenen, breiter angelegten Lehrbüchern möglich war. Die zahlreichen Beispiele für ökologische Phänomene und verschiedenartige Ökosysteme stammen überwiegend aus dem amerikanischen Raum, der mit seinen unterschiedlichen Klimazonen eine große ökologische Mannigfaltigkeit aufweist. Aber Ökologie ist eine „globale" Wissenschaft; ökologische Gesetze sind überall die gleichen und weltweit gültig.

Ich hoffe, daß die *Prinzipien der Ökologie* dazu beitragen, ökologisches Wissen und Verständnis für ökologische Probleme weit zu verbreiten, und daß es besonders jüngere Leser anregt, sich näher mit der Ökologie und ihren vielen faszinierenden Aspekten zu befassen.

Jürgen Overbeck
Max-Planck-Institut für Limnologie
Plön, Juni 1991

# Vorwort zur amerikanischen Ausgabe

Mit dem vorliegenden Buch habe ich versucht, zwei verschiedene Intentionen miteinander zu verbinden. Zum einen stellt dieser Band einen sorgfältig überarbeiteten und aktualisierten Auszug aus meinem Lehrbuch *Ecology* (2. Auflage 1975) dar.* Zum anderen war es jedoch meine Absicht, nicht nur eine Einführung für Studienanfänger vorzulegen, sondern darüber hinaus jedem Interessierten einen Leitfaden zur Verfügung zu stellen, der ihm die Grundprinzipien der Ökologie und ihre Beziehung zur heutigen Bedrohung der lebenserhaltenden Versorgungssysteme unserer Erde näherbringt. Nicht zuletzt habe ich bei der Vorbereitung dieses Buches an Fachleute aus so verschiedenen Bereichen wie Technik, Umweltmanagement, Landschaftspflege, Umwelterziehung, Wirtschaft, Soziologie, Landwirtschaft, Recht, Gesundheitswesen und Politik gedacht, die in zunehmendem Maße mit Umweltfragen zu tun haben und deshalb zur Erweiterung ihrer Sachkenntnis eine kritische Darstellung der wichtigsten ökologischen Zusammenhänge zur Hand haben möchten.

Der Prolog, die Kapitel 1 und 2 sowie der Epilog sind völlig neu und in allgemeinverständlicher Form abgefaßt worden. Die Kapitel 3 bis 8, die in ihrer Reihenfolge der zweiten Auflage von *Ecology* entsprechen, sind etwas theoretischer gehalten, aber so überarbeitet, daß der Inhalt auch für Nichtwissenschaftler verständlich ist. Zusätzlich aufgenommene biographische Skizzen machen den Leser mit einigen der Wegbereiter ökologischen Denkens und ihren Arbeiten bekannt. Spezielle Anwendungen der beschriebenen Prinzipien sowie einige meiner persönlichen Ansichten zu gegenwärtigen ökologischen Problembereichen sind in kleinerer Schrift und in Kästen vom übrigen Text abgetrennt, um die Darstellung der ökologischen Zusammenhänge nicht zu unterbrechen. Die teilweise kommentierten Literaturhinweise am Ende des Buches nennen vor allem solche Bücher und Zeitschriften, die in Bibliotheken relativ gut zugänglich sind. Der Text ist mit Zeichnungen und leichtverständlichen graphischen Modellen sowie zahlreichen Photographien illustriert.

Insgesamt kann man das Buch als eine Einführung in die Humanökologie betrachten, wird doch die Bedeutung der erörterten Zusammenhänge für den Menschen immer wieder hervorgehoben. Dabei habe ich den

---

* In deutscher Übersetzung erschienen unter dem Titel *Ökologie: Grundbegriffe, Verknüpfungen, Perspektiven*. München (BLV) 1980.

Schwerpunkt auf die Ursachen und auf langfristige Lösungen unserer Umweltprobleme gelegt – ganz im Gegensatz zu dem heute allzuoft praktizierten bloßen Kurieren von Symptomen. Besonders betont sind die energetischen Wechselbeziehungen zwischen natürlichen, landwirtschaftlichen und urbanen Ökosystemen, ebenso wie die Notwendigkeit, unsere wirtschaftlichen Ziele nicht länger am Ausstoß der Produktionssysteme zu orientieren, sondern vielmehr an einem bewußten Umgang mit den Ressourcen zur Verringerung der Umweltbelastung.

So wie meine früheren Bücher ist auch dieses in weiten Teilen ein Ergebnis der Arbeit meiner Studenten und Kollegen, die in den vergangenen vier Jahrzehnten mit dem Institute of Ecology an der University of Georgia verbunden waren. Aus dieser großen Gruppe kamen ständig neue Informationen, Ideen und Anregungen. Die exzellenten Vorschläge von Robert Costanza, Andrew Davis und Charles H. Southwick, die das Manuskript kritisch gelesen haben, möchte ich besonders würdigen. Sehr dankbar bin ich auch dem Verlag Saunders College Publishing für die freundliche Genehmigung, Illustrationen aus der zweiten Auflage von *Ecology* sowie aus *Basic Ecology* zu übernehmen. Und schließlich hätte dieses Buch nie entstehen können ohne die Hingabe und Geduld der Mitarbeiter von Sinauer Associates, insbesondere des Verlegers Andy Sinauer, der Lektorin Norma Roche und des Graphikers Fredric Schoenborn.

Eugene P. Odum

# Prolog: Der Flug von Apollo 13

Wäre am 14. April 1970 irgend jemand auf dem Mond gewesen – etwa in der Gegend von Fra Mauro –, um nach dem von der Erde kommenden Raumschiff Apollo 13 Ausschau zu halten, hätte er lange warten können. Die Landung war für 19 Uhr Ostküstenzeit vorgesehen, doch die Mondlandefähre von Apollo 13 kam nie dort an, denn während sich das Raumschiff dem Mond näherte, zerstörte eine Explosion das wichtigste Lebenserhaltungssystem an Bord. So mußte die Mondlandefähre als „Rettungsboot" herhalten, um die Astronauten sicher zur Erde zurückzubringen. Drei Tage lang beherrschte der überaus dramatische Rückflug die Aufmerksamkeit der ganzen Welt, bis endlich die drei Astronauten aus dem lebensfeindlichen Weltraum zur Mutter Erde zurückgekehrt waren. Alle Nationen ließen ihre eigenen Sorgen und Konflikte kurzfristig außer acht und boten Beistand und Hilfe an. Als es ums Überleben ging, war die Welt sich einig, wenn auch nur für diese kurze Zeit.

Die Geschichte von Apollo 13 ist nicht nur ein Beispiel menschlichen Mutes und Einfallsreichtums angesichts einer drohenden Katastrophe, sondern auch ein hervorragendes Bild der mißlichen Lage, in der sich das „Raumschiff Erde" derzeit befindet. Unser globales Lebenserhaltungssystem, das uns mit Luft, Wasser, Nahrung und Energie versorgt, wird gegenwärtig durch Umweltverschmutzung, schlechtes Management und eine ständig wachsende Weltbevölkerung übermäßig beansprucht. Es ist an der Zeit, die Warnsignale, die bereits an verschiedenen Orten zu beobachten sind, endlich ernstzunehmen; als Beispiele seien nur die alarmierend schnell fortschreitende Erosion bester Ackerböden und die sterbenden Wälder in den Industrieregionen genannt.

## Der Countdown

Geplant war Apollo 13 als ein zehn Tage dauernder Einsatz: je drei Tage für den Hin- und Rückflug und vier Tage für die Mondumkreisungen, während derer die Landefähre als Auftakt für einen 33stündigen Aufenthalt weich auf der Mondoberfläche landen sollte. Für die Zeit auf dem Mond waren zwei Erkundungsgänge von je vier bis fünf Stunden Dauer vorgesehen, um Meßinstrumente aufzustellen und Felsbrocken einzusammeln. (Man plante, ungefähr 45 Kilogramm Gestein zur Erde zurückzubringen.) Zum ersten Mal sollte ein Bohrgerät benutzt werden, um der felsigen Oberfläche Proben zu entnehmen. Ebenfalls erstmalig war beabsichtigt, farbige Fernsehbilder zur Erde zu senden. Die Landung war für das Gebiet Fra Mauro vorgesehen, das nach einem Mönch des 15. Jahrhunderts, einem Geographen und Kartographen, benannt ist. Es handelt sich bei jenem Gebiet um eine Piedmontfläche – ein flachwelliges Gelände am Fuße eines Berglandes – mit zahlreichen Kratern. Man vermutet, daß die Felsen dort die ältesten auf dem Mond überhaupt sind und vielleicht sogar aus der Entstehungszeit dieses unbelebten Himmelskörpers stammen.

Am 11. April 1970 wurde Apollo 13 als fünftes Raumschiff in der Serie der Apollo-Mondmissionen von Cape Canaveral in Florida aus gestartet. Ein knappes Jahr zuvor, in der Nacht vom 20. zum 21. Juli 1969, hatte Neil Armstrong, während er aus der Mondlandefähre von Apollo 11 stieg und als erster Mensch den Mond betrat, seine historischen Worte gesprochen: »Ein kleiner Schritt für einen Menschen, ein gewaltiger Sprung für die Menschheit.« Im November 1969 gelang dann Apollo 12 die zweite erfolgreiche Landung auf dem Mond. Die während dieser Missionen gemachten Aufnahmen der Erde zeigten uns, wie einzigartig und schön unser Planet ist und wie zerbrechlich und allein im Weltraum er erscheint (Abbildung P.1). Diese Bilder trugen ihren Teil dazu bei, daß 1970 in den USA der erste „Tag der Erde" (*Earth Day*) ausgerufen wurde und daß sich das Augenmerk der Welt verstärkt auf die Gefährdung unseres Lebensraumes durch Umweltverschmutzung und andere Bedrohungen richtete. (Der zweite „Tag der Erde" fand übrigens – mit zahlreichen Aktionen in aller Welt – im April 1990 statt.)

**P.1** Die Erde vom Mond aus gesehen. Die Erde ist ein wasserreicher Planet mit ausgedehnten Ozeanen (dunkle Bereiche) und einer großräumigen Wolkendecke. (Mit freundlicher Genehmigung der NASA.)

Wie Abbildung P.2 zeigt, bestand das Raumschiff Apollo 13 aus drei Einheiten: 1) der Antriebs- und Versorgungseinheit (Betriebseinheit) mit den großen Raketentriebwerken, den Brennstoffzellen und anderen lebenswichtigen Anlagen für die Strom-, Sauerstoff- und Wasserversorgung, 2) der Kommandokapsel mit dem Namen *Odyssey* als Heim der Astronauten und 3) der Mondlandefähre *Aquarius*, die sich für den kurzen Ausflug zur Mondoberfläche und zurück von der Kommandoeinheit trennen sollte.

Drei Astronauten saßen in der Kommandokapsel, als Apollo 13 an jenem schönen Morgen in Florida seine Reise antrat: Captain James A. Lovell, der Kommandant, Fred W. Haise jr., der Pilot der Landefähre, und John L. Swigert jr., der als Pilot der Kommandokapsel erst im letzten Moment als Ersatzmann in das Apollo-Team gekommen war. (Er nahm den Platz von Lieutenant Commander T. K. Mattingly ein, der sich möglicherweise mit Röteln infiziert hatte und vielleicht während des Fluges daran erkrankt wäre.)

Countdown und Start von Apollo 13 verliefen wie im Bilderbuch. Kurz vor dem Verlassen der Erdumlaufbahn kommentierte Captain Lovell: »Schön, wieder hier oben zu sein.« (Er hatte bereits mit Apollo 8 den Mond umkreist.) Während der folgenden beiden Tage verlief der Flug ohne Probleme und derart routiniert, daß die Welt und die Medien ihr Interesse daran verloren und sich anderen Ereignissen und Neuigkeiten zuwandten. Am Abend des zweiten Tages, nach einer Fernsehübertragung aus dem Inneren des Raumschiffes, schloß Lovell die Sendung mit den Worten: »Die Mannschaft von Apollo 13 wünscht allen Zuschauern einen schönen Abend. Wir beenden hier gerade unsere Inspektion und werden uns einen angenehmen Feierabend in der *Odyssey* machen.«

## Die Explosion

Am 13. April dann, als das Raumschiff sich dem Mond näherte, ereignete sich plötzlich (um 22.08 Uhr) eine Explosion in der Antriebs- und Versorgungseinheit, und im selben Moment leuchteten auf der Schalttafel in der Kommandokapsel die Alarmsignale auf. Swigerts Stimme klang scharf: »Hey, wir haben ein Problem hier oben.« Im Raumfahrtzentrum in Houston antwortete Bodensprecher Jack Lousma: »Bitte wiederholen.« Captain Lovell erwiderte, es habe gerade einen Spannungsabfall in einer der beiden Hauptstromversorgungen gegeben, und fügte hinzu: »Es hat außerdem ziemlich heftig geknallt.«

Dann fiel der Druck in einem der beiden Sauerstofftanks der Versorgungseinheit auf null ab, und im anderen Tank begann er ebenfalls zu sinken. Sehr schnell war klar, daß die Explosion einen oder sogar beide Tanks aufgerissen hatte. Die Astronauten sahen das kostbare Gas seitlich

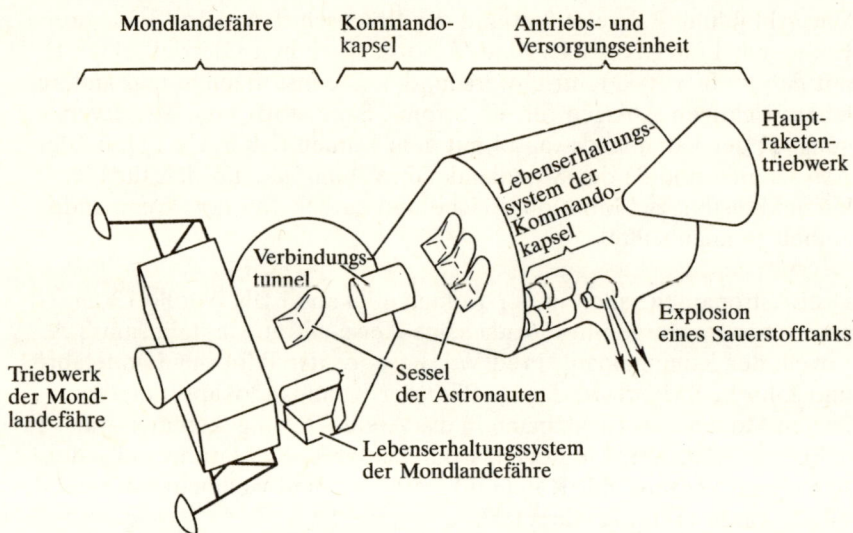

**P.2** Apollo 13. Als einer der Sauerstofftanks des Raumschiffes explodierte und dadurch das Lebenserhaltungssystem der Kommandokapsel ausgeschaltet wurde, mußten sich die drei Astronauten in die Mondlandefähre zwängen, die gerade genug Vorräte an lebensnotwendigen „Verbrauchsgütern" an Bord hatte, um die Astronauten zur Erde zurückzubringen.

aus der Versorgungseinheit entweichen. Zwei der drei Brennstoffzellen ließen in ihrer Leistung ebenfalls sehr rasch nach, da sie für die Stromerzeugung Sauerstoff benötigten.

Alle Gedanken an eine Mondlandung waren nun aufgegeben. Im Kontrollzentrum verfielen Mitarbeiter und Computer in eine fieberhafte Aktivität, um Rettungsmaßnahmen auszuarbeiten, wobei die Mondlandefähre mit ihrem unabhängigen Versorgungssystem als „Rettungsboot" dienen sollte. So wurde kurz nach Mitternacht die umfangreichste und weitreichendste Rettungsaktion der Geschichte in Szene gesetzt, mit wohl mehr als tausend Beteiligten im Kontrollzentrum und noch vielen tausend weiteren auf Schiffen im Pazifik, wo die Astronauten schließlich würden landen müssen.

Es war nicht gleich klar, wie lange die Kommandokapsel noch benutzbar sein würde. Die ankommenden Informationen hinsichtlich noch vorhandener „Verbrauchsgüter" waren zu unvollständig, um einschätzen zu können, wieviel Zeit überhaupt zur Verfügung stand, um die Astronauten sicher zur Erde zurückzuholen. Während versucht wurde, aus den bruchstückhaften Nachrichten ein klares Bild zu gewinnen, verging wertvolle Zeit. (An dieser Stelle wird man daran erinnert, daß wir uns auf der Erde in einer ganz ähnlichen Situation befinden: Weder verfügen wir über vollständige Kenntnisse hinsichtlich unserer lebenserhaltenden „Verbrauchsgüter", noch verstehen wir, wie sie sich gegenseitig beeinflussen, und wir wissen auch nicht, wieviel Zeit uns auf Erden bliebe, sollte sich eine atomare Katastrophe ereignen.)

Lovell und Haise zogen in die Mondlandefähre um und schalteten deren eigene Strom- und Sauerstoffversorgung ein. Swigert blieb in der Kommandokapsel zurück, wobei er über einen von einem Raumanzug abgetrennten Schlauch mit Sauerstoff aus der Landefähre versorgt wurde. Auf die gleiche Art erhielten die Astronauten mittels eines behelfsmäßig verlegten Verlängerungskabels zunächst die Stromversorgung aufrecht. Glücklicherweise gelang es, das Raumschiff zur Rückseite des Mondes und von dort dann weiter zur Erde zu lenken. Man setzte die Raketenmotoren der Mondlandefähre ein, weil man nicht riskieren wollte, das eventuell beschädigte Haupttriebwerk in der Antriebseinheit zu zünden. Alle vier erforderlichen Zündungen erfolgten reibungslos.

Während des drei Tage dauernden Rückfluges versuchten die Astronauten, so sparsam wie möglich mit ihren knappen Strom- und Sauerstoffvorräten umzugehen. Es war eine sehr unangenehme Zeit, da die Temperatur in der Kabine fast auf den Gefrierpunkt sank. Kohlendioxid erreichte eine gefährliche Konzentration im Inneren der Landefähre, denn der Vorrat an Lithiumhydroxid, welches das Kohlendioxid absorbieren sollte, war nur für die begrenzte Zeit der Mondlandung berechnet. Ein behelfsmäßig verlegter Schlauch sorgte für den Anschluß an die Lithiumhydroxidkanister in der Kommandokapsel.

Als das Raumschiff die Erdatmosphäre erreichte, war noch genügend Energie vorhanden, um die Batterien der *Odyssey* aufzuladen, so daß die Besatzung dorthin zurückkehren konnte. Die Antriebseinheit und die Mondlandefähre wurden anschließend ohne Probleme abgesprengt, und die zurückbleibende Kommandokapsel glitt nun abwärts dem Pazifik und den wartenden Schiffen entgegen.

Später fragten sich die Abergläubischen unter uns, warum die NASA dem ganzen Unternehmen die Nummer 13 gegeben hatte. (Die Schwierigkeiten begannen am 13. April, der allerdings kein Freitag, sondern ein Montag war.) Da die Antriebs- und Versorgungseinheit nicht zur Erde zurückkehrte, konnte die Ursache der Explosion nie geklärt werden. Die NASA gab dazu bekannt, daß die wahrscheinliche Ursache ein Kurzschluß gewesen sei, entweder in einem Ventilator in einem der Sauerstofftanks oder in der dazugehörenden Verkabelung. Man ordnete eine sofortige Abwandlung der Konstruktion an – die Ventilatoren wurden entfernt und die Verkabelung geändert. Während der folgenden fünf Mondflüge (Apollo 18 war der letzte) gab es keine weiteren Probleme mit den Sauerstofftanks.

Ein paar Schwierigkeiten, die während des Rückfluges aufgetreten waren, kamen noch ans Licht. Durch auslaufendes Wasser bekamen die

Astronauten nasse Füße, und die wachsende Urinmenge schaffte ein weiteres Problem in der überfüllten Mondlandefähre. (Das erinnert uns an das Problem der Abfallbeseitigung in einer übervölkerten Großstadt.) Da das Ablassen des Urins in den Weltraum eventuell eine Kursveränderung nach sich gezogen hätte, wurde er in Plastikbeuteln gesammelt, die sich für andere Zwecke an Bord befanden. Fraglich war auch, was mit den dreieinhalb Kilogramm Plutonium zu tun war, die eigentlich auf dem Mond hätten bleiben sollen, um dort Versuchsaufbauten mit Energie zu versorgen. (Hier mag man an die ungelösten Probleme denken, die beim Umgang mit radioaktiven Abfällen auf der Erde entstehen.) Am Ende entschloß man sich, das Plutonium mitsamt der abgesprengten Mondlandefähre im Pazifik zu versenken. Und so liegt nun irgendwo in den Tiefen des Ozeans ein radioaktiv strahlendes Mahnmal des vom Pech verfolgten Raumschiffes Apollo 13.

### Unterschiede zwischen den Lebenserhaltungssystemen eines Raumschiffes und der Erde

Die Lebenserhaltungssysteme, die man bisher in der bemannten Raumfahrt verwendet hat, sind mechanisch gesteuerte „Speichersysteme". Zum größten Teil werden lebensnotwendige Güter wie zum Beispiel Sauerstoff und Nahrung auf der Erde hergestellt, an Bord gespeichert und nicht – wie es auf der Erde der Fall ist – laufend neu erzeugt. Entsprechend werden Abfallprodukte wie Kohlendioxid und Urin nicht wiederverwertet, sondern (in chemisch gebundener Form) gelagert. Im Gegensatz zu einem Raumschiff ist die Erde **bioregenerativ**: Pflanzen, Tiere und vor allem Mikroorganismen wirken zusammen, um die natürlichen Lebensgrundlagen fortlaufend zu regenerieren, wiederzuverwerten und zu steuern. Da aber das Lebenserhaltungssystem der Erde nicht vom Menschen geschaffen ist und aus einem komplexen Verbund von Teilsystemen besteht, haben wir kein klares Bild davon, wie das Ganze funktioniert. Bisher sind alle Versuche fehlgeschlagen, ein bioregeneratives Lebenserhaltungssystem zu entwickeln, welches eine größere Anzahl von Menschen im Weltraum ohne „Nabelschnur" zur Erde versorgen könnte. Insofern ist unser Aufenthalt im All durch die Mengen lebenserhaltender „Verbrauchsgüter", die an Bord mitgenommen werden können, zeitlich begrenzt.

Im Jahre 1987 jedoch hat man mit der Konstruktion einer experimentellen, auf der Erde verbleibenden „Raumkapsel" begonnen, die zumindest teilweise in der Lage sein soll, Abfallprodukte wieder in den biologischen Kreislauf zurückzuführen. Man hat sie *Biosphere II* genannt (die „Biosphäre I" ist die Erde), und sie ist in Kapitel 1 dieses Buches beschrieben und abgebildet. Sie schließt – unter Glas – etwa 8000 Quadratmeter einer Umwelt ein, die sich aus künstlich geschaffenen sowie natürlich entstandenen, teils unbeeinflußten, teils landwirtschaftlich ge-

nutzten Geländeanteilen zusammensetzt. Acht Personen als „Besatzung"
werden, so hofft man, zusammen zwei Jahre lang mit der Sonne als
einziger Energiequelle und ohne Austausch von Materialien mit der
Außenwelt dort leben können. Ein Informationsaustausch mit der Umgebung (zum Beispiel über Radio und Fernsehen) soll allerdings möglich
sein, so als sei die Kapsel tatsächlich in den Weltraum geschickt worden.
Das Experiment hat Anfang 1991 begonnen.

Über die Erkenntnisse aus solchen Projekten wie *Biosphere II* hinaus
müssen wir noch viel darüber lernen, wie die gegenwärtigen realen Lebenserhaltungssysteme unserer Erde, also von Biosphäre I, funktionieren. Mit diesem Wissen können wir nicht nur die Qualität jener Systeme
erhalten und pflegen, sondern vielleicht eines Tages auch vollkommen
autarke Raumschiffe bauen und sogar daran denken, Raumkolonien
großen Stils zu errichten. Noch wichtiger mag es allerdings sein, zu
verstehen, wie die lebenserhaltenden und für uns „kostenlosen" (nicht
mit einem Preis versehen und als selbstverständlich hingenommenen)
Güter und Dienstleistungen, die uns die natürliche Umwelt zur Verfügung stellt, die wirtschaftlichen, sozialen, kulturellen und die meisten
anderen menschlichen Bestrebungen unterstützen und beeinflussen. Im
weitesten Sinne liefert die **Ökologie** den Hintergrund für ein solches
Verständnis.

Die folgenden Kapitel sollen auf interessante und verständliche Weise
einen breiten Überblick über die lebenserhaltenden und lebensnotwendigen Vorgänge auf der Erde geben. Die ersten drei Kapitel stellen in
groben Zügen ein Gesamtbild des Lebens auf dem Raumschiff Erde vor.
In den letzten fünf Kapiteln werden dann einzelne Themen vertieft und
durch anschauliche Beispiele erläutert.

# 1. Unsere lebenserhaltende Umwelt

Nach dem, was wir heute über die Entstehungsgeschichte der Erde wissen, war unser Planet am Anfang kaum ein lebensfreundlicher Ort. Die ersten winzigen Mikroorganismen, die vor mehr als drei Milliarden Jahren erschienen, mußten ihr Dasein in einer Umwelt ohne Sauerstoff, mit tödlicher ultravioletter Strahlung, giftigen Gasen und extremen Temperaturschwankungen fristen – Bedingungen, die für viele der heute existierenden Lebensformen tödlich wären. In Millionen von Jahren veränderten Organismen im Zusammenspiel mit geologischen und chemischen Prozessen nach und nach diese Umwelt. Sie gaben Sauerstoff an die Atmosphäre ab und überzogen die Erdoberfläche allmählich mit einer grünen Hülle, die das Sonnenlicht in vielerlei Arten von Nahrung umwandelte und somit erst die Grundlage für eine wachsende Zahl und Vielfalt von Lebewesen – einschließlich des Menschen – schuf. (Die Kapitel 3 und 7 beschäftigen sich ausführlicher mit diesem fast unglaublichen Vorgang, der sich trotz periodisch auftretender geologischer Umbrüche und Phasen des Massenaussterbens fortgesetzt hat.) Es ist uns heute möglich, bequem zu atmen, zu trinken und zu essen, weil Millionen von Organismen und Hunderte von Prozessen in unserer Umwelt zusammenwirken. Doch wir neigen dazu, die Dienstleistungen der Natur als selbstverständlich hinzunehmen, weil wir für die meisten nichts zu bezahlen brauchen.

Da für die Erhaltung des Lebens auf der Erde ein unermeßliches und diffuses Netz von Prozessen verantwortlich ist, die zudem auf verschiedenen Zeitskalen ablaufen, können wir nicht einfach in die Natur hinausgehen, dort auf etwas zeigen und sagen: „Seht mal, da arbeitet unser Lebenserhaltungssystem", so als würden wir auf eine Klimaanlage in einem Haus oder auf die Versorgungseinheit eines Raumschiffes deuten. Und das alte Sprichwort „Aus den Augen, aus dem Sinn" gilt zumindest so lange, bis irgendwo Probleme auftreten. Es ist jedoch möglich, die lebenserhaltenden ökologischen Systeme und Prozesse zu identifizieren. Dazu müssen wir unsere Umwelt als Ganzes betrachten und die Landschaft systematisch in funktionelle Einheiten gliedern.

Wenn man von den Vereinigten Staaten nach Europa fliegt, blickt man die meiste Zeit auf große Wassermassen hinab – auf den Atlantischen Ozean, auf Seen, Flüsse und Buchten. Diese Gewässer erfüllen äußerst wichtige Funktionen für eine lebensgerechte Umwelt: Sie liefern Wasser, wirken luftreinigend und temperaturausgleichend und nehmen Abwässer auf. Und immerhin sind mehr als zwei Drittel der Erdoberfläche von

Wasser bedeckt. Auf einem Inlandsflug sieht man über weite Strecken gleichartige Landschaftsformen – Ackerland, Weideland, Wald –, doch überall dort, wo die menschliche Besiedlung dichter wird, wirkt die Landschaft uneinheitlich, fast wie ein Flickenteppich, mit Feldern, Gehölzen, Dörfern, Städten und Straßen, die oft scheinbar willkürlich angeordnet sind. Was man aus der Vogelperspektive erkennen kann, läßt sich entsprechend einer unter Geographen, Landschaftsgestaltern und Ökologen üblichen Klassifikation in drei Kategorien einordnen: **Naturlandschaft**, **Kulturlandschaft** sowie **Siedlungs- und Industrielandschaft** oder, anders ausgedrückt, natürliche (und naturnahe) Flächen, kultivierte (landwirtschaftlich genutzte) Flächen und erschlossene beziehungsweise bebaute Flächen. (Häufig werden Siedlungsgebiete auch als Teil der Kulturlandschaft betrachtet und die landwirtschaftlich beeinflußten Flächen speziell als Agrarlandschaft bezeichnet.)

Siedlungs- und Industriegebiete umfassen Dörfer und Städte, Gewerbegebiete und Verkehrswege wie Straßen, Eisenbahnlinien und Flughäfen. Hinsichtlich der Energieversorgung kann man diese Landschaftsform als ein Gefüge von **brennstoffbetriebenen Systemen** betrachten. Um die großen Städte und Industrien zu unterhalten, werden heutzutage in weiten Teilen der Welt hauptsächlich fossile Brennstoffe (Kohle, Öl und Erdgas) verwendet – Naturprodukte also, die in längst vergangenen geologischen Zeitaltern entstanden. Siedlungs- und Industriegebiete bedecken nur einen kleinen Teil der gesamten Landfläche der Erde, doch sie sind derart „energielastig" – das heißt, sie benötigen so viel Energie und erzeugen so viel Abwärme und Umweltverschmutzung –, daß sie einen enormen Einfluß auf die anderen beiden Landschaftsformen ausüben. Beispielsweise ist die **Dichte des Energieverbrauchs** (oder Energieflußdichte, englisch *energy density,* das heißt die aufgewendete Energie pro Flächeneinheit pro Jahr) eines urban-industriellen Gebiets mindestens tausendmal so groß wie die eines Waldes. Eine Stadt verfrachtet nicht nur ihre Abfallprodukte in die umgebende Landschaft, sie ist gleichzeitig von dieser Landschaft abhängig, weil sie sich in fast allen lebenswichtigen Belangen aus ihr versorgt.

Zur Kultur- oder Agrarlandschaft gehören neben Feldern, Weiden und Wiesen (Abbildung 1.1a) auch bewirtschaftete Waldungen und Wälder sowie künstlich angelegte Teiche und Seen. Kulturpflanzen und Haustiere dominieren in dieser Umgebung. Sie wird mit dem Ziel umgestaltet und bewirtschaftet, die Erzeugung von Nahrungsmitteln und sonstigen Naturprodukten zu steigern sowie andere Bedürfnisse des Menschen, zum Beispiel nach Erholung, zu befriedigen. In der Sprache der Ökologen setzt sich dieser Teil unserer Umwelt aus **brennstoffunterstützten sonnenenergiebetriebenen Systemen** zusammen. Die Sonne stellt die Basisenergie bereit; diese wird jedoch durch von Menschen gesteuerte „Energiebeihilfen" (*energy subsidies*) ergänzt – unter anderem durch menschliche Arbeit, Maschinen und Düngemittel –, die großenteils mit

a

b

**1.1** Beispiele für die zwei wichtigsten lebenserhaltenden Landschaftssysteme, die Kultur- und die Naturlandschaft. Bild a zeigt eine gut geführte landwirtschaftliche Fläche in Iowa mit einer Streifenkultur von Gras und Mais auf hügeligem Gelände. (Mit freundlicher Genehmigung des Soil Conservation Service.) Darunter ist ein natürlicher Laubwaldbestand im Pisgah National Forest in North Carolina zu sehen. Das Photo wurde am Eingang eines öffentlichen Campingplatzes aufgenommen. (Mit freundlicher Genehmigung des U.S. Forest Service.) Der nicht an Marktbedingungen orientierte Wert der natürlichen oder naturnahen Landschaft ist genauso groß oder sogar größer als der Marktwert der Kulturlandschaft; beide sind für das fortgesetzte Wohlergehen menschlicher Gesellschaften von größter Bedeutung.

Hilfe von Brennstoffen gewonnen werden. Teile dieser Umwelt wie etwa hochtechnisierte landwirtschaftliche Betriebe sind ziemlich energiebedürftig und üben beträchtliche Einflüsse auf die anderen Landschaftsformen aus, da Boden, Düngemittel und Pestizide ausgewaschen werden.

„Selbstversorgend" und „selbsterhaltend" sind die Schlüsselworte, welche die Naturlandschaft charakterisieren. Natürliche oder doch naturnahe Landschaften wie der Wald in Abbildung 1.1b wachsen und gedeihen, ohne daß der Mensch eingreift. Es handelt sich um reine **sonnenenergiebetriebene Systeme**. Sie sind ausschließlich von Sonnenlicht sowie von anderen natürlichen Ressourcen abhängig, die quasi indirekte Formen von Sonnenenergie darstellen − etwa von Niederschlägen, Wasserzuflüssen und Winden. Für die Bewegungen des Wassers und sonstiger Materialien spielt darüber hinaus die Gravitation eine Rolle. Außer der menschenleeren Wildnis gehören zur natürlichen Umwelt auch viele Landschaftselemente, die uns allen vertraut sind, zum Beispiel Bäche und Flüsse, Wälder, Steppen, Berge, Seen und die Ozeane. „Selbsterhaltend" bedeutet nicht, daß eine Nutzung oder Beeinflussung durch den Menschen ausgeschlossen ist. So kann man in einem National Forest, wie die geschützten Staatswälder in den USA heißen, durchaus Schafe grasen lassen oder einzelne Bäume fällen. Solange die Nutzung die Struktur und Funktion des Waldes oder seine Fähigkeit, sich zu regenerieren, nicht nennenswert verändert, ist dieser Wald gemäß unserer Definition eine Naturlandschaft. Hingegen stellt eine Kiefernschonung, wo die Bäume in Reihen gepflanzt sind und in relativ schnellem

a                                        b

**1.2** Bild a zeigt einen natürlich gewachsenen jungen Kiefernwald auf ehemaligem Ackerland in Arkansas, Bild b eine völlig gleichförmige Kiefernpflanzung, der jegliches Unterholz fehlt. Ein natürliches Ökosystem entwickelt und organisiert sich selbst, ohne Energiezufuhr oder Steuerung durch den Menschen. (Mit freundlicher Genehmigung des U.S. Forest Service.)

Wechsel gleichzeitig geschlagen werden, keine Naturlandschaft dar, sondern − genau wie ein Maisfeld − eine eindeutig vom Menschen geprägte Kulturlandschaft. Abbildung 1.2 stellt einen naturbelassenen Wald und einen Nutzwald einander gegenüber.

Das Kreisdiagramm von Abbildung 1.3a zeigt, welchen Anteil die drei verschiedenen Landschaftstypen an der Gesamtfläche der Vereinigten Staaten haben. Siedlungs- und Industriegebiete machen nur einen kleinen Prozentsatz der gesamten Landfläche aus. (Der Anteil wird noch geringer, wenn man die umgebenden Meereszonen mit einrechnet.) Ihre Bedeutung ist jedoch wesentlich größer, als sich aus ihrer Fläche allein schließen läßt, und zwar aufgrund des hohen Energieverbrauchs, wie Abbildung 1.3b zeigt. Abbildung 1.4, die auf nächtlichen Satellitenaufnahmen beruht, dokumentiert, wie dominierend die Ballungsgebiete und Industriezonen im Osten der USA, im Bereich der Großen Seen und an der Westküste sind (siehe auch das Titelbild des Buches).

Wir wollen nun zwei Begriffe, die in diesem Buch sehr häufig verwendet werden, genauer definieren. Der Terminus **lebenserhaltende Umwelt** (*life-support environment*) soll jenen Teil der Erde bezeichnen, aus dem der Bedarf an lebensnotwendigen Gütern wie Nahrung und Energie, mineralischen Nährstoffen, Luft und Wasser gedeckt wird. Als **Lebenserhaltungssystem** (*life-support system*) fassen wir die Umwelt, die Orga-

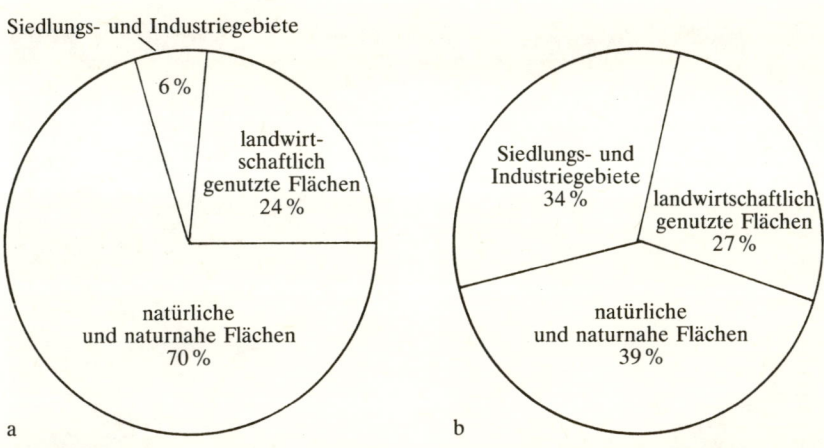

**1.3** Flächennutzung in den Vereinigten Staaten im Jahre 1980. Links sind die tatsächlichen Anteile der drei Flächennutzungskategorien oder Landschaftsformen an der Gesamtfläche des Landes dargestellt, rechts die Anteile entsprechend des Energieverbrauchs. Land- und intensiv forstwirtschaftlich genutzte Flächen haben schätzungsweise einen doppelt so hohen Energieverbrauch pro Flächeneinheit wie Naturlandschaften; der Wert für Städte und Industrieansiedlungen liegt sogar zehnfach höher. (Zum Vergleich: Auf dem Gebiet der Bundesrepublik Deutschland hatten zur gleichen Zeit die landwirtschaftlich genutzten Flächen einen Anteil von etwa 55%, Siedlungs- und Industriegebiete einen von 11%; Wälder bedeckten weitere 29% und Gewässer, Moore und „Ödland" 5%.)

nismen, die Prozesse und die Stoffe zusammen, deren Wechselwirkung diese natürlichen Lebensgrundlagen bereitstellt. Mit Prozessen meinen wir zum Beispiel Vorgänge wie die Produktion von Nahrung, den Wasserkreislauf, die Verwertung von Abfallprodukten, die Luftreinigung und so weiter. Einige dieser Vorgänge werden heute vom Menschen organisiert und gesteuert, aber viele laufen seit jeher natürlich ab und werden durch Sonnenenergie oder andere natürliche Energieformen unterhalten. Alle lebenserhaltenden Prozesse schließen die Aktivität von nichtmenschlichen Organismen ein – von Pflanzen, Tieren und Mikroben.

Unter dem Aspekt der Landschaftsgliederung betrachtet, können wir folgende Gleichung aufstellen: **landwirtschaftliche Systeme + natürliche Systeme = Lebenserhaltungssysteme**. Die landwirtschaftlichen Systeme erzeugen jene Million Kalorien – 15 Prozent davon in Form von Proteinen –, die jeder Mensch pro Jahr benötigt (wobei wir die Tatsache, daß eine große Anzahl von Menschen derzeit keineswegs angemessen ernährt ist, hier einmal außer acht lassen). Die natürlichen Systeme stellen, wie schon erwähnt, alle übrigen physiologischen Lebensgrundlagen bereit. Das Wort *System* (laut Lexikon sich stetig gegenseitig beeinflussende Dinge, Teile oder Vorgänge, die ein Ganzes bilden) ist hier der geeignete Begriff, da „Lebenserhaltung" sich nicht nur auf ein Gebiet oder eine Fläche bezieht, sondern auch Pflanzen, Tiere und Mikroben im Zusammenwirken mit Wasser, Boden, Mineralien, Atmosphäre und anderem umfaßt.

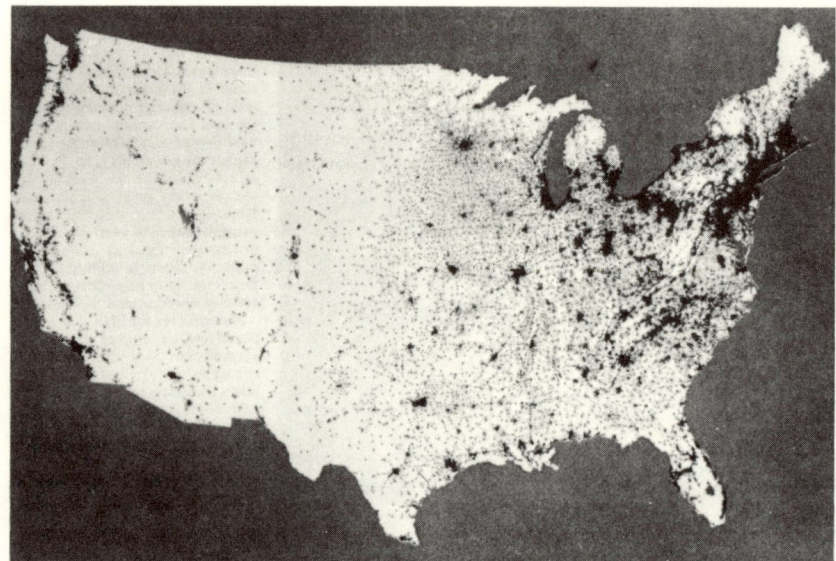

**1.4** Die Verstädterung der USA. Die dunklen Bereiche stellen Lichtquellen dar, die nachts von Satelliten aus sichtbar sind. Regionen, die eine Bevölkerungsdichte von 100 oder mehr Menschen pro Quadratkilometer und einen entsprechend hohen Energieverbrauch aufweisen, nehmen rapide zu.

Abbildung 1.5 zeigt einen künstlerischen Entwurf (und eine Schema-
zeichnung) des *Biosphere II*-Projekts, das ich schon im Prolog erwähnt
habe. Die circa 8000 Quadratmeter umfassende Fläche unter einem
Glasdach soll das Prinzip simulieren, nach dem das Raumschiff Erde,
also die „Biosphäre I", funktioniert. Man hofft, daß *Biosphere II* als ein
sonnenenergiebetriebenes bioregeneratives System in der Lage ist, acht
Menschen über einen Versuchszeitraum von zwei Jahren zu unterhalten.
(Das ungewöhnliche Experiment mit Standort Arizona hat Anfang 1991
begonnen.) Wie die Zeichnung zeigt, besteht der größte Teil der vorhandenen Fläche aus lebenserhaltender Umwelt – nämlich einem halben
Dutzend natürlicher Systeme, vom Regenwald bis zur Wüste, sowie einer landwirtschaftlich genutzten Fläche für Feldfrüchte und kleinere
Haustiere. Der Wohnbereich – das Gegenstück einer Siedlung auf dem
Raumschiff Erde – macht nur einen Bruchteil des Ganzen aus. Ob 0,8
Hektar allerdings ausreichen, um acht Menschen zu unterhalten, bleibt
abzuwarten.

Auf unserer Erde ist der landwirtschaftlich genutzte Flächenanteil um
ein Vielfaches größer als der Anteil mit städtisch-industrieller Nutzung
(siehe Abbildung 1.3a); stets sind viele Quadratkilometer landwirt-
schaftlicher Fläche nötig, um die 500 oder mehr Menschen zu ernähren,
die in einem Quadratkilometer Stadt leben. Dem Übergreifen urbaner
Regionen auf bestes Ackerland sollten wir mit Sorge begegnen, denn
entgegen einer weitverbreiteten Meinung ist gutes Ackerland rar. Weltweit weist nur etwa ein Viertel der Landfläche Boden-, Wasser- und
Klimaverhältnisse auf, die geeignet sind, das hohe Niveau der Nahrungsmittelproduktion aufrechtzuerhalten, das zur Ernährung der mehrere Milliarden zählenden Weltbevölkerung erforderlich ist.

Dichtbevölkerte Länder mit geringer Fläche wie etwa Belgien, Israel
und Japan sind für die Deckung ihrer grundlegenden Lebensbedürfnisse
ganz besonders von Gebieten außerhalb des Landes abhängig. So be-
fahren beispielsweise japanische Fischereiflotten weite Gebiete des Pazifischen und des Atlantischen Ozeans, um die große Bevölkerung Japans mit dem erforderlichen Protein zu versorgen, und nur ungefähr 30
Prozent des Bedarfs an landwirtschaftlich produzierten Nahrungsmitteln
werden im Lande selbst erzeugt. Georg Borgstrom, Verfasser von Büchern wie *The Hungry Planet* (1967), hat für die Fläche außerhalb der
Grenzen eines Landes, die benötigt wird, um die Bevölkerung im
Inneren zu ernähren, den Ausdruck *ghost acreage* geprägt. (Im Deutschen könnte man vielleicht von „Schattenfläche" sprechen.) Im Falle
Japans ist diese Fläche wesentlich größer als das Landesterritorium und
die angrenzenden flachen Meere. Im Gegensatz dazu sind die Vereinigten Staaten infolge ihrer viel größeren Fläche und deutlich geringeren
Bevölkerungsdichte hinsichtlich der Nahrungsmittelproduktion mehr als
unabhängig, nicht jedoch bei der Versorgung mit Energie und zahlreichen lebenswichtigen Bodenschätzen.

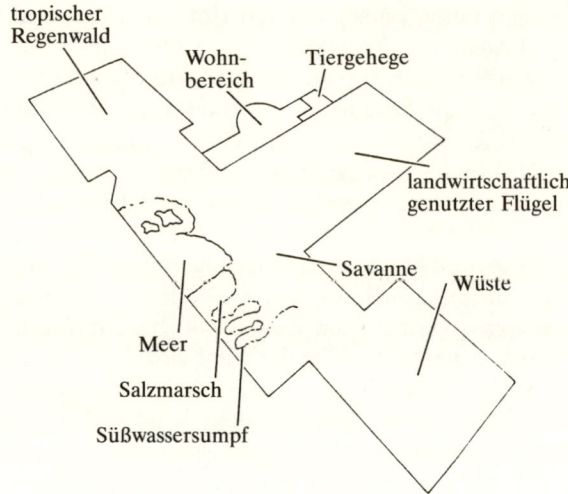

tropischer
Regenwald

Wohn-
bereich

Tiergehege

landwirtschaftlich
genutzter Flügel

Savanne

Wüste

Meer

Salzmarsch

Süßwassersumpf

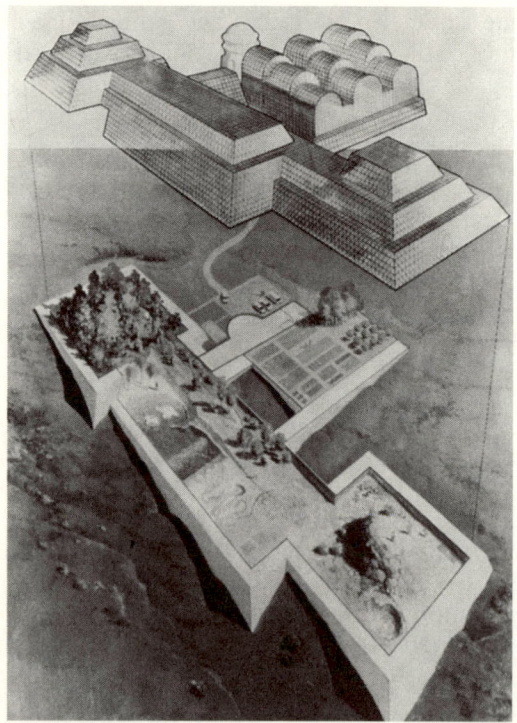

**1.5** Eine künstlerische Darstellung von *Biosphere II*, der experimentellen bioregenerativen „Raumkapsel", die nicht zuletzt als Modell für mögliche zukünftige Stationen im Weltraum konzipiert wurde. Die 8000 Quadratmeter große, glasdachbedeckte Fläche vereint natürliche und künstlich angelegte Systeme und Steuereinrichtungen. Das Anfang 1991 angelaufene Experiment sieht vor, daß acht Menschen zwei Jahre lang hier leben sollen, von außen nur mit Sonnenenergie sowie mit Informationen versorgt, jedoch ohne die Möglichkeit, Gase, Wasser oder andere Stoffe mit der Außenwelt auszutauschen. (Mit freundlicher Genehmigung von Newsweek.)

Wie Abbildung 1.3a zeigt, steht in den Vereinigten Staaten zur Deckung weiterer grundlegender Lebensbedürfnisse eine große Fläche natürlicher Umwelt zur Verfügung. Wiederum werden sehr viele Quadratkilometer benötigt, um dem großen Bedarf der Städte zu entsprechen. Das optimale Verhältnis zwischen natürlichen (oder naturnahen) und erschlossenen Flächen ist schwer einzuschätzen – nicht nur, weil es vom jeweiligen Energieverbrauch der dichtbesiedelten Gebiete abhängt, sondern auch, weil es extrem schwierig ist, die „Güter und Dienstleistungen der Natur" zu quantifizieren und zu bestimmen, wieviel lebensnotwendige Ressourcen verschwendet werden, wenn Kommunen versäumen, Luft, Wasser und Rohstoffe zu erhalten, zu reinigen und wiederzuverwerten.

Vorläufig mag die Aussage genügen, daß eine große Fläche natürlicher Umwelt ein unverzichtbarer Bestandteil der gesamten Umwelt des Menschen ist (Odum und Odum 1972). All jene scheinbar „leeren" Land- und Wasserflächen, die man während eines Fluges von oben herab sehen kann, sind kein nutzloses Ödland; sie tragen fortwährend, Tag und Nacht, dazu bei, uns und alle anderen Lebewesen – Tiere und Pflanzen – am Leben und gesund zu erhalten.

Angesichts der Tatsache, daß die Verstädterung in den Vereinigten Staaten und in vielen Teilen der restlichen Welt immer weiter fortschreitet, ist es wichtig, die Stadt als einen Parasiten der sie umgebenden Natur- und Kulturlandschaft zu erkennen. Sie produziert keine Nahrung und reinigt nicht die Luft, und das Wasser, das sie entläßt, ist nur selten sauber genug, um wiederverwendet zu werden. Je größer die Stadt, um so höher ist der Bedarf an nicht oder erst wenig entwickeltem Land, das quasi als Wirt für den städtischen Parasiten dient. Wenn wir später parasitäre Beziehungen erörtern, werden wir feststellen, daß ein Parasit, der seinem Wirt Schaden zufügt oder ihn gar umbringt, nicht lange leben wird. Der gut angepaßte Parasit zerstört seinen Wirt nicht – im Gegenteil, er entwickelt mit ihm einen Austausch oder ein „Feedback" (eine Rückkopplung) zu beiderseitigem Nutzen. Das gleiche muß für die „verträgliche", gut angepaßte Stadt gelten.

Von dem in Städten erzeugten Reichtum fließt einiges in die ländliche Umgebung – im Austausch gegen die natürlichen oder vom Menschen produzierten Güter und Dienstleistungen, die in die Stadt fließen. Ein Teil dieses Reichtums muß notwendigerweise dazu eingesetzt werden, die natürliche und die landwirtschaftlich genutzte Umwelt zu bewahren, zu pflegen und wiederherzustellen, wenn die Qualität des städtischen Lebens aufrechterhalten werden soll. Gegenwärtig kümmern wir uns nicht in angemessener Weise um unsere lebenserhaltende Umwelt, weil wir ihre grundlegende Bedeutung nicht erkennen. Wir wollen dies an zwei konkreten Beispielen deutlich machen – der Abhängigkeit der beiden Großstädte New York und Chicago von den ihnen „nachgeschalteten" Gewässern.

## Die Bucht von New York

Viele der Abfallprodukte der 20 Millionen Menschen im Großraum New York werden in die Meeresbucht an der Mündung des Hudson verfrachtet. Dieses Gebiet, das von Long Island und der Küste von New Jersey begrenzt wird (Abbildung 1.6), nennt man auch die Bucht von New York. Jährlich landen hier mehr als zehn Millionen Tonnen feste Abfälle sowie unbekannte Mengen von chemisch geklärten Abwässern, Industrieabfallprodukten, Straßenabwässern, Schiffseinleitungen und vielem anderen. Bisher hat diese große Wasserfläche aufgrund ihrer hohen physikalischen und biologischen Aktivität (für die unter anderem starke Strömungen und Tiden sowie eine intensive bakterielle Aktivität verantwortlich sind) jene enormen Abwasser- und Abfallmengen noch ganz oder zum größten Teil „verdauen" können.

Es mehren sich jedoch die Anzeichen einer Überbeanspruchung − zum Beispiel verschmutzte Strände und Fälle massenhaften Fischsterbens −, die darauf hindeuten, daß die Fähigkeit der Natur, mit solchen Belastungen fertigzuwerden, hier überschritten wird. Aus neueren Studien, die von der National Oceanic and Atmospheric Administration (NOAA) gefördert wurden, weiß man, daß sich die gefährlicheren Rückstände (Pestizide, Blei und eine Fülle anderer giftiger Stoffe) in Feinsedimentschichten ablagern, die sich langsam küstenwärts aufbauen, auf die Lagunen, Flußmündungen und Marschgebiete zu (Young et al. 1985). Diese Gebiete haben zwar eine hohe Aufnahme- und Abbaukapazität für viele Rückstände, doch unglücklicherweise werden − unter anhaltendem ökonomischem Druck − solche Marschlandschaften und Mündungszonen (Ästuare) vielfach trockengelegt, aufgefüllt und erschlossen, weil Planer wie auch Menschen im allgemeinen sich des enormen Wertes jener Gebiete in ihrem ursprünglichen Zustand nicht bewußt sind. Jetzt, da Forschungen der vergangenen 20 Jahre den Wert von Flachwasserküstensystemen dokumentiert haben (Greeson et al. 1979), stehen wir alle in der Pflicht, diese Erkenntnisse zu verbreiten.

---

**Unsere kostenlosen Müll- und Abwasserentsorgungssysteme**

Fast ohne Ausnahme liegen die Ballungsräume und Großstädte der Welt (mit zehn Millionen und mehr Einwohnern) an großen Gewässern − an den Ufern der Ozeane, an Flüssen, Seen oder Flußmündungen −, die sich als natürliche Entsorgungs- und Wiederaufbereitungsanlagen anbieten. Als Gegenbeispiel mag man an Mexico City denken, doch sind Luft- und Wasserqualität dort auch weit davon entfernt, den Anforderungen zu entsprechen. In der ganzen Welt müssen die großen Städte heute der Tatsache ins Auge sehen, daß sie ihre kostenlosen Entsorgungssysteme zunehmend überlasten; die Dienste dieser Systeme werden nicht länger kostenfrei sein, wenn ihre Fähigkeit, mit Abfällen und Abwässern fertigzuwerden, erst einmal erschöpft ist.

---

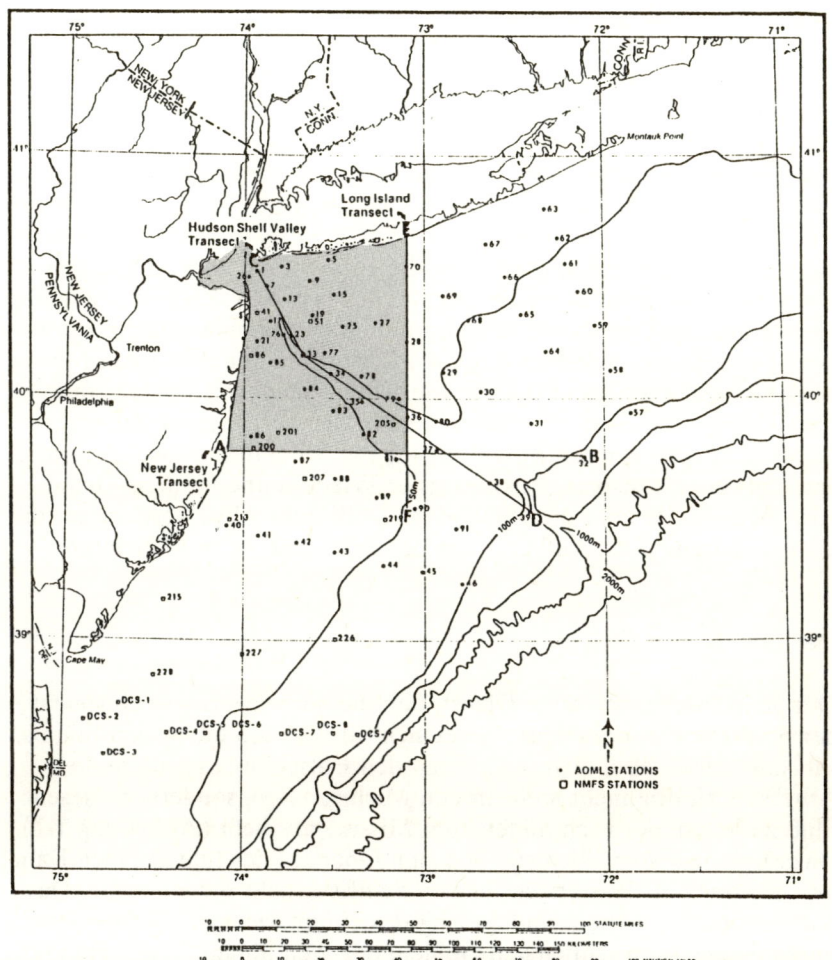

**1.6** Die Bucht von New York ist zu einem ausgedehnten natürlichen Entsorgungssystem für diese Stadt und ihr Umland geworden. Die Abbildung zeigt die Tiefenstufen der Bucht (und der angrenzenden Meeresgebiete) und die Stellen, an denen regelmäßig Wasserproben entnommen werden. Die Maßstäbe unten beziehen sich auf Meilen, Kilometer und Seemeilen. (Aus Young et al. 1985.)

Wir müssen unsere Politiker – lokal, regional und national – dazu bringen, Maßnahmen zu ergreifen, um die empfindlichen Küstenzonen zu schützen, nicht nur ihrer Landschaften und ihres Erholungswertes wegen, sondern auch wegen ihrer Bedeutung als ökologische Pufferzonen.

Die Bucht von New York, eine 5200 Quadratkilometer umfassende Wasserfläche mit einer durchschnittlichen Tiefe von etwa 30 Metern, arbeitet wie eine große, ständig betriebsbereite Entsorgungs- und Kläranlage, deren Dienste kostenlos zur Verfügung stehen – 24 Stunden täglich, 365 Tage im Jahr. Man stelle sich die Kosten vor, wollte man diese Müll- und Abwassermengen in einer von Menschen errichteten mechanischen Aufbereitungsanlage verarbeiten, die mit teurem Brennstoff betrieben würde statt mit der Energie von Sonne und Gezeiten wie das natürliche System. Oder man denke daran, wieviel kostbares Land einer anderen Nutzung verlorenginge, würde man den ganzen Müll auf einer riesigen Deponie abladen. (Vor kurzem erst hat die Stadt New York ein Gesetz verabschiedet, das die Einrichtung neuer Deponien untersagt.) Die Steuersätze im US-Bundesstaat New York, die ohnehin zu den höchsten im Lande zählen, müßten empfindlich angehoben werden, wenn der Steuerzahler die Dienstleistungen der Bucht von New York zu bezahlen hätte. Da aber, wie schon angedeutet, diese natürliche Entsorgungs- und Aufbereitungsanlage in den vergangenen Jahren zusehends überlastet worden ist, gibt es für die Zukunft nur zwei Alternativen: entweder kostspielige „künstliche" Wiederaufbereitungssysteme auszubauen oder aber die anfallenden Müll- und Abwassermengen, die einer Lagerung oder Aufbereitung bedürfen, massiv zu reduzieren.

### Der Illinois

Der gleiche lebenswichtige Dienst, den die vorgelagerte Meeresbucht der Stadt New York erweist, bietet sich für Chicago durch den Illinois. Im Jahre 1900 faßte man in Chicago den Entschluß, die städtischen Abwässer künftig nicht mehr in den Michigan-See, sondern in diesen Fluß zu leiten, der nach Süden zum Mississippi fließt (Abbildung 1.7). Dazu hob man vom Michigan-See zum Oberlauf des Illinois einen Kanal aus, der auch als Wasserweg für den Schiffsverkehr dienen sollte. Das Tal des Illinois ist breit, und entlang des Hauptarmes, der seinen Lauf durch einige der fruchtbarsten Gebiete der Welt nimmt, liegen Hunderte von flachen Seen und versumpften Buchten. Für die Indianer und frühen Siedler war das Tal ein Paradies zum Fischen und Jagen, wimmelte es doch nur so von Wasservögeln, Fischen, Muscheln und Pelztieren. Noch bis 1908 holten 2500 Berufsfischer jährlich elf Millionen Kilogramm Fisch aus dem Illinois, und Sportangler steuerten schätzungsweise ebensoviel Geld zur örtlichen Wirtschaft bei wie die Berufsfischer. Außerdem gab es zu jener Zeit noch 2600 Muschelfischer am Illinois. Der Fluß war und ist eine wichtige Wasserstraße für den Transport von Getreide und Brennstoffen.

Das vom Michigan-See abgeleitete Wasser erhöhte kurzfristig das Volumen des Illinois, aber infolge der steigenden Mengen unbehandelter Abwässer sank bald die Qualität des Wassers im oberen Teil des Flusses, und die Fangmengen der Fischer nahmen rapide ab. Die Lage besserte sich zwischen 1920 und 1930, als die Städte Kläranlagen bauten und als Gesetze gegen die Wasserverschmutzung in Kraft traten. Schleusen und

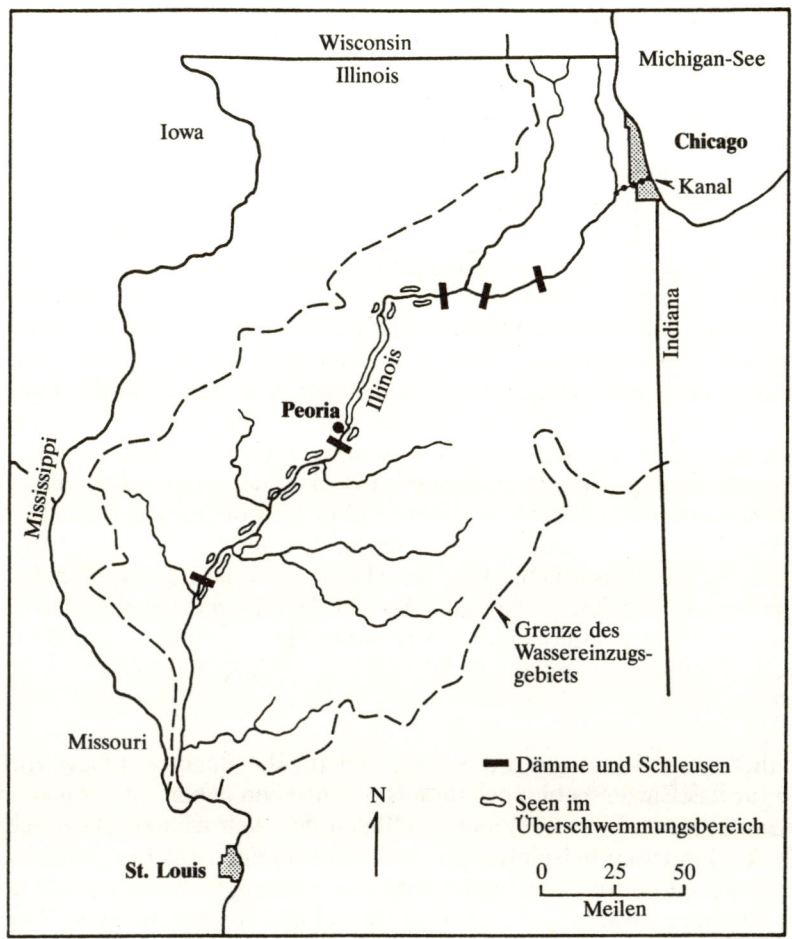

**1.7** Das Einzugsgebiet des Illinois (gestrichelte Linie) wird in zunehmendem Maße sowohl durch die Abwässer und Abfälle Chicagos als auch durch die in der Landwirtschaft eingesetzten Chemikalien verschmutzt und belastet. (Nach Havera und Bellrose 1985.)

Dämme, die während dieser Zeit errichtet wurden, hatten sowohl positive als auch negative Auswirkungen auf das Flußbecken. Noch 1940 befand sich der Fluß in einem leidlich guten Zustand und verkraftete die riesigen Abwassermengen Chicagos und anderer Städte in seinem Tal ohne größere Probleme.

In den folgenden Jahrzehnten kam jedoch eine neue Belastung hinzu, die das Leistungsvermögen des Flusses als Lebenserhaltungssystem zu reduzieren oder gar ganz zu zerstören droht. In den dreißiger Jahren hatte man begonnen, auf dem fruchtbaren Prärieland im Tal des Illinois ausgedehnte Monokulturen von Sojabohnen und Mais anzulegen. Eine entsprechende Wirtschaftspolitik und die leichte Verfügbarkeit von billigen fossilen Brennstoffen sowie von Düngemitteln, Pestiziden und anderen Agrochemikalien förderten eine Hochertragslandwirtschaft, für die Weideland, Waldparzellen, Sumpfgebiete, Hecken und Teile der schützenden Ufervegetation entlang der Flüsse in Getreidefelder umgewandelt wurden. Die in den dreißiger Jahren noch durchweg üblichen bodenerhaltenden Bewirtschaftungsverfahren wurden aufgegeben. Hohe Erträge waren das fast einzige Ziel der Landwirtschaft, wobei man wenig Rücksicht darauf nahm, wie lange solche Erträge überhaupt erzielt werden konnten oder wieviel Schaden der Umwelt dadurch entstand. Bodenerosion und Auswaschungen toxischer Chemikalien nahmen mit steigender Produktion zu. Nach einer Schätzung aus dem Jahre 1975 gerieten jährlich bis zu 25 Millionen Tonnen Ackerboden in das Flußsystem. Die ausgewaschene Erde gelangt zum Teil bis in den Mississippi, doch das meiste verbleibt in den flachen Seen und Buchten, die eine so wertvolle ökologische Komponente im Becken des Illinois darstellen. Sedimentation und chemische Gifte sind derzeit die größte Bedrohung für den Illinois. Das Dilemma liegt darin, daß der Versuch, einen Bestandteil der lebenserhaltenden Umwelt, nämlich die Landwirtschaft, aufzuwerten, gleichzeitig zu einer Abwertung anderer, gleichermaßen lebenswichtiger Komponenten − der natürlichen Systeme − geführt hat. (Weitere Informationen zur Problematik des Illinois liefern Havera und Bellrose 1985.)

Ähnliche Entwicklungen, wie wir sie hier für die Bucht von New York und für das Einzugsgebiet des Illinois beschrieben haben, findet man im ganzen Land und in vielen anderen Teilen der Welt wieder. Die Bucht von San Francisco beispielsweise ist durch ständige Einleitungen giftiger Abwässer und durch eine zunehmende Versalzung bedroht, die auf der Auswaschung bewässerter Ackerböden und der Abzweigung von Frischwasser für Landwirtschaft und Haushalte an den Oberläufen der Flüsse beruht (siehe Nichols et al. 1986). Das Wasser der Chesapeake Bay an der Ostküste der Vereinigten Staaten, die zu den schönsten Ästuaren der Welt gehört und die Heimat der berühmten „Blauen Krabbe" darstellt, leidet während der kritischen Sommermonate infolge einer Überlastung mit sauerstoffzehrenden Stoffen immer stärker unter Sauerstoffmangel. Im mitteleuropäischen Raum könnte man als Beispiel die stark belastete Deutsche Bucht mit ihrem hohen Schadstoffeintrag aus Elbe und Weser anführen.

Durch die Verabschiedung und Anwendung von Gesetzen, die für die Abgabe von Schadstoffen aus Industriebetrieben, Kraft- und Klärwerken Grenzwerte festlegen, ist es gelungen, die **aus punktförmigen Quellen stammende Verschmutzung** vieler Bäche und Flüsse sowie der Luft deutlich zu verringern. Einleitungen und Emissionen aus Rohren, Abwassergräben, Schornsteinen und anderen Quellen − ein Beispiel zeigt die Fabrik in Abbildung 1.8 − lassen sich relativ leicht ausmachen und

**1.8** Während in den Vereinigten Staaten und anderen Industrieländern die Umweltverschmutzung aus lokalisierbaren (punktförmigen) Quellen — also etwa die direkte Einleitung unbehandelter Abwässer oder die unkontrollierte Emission schädlicher Abgase wie auf diesem
Photo aus dem Jahre 1950 — zurückgeht, nimmt die Verschmutzung aus diffusen Quellen, die
sich nicht so ohne weiteres photographieren läßt, weltweit zu. (Mit freundlicher Genehmigung
des Soil Conservation Service.)

einer Kontrolle unterwerfen. Dagegen hat die **aus diffusen Quellen
stammende Verschmutzung** (etwa durch Auswaschung von Böden und
Pestiziden aus Ackerflächen oder durch Autoabgase) zugenommen
(Smith et al. 1987), so daß sich die Qualität von Wasser und Luft insgesamt nur geringfügig oder gar nicht verbessert hat — und in den oben
beschriebenen Fällen sogar schlechter geworden ist. Trotzdem gibt es
Anlaß zur Hoffnung, denn zur Verringerung der Umweltbelastungen
werden ständig neue Ideen und Konzepte entwickelt.

Die Kontrolle (und Minderung) der aus punktförmigen Quellen stam-
menden Verschmutzung des Erie-Sees und der anderen Großen Seen hat
deren Wasserqualität beträchtlich verbessert und einige Fischbestände
sich wieder erholen lassen. Jedoch ist nun die Qualität des Wassers
durch Chemikalien aus Industrie und Landwirtschaft bedroht, welche
über das Grundwasser hineingelangen. Die Gefährdung von Seen, Flüssen und Meeren sowie der Atmosphäre durch Schadstoffe aus diffusen,

nicht unmittelbar lokalisierbaren Quellen ist relativ schwer abzuschätzen; zudem kann man diese Verschmutzung – anders als die aus punktförmigen Quellen stammende – nicht am Ursprungsort regulieren. Die einzige Kontrollmöglichkeit ist ein **Input-Management**, also etwa eine Regelung der Mengen und der Giftigkeit von Spritzmitteln und Düngern, die auf Ackerland aufgebracht werden, eine Entschwefelung und anderweitige Reinigung von Kohle vor der Verfeuerung in Kraftwerken oder auch ein Recycling von Papier, das sonst auf Müllkippen deponiert würde. Da sich bei Industrieprodukten und landwirtschaftlichen Erzeugnissen eine Verringerung des Einsatzes teurer Ausgangsmaterialien (also des Inputs) profitsteigernd auswirken kann, sprechen sogar starke wirtschaftliche Argumente für eine Kehrtwendung im Umgang mit Abfallprodukten. Deponien und Müllkippen müssen fortan als überholte Problemlösungsstrategien gelten und durch eine Rückgewinnungsindustrie ersetzt werden. (Das Konzept des Input-Managements wird im Epilog näher erörtert.)

Die Bucht von New York und der Illinois veranschaulichen nicht nur den Wert der natürlichen Umwelt und ihrer Lebenserhaltungssysteme, sondern auch die Notwendigkeit, unser Augenmerk mehr auf einen effizienteren Umgang mit den vorhandenen Ressourcen zu richten, um so die schädlichen Einflüsse von Siedlungs- und Industriegebieten sowie landwirtschaftlich genutzten Flächen zu verringern.

Es ist an der Zeit, ganze Landschaften als Einheiten zu betrachten und zu behandeln. Und eben dabei kann die **Ökologie** helfen, die sich mit den Verbindungen und Abhängigkeiten zwischen Mensch und Natur beschäftigt. Das Wort Ökologie leitet sich von den griechischen Worten *oikos*, was „Haushalt" bedeutet, und *logos* – „die Lehre von" – ab. Wörtlich genommen ist die Ökologie also die Lehre oder Kunde vom Haushalt der Natur einschließlich der Pflanzen, Tiere, Mikroben und Menschen, die gemeinsam als voneinander abhängige Wesen auf dem Raumschiff Erde leben. Wie schon hervorgehoben, befriedigt unsere Umwelt, in die wir unsere künstlich geschaffenen Strukturen hineinsetzen und in der wir unsere Maschinen betreiben, die meisten unserer grundlegenden biologischen Bedürfnisse; folglich kann man die Ökologie auch als die Lehre von den Lebenserhaltungssystemen unserer Erde betrachten.

Die folgenden Kapitel bieten eine Einführung in die Prinzipien einer ganzheitlichen (holistischen) Ökologie; sie sind in der Überzeugung geschrieben, daß informierte Bürger dafür sorgen werden, daß „Fortschritt" in Zukunft auch die Aufrechterhaltung der Qualität unserer gesamten Umwelt bedeuten wird. Lebensqualität und wirtschaftliche Weiterentwicklung müssen keine sich widersprechenden Ziele sein; vielmehr können sie sich – bei sorgfältiger und verantwortungsbewußter Planung – gegenseitig fördern.

**Mehr als Wissen**

Das Studium der Ökologie vermittelt mehr als nur praktisches Wissen. Es führt uns auch die phantastische Schönheit dieser Erde und die unglaubliche Vielfalt des Lebens vor Augen. Trotz unserer zunehmenden Abhängigkeit von Maschinen und selbstgeschaffenen Strukturen bleibt doch die Liebe zur Natur eine mächtige Kraft in der menschlichen Psyche. Ästhetische Werte und eine Ethik des Schützens und Bewahrens sind tief in uns verwurzelt, wenn sie auch allzu häufig von Habgier und dem Streben nach kurzfristigem ökonomischen und politischen Gewinn (was leider viele Menschen mit dem Streben nach Glück gleichsetzen) überschattet werden.

# 2. Organisationsstufen

Im ersten Kapitel haben wir die Erde quasi aus der Vogelperspektive betrachtet und dabei die drei großen Landschafts- oder Flächennutzungskategorien kennengelernt – die natürliche Umwelt oder Naturlandschaft, die landwirtschaftlich genutzte Fläche oder Kulturlandschaft und die Stadt- und Industriegebiete; den Systemen, welche die Erhaltung der menschlichen Zivilisation sichern, wurde dabei besondere Aufmerksamkeit geschenkt. Auf den Boden der Erde zurückgekehrt, ist es zum besseren Verständnis dieser komplexen Welt hilfreich, in Organisationshierarchien und -ebenen zu denken (Simon 1973; Allen und Starr 1982). Unter einer **Hierarchie** versteht man eine schalen- oder stufenartig aufgebaute Anordnung oder Folge von (funktionellen) Einheiten. Man stelle sich etwa eine russische Puppe vor, mit einer Puppe in einer Puppe in einer Puppe und so weiter. Tabelle 2.1 führt vier Beispiele auf; die Organisationsstufen sind hier jeweils vom Größten zum Kleinsten angeordnet, doch könnte man diese Ordnung auch umkehren, wenn man mit dem feinsten Raster (dem höchsten Auflösungsgrad) beginnen wollte.

Mit dem politisch-geographischen Beispiel sind wir alle mehr oder weniger vertraut. Zum Grundlehrstoff von Biologiestudenten zählen die physiologischen und taxonomischen „Stufenleitern", welche die Organisation des menschlichen Körpers beziehungsweise die wissenschaftliche Klassifikation der Organismen wiedergeben. (Als weiteres Beispiel einer Organisationshierarchie könnte man die von immer mehr Menschen genutzte Computersoftware anführen, bei der Programme und Unterprogramme in einer geordneten Folge aktiviert werden, um ein übergeordnetes Ziel zu erreichen.) Das vorliegende Buch befaßt sich vorrangig mit der ökologischen Organisationshierarchie und darin wiederum vor allem mit den in der Tabelle halbfett hervorgehobenen Ebenen.

Der ursprünglich zur Bezeichnung einer Gruppe von Menschen geprägte Begriff **Population** (vom lateinischen *populus* für „Volk") wird in der Ökologie erweitert angewandt und beschreibt hier Gruppen von Individuen jeglicher Art oder Spezies, die zusammen in einem bestimmten Gebiet leben. Im Singular ist eine Population eine Gruppe von artgleichen, sich untereinander fortpflanzenden Organismen; im Plural kann der Begriff Populationen Gruppen von artverschiedenen Lebewesen umfassen, die durch gemeinsame Abstammung oder durch einen gemeinsamen Lebensraum verbunden sind (zum Beispiel Pflanzenpopulationen, Vogelpopulationen oder Planktonpopulationen). Mit dem Begriff

**Tabelle 2.1: Beispiele für Organisationshierarchien mit mehreren Ebenen.**

| A. in großem Maßstab | |
| --- | --- |
| politisch-geographisch | ökologisch |
| Welt | **Biosphäre** |
| Kontinent | biogeographische Region |
| Staat | **Biom** |
| Region | **Landschaft** |
| Bundesland | **Ökosystem** |
| Kreis/Verwaltungsbezirk | Lebensgemeinschaft |
| Stadt/Gemeinde | **Population** |
| Einwohnerschaft (ethnische Gruppen usw.) | **Organismus** |
| Individuum | |

| B. in kleinerem Maßstab | |
| --- | --- |
| taxonomisch | physiologisch |
| Reich | Individuum |
| Stamm | Organsystem |
| Klasse | Organ |
| Ordnung | Gewebe |
| Familie | Zelle |
| Gattung | Organelle |
| Art | Molekül |

**Lebensgemeinschaft** oder einfach Gemeinschaft beschreibt man in der Ökologie die Gesamtheit der Populationen in einem bestimmten Gebiet. Eine Lebensgemeinschaft und ihre unbelebte (abiotische) Umwelt wirken zusammen als ein ökologisches System oder **Ökosystem**. Praktisch dieselbe Bedeutung hat der Begriff **Biogeozönose**, der vor allem in der deutschen und russischen Fachliteratur Verwendung findet und übersetzt soviel wie „Gemeinschaft von Leben und Erde" heißt.

Gruppen von Ökosystemen bilden gemeinsam mit vom Menschen geschaffenen Strukturen die **Landschaften**, die wiederum Bestandteile größerer regionaler Einheiten sind, der sogenannten **Biome** (zum Beispiel eines Ozeans oder eines Graslandgebiets). Die großen Kontinente und Ozeane der Erde entsprechen übergeordneten **biogeographischen Regionen**, die jeweils über eine eigene spezielle Tier- und Pflanzenwelt

(Fauna und Flora) verfügen. **Biosphäre** (Biogeosphäre) schließlich ist der umfassende Begriff für sämtliche Ökosysteme der Erde, die auf einer globalen Ebene zusammenwirken. Alle Stufen der ökologischen Hierarchie schließen Leben und biologische Prozesse ein, so daß sich die Biosphäre auch als jener Teil der Erde definieren läßt, in dem Organismen und Menschen leben können – also die biologisch besiedelbaren Bereiche von Boden, Luft und Wasser. Die Biosphäre geht unmerklich (das heißt ohne scharfe Grenzen) in die anderen „Hauptabteilungen" des Raumschiffes Erde über – die **Lithosphäre** (die Gesteine und Sedimente sowie Mantel und Kern der Erde), die **Hydrosphäre** (das Oberflächen- und Grundwasser) und die **Atmosphäre**.

Jede einzelne Ebene in einer Hierarchie beeinflußt das Geschehen auf den angrenzenden Ebenen. Oftmals werden Vorgänge auf niedrigeren Ebenen in der einen oder anderen Weise durch übergeordnete Prozesse begrenzt. Dementsprechend können Untersuchungen oder Maßnahmen auf einer bestimmten Ebene (zum Beispiel auf der Stufe einer Population) niemals vollständig sein, wenn nicht gleichzeitig wichtige Aspekte der benachbarten Ebenen (in diesem Falle also der Art und der Lebensgemeinschaft) studiert oder berücksichtigt werden.

Der Begriff **Ökonomie** leitet sich von der gleichen Wurzel *oikos* (für „Haushalt") ab wie die Ökologie; der zweite Wortbestandteil geht auf das griechische Verb *nemein* zurück, das „einteilen, zuweisen, verwalten" bedeutet, und so ist die Ökonomie ursprünglich die „Haushaltsführung". Theoretisch sollten Ökologie und Ökonomie sich ergänzende Disziplinen sein. In der Praxis jedoch beschäftigen sich die Ökonomen vorrangig mit der menschlichen Arbeit und mit handelbaren (also Marktgesetzen unterworfenen) Waren und Dienstleistungen, während sich die Ökologen bislang meist auf die natürliche Umwelt und deren frei verfügbare, auf keinem Markt gehandelte, aber gleichwohl lebenswichtige Güter und Dienstleistungen konzentriert haben (Reinerhaltung der Luft, Wasserrückführung, Bodenverbesserung und so weiter). Solange sich beide

---

**Keine Zeit zum Nachdenken**

Eine unnatürliche Entkopplung von Mensch und Natur ist eine der bedauerlichen Folgen hoher Bevölkerungsdichte und zunehmender Verstädterung. Ein Großstadtbewohner wird von den tagtäglichen Anforderungen, die das Leben in einer energiegeprägten, durch ständigen Leistungs- und Konkurrenzdruck bestimmten Umgebung an ihn stellt, derart in Anspruch genommen, daß er die lebenserhaltende natürliche und landwirtschaftlich genutzte Umwelt nicht nur aus den Augen, sondern auch weitgehend aus dem Sinn verliert. Und die Millionen von Armen in den unterentwickelten Ländern, die sich mühsam von einem Tag zum anderen durchschlagen müssen, haben weder die Zeit noch die Kraft, über langfristige Konsequenzen ihres Handelns nachzudenken.

Disziplinen auf derart enge Standpunkte stellen, müssen Ökologen und Ökonomen in den Augen der Öffentlichkeit als Widersacher mit gegensätzlichen Vorstellungen und Zielsetzungen erscheinen. Über die Bedeutung einer ganzheitlicheren Sicht menschlichen Wirtschaftens und über die Bemühungen, die Kluft zwischen Ökologie und Ökonomie zu überwinden, werde ich später mehr sagen.

**Der Zickzackkurs der Politik**

Ein Wechsel zwischen individualistischen und ganzheitlichen Denkmodellen scheint ein charakteristisches Merkmal von Politik zu sein. Mit anderen Worten: Das vorrangige politische Interesse verlagert sich in bestimmten Abständen immer wieder von der Ebene des Individuums auf die Ebene des Gemeinwesens, des Staates oder der Welt und von dort wieder in die andere Richtung. Im amerikanischen Verständnis von „konservativ" und „liberal" (das mit den europäischen Traditionen nicht übereinstimmt oder ihnen sogar direkt widerspricht) wechseln politisch „konservative" Strömungen und Systeme, die besonders das Wohl des einzelnen fördern, mit Systemen „liberaler" Prägung ab, deren Aufmerksamkeit eher dem Gemeinwohl gilt. In der politischen Geschichte der Menschheit hat es sich als schwierig erwiesen, beide Ansätze miteinander in Einklang zu bringen, da sie als gegensätzlich erscheinen. Eine deutliche Hinwendung zu der einen Ebene führt zur Vernachlässigung der anderen, was wiederum ein neues politisches System stärkt, das verspricht, sich um die vernachlässigte Ebene zu kümmern. Auf diese Weise, also in einer Art Zickzackkurs, ist die Menschheit bestrebt, ein Gleichgewicht zwischen dem, was als Wohl des einzelnen gilt, und dem Gemeinwohl zu erreichen (Schlesinger 1986).

Wie es oft der Fall ist, wenn wir einen wichtigen Aspekt unseres Wohlergehens vernachlässigen, kann eine unvorhergesehene Krise für ein plötzliches Erwachen sorgen und uns veranlassen, das Versäumnis in aller Eile zu korrigieren. So wuchs und entwickelte sich zwischen 1968 und 1972 auf einmal ein praktisch weltweites Umweltbewußtsein. Plötzlich schien sich jedermann um Probleme wie Bevölkerungswachstum, Umweltverschmutzung, Bewahrung der Natur sowie Nahrungs- und Energieverschwendung zu sorgen, und auch die Medien beschäftigten sich eingehend mit ökologischen Fragen. Im Gefolge dieser Bewußtseinsveränderung wurden in den USA und anderen Ländern zahlreiche Rechtsreformen durchgesetzt, und der Druck der öffentlichen Meinung zwang Regierungen und private Unternehmen dazu, die möglichen umweltschädlichen Auswirkungen geplanter Baumaßnahmen und Industrieansiedlungen sowie diverser Vorhaben zur Nutzung oder Veränderung von Boden- und Wasserreserven ernsthaft zu überprüfen.

Die wachsende Besorgnis über den Zustand unserer Umwelt wie auch die Notwendigkeit gesetzlicher Regelungen zur Schadensbegrenzung haben etliche neue Forschungs- und Betätigungsfelder entstehen lassen – als Beispiele seien nur **Umweltrecht, Umwelt- und Naturschutzmanagement, Altlastensanierung, Umweltverträglichkeitsprüfung, ökologische**

**Ökonomie** und **Landschaftsökologie** genannt –, die inzwischen über eigene Verbände, Zeitschriften und Lehrbücher verfügen. Wie diese neuen Spezialgebiete zukünftige Planungen und Entscheidungen beeinflussen werden, wird von der Qualität und Zuverlässigkeit der angewandten ökologischen Theorie und von der Kenntnis der ökologischen Grundprinzipien in der Öffentlichkeit abhängen. Die meisten Menschen werden wohl zustimmen, daß das Bewußtsein und die Sorge um die Qualität unserer Umwelt weiterhin einen hohen Stellenwert im Spektrum aller menschlichen Belange haben müssen. Und doch ist es schwierig, das öffentliche Interesse an diesem Thema auf einem entsprechenden Niveau wachzuhalten, da es so viele andere Problembereiche gibt, die unsere Aufmerksamkeit verlangen – auch wenn sich nachweisen läßt, daß diese Bereiche direkt mit ökologischen Fragestellungen verknüpft sind.

Der entscheidende Punkt ist, daß die verschiedenen ökologischen Organisationsebenen unterschiedliche, oft einzigartige Eigenschaften besitzen. Aber da sie alle miteinander verbunden sind, kann etwas, das auf einer Stufe geschieht, das Geschehen auf einer anderen Stufe beeinflussen – und damit kommen wir zum nächsten grundlegenden ökologischen Prinzip.

## Das Ganze ist mehr als die Summe seiner Teile

In einer hierarchischen Organisationsform werden einzelne Komponenten oder Untergruppen jeweils stufenweise zu größeren Funktionseinheiten zusammengefaßt – mit der wichtigen Konsequenz, daß nun neue Eigenschaften zutage treten, die auf der tieferliegenden Stufe nicht vorhanden oder zumindest nicht sichtbar waren. Solche **neu auftretenden (emergenten) Eigenschaften** einer ökologischen Organisationsebene oder -einheit gehen aus der funktionellen Wechselwirkung ihrer Bestandteile hervor und sind daher durch das Studium der isolierten oder abgekoppelten Komponenten der Gesamteinheit nicht vorhersagbar (Salt 1979). Dieses Prinzip (im Englischen als *emergent property principle* bezeichnet) ist eine etwas formalere Version des alten Sprichwortes „Das Ganze ist mehr als die Summe seiner Teile" oder, wie man auch sagen könnte, „Der Wald ist mehr als eine Ansammlung von Bäumen".

Ein Beispiel aus der Physik und zwei aus der Ökologie sollen dieses Prinzip veranschaulichen. Wenn Sauerstoff und Wasserstoff in einer bestimmten molekularen Konfiguration zusammentreten, entsteht Wasser, eine Flüssigkeit mit Eigenschaften, die sich sehr von denen ihrer gasförmigen Ausgangsbestandteile unterscheiden. Durch den Zusammenschluß und die gemeinsame Evolution von Algen und Hohltieren in Form von Korallen ist ein hocheffizienter Nahrungskreislauf entstanden, der ein Korallenriff in die Lage versetzt, auch in relativ nährstoffarmen Gewässern eine hohe Produktivität aufrechtzuerhalten. Ähnliches gilt für die als Mykorrhiza bekannte Symbiose zwischen bestimmten Pilzen und Baumwurzeln: Die Pilz-Wurzel-Kombination vermag mineralische Nährstoffe viel effektiver aus dem Boden zu holen als die Wurzeln alleine. Solche für beide Partner nützlichen Beziehungen kommen in der Natur recht häufig vor – ebenso wie in einer gut funktionierenden menschlichen Gesellschaft.

Die Ökologie ist eine Wissenschaftsdisziplin, die ein ganzheitliches (holistisches) Studium sowohl der Teile als auch des Ganzen anstrebt. Obwohl das obenerwähnte Sprichwort und das Prinzip der neu auftretenden Eigenschaften allgemein anerkannt sind, neigen die moderne Wissenschaft und Technik doch dazu, sie zu ignorieren und sich auf die detaillierte Untersuchung immer kleinerer Einheiten zu konzentrieren – gemäß der These, daß Spezialisierung der richtige Zugang zu komplexen Zusammenhängen ist. Tatsächlich erleichtern zwar Kenntnisse über eine Stufe die Analyse einer anderen, sie vermögen jedoch die dort vorkommenden Phänomene nicht vollständig zu erklären; man muß auch diese Ebene untersuchen, um ein vollständiges Bild zu erhalten. Um etwa einen Wald wirklich verstehen und angemessen mit ihm umgehen zu können, reicht es nicht aus, sich mit Bäumen auszukennen; man muß auch etwas über die einzigartigen Eigenschaften des Systems Wald als Funktionseinheit wissen.

Je weiter man von kleineren zu größeren Einheiten vordringt, um so komplexer und variabler werden offensichtlich einige Eigenschaften. Dabei übersieht man allerdings oft, daß bestimmte Funktionsraten in ihrer Variabilität durchaus abnehmen können. So ist zum Beispiel die Photosyntheserate eines ganzen Waldes oder Kornfeldes weniger variabel als die einzelner Blätter oder Pflanzen innerhalb der Gemeinschaft, denn wenn die Photosyntheseleistung eines Blattes, eines Individuums oder einer Art abnimmt, mag ein anderer Teil der Gemeinschaft dies durch erhöhte Leistung kompensieren. Oder um es mit einem Fachbegriff auszudrücken: Überall sind **homöostatische Mechanismen** wirksam, die man mit ausgleichenden, schwingungsdämpfenden Kräften und Gegenkräften vergleichen könnte. Jeder von uns kennt solche Mechanismen vom menschlichen Körper – etwa jene Steuersysteme des Nervensystems, welche die Körperwärme trotz Temperaturschwankungen in der Umgebung konstant halten. Derartige Regelkreise sind auch auf höheren Ebenen wirksam. Beispielsweise hält die homöostatische Integration biologischer (biotischer) und physikalischer Prozesse auf der Stufe der Biosphäre die Konzentration von Kohlendioxid und anderen Gasen in der Luft auf einem relativ konstanten Niveau, trotz der großen Gasmengen, die ständig in die Atmosphäre gelangen oder sie verlassen. (Wie wir jedoch in Kapitel 5 sehen werden, beginnt der hohe Verbrauch von Brennstoffen sowie die massive Zerstörung von Wäldern und organischen Böden die Kompensationsfähigkeit der Natur zu überfordern.)

### Ein Fallbeispiel: Insektenplagen

Der Unterschied zwischen optimaler und mangelnder Integration von Arten innerhalb einer Lebensgemeinschaft tritt besonders kraß in Fällen zutage, in denen Insekten, die aus ihrem ursprünglichen Lebensraum in ein anderes Ökosystem geraten, dort zu Schädlingen werden. Die meisten landwirtschaftlichen Schadinsekten sind Arten, die innerhalb ihres natürlichen Habitats kaum Schaden anrichten, die aber zur Plage werden, sobald sie in eine neue Region oder ein anderes landwirtschaftliches System vordringen oder versehentlich dort eingeschleppt werden. Viele Schädlinge in Amerika stammen von anderen Kontinenten (und umgekehrt), etwa die Mittelmeerfruchtfliege, der Japankäfer und der als *European corn borer* bekannte Maiszünsler (die Liste ließe sich beliebig fortsetzen). In ihrem ursprünglichen Habitat sind diese Arten Teile eines wohlgeordneten Ökosystems, in dem als Ergebnis langfristiger evolutionärer Anpassungsprozesse eine übermäßige Vermehrung und Überweidung in der Regel unterbunden werden. In einem neuen Umfeld hingegen, dem solche Kontrollmechanismen fehlen, verhalten sich die fremden Populationen wie ein Krebsgeschwür, welches das ganze System zerstören kann, noch bevor eine Gegensteuerung möglich ist. Wie wir in späteren Kapiteln sehen werden, zahlen wir für die hohen Erträge in unserer Landwirtschaft mit einer steigenden Kostenbelastung und fortschreitenden Umweltzerstörung durch Chemikalien, deren Einsatz an die Stelle der nicht länger wirksamen natürlichen Steuerungen getreten ist. Glücklicherweise gewinnt heute eine Technologie an Bedeutung – nämlich die **integrierte Schädlingsbekämpfung** –, die auf ein Zusammenspiel von natürlichen und künstlichen Steuermechanismen abzielt und Möglichkeiten schafft, die erwähnten Kosten und Umweltbelastungen zu verringern (Allen 1980; Murdoch et al. 1985).

### Störungen und ihre Folgen

Schließlich ist es wichtig zu erkennen, daß verschiedene Ebenen einer Hierarchie nicht nur verschiedene Eigenschaften aufweisen, sondern daß sich äußere Störungen auch unterschiedlich auf die einzelnen Stufen auswirken können. Man denke etwa an die charakteristische Hartlaubvegetation Südkaliforniens (den sogenannten Chaparral), wo während der Trockenzeiten immer wieder Brände auftreten (siehe Abbildung 8.10a). Diese natürliche Vegetation ist an das Feuer angepaßt und in ihrer Existenz sogar davon abhängig. Für einzelne Organismen, die durch die Brände verletzt oder getötet werden, oder für die Menschen, die dort Häuser gebaut haben, ist ein solches Feuer zweifellos eine Katastrophe. Doch auf der Ebene der Vegetationsgemeinschaft wäre es von Nachteil, sollten die periodisch auftretenden Brände ausbleiben. Dann nämlich würden die feuerabhängigen Arten von anderen verdrängt, und der gesamte Charakter der Vegetation und ihrer Tierwelt würde sich verändern. In ähnlicher Weise mag ein Hochwasser im Überschwemmungsgebiet eines Flusses ein Tier, das in die Fluten gerät, oder jemanden, der sein Haus ausgerechnet in diesem Bereich errichtet hat, in eine höchst mißliche Lage bringen, doch für die entsprechend angepaßte Vegetation der Überschwemmungszone sind Hochwasser gut und notwendig.

Aus neueren Untersuchungen geht hervor, daß die Anstrengungen des Menschen, die Buschfeuer in Kalifornien zu unterdrücken, zwar die Brandhäufigkeit verringert haben, daß aber die nun seltener auftretenden Brände heftiger geworden sind, denn infolge der Ausschaltung kleinerer Feuer kann sich nun reichlich Brennmaterial (trockenes, totes Holz und Laub) ansammeln (Minnich 1983). Ähnliches gilt für einige unserer gutgemeinten Maßnahmen zum Hochwasserschutz: Kleinere Hochwasser sind damit zwar unter Kontrolle zu bekommen, große wirken sich jedoch schlimmer aus als zuvor (Belt 1975).

Die Phänomene der hierarchischen Organisation, der funktionellen Integration und der Homöostase legen nahe, daß man das Studium der Ökologie auf jeder beliebigen Ebene beginnen kann, ohne sich zuvor all das, was man über die benachbarten Ebenen weiß, aneignen zu müssen. Die Herausforderung liegt darin, die jeweils einzigartigen Merkmale der ausgewählten Ebene zu erkennen und sich dann geeignete Untersuchungsmethoden und Vorgehensweisen zu überlegen. Wie Abbildung 2.1 zeigt, erfordern Untersuchungen auf verschiedenen Ebenen auch unterschiedliche Hilfsmittel. Um brauchbare Antworten zu erhalten, muß man die richtigen Fragen stellen. Häufig schlagen Versuche, ein Umweltproblem zu lösen, fehl oder verkehren sich sogar in ihr Gegenteil, weil man die falsche Frage stellt oder sich auf die falsche Ebene konzentriert. Sucht man beispielsweise im Wasser nach der Ursache eines Fischsterbens, mag man zwar die verantwortliche Substanz identifizieren, doch ein zukünftiges Fischsterben wird man damit kaum verhüten, wenn man nicht weiß, wie und wo das Gift in das Wasser gelangt ist.

Im nächsten Kapitel werden wir unseren Überblick über wichtige ökologische Prinzipien auf der Ebene des Ökosystems beginnen, einer Schlüsselstufe zwischen den Menschen als Individuen und der Erde als unserem Lebensraum.

## Über Modelle

Wie findet man einen Einstieg in etwas derart Komplexes und Gewaltiges wie ein ökologisches System? Am besten beginnt man so, wie man an jede komplexe Situation herangeht: Man beschreibt vereinfachte Versionen, die lediglich die wichtigsten oder grundlegenden Eigenschaften oder Funktionen des Systems umfassen. In der Wissenschaft nennt

**2.1** Für das Studium verschiedener biologischer Hierarchieebenen benötigt man unterschiedliche Verfahren und Instrumente. Für eine Untersuchung auf der Ebene von Arten — zum Beispiel für eine Stichprobenerfassung der in einem Salzmarschgebiet vorkommenden Insekten (links) — kann die Benutzung eines einfachen Schmetterlingsnetzes durchaus angemessen sein. (Photo: E. P. Odum.) Will man dagegen auf der Stufe der Lebensgemeinschaften untersuchen, wie sich beispielsweise ein Gift auf den Stoffhaushalt einer solchen Gemeinschaft in einer Meeresbucht auswirkt (unten), benötigt man eine kompliziertere und teurere Ausrüstung, wie diese schwimmenden „Mesokosmen", die ganze Wassersäulen umschließen, zeigen. (Mit freundlicher Genehmigung von David W. Menzel, Direktor des Skidaway Oceanographic Institute.)

man solche vereinfachten Abbilder der Wirklichkeit Modelle, und so ist es an dieser Stelle angebracht, etwas über Modelle zu sagen.

Ein **Modell** – also die vereinfachte Wiedergabe eines Phänomens der realen Welt – dient dazu, komplexe Situationen verstehen und Voraussagen machen zu können. In ihrer einfachsten Form können Modelle verbaler oder graphischer Natur sein, das heißt aus prägnanten Aussagen oder aus Zeichnungen und Diagrammen bestehen. Obwohl wir uns in diesem Buch vorwiegend auf solche „nichtformalisierten" Modelle beschränken werden, lohnt es sich, auch einmal das Grundkonzept formalisierter (formaler) Modelle zu betrachten, denn die Modellbildung spielt in der Ökologie und in der Wissenschaft im allgemeinen eine immer größere Rolle. Personal Computer und eine spezielle Software für die Erstellung mathematischer Modelle ermöglichen es sogar bei nur geringen Kenntnissen in Mathematik und Physik, ökologische Situationen modellhaft darzustellen.

In seiner formalen Version würde ein funktionierendes Modell eines ökologischen Phänomens oder Systems höchstwahrscheinlich die im folgenden aufgeführten fünf Komponenten umfassen (in Klammern stehen die entsprechenden Fachbegriffe der Systemanalytiker):

1. **Eigenschaften** (P; System- oder Zustandsvariablen);
2. **Kräfte** (E; Steuer- oder Führungsgrößen), das heißt außerhalb liegende Energiequellen oder kausale Kräfte, die das System antreiben;
3. **Flüsse** (F; Transferfunktionen), die angeben, wo durch Energie- oder Stofftransfer Systemeigenschaften untereinander beziehungsweise mit den Kräften verbunden sind;
4. **Wechselwirkungen** (I; Interaktionsfunktionen), die aufzeigen, wo Kräfte und Eigenschaften sich gegenseitig beeinflussen und dadurch Flüsse verändern, verstärken oder regeln;
5. **Rückkopplungsschleifen** (L; *feedback loops*), bei denen eine Ausgangsgröße (Output) auf „stromaufwärts" gelegene Komponenten oder Flüsse zurückwirkt.

Bei der Bildung von Modellen beginnt man normalerweise mit der Konstruktion eines Diagramms oder graphischen Schemas – etwa einer „Kompartiment"-Darstellung wie in Abbildung 2.2. Dort sind zwei Eigenschaften $P_1$ und $P_2$ gezeigt, die in I zusammenwirken und so eine dritte Eigenschaft $P_3$ hervorbringen oder beeinflussen, wenn das System von der Kraft E angetrieben wird. Sechs Flußwege sind eingezeichnet, wobei $F_1$ den **Input** (Eintrag) und $F_6$ den **Output** (Austrag) für das Gesamtsystem wiedergibt. Außerdem gibt es eine Rückkopplungsschleife (L), die andeutet, daß der Output oder ein Teil davon zurückgeführt und wieder in das System „eingefüttert" wird (*feedback*) und auf diese Weise einen weiter vorn („stromaufwärts") gelegenen Systembestandteil oder Vorgang beeinflußt oder steuert.

Abbildung 2.2 ließe sich als Modell für die Smogbildung in der Luft über einer großen Stadt wie etwa Los Angeles interpretieren. $P_1$ könnte für Kohlenwasserstoffe, $P_2$ für Stickoxide stehen, zwei Bestandteile von Autoabgasen. Unter Einwirkung des Sonnenlichtes als treibender Kraft E reagieren beide miteinander und bringen eine neue Komponente $P_3$ hervor, nämlich photochemischen Smog. Die Interaktionsfunktion I hat in diesem Fall einen synergistischen, verstärkenden Effekt, denn $P_3$ ist weitaus schädlicher als $P_1$ oder $P_2$ allein. Eine Rückkopplungsschleife ließe sich in das Modell einpassen, wenn man nachweisen könnte, daß mit einem Anstieg des Smoganteils in der Luft die Neubildung von

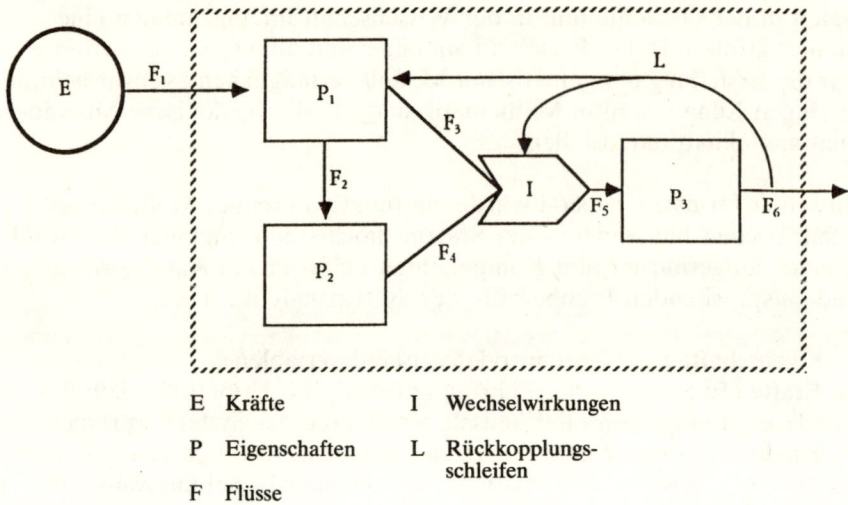

| E | Kräfte | I | Wechselwirkungen |
|---|--------|---|------------------|
| P | Eigenschaften | L | Rückkopplungs-schleifen |
| F | Flüsse | | |

**2.2** Dieses Schema zeigt die fünf Komponenten, die für die Erstellung von Ökosystemmodellen von grundlegender Bedeutung sind.

Smog entweder zu- oder abnimmt. Eine Rückkopplung kann also sowohl positiv als auch negativ sein (und würde in einem Diagramm entsprechend mit einem Plus- oder Minuszeichen gekennzeichnet). Allgemein beschleunigt oder verstärkt eine **positive Rückkopplung** ein System oder einen Prozeß (so wie staatliche Subventionen die wirtschaftliche Entwicklung ankurbeln können), während eine **negative Rückkopplung** einen Prozeß abbremst oder stabilisiert (so wie ein Flächennutzungsplan städtische Entwicklungen in geordnete Bahnen lenkt). Beide Rückkopplungsmechanismen kommen in der Natur häufig vor, wie wir noch sehen werden.

Es wäre auch möglich, Abbildung 2.2 als Modell eines Graslandökosystems zu interpretieren, in dem $P_1$ für die grünen Pflanzen (zum Beispiel Gräser) steht, welche Sonnenenergie (E) in Nahrung umwandeln. $P_2$ wären pflanzenfressende (herbivore) Tiere und $P_3$ Allesfresser, also Tiere, die sich sowohl von Pflanzen als auch von den Pflanzenfressern ernähren. Die Interaktionsfunktion I könnte in diesem Fall mehrere Möglichkeiten repräsentieren. Sie ließe sich zum Beispiel als eine Art „Wechselfunktion" interpretieren, wenn man durch Beobachtungen feststellt, daß sich die Ernährung der Allesfresser jeweils nach der Verfügbarkeit der Pflanzen beziehungsweise Tiere richtet. I könnte auch für einen konstanten Prozentsatz stehen, falls die Nahrung der Allesfresser beispielsweise durchschnittlich 80 Prozent pflanzliche und 20 Prozent tierische Substanz enthält. Und schließlich könnte I einen saisonabhängigen Umschaltmechanismus widerspiegeln, wenn die Allesfresser je nach Jahreszeit von pflanzlicher auf tierische Kost umsteigen.

Diese Beispiele mögen genügen, um die enorme Vielseitigkeit der Modellbildung zu zeigen. Man erhält nicht nur vereinfachte Abbilder der Wirklichkeit, die zum besseren Verständnis eines Systems oder Phänomens beitragen, sondern kann auch hypothetische Testfälle konstruieren, um „Was wäre, wenn?"-Fragen zu beantworten: Was etwa würde geschehen, wenn man diese Eigenschaft herausnähme oder eine andere hinzufügte, wenn man jene Wechselwirkung veränderte, eine Energiequelle abschwächte oder eine Rückkopplung abwandelte? Um Modelle für alle möglichen theoretischen oder praktischen Zwecke nutzen und mit ihnen experimentieren zu können, muß man die graphischen Schemata, die hier erläutert wurden, allerdings in mathematische Modelle umformen, indem man Eigenschaften quantifiziert und für die Flüsse und Wechselwirkungen Gleichungen aufstellt. Wie schon erwähnt, gibt es heute Computerprogramme für derartige Gleichungssysteme, so daß man in der Lage ist, auch mit recht umfangreichen und komplexen Modellen zu arbeiten — doch das ist ein Thema für Fortgeschrittene. Fürs erste genügt es zu verstehen, wie man ganz einfache ökologische Modelle erarbeitet.

# 3. Das Ökosystem

Sir Arthur Tansley (1871−1955), ein englischer Botaniker, zählt zu den Begründern der allerersten ökologischen Gesellschaft, der British Ecological Society. Sein Fachgebiet war die Pflanzenwelt, doch im Gegensatz zu vielen Spezialisten hatte er breitgefächerte Interessen und beschäftigte sich auch mit Geologie, Psychologie, Wissenschaftsphilosophie und wissenschaftlicher Methodenlehre. Er erkannte, daß nicht nur die Tiere von den Pflanzen, sondern in vieler Hinsicht auch die Pflanzen von den Tieren abhängig sind und daß beide in enger Beziehung zur unbelebten Welt stehen. Für Gefüge aus biotischen und abiotischen Komponenten prägte er 1935 den Begriff **Ökosystem**. Die Wahl des Wortes „System" zeigt deutlich, daß Tansley nicht einfach nach einem Sammelbegriff für alles, was in der Vegetation vorkommt, gesucht hatte, sondern nach einem passenden Namen für ein organisiertes Ganzes. Die zugrundeliegende Idee war − in seinen Worten − »die Vorstellung von einer Entwicklung auf ein Gleichgewicht zu, das vielleicht niemals vollständig erreicht wird, an das aber eine Annäherung stattfindet, sobald die einwirkenden Faktoren lange genug konstant und stabil bleiben« (Tansley 1935). Tansleys Wortschöpfung fand in der Ökologie erst nach seinem Tod allgemeine Verwendung, und erst in jüngster Zeit ist der Begriff „Ökosystem" in die Alltagssprache eingegangen.

## Ökosystemmodelle

Wie alle Arten und Ebenen von biologischen Systemen (Biosystemen) sind auch Ökosysteme offene Systeme. Sie stehen also in ständigem Austausch mit der Umgebung, auch wenn ihre äußere Erscheinung und ihre grundlegenden Funktionen für lange Zeit konstant bleiben können. Einträge („Inputs") und Austräge („Outputs") stellen − wie schon im allgemeinen Modell eines Systems in Abbildung 2.2 angedeutet − wesentliche Bestandteile des Gesamtkonzepts dar. Abbildung 3.1 zeigt ein graphisches Modell eines Ökosystems; es besteht aus einem Kasten, den wir **System** nennen wollen − also dem Bereich, für den wir uns interessieren −, und zwei großen „Trichtern", die für die „eintragliefernde Umgebung" (*input environment*) und die „austragaufnehmende Umgebung" (*output environment*) stehen. Das System kann willkürlich abgegrenzt werden (je nachdem, was zweckdienlich oder gerade von besonderem Interesse ist) − ein Waldstück oder ein Strandabschnitt wären Beispiele −, doch ebensogut können seine Grenzen auch natürlich sein, wie etwa das Ufer eines Sees, wenn der gesamte See das System sein soll.

Ein unbedingt erforderlicher Input ist Energie, und für die Biosphäre stellt die Sonne die primäre Energiequelle dar. Die meisten natürlichen Ökosysteme werden unmittelbar von ihr unterhalten. Für viele Ökosysteme sind aber noch weitere Energiequellen wichtig – zum Beispiel Wind, Regen, Wasserströmungen oder auch Brennstoffe (die bedeutendste Energiequelle moderner Städte). Gleichzeitig verläßt Energie das System: als Wärme oder in anderweitig umgewandelter oder verarbeiteter Form, zum Beispiel als organisches Material (wie Nahrung und Abfallprodukte) oder als Schadstoff. Wasser, Luft und lebensnotwendige Nährstoffe werden gemeinsam mit allen möglichen anderen Materialien vom Ökosystem aufgenommen und wieder abgegeben, und selbstverständlich wandern auch Lebewesen und ihre Ausbreitungsformen (Samen und andere reproduktive Stadien) in das System ein (Immigration) oder verlassen es (Emigration).

In Abbildung 3.1 ist der Systemteil des Ökosystems als **black box** dargestellt – also als eine Einheit, deren allgemeine Rolle oder Funktion sich auch ohne Kenntnis ihrer inneren Bestandteile einschätzen läßt. Wir aber wollen in diesen Kasten hineinsehen, um herauszufinden, wie er im Inneren organisiert ist und was mit den verschiedenen Einträgen geschieht. Die Bestandteile eines Ökosystems sind modellhaft in Abbildung 3.2 gezeigt (und in bildhafter Form in den Abbildungen 3.4 und 3.5).

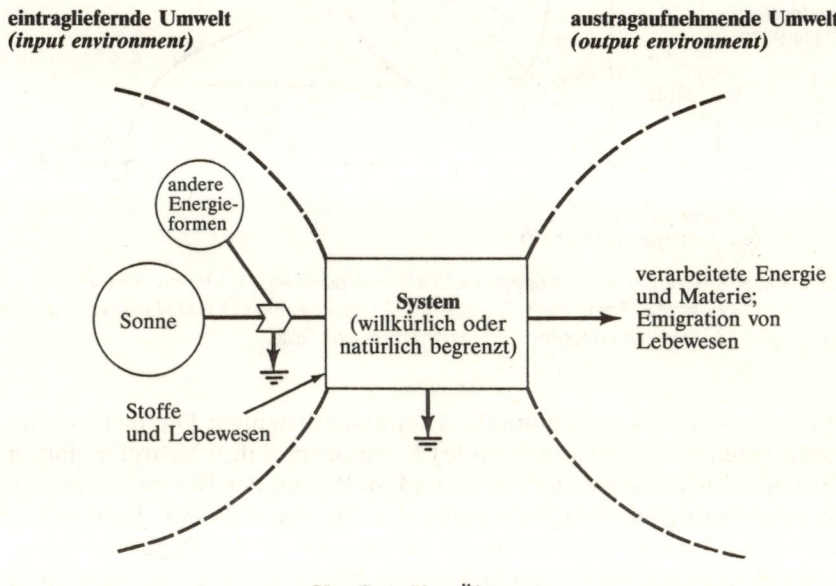

**eintragliefernde Umwelt**
*(input environment)*

**austragaufnehmende Umwelt**
*(output environment)*

andere Energieformen

Sonne

System (willkürlich oder natürlich begrenzt)

verarbeitete Energie und Materie; Emigration von Lebewesen

Stoffe und Lebewesen

$$eU + S + aU = \text{Ökosystem}$$

**3.1** Modell eines Ökosystems als offenes System im thermodynamischen Ungleichgewicht. Die Umgebung, die Inputs liefert und Outputs aufnimmt, ist als integraler Bestandteil des Ökosystemkonzepts anzusehen.

In Abbildung 3.2 sind den einzelnen Kompartimenten des Modells verschiedene Symbole zugeordnet, wie sie von H. T. Odum (1971) für die Darstellung von Stoff- und Energieflüssen entwickelt wurden. Diese Symbole sind in Abbildung 3.3 zusammengefaßt. Kreise stellen erneuerbare Energiequellen dar, die an einer Seite abgerundeten Rechtecke repräsentieren autotrophe (siehe unten), die Sechsecke heterotrophe Organismen. Das in Abbildung 3.3 unter dem Sechseck dargestellte zisternenförmige Symbol steht für Speicherung, und die „geerdeten" Pfeile bedeuten Energieverlust durch Wärmeabgabe (Wärmesenken, *heat sinks*). Diese graphischen Symbole werden auch in anderen Modelldarstellungen in diesem Buch verwendet.

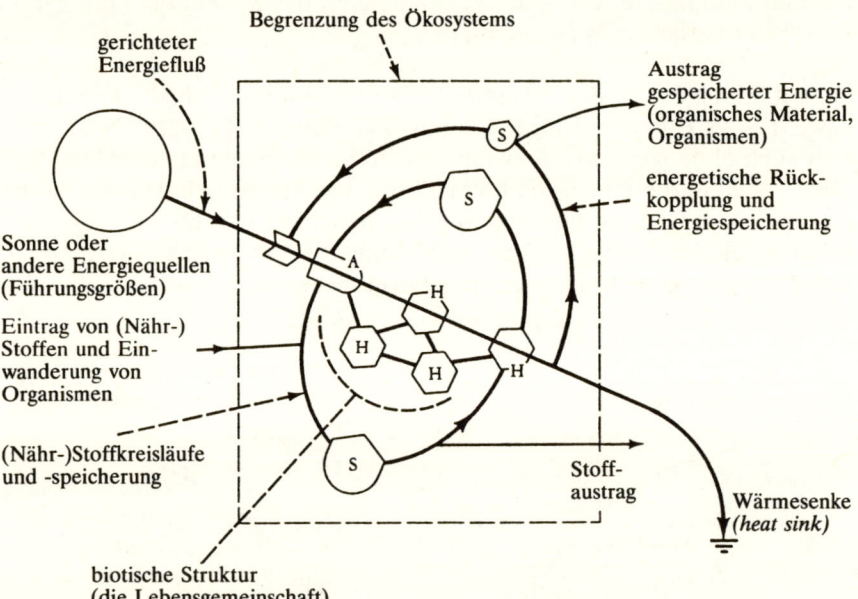

**3.2** Funktionsdiagramm eines Ökosystems. Der Schwerpunkt liegt auf der inneren Dynamik des Systems. Dabei spielen Energiefluß, Stoffkreisläufe, Speicherung (S) und Nahrungsnetze mit autotrophen (A) und heterotrophen (H) Organismen eine Rolle.

Man unterscheidet zwei biotische Hauptkomponenten: Die eine ist die **autotrophe** (sich selbst ernährende) Komponente; ihre Vertreter sind in der Lage, Lichtenergie zu fixieren und im Prozeß der Photosynthese aus einfachen anorganischen Substanzen (zum Beispiel Wasser, Kohlendioxid und Nitraten) Nahrungsstoffe aufzubauen. In der Regel wird die autotrophe Komponente von den grünen Pflanzen – also der Vegetation an Land sowie Wasserpflanzen und Algen in aquatischen Lebensräumen – gebildet. Diese Organismen können als die **Produzenten** angesehen werden. Wie Abbildung 3.4 andeutet, bilden sie im Bereich der stärksten Sonneneinstrahlung eine obere „grüne Zone" (autotrophe Schicht).

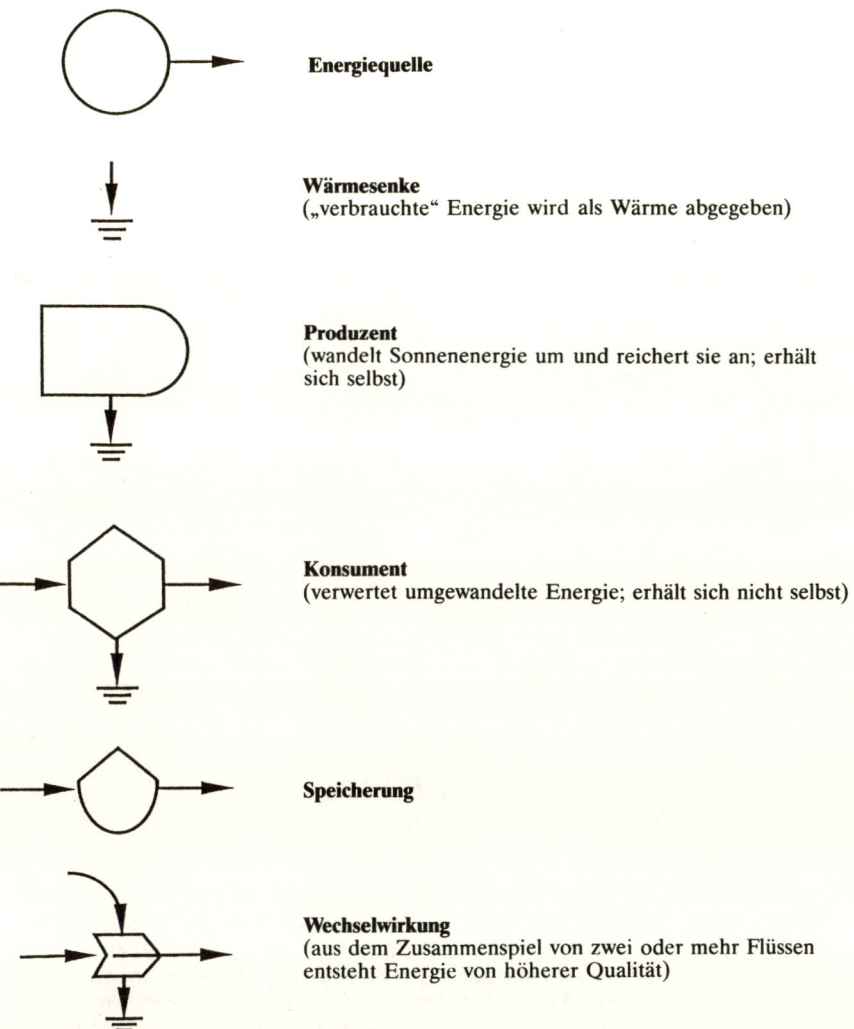

**3.3** Die von H. T. Odum entwickelten Symbole für den Energiefluß, wie sie in den Modelldarstellungen in diesem Buch verwendet werden.

Die zweite Haupteinheit ist die **heterotrophe** (sich von anderen ernährende) Komponente, welche die von den Autotrophen produzierten komplexen Stoffe verwertet und dabei umbaut und zersetzt. Pilze, photosynthetisch nicht aktive Bakterien und andere Mikroorganismen sowie die Tiere – und der Mensch – gehören zu den Heterotrophen, die ihre Aktivitäten vornehmlich in und im Umfeld der „braunen Zone" von Boden und Sediment unter dem grünen Blätterdach entfalten. Diese Organismen können als **Konsumenten** angesehen werden, da sie nicht in der Lage sind, ihre Nahrung selbst zu synthetisieren, sondern sich von anderen Organismen ernähren müssen. Das Modell in Abbildung 3.2

zeigt, wie die autotrophe (A) und die heterotrophe (H) Komponente über ein Netz von Energieflüssen verbunden sind, das man als **Nahrungsnetz** bezeichnet. Mit Nahrungsnetzen werden wir uns in Kapitel 4 noch ausführlicher beschäftigen.

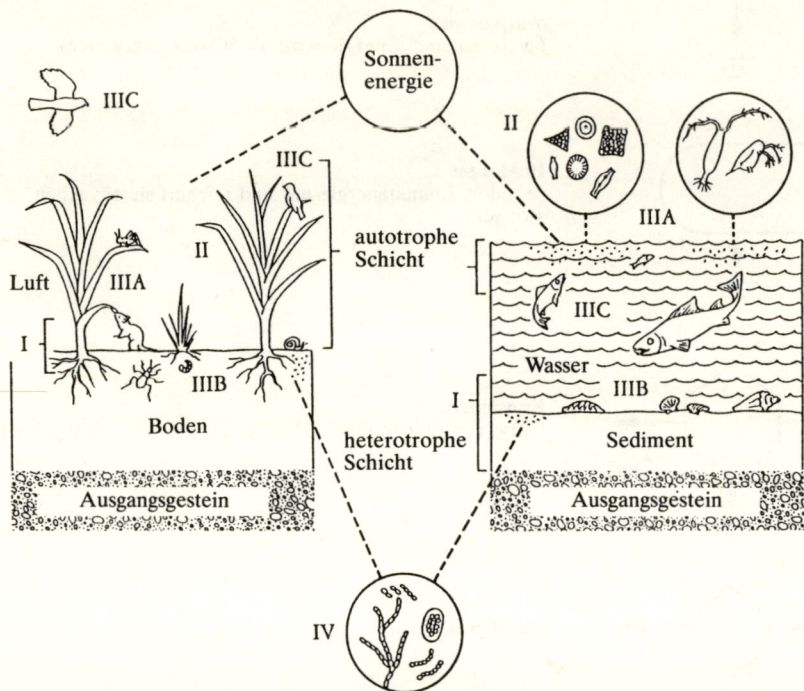

**3.4** Zwei autotrophe Ökosysteme, die ihre Energie von der Sonne erhalten. Verglichen werden hier in Grundzügen ein terrestrisches und ein aquatisches Ökosystem (Wiese und Teich). Folgende Komponenten oder Funktionseinheiten sind notwendig: I. abiotische Substanzen (wichtige organische und anorganische Verbindungen); II. Produzenten (Vegetation an Land, Phytoplankton im Wasser); III. Makrokonsumenten oder Tiere: A. Konsumenten der Primärproduktion oder Herbivore (Feldheuschrecken, Feldmäuse und so weiter an Land, Zooplankton im Wasser), B. detritusfressende Konsumenten oder Saprovore (bodenlebende Invertebraten an Land, sedimentbewohnende Invertebraten im Wasser), C. Carnivore (Fleischfresser) oder „Topcarnivore", also Konsumenten, die sich von Herbivoren oder anderen Carnivoren ernähren (Greifvögel, Raubfische); IV. Destruenten oder Zersetzer (Bakterien und Pilze).

Es ist oft zweckmäßig, die heterotrophen Organismen nach ihren Nahrungsquellen weiter zu unterteilen. **Herbivore** (*grazers*) oder Primärkonsumenten ernähren sich von Pflanzen, **Carnivore** oder Sekundärkonsumenten (auch als Räuber oder Prädatoren bezeichnet) von anderen Tieren; **Omnivore** fressen sowohl Pflanzen als auch Tiere, und **Saprovore** beziehungsweise **Destruenten** (vor allem Mikroorganismen) leben von totem organischem Material. (Statt von Herbi-, Carni- und Saprovoren kann man auch von Phyto-, Zoo- und Saprophagen sprechen.)

Diese ökologische Klassifizierung der biotischen Komponenten beruht also auf der Ernährungsweise oder − anders formuliert − auf der vorrangig genutzten Energiequelle. Sie hat nichts mit der taxonomischen Klassifizierung der Arten zu tun. (Es gibt allerdings Parallelen, da die drei Ernährungsweisen − Photosynthese, Fressen von pflanzlicher oder tierischer Nahrung (Ingestion) und Absorption − jeweils in den (taxonomischen) Reichen der Pflanzen, Tiere und Pilze vorherrschen.) Die ökologische Klassifikation beruht auf der Funktion, nicht auf der Spezies. Viele Arten nutzen mehr als eine Energiequelle, und andere können ihre Ernährungsweise umstellen. Manche Algen beispielsweise vermögen zwischen Autotrophie (bei Sonnenlicht) und Heterotrophie (wenn ihnen organisches Material zur Verfügung steht) hin- und herzuwechseln.

## Wiese und Teich

Terrestrische und aquatische Ökosysteme stellen gegensätzliche Typen dar, deren grundlegende Gemeinsamkeiten und Unterschiede die Abbildung 3.4 verdeutlicht. Landökosysteme und Wasserökosysteme werden typischerweise von verschiedenartigen Organismen besiedelt (obwohl manche Arten, wie etwa Enten, in beiden Ökosystemen zu Hause sind und andere, zum Beispiel Laubfrösche und Salamander, beim Übergang von einem Entwicklungsstadium in ein anderes auch von einem Ökosystem ins andere überwechseln). Trotz großer Unterschiede in der Artenzusammensetzung sind die grundlegenden ökologischen Komponenten in beiden Ökosystemen vorhanden und wirken in der gleichen Weise. An Land sind die vorherrschenden Autotrophen in der Regel höhere Pflanzen − von Gräsern und Kräutern, die trockene Gebiete oder frisch umbrochenes Gelände besiedeln, bis hin zu mächtigen Waldbäumen, die an feuchtere Standorte angepaßt sind. In Flachwasserzonen, also etwa in Ufernähe eines Teiches, auf Feuchtwiesen oder überschwemmten Flächen findet man ebenfalls höhere Pflanzen (Rohrkolben, Seerosen, Sumpfdotterblumen), doch in den ausgedehnten Freiwasserzonen von Teichen, Seen und Ozeanen stellen mikroskopisch kleine, schwebende Pflanzen die autotrophe Komponente; zu diesem **Phytoplankton** (vom griechischen *phyton* für „Pflanze" und *plagktos* für „umherschweifend") gehören verschiedene Arten von Algen und anderen photosynthetisch aktiven Mikroorganismen.

Wegen der Größenunterschiede der Pflanzen kann sich deren **Biomasse** (Lebendgewicht) oder *standing crop* (die „stehende Ernte") in terrestrischen und aquatischen Systemen sehr stark voneinander unterscheiden. In einem Wald kann die pflanzliche Biomasse 10 000 Gramm Trockengewicht oder mehr je Quadratmeter betragen, während sie im freien Wasser von Teichen, Seen und Ozeanen bei fünf Gramm oder weniger liegt. Allerdings sind fünf Gramm Phytoplankton in der Lage, in einem bestimmten Zeitraum ebensoviel Nahrung zu erzeugen wie 10 000 Gramm großer Pflanzen, wenn der Eintrag an Licht und Nährstoffen gleich groß ist. Dies liegt zum einen daran, daß die Stoffwechselrate (Stoffumsatz pro Gewichtseinheit) bei kleinen Organismen wesentlich höher ist als bei großen. Zudem bestehen große Landpflanzen wie zum Beispiel Bäume vor allem aus verholztem Gewebe, das photosynthetisch kaum aktiv ist; nur die Blätter betreiben Photosynthese, und diese machen in Wäldern nur ein bis fünf Prozent der gesamten pflanzlichen Biomasse aus. Die Menge an lebender Substanz (die Biomasse) eines Ökosystems ist also nicht notwendigerweise ein Indikator für die Produktivität dieses Systems.

In diesem Zusammenhang ist es sinnvoll, das Konzept des Umsatzes (*turnover*) einzuführen, das eine erste Verbindung zwischen Struktur und Funktion herstellt. Der **Umsatz** läßt sich als Verhältnis des Bestands (also der zu einem bestimmten Zeitpunkt vorhandenen Menge) einer biotischen oder abiotischen Komponente zu der Geschwindigkeit, mit der dieser Bestand erneuert wird, darstellen (man spricht dann von **Umsatzzeit**). Wenn zum Beispiel die Biomasse eines Waldes 20 000 Gramm pro Quadratmeter beträgt und pro Jahr 1000 Gramm neu gebildet werden, dann entspricht das Verhältnis von 20:1 einer Umsatzzeit von 20 Jahren. Der Kehrwert, also $1/20 = 0,05$, ist die **Umsatzrate** (*turnover rate*). In einem Teich mißt man die Umsatzzeit für Phytoplankton eher in Tagen als in Jahren.

Die Unterschiede zwischen Land- und Wasserökosystemen in Biomasse und Umsatzzeit spiegeln sich auch in der Art und Weise wider, wie wir

---

### Fischfang in leeren Meeren

Es ist äußerst wichtig, die Zeit zu berücksichtigen, die zur Wiederauffüllung lebender und anderer Ressourcen erforderlich ist. Wir können unmöglich über einen längeren Zeitraum hinweg schneller Fische aus dem Meer oder Wasser aus einem Brunnen entnehmen, als diese „Rohstoffe" ersetzt werden. Aber genau das tun wir an vielen Stellen. Theoretisch sollte unser ökonomisches System solche Prozesse, die in einer Sackgasse enden, korrigieren, da bei einer Verknappung der Ressourcen die Preise steigen und folglich weniger konsumiert wird. In der Praxis jedoch erhöht der Preisanstieg die Profite aus Fischfang oder Wasserförderung, und die Ausbeutung geht bis zum bitteren Ende weiter (wie es zum Beispiel beim Walfang für einige Arten zur Zeit der Fall ist), sofern wir nicht mit politischen oder juristischen Maßnahmen intervenieren. Derartige Interventionen sind nicht undemokratisch; wir führen sie stets dann durch, wenn das Gemeinwohl, das öffentliche Interesse oder die Umweltqualität bedroht sind. Wie wir in diesem Buch immer wieder betonen werden, funktioniert die Marktwirtschaft bei der Verteilung der vom Menschen gestellten Güter und Dienstleistungen gut, doch bei vielen natürlichen Ressourcen versagt sie.

Nahrung und andere Produkte aus ihnen gewinnen. An Land nimmt die pflanzliche Biomasse meist mit der Zeit zu − bei Feldfrüchten im Zuge einer Vegetationsperiode, bei einem Wald über viele Jahre hinweg −, so daß die beste Zeit für die Ernte erreicht ist, wenn sich eine große oder die maximal erreichbare *standing crop* angesammelt hat. Aus diesem Grunde werden menschliche Grundnahrungsmittel an Land in Form von Pflanzen produziert (Getreide, Gemüse und so weiter). In den Ozeanen dagegen erfolgt der Umsatz auf der autotrophen Ebene so schnell, daß sich auf dieser Stufe wenig Biomasse anhäuft. Was sich im Meer ansammelt, ist tierische Biomasse (Krebstiere, Fische, Wale und so fort), und deshalb sind es im wesentlichen Tiere, die wir dem Meer für unsere Ernährung entnehmen.

### Heterotrophe Ökosysteme

In natürlichen und naturnahen Landschaften, die aus einer Vielzahl verschiedener Ökosysteme bestehen (zum Beispiel aus Wäldern, Wiesen, Äckern, Seen, Tümpeln und Bächen), halten sich gewöhnlich autotrophe und heterotrophe Aktivität insgesamt betrachtet die Waage; die produzierte organische Substanz wird im Jahreszyklus für Wachstum und Unterhalt verbraucht. Manchmal übersteigt die Produktion den Verbrauch, und dann kann organisches Material gespeichert (zum Beispiel als Torf in einem Moor) oder in ein anderes Ökosystem oder einen anderen Landschaftstyp exportiert werden (wie beim Ackerbau). Im Gegensatz dazu verbrauchen Städte (und industrialisierte Regionen allgemein) wesentlich mehr Nahrungsmittel und organische Stoffe, als sie herstellen; sie sind demnach als heterotrophe Ökosysteme einzustufen. Abbildung 3.5 vergleicht eine Austernbank, ein natürliches heterotrophes Ökosystem, mit einer Stadt: Beide müssen ihre Nahrung und sonstige Energie von außerhalb beziehen. Es fällt auf, daß die Stadt pro Tag und Flächeneinheit sehr viel mehr Energie benötigt als die Austernbank (im dargestellten Beispiel 70mal soviel). Gegen die Heterotrophie unserer Städte ist im Prinzip nichts einzuwenden − solange sie mit geeigneten autotrophen Systemen in Verbindung stehen, die ihnen die erforderliche Nahrung und sonstige Energie (und natürlich Rohstoffe) liefern können und gleichzeitig in der Lage sind, den gewaltigen Ausstoß an Abfallprodukten, den eine Stadt produziert, zu assimilieren. Die vollkommene Abhängigkeit der Städte von ihrem natürlichen oder kultivierten Umland und die Vorstellung von der Stadt als Parasit wurden schon in Kapitel 1 herausgestellt.

Damit kommen wir zum Ausgangsthema dieses Buches zurück: die natürliche Umwelt als Versorgungs- und Lebenserhaltungseinheit des Raumschiffes Erde. Da, wie schon erwähnt, die Kapazität der Natur, unsere ständig weiter expandierenden und immer anspruchsvolleren Städte zu unterhalten, vielerorts schon bis an ihre Grenzen ausgelastet

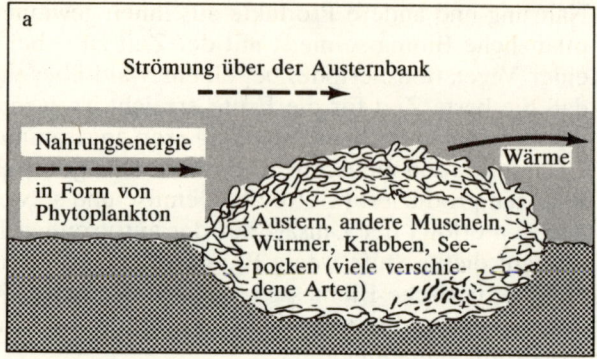

Seitenansicht

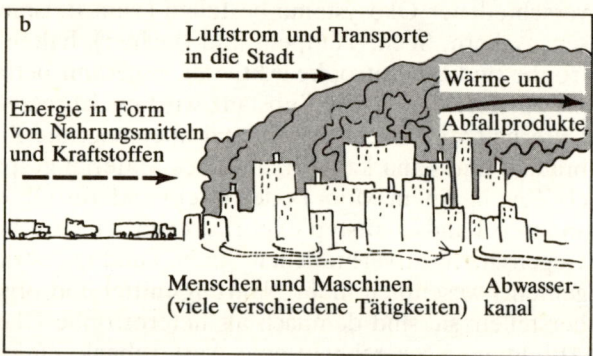

**3.5** Heterotrophe Ökosysteme: a) Eine „Stadt" in der Natur, eine Austernbank, ist von der Zufuhr von Nahrungsenergie aus einem großen „Umland" abhängig; b) eine große Industriestadt wird durch einen gewaltigen Einstrom von Nahrungsmitteln und Kraftstoffen unterhalten, dem ein entsprechend großer Ausstoß von Abfallprodukten und Wärme gegenübersteht. Der Energiebedarf pro Quadratmeter ist 70mal so hoch wie bei einer Austernbank; er liegt bei ungefähr 4000 Kilokalorien pro Tag oder 1,5 Millionen Kilokalorien pro Jahr.

ist, kommen wir nicht mehr umhin, über eine Umgestaltung der Städte nachzudenken, um die Abhängigkeit zu verringern (Input-Management, wie in Kapitel 1 ausgeführt). Recycling von Wasser und Abfällen, direkte Nutzung der Sonnenenergie zur Heizung und Stromerzeugung, vielleicht auch Lebensmittelanbau auf Dächern, gehören zu den Methoden, die in größerem Umfang als bisher eingesetzt werden müssen. Sogar die Marktwirtschaft kann hierbei von Nutzen sein, denn mit Abwasserreinigung, Recycling und Sonnenenergiegewinnung läßt sich durchaus Geld verdienen.

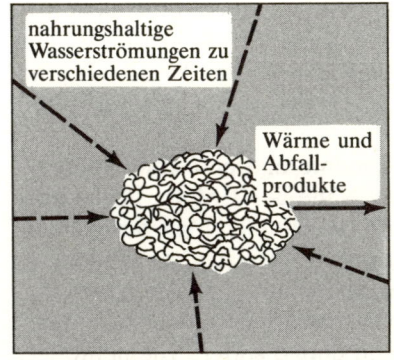

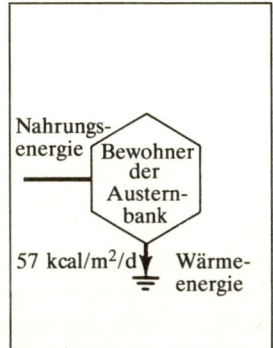

Aufsicht

Energiefluß
(Kilokalorien pro Quadratmeter und Tag)

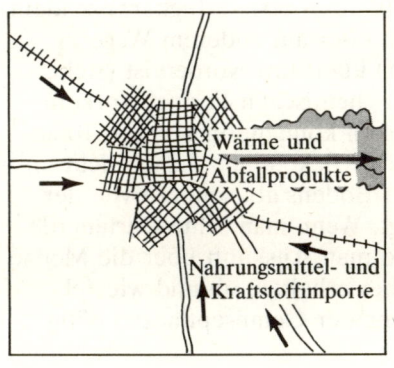

## Abiotische Komponenten

In Abbildung 3.2 wurden (in vereinfachter Form) die beiden abiotischen Grundfunktionen dargestellt, auf denen die Funktionstüchtigkeit eines jeden Ökosystems beruht: der **Energiefluß** und die **Stoffkreisläufe**. Energie fließt von der Sonne oder einer anderen externen Quelle durch die Lebensgemeinschaft und ihr Nahrungsnetz und verläßt das Ökosystem in Form von Wärme, organischem Material oder Lebewesen, die innerhalb dieses Systems produziert wurden. Obwohl Energie gespeichert und später genutzt werden kann, ist der Energiefluß insofern eine Einbahnstraße, als Energie, die verbraucht, also von einer Form in eine andere überführt worden ist (beispielsweise Sonnenlicht in Nahrung), sich nicht erneut nutzen läßt; nur wenn weiterhin Sonnenlicht einfällt, kann die Nahrungsproduktion andauern. Warum dies so ist, wird in Kapitel 4 erklärt werden. Im Gegensatz dazu können chemische Stoffe – die Elemente und ihre Verbindungen – immer wieder verwendet werden, ohne ihre Brauchbarkeit einzubüßen. In einem wohlgeordneten Ökosystem bewegen sich viele dieser Stoffe in einem Kreislauf zwischen biotischen und abiotischen Komponenten. Diese **biogeochemischen Kreisläufe** sind Thema des fünften Kapitels.

Von der großen Zahl der chemischen Elemente und einfachen anorganischen Verbindungen, die an oder in der Nähe der Erdoberfläche vorkommen, sind nur einige lebensnotwendig (essentiell). Man bezeichnet sie als **biogene Nährstoffe**. Wie nicht anders zu erwarten ist, werden diese in lebenden Systemen in stärkerem Maße zurückgehalten und wiederverwertet als die nichtessentiellen Nährstoffe. Kohlenstoff, Wasserstoff, Stickstoff, Phosphor, Calcium und einige andere Elemente werden in relativ großen Mengen benötigt und heißen deshalb **Makronährelemente** oder **Grundnährstoffe**. Sie kommen reichlich in Form einfacher Verbindungen wie Kohlendioxid, Wasser und Nitrat vor, die für Organismen leicht zugänglich sind, jedoch gibt es auch chemische Formen, die nicht ohne weiteres genutzt werden können. Zum Beispiel wird der gasförmige Stickstoff der Luft für Pflanzen erst verfügbar, nachdem er durch spezialisierte Mikroorganismen oder auf anderem Wege in anorganische Salze (Nitrat, Ammonium) überführt worden ist (siehe Kapitel 5). Phosphor kann im Boden in chemischen Formen vorkommen, die Pflanzenwurzeln nicht aufnehmen können; ob also die Tomatenpflanzen im Garten genügend Phosphor bekommen, hängt nicht unbedingt vom Gesamtphosphorgehalt des Bodens ab, sondern von der Menge, die in verfügbarer Form vorliegt. Wenn man seine Gartenerde von einem Labor untersuchen läßt, wird man Auskunft über die Menge der verfügbaren Nährstoffe sowie darüber erhalten, ob und wieviel Dünger für eine ausreichende Versorgung der Gemüsepflanzen nötig ist.

Andere Elemente, die genauso wichtig wie die Grundnährstoffe sind, von Organismen aber nur in kleinen Mengen benötigt werden, heißen **Mikronährelemente** oder **Spurenelemente**. Etwa ein Dutzend von ihnen sind für Pflanzen und die meisten Tiere essentiell, darunter etliche Metallionen wie Eisen, Magnesium, Mangan, Zink, Kobalt und Molybdän. Von anderen weiß oder vermutet man, daß sie für einzelne Organismengruppen essentiell sind. Art und Menge der für die menschliche Gesundheit notwendigen Spurenelemente sind nicht vollständig bekannt, und zur Zeit wird darüber viel debattiert und geforscht. Während für eine gute Getreideernte pro Hektar Land jeweils 50 bis 150 Kilogramm der Makronährelemente wie Stickstoff, Phosphor und Kalium erforderlich sind, ist von den meisten Spurenelementen weniger als 0,1 Kilogramm ausreichend. Da allerdings viele Spurenelemente an der Erdoberfäche selten vorkommen, treten gelegentlich Versorgungsengpässe auf, welche die Produktivität eines Ökosystems in gleichem Maße wie ein Mangel an Makronährelementen herabsetzen können. Ohne Molybdän beispielsweise sind die obenerwähnten Mikroorganismen nicht in der

Lage, den atmosphärischen Stickstoff in die für Pflanzen verwertbaren Verbindungen Ammonium oder Nitrat umzuwandeln.

Kohlenhydrate (zum Beispiel Zucker, Stärke und Cellulose), Proteine (und ihre Bausteine, die Aminosäuren) sowie Lipide (etwa Fette und Öle), aus denen die Körper aller lebenden Organismen bestehen, sind in der Umwelt auch in nichtlebender Form weit verbreitet. Zusammen mit Hunderten von weiteren komplexen Verbindungen bilden sie die organische Komponente der abiotischen Umwelt. Die wichtigen Rollen, die sie als Rückkopplungs-(Feedback-)Regulatoren spielen, werden wir später besprechen.

Bei der Zersetzung von toten Organismen bilden sich feinverteilte Fragmente und Material, das sich allmählich auflöst; zusammenfassend spricht man hier von **organischem Detritus** (vom lateinischen *deterere* für „abreiben", „abnutzen"; in der Geologie bezeichnet man mit „Detritus" auch Verwitterungsprodukte). Da die pflanzliche Biomasse die tierische gewöhnlich überwiegt und da Pflanzen in der Regel langsamer zersetzt werden als die Überreste von Tieren, ist der Anteil an pflanzlichem Material im Detritus normalerweise wesentlich höher als der tierischen Ursprungs. Organischer Detritus stellt nicht nur eine Nahrungsquelle für die Saprovoren dar, sondern verbessert auch die Bodenstruktur und begünstigt die Zurückhaltung von Wasser und Mineralien (deshalb sind Mulch und Kompost gut für den Garten). Ökologen verwenden für die beiden Arten von Detritus, die man gewöhnlich unterscheidet, oft die Abkürzungen **DOM** und **POM** (gelöstes (*dissolved*) und partikuläres (*particulate*) organisches Material).

Mit fortschreitender Zersetzung organischen Materials entstehen als **Humus** oder **Huminstoffe** bezeichnete Substanzen, die einem weiteren Abbau oft widerstehen und deshalb eine Zeitlang als Strukturbestandteile des Ökosystems erhalten bleiben können. Humus ist die dunkle, gelbbraune amorphe oder kolloide Substanz, die in Böden und Sedimenten leicht zu erkennen ist und im Wasser von Flüssen und Seen suspendiert vorliegt (besonders auffällig in Sümpfen und Mooren). Huminstoffe sind chemisch sehr schwer zu charakterisieren. Für diejenigen, die mit den Grundlagen der organischen Chemie vertraut sind, sei gesagt, daß sie aus einem polyzyklischen, aromatischen, teils stickstoffhaltigen Ringsystem mit phenolischen Hydroxyl- und Carboxylgruppen bestehen, mit dem als Seitenketten Proteine und Polysaccharide verknüpft sind. Die Rolle der Huminstoffe in Ökosystemen ist noch nicht völlig klar, aber man weiß, daß sie – abhängig von anderen Umweltfaktoren – das Pflanzenwachstum anregen oder hemmen können. Unter bestimmten Bedingungen, wie sie in vergangenen geologischen Zeitaltern gegeben waren, wird organisches Material zuerst in Torf und dann in Kohle, Erdöl und andere fossile Brennstoffe umgewandelt, von denen unsere heutigen Industriegesellschaften abhängig sind.

Leider haben die industriellen Nebenprodukte, einschließlich der (aus Erdöl hergestellten) Petrochemikalien, in den letzten Jahrzehnten an Menge und Giftigkeit deutlich zugenommen, und die Techniken zur Bewältigung des Abfalls entsprechen nicht unseren Fähigkeiten, toxische Substanzen zu produzieren. Auf das Problem des Gift- oder Sondermülles werden wir in Kapitel 5 näher eingehen.

Die dritte Kategorie des abiotischen Anteils am *input environment* eines Ökosystems bilden die physikalischen Faktoren. Sie bestimmen die Existenzbedingungen der Lebensgemeinschaft. Das Klima (zum Beispiel Temperatur, Niederschlagsmenge und Luftfeuchtigkeit), die physikalisch-chemische Beschaffenheit von Boden und Wasser (unter anderem Salzgehalt und pH) und das geologische Material des Untergrundes gehören zu den Faktoren, die in wesentlichen Zügen festlegen, welche Arten von Organismen vorkommen können, und indirekt auch darüber bestimmen, wie die Lebensgemeinschaften aufgebaut sind und wie gut sie die verfügbare Energie und andere Ressourcen nutzen können.

Die Biosphäre ist durch eine Reihe von **Gradienten** oder **Zonierungen** der physikalischen Faktoren charakterisiert. Als Beispiele seien die **Temperaturgradienten** zwischen der Arktis und den Tropen oder zwischen Berggipfeln und Tälern, die **Luftfeuchtigkeitsgradienten** (von feucht bis trocken), die entlang der Hauptwetterzonen bestehen, und die **Tiefengradienten** zwischen den Ufern eines Gewässers und seinem Grund genannt. Häufig verändern sich die Bedingungen und die an sie angepaßten Organismen entlang eines Gradienten allmählich, aber vielfach ist der Wechsel auch sehr abrupt, wie etwa an Waldrändern oder in der Gezeitenzone des Meeres. Solche Übergangszonen zwischen verschiedenen Gemeinschaften werden **Ökotone** genannt. Sie sind wegen ihrer hohen Zahl verschiedener Pflanzen- und Tierarten oft von besonderem Interesse. Im Ökoton zwischen Wald und Feld (oder Wiese) findet man zum Beispiel mehr Vogelarten als im Inneren des Waldes oder auf dem Feld. Ökologen bezeichnen dies als **Randeffekt**.

### Die Lebensgemeinschaft

Wir wissen alle, daß nicht nur die physikalischen Existenzbedingungen – ob es also warm oder kalt, feucht oder trocken ist – darüber entscheiden, welche Arten von Lebewesen man in ländlichen oder städtischen Regionen einzelner Gebiete der Erde findet, sondern auch die geographische Lage. Jede größere Landmasse und jeder Ozean besitzt eine eigene Flora und Fauna. Aus diesem Grunde rechnen wir lediglich in Australien mit Känguruhs und erwarten Kolibris und Kakteen nur in der Neuen Welt, nicht aber in der Alten. Auch haben sich auf den einzelnen Kontinenten verschiedene Menschenrassen entwickelt, die wiederum je nach geographischer Lage unterschiedliche Kulturpflanzen und Nutztiere in Gebrauch nahmen. Im Hinblick auf die Gesamtstruktur und -funktion von Ökosystemen müssen wir uns lediglich klarmachen, daß die biotischen Einheiten (also Arten und so weiter), die zur Eingliederung in eine Lebensgemeinschaft zur Verfügung stehen, sich mit der geographischen Lage ändern. (Tabelle 2.1 führt die „biogeographische Region" als eine der großen Stufen in der ökologischen Hierarchie auf.)

Weniger gut bekannt ist, daß sich in verschiedenen Teilen der Erde, die ähnliche physikalische Umweltbedingungen aufweisen, ökologisch ähnliche Arten oder **„ökologische Äquivalente"** finden. Die Graslandgesellschaften in Gebieten Australiens mit gemäßigtem, semiaridem Klima umfassen andere Arten als jene in klimatisch ähnlichen Regionen Nordamerikas, aber sie erfüllen dieselbe wichtige Funktion als Produzenten im Ökosystem. Ebenso sind die Känguruhs, die auf australischem Grasland weiden, ökologische Äquivalente der Antilopen und Bisons (oder der Rinder, durch die sie ersetzt wurden) des nordamerikanischen Graslandes, da sie im Ökosystem eine ähnliche funktionelle Stellung einnehmen. Ökologen verwenden den Begriff **Habitat**, um den Ort zu bezeichnen, an dem man eine Art finden kann, und den Begriff **ökologische Nische**, wenn sie die ökologische Rolle eines Organismus in seiner Lebensgemeinschaft meinen. Das Habitat ist sozusagen die „Adresse" (sie gibt an, wo ein Organismus lebt), und die Nische ist der „Beruf" (sie gibt an, wie er lebt und in welcher Beziehung er zu anderen Organismen steht). Man kann also sagen, daß Känguruh, Bison und Rind, obwohl sie genetisch nicht besonders nah verwandt sind, in Graslandökosystemen ähnliche Nischen besetzen (also ökologische Äquivalente darstellen). (Wie Größe, Überschneidung und andere Dimensionen ökologischer Nischen abzugrenzen und zu messen sind, ist in der Ökologie eine vieldiskutierte Frage.)

Pflanzen und Tiere – einschließlich des Menschen – bleiben nicht immer an ihrem angestammten Platz, sondern dringen häufig in neue Gebiete und Habitate vor oder werden dorthin verschleppt. Stärker als alle anderen Lebewesen haben Menschen – wo immer sie sich niedergelassen haben – die Zusammensetzung der vorhandenen Lebensgemeinschaften verändert. Dies geschah nicht nur durch Umgestaltung des jeweiligen Lebensraumes, sondern auch durch die absichtliche oder unabsichtliche Ausrottung ursprünglicher und die Einführung oder Einschleppung neuer Arten. Unabhängig davon, ob eine neueingeführte Art eine andere mit derselben ökologischen Nische verdrängt oder ob eine vorher nicht besetzte Nische belegt wird, können die Folgen für das Funktionieren des Ökosystems insgesamt neutral, positiv oder negativ sein. Als die Prärien des amerikanischen Mittelwestens in landwirtschaftliche Nutzflächen umgewandelt wurden (nachdem europäische Siedler die eingeborenen Indianer vertrieben und fast vollständig ausgerottet hatten), war das einheimische Präriehuhn nicht in der Lage, sich an die weitgehend veränderte Umwelt anzupassen, aber der eingeführte

Ringfasan, der an die Agrarlandschaft Europas angepaßt war, gedieh in der nun kultivierten Landschaft prächtig. Vom Standpunkt des Jägers aus ist die „Jagdvogelnische" zufriedenstellend wieder besetzt worden, denn die Fasanenjagd ist mindestens so spannend wie die Jagd auf Präriehühner. Sehr häufig werden allerdings eingeführte Arten zur Plage, wie bereits in Kapitel 2 beschrieben wurde. Aus diesem Grunde achten Zollbeamte so pedantisch darauf, welche Pflanzen- oder Tierarten jemand von einem Land in ein anderes – und erst recht von Kontinent zu Kontinent – bringen möchte.

Besonders schwerwiegende Probleme ergeben sich oft, wenn Nutzpflanzen (Kulturvarietäten) oder Haustiere in die Natur entweichen und dort zu Schädlingen werden, da weder der Mensch noch natürliche Feinde sie in Schach halten. So haben auf einigen der Hawaii-Inseln verwilderte Hausziegen Boden, Flora und Fauna stärker geschädigt, als dies Bulldozer vermocht hätten. Einige unserer hartnäckigsten „Unkräuter" sind Ausreißer, die außer Kontrolle geraten sind.

Zu den bemerkenswerten Eigenschaften von Gemeinschaften, in denen Organismen sich über lange Zeiträume hinweg gemeinsam entwickelt haben (Koevolution, siehe Kapitel 7), gehört ihre Fähigkeit, Schwankungen der physikalischen Umweltbedingungen zu kompensieren (man erinnere sich an die Diskussion der emergenten Eigenschaften in Kapitel 2). Viele Ökosysteme können, außer unter Extrembedingungen, eine bestimmte Produktivität aufrechterhalten, auch wenn die Temperatur oder andere Faktoren sich entlang eines Gradienten ändern. Beispielsweise wachsen entlang der Küste von Neuschottland Gemeinschaften aus verschiedenen Tangen nicht nur während des Sommers, sondern vermögen ihr Wachstum aufgrund spezieller Anpassungen auch im Winter fortzusetzen (wobei sie teilweise im Sommer gespeicherte Photosyntheseprodukte verwerten), selbst wenn die Wassertemperatur sich dem Nullpunkt nähert. Deshalb kann ihre jährliche Nettoproduktivität ebensohoch oder höher liegen als die von Gemeinschaften in wärmerem Wasser, in dem die Atmungsverluste größer sind (Mann 1973). Mit anderen Worten: Entlang eines Gradienten kann sich das Artenspektrum zwar ändern, aber auf Ökosystemebene bleiben viele grundlegende Prozesse dieselben, da die Arten jeweils durch ökologisch äquivalente ersetzt werden, wenn sich die physikalischen Lebensbedingungen ändern. Diese Elastizität gehört zu den bemerkenswertesten und wichtigsten Eigenschaften der Biosphäre. Allerdings hat, wie sich immer klarer herausstellt, auch diese Fähigkeit zur Anpassung an veränderte Bedingungen ihre Grenzen, vor allem, wenn infolge menschlicher Eingriffe die Veränderungen plötzlich einsetzen.

In der Natur gibt es – wie in gutstrukturierten menschlichen Gesellschaften – Spezialisten und Generalisten, was Nischen oder Berufe betrifft. So ernähren sich beispielsweise manche Insekten nur von einem bestimmten Teil einer einzigen Pflanzenart, während andere von Dutzenden verschiedener Arten leben können. Im allgemeinen nutzen Spezialisten ihre Ressourcen sehr effektiv (denn alle ihre Anpassungen und Verhaltensweisen sind auf eine spezielle Lebensweise ausgerichtet); daher nehmen sie oft überhand, wenn diese Ressourcen in großen Mengen vorhanden sind. Andererseits sind Spezialisten empfindlich gegenüber Veränderungen oder Störungen, die ihre enge Nische beeinträchtigen. Da die ökologischen Nischen von nichtspezialisierten Arten in der Regel breiter sind, können sie sich eher an wechselhafte oder veränderte Bedingungen anpassen, wenngleich sie an einem Ort nie so zahlreich werden wie die Spezialisten.

Das gleiche Muster zeigt sich in der Landwirtschaft. Hochgezüchtete Spezialsorten, mit denen sich große Ernteerträge erzielen lassen, gedeihen gut, solange die Boden-, Wasser- und Nährstoffbedingungen günstig sind und Insekten und Krankheiten durch Pestizide unter Kontrolle gehalten werden. Sobald sich aber einer dieser Faktoren ändert, kann die Ernte völlig ausfallen, während weniger hochgezüchtete Sorten oft in der Lage sind, „den Sturm abzuwettern". Früher oder später werden wir uns zwischen der Spezialisierung – mit dem Wechselspiel von schnellen Erfolgen und heftigen Rückschlägen – und einer anpassungsfähigen Landwirtschaft mit beständigeren Erträgen entscheiden beziehungsweise einen Kompromiß zwischen beiden finden müssen. Die beste Lösung ist die Verwendung vieler verschiedener Nutzpflanzenarten und -sorten, so daß es unter keinen Umständen zu einem völligen Ernteausfall kommt. Wie wir noch sehen werden, entspricht dies genau dem „Plan der Natur".

Die meisten natürlichen Gemeinschaften umfassen so viele Arten und Formen (darunter sowohl Spezialisten als auch Generalisten), daß es unmöglich ist, alle Tiere, Pflanzen und Mikroorganismen zu erfassen, die in einem größeren Gebiet, beispielsweise einem großen See oder einer ausgedehnten Waldfläche, vorkommen. Glücklicherweise muß man aber gar nicht sämtliche Arten kennen, um die Struktur und Funktion einer Lebensgemeinschaft einzuschätzen, denn es ist ein charakteristisches und beständiges Merkmal natürlicher Gemeinschaften, daß sie aus verhältnismäßig wenigen „dominierenden" Arten (mit großer Individuenzahl oder Biomasse) und einer vergleichsweise großen Anzahl nur vereinzelt auftretender Spezies bestehen. In einem Laubwald beispielsweise können 50 oder mehr Baumarten vorkommen, von denen ein halbes Dutzend oder weniger 90 Prozent des Bestands ausmachen. Da man weiß, daß die wenigen häufigen Arten das Geschehen im wesentlichen bestimmen, können wir unsere Aufmerksamkeit auf sie konzentrieren.

Eine tabellarische (in einem Ökologiekurs erstellte) Übersicht über die Vegetation eines Prärieökosystems veranschaulicht dieses allgemeine Prinzip. Wie aus Tabelle 3.1 ersichtlich ist, machen zwei Arten 36 Prozent des gesamten Pflanzenbestands aus, neun Arten 84 Prozent und die verbleibenden 20 Arten zusammen nur 16 Prozent (jede weniger als ein Prozent). Die wenigen häufigen Arten in einer bestimmten Gemeinschaft nennt man **ökologische Dominanten**.

**Tabelle 3.1: Artenzusammensetzung und Deckungsgrad einer unbeweideten Hochgraspräriefläche in Oklahoma.**

| Art | Deckungsgrad in Prozent* |
|---|---|
| *Sorghastrum natans* (Indianergras) | 24 |
| *Panicum virgatum* (Klebgras) | 12 |
| *Andropogon gerardi* (Großes Bartgras) | 9 |
| *Silphium laciniatum* (Kompaßpflanze) | 9 |
| *Desmanthus illinoensis* (Dornkraut) | 6 |
| *Bouteloua curtipendula* (Buffalogras) | 6 |
| *Andropogon scoparius* (Kleines Bartgras) | 6 |
| *Helianthus maximiliana* (Sonnenblume) | 6 |
| *Schrankia nuttallii* | 6 |
| 20 weitere Arten (durchschnittlich je 0,8 %) | 16 |
| | Summe: 100 |

* Angaben bezogen auf eine Gesamtvegetationsbedeckung von 34 Prozent und jeweils auf ganze Zahlen gerundet. (Aus: Rice, E. L. *Ecology* 33 (1952) S. 112; die Vegetationsaufnahme beruht auf der Aufnahme von 40 Flächen von je einem Quadratmeter im Rahmen eines Ökologiekurses.)

Auch wenn die Dominanten den überwiegenden Teil der Biomasse ausmachen und im wesentlichen für den Stoffumsatz der Gemeinschaft verantwortlich sind, bedeutet dies nicht, daß die nur vereinzelt auftretenden Arten keine Bedeutung besitzen. Alle Arten, die irgendeinen regulierenden Einfluß ausüben, lassen sich – unabhängig von ihrer Häufigkeit – als **Schlüsselarten** (*keystone species*) bezeichnen. In ihrer Gesamtheit sind die seltenen Arten von nicht zu unterschätzendem Gewicht, und sie bestimmen die Diversität (Vielfalt) innerhalb der jeweiligen Gemeinschaft. Ändern sich die Lebensbedingungen in einer Weise, die für die dominanten Arten ungünstig ist, so können an die Veränderungen angepaßte oder dafür tolerante Arten an Häufigkeit zunehmen und wichtige Funktionen übernehmen. **Redundanz** (Wiederholung) in der Lebensgemeinschaft trägt somit zur Elastizität des Ökosystems bei. Als in den vierziger Jahren die damals in den Südappalachen dominanten Kastanien infolge einer Pilzerkrankung abstarben, wurden sie allmählich von verschiedenen Eichenarten ersetzt, und nach rund 50 Jahren war der Baumbestand wieder so dicht wie vor Beginn der Seuche.

Die üblichen Verfahren in der Land- und Forstwirtschaft fördern ausschließlich jene Arten, die für den Menschen von hohem ökonomischem Wert und praktischem Nutzen sind, und setzen dadurch auf intensiv bewirtschafteten Flächen die Artenvielfalt drastisch herab. Oftmals genügen dann schon, wie erwähnt, geringfügige Veränderungen, um großen Schaden anzurichten. Die Artenzusammensetzung eines Kornfeldes in der Mitte der Vegetationsperiode ist in Tabelle 3.2 wiedergegeben. Auf der untersuchten Fläche wurden weder Herbizide noch eine mechanische Unkrautbekämpfung eingesetzt, und so bestehen ungefähr sieben Prozent der Pflanzengesellschaft aus zehn Arten, denen es gelungen ist,

**Tabelle 3.2: Artenzusammensetzung und Deckungsgrad in einem Hirsefeld in Georgia.**

| Art | Deckungsgrad in Prozent* |
|---|---|
| *Panicum ramosum* (Hirse) | 93 |
| *Cyperus* sp. (Zyperngras) | 5 |
| *Amaranthus hybridus* (Fuchsschwanz) | 1 |
| *Digitaria sanguinalis* (Blutfingergras) | 0,5 |
| *Cassia fasciculata* (Sichelhülsenkassie) | 0,2 |
| 6 weitere Arten (durchschnittlich je 0,05 %) | 0,3 |
| Summe: | 100 |

* Angaben in Prozent oberirdischer Phytomasse (Trockengewicht). (Aus Barret 1968; die Werte beruhen auf der Aufnahme von 20 Flächen von je 0,25 Quadratmetern im späten Juli.)

in das Hirsefeld einzudringen. Um „Unkräuter" vollständig auszumerzen und eine echte **Monokultur** (ein Feld oder Wald, in dem nur eine einzige Art wächst) aufrechtzuerhalten, benötigt man viel Energie und große Mengen teurer Chemikalien. Viele Unkräuter und Schädlinge werden gegen bestimmte Herbizide und Pestizide resistent, so daß man immer giftigere Chemikalien einsetzen muß. Darüber hinaus können häufiges Pflügen und der massive Einsatz chemischer Substanzen zu starker Bodenerosion und Wasserverschmutzung führen.

Viele Wissenschaftler stellen sich inzwischen die Frage, ob die Intensivierung der Landwirtschaft im Bemühen um eine in der Regel geringe Ertragssteigerung nicht mehr Schaden als Nutzen stiftet. Einigen Untersuchungen zufolge kann in Maßen vorhandenes Unkraut auf einem Feld sogar von Vorteil sein, indem es nützlichen Insekten Lebensraum bietet oder den Boden verbessert. Aus anderen Untersuchungen geht hervor, daß sich mit einer Mischung verschiedener Feldfrüchte (**Mischkultur**, Polykultur) höhere Erträge an Nahrungsmitteln oder sonstigen Produkten pro Flächeneinheit erzielen lassen als mit Monokulturen. Seit kurzem interessieren sich Agrarökologen auch wieder für die alten indianischen Mischkulturen von Mais, Bohnen und Kürbis, die in Mexiko und Mittelamerika noch heute angebaut werden. All diese interessanten Verfahren sind zur Zeit Gegenstand von Forschungsprojekten an Universitäten und Freilandstationen.

Allgemein sollten wir „Unkräuter" oder „Schädlinge" nicht so sehr als lästige unerwünschte Arten ansehen, die man am besten vollständig ausrottet, sondern eher als Arten, die zur falschen Zeit am falschen Ort sind. Eine Pflanze, die im Garten Blumen und Gemüse überwuchert, kann sich als sehr nützliches Mitglied der Pflanzengesellschaft einer Brachfläche erweisen oder als reizvolle Wildblume am Straßenrand. (Ackerwinde, Löwenzahn und verschiedene Gräser sind Beispiele.)

Interessanterweise finden Menschen, wenn sie ein „Produktionsökosystem" schaffen, um möglichst hohe Erträge an Nahrungsmitteln und anderen Rohstoffen zu erzielen, Monokulturen praktisch, vor allem für den Einsatz von Maschinen. Wenn wir dagegen – zum Beispiel um unsere Häuser herum – „schützende Ökosysteme" anlegen, versuchen wir eher, die Artenvielfalt zu steigern. In einer Untersuchung der Vegetation in Wohngebieten der Stadt Madison im US-Bundesstaat Wisconsin (G. J. Lawson et al., unveröffentlicht) wurden 150 verschiedene Baum- und Straucharten gezählt, darunter viele „Exoten", während in einem nahegelegenen Waldschutzgebiet nur etwa 30 Arten zu finden waren. Die Vielfalt der Gräser, Blumen und kleinen Singvögel erwies sich in den Vorstädten ebenfalls als wesentlich höher als in dem naturnahen Waldgebiet. Außerdem fand man heraus, daß ein Vorstadtbewohner im Durchschnitt genausoviel Dünger und Arbeit (pro Fläche) in die Pflege seines Rasens investiert wie ein Bauer in die Produktion von Getreide.

Zusammenfassend kann man sagen, daß vom Menschen gestaltete Landschaften sich in der Regel aus einer Vielzahl verschiedener Ökosystemtypen zusammensetzen, die von Getreidemonokulturen bis zu botanischen Gärten reichen (*patchy landscape*). Daher kann die Vielfalt der Landschaft insgesamt hoch sein, auch wenn sie innerhalb der einzelnen Ökosystemtypen niedrig ist – ein weiteres Beispiel dafür, daß sich die Situation auf einer Hierarchieebene oft anders darstellt als auf der darunter- oder darüberliegenden.

### Vielfalt ist mehr als die Würze des Lebens

Die biologische Vielfalt oder **Diversität** ist ein so spannendes und wichtiges Thema, daß sie eine gründliche und systematische Behandlung verdient. Zunächst müssen wir – auf der Ebene der Arten – zwei Komponenten der Diversität unterscheiden: a) die **Artenmannigfaltigkeit** (Artenvielfalt, -reichtum), die als Artenzahl pro Flächen- oder Raumeinheit (oder als Arten-Individuen-Relation) angegeben werden kann, und b) die **relative Abundanz** (relative Häufigkeit), das heißt die Verteilung der Individuen auf die verschiedenen Arten. Zwei Organismengemeinschaften können also die gleiche Anzahl von Arten umfassen, sich aber hinsichtlich der relativen Abundanz oder Dominanz der einzelnen Arten beträchtlich unterscheiden. Zum Beispiel kann in einer Gemeinschaft mit zehn verschiedenen Arten jede Art mit derselben Individuenzahl vertreten sein, während in einer anderen die meisten Individuen einer einzigen dominanten Art angehören.

Um die Diversität verschiedener Lebensgemeinschaften angeben und vergleichen zu können, berechnet man in der Regel sogenannte Diversitätsindices. Sie beruhen auf dem Verhältnis der Teile zum Ganzen, also auf $n_i/N$, wobei $n_i$ meist die Individuenzahl einer Komponente (zum Beispiel einer Art) und $N$ die Summe aller Individuen im Ökosystem ist; statt der Individuenzahl wählt man oft auch einen anderen **„Bedeutungswert"** (*importance value*) wie etwa Biomasse, Produktivität oder Deckungsgrad. Aus Prozentangaben wie dem Deckungsgrad in Tabelle 3.1 oder dem Anteil an der Trockenmasse in Tabelle 3.2 läßt sich $n_i/N$ leicht durch Verschieben des Kommas um zwei Stellen nach links ermitteln (aus 24 Prozent Deckung wird zum Beispiel 0,24). Für Vergleiche der Dominanz verwendet man meist den **Simpson-Index**; er wird berechnet, indem man für jede einzelne Komponente (Art) den Wert $n_i/N$ quadriert und dann die Summe aller Quadrate bildet: $D = \Sigma(n_i/N)^2$. In Tabelle 3.3 ist der Simpson-Index benutzt, um Artenvielfalt und Dominanz in der Vegetation der Prärie und des Hirsefeldes (Tabellen 3.1 und 3.2) miteinander zu vergleichen. Eine ebenfalls häufig verwendete Kennzahl ist der **Shannon-Index**: $H = -\Sigma n_i/N \log n_i/N$; er stellt eine Approximation an eine Funktion dar, die ursprünglich als ein Maß für den Informationsgehalt vorgeschlagen wurde.

**Tabelle 3.3: Vergleich von Artenvielfalt und Dominanz der Vegetation einer Präriefläche und eines Hirsefeldes.***

|  | Artenzahl | Dominanz (Simpson-Index) |
|---|---|---|
| natürliche Präriefläche | 29 | 0,13 |
| Hirsefeld | 11 | 0,89 |

* Nach den Daten aus Tabelle 3.1 und Tabelle 3.2.

Eine weitere Möglichkeit, die Diversität verschiedener Gemeinschaften miteinander zu vergleichen, ist die Erstellung von Dominanz-Diversitäts-Kurven (Abbildung 3.6). Dabei trägt man die Bedeutungswerte der einzelnen Arten (oder anderer Komponenten) in absteigender Reihenfolge auf. Abbildung 3.6 zeigt die Profile von drei verschiedenen Waldtypen und den krassen Gegensatz zwischen einem subalpinen Wald mit wenigen Arten und hoher Dominanz und einem tropischen Regenwald mit zahlreichen Arten und geringer Dominanz. Diese Spannbreite deckt ungefähr die Verhältnisse ab, die man überhaupt in der Natur finden kann, unabhängig davon, ob man die Diversität ökologischer Gruppen (zum Beispiel Produzenten oder Parasiten) oder taxonomischer Gruppen (wie Vögel, Insekten und Fische) untersucht. In der Regel ist die Diversität dort am geringsten, wo die physikalischen Umweltbedingungen limitierend sind (zum Beispiel in der Arktis, in Salzseen oder in stark belasteten Flüssen), und am höchsten unter Bedingungen, die einer Vielzahl von Organismen eine lebensfreundliche Umwelt bieten. Nach einer zur Zeit vieldiskutierten Hypothese, der *intermediate disturbance hypothesis* (Sousa 1984), könnten wiederkehrende, nicht zu starke Störungen von außerhalb der Gemeinschaft die Diversität eines jeden Ökosystems – unabhängig von den vorhandenen Umweltbedingungen – positiv beeinflussen.

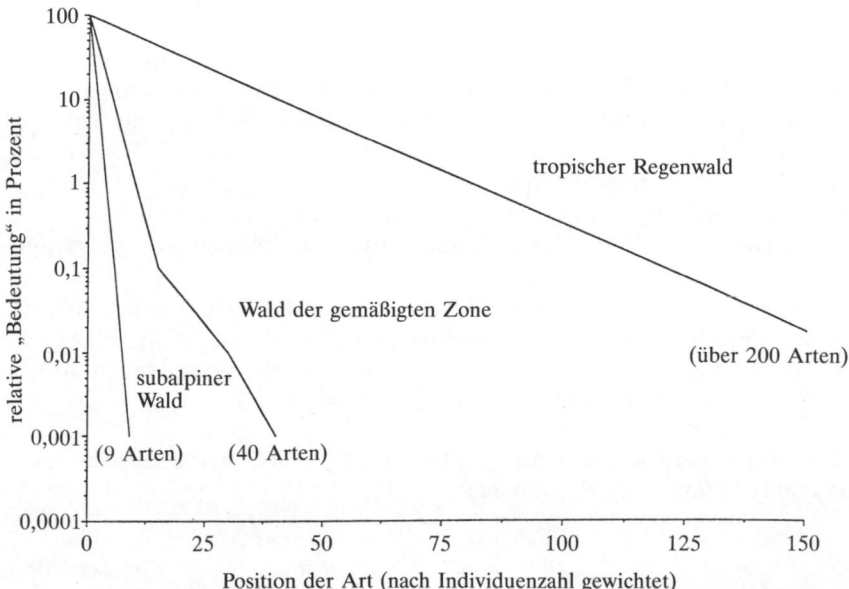

**3.6** Dominanz-Diversitäts-Kurven von drei verschiedenartigen Wäldern. Den Bedeutungswerten jeder einzelnen Art liegt beim tropischen Regenwald die oberirdische Biomasse zugrunde, bei den beiden anderen Waldtypen wurde die Nettoprimärproduktion ermittelt. Die Arten sind nach absteigender Häufigkeit geordnet.

In Sprichwörtern spiegelt sich oft der Erfahrungsschatz vieler Generationen wider, und ein zu unserem Thema passendes Beispiel wäre der Satz: „Vielfalt ist die Würze (oder das Salz in der Suppe) des Lebens." Zweifellos bereichert die Vielfalt der Arten unser Leben, doch ihr kommt darüber hinaus auch ein direkter praktischer Wert zu. Es erhöht die Sicherheit, wenn eine wichtige Funktion von mehr als einer Organismenart erfüllt werden kann. Wir können nicht voraussagen, ob und wann wir eine seltene Tier- oder Pflanzenart zur Gewinnung eines neuen Arzneimittels benötigen oder auch als Ersatz für eine andere, häufigere Art, die einer Seuche zum Opfer gefallen ist. Gegenwärtig macht man sich nicht nur über den fortschreitenden Verlust der **Artenvielfalt** Sorgen, sondern auch über die Abnahme der **genetischen Diversität** infolge menschlicher Aktivitäten. Mit dem ausgehenden 20. Jahrhundert wird die Bewahrung der biologischen Vielfalt allmählich zu einer politischen und öffentlichen Angelegenheit (Wilson 1988). In den Vereinigten Staaten wie auch anderswo gibt es intensive Bemühungen von staatlicher und privater Seite, Listen der **vom Aussterben bedrohten Arten** aufzustellen und Schutzmaßnahmen zu treffen, um die große Vielfalt wildlebender Arten zu erhalten. Ähnliche Anstrengungen unternimmt man zum Aufbau von **Genbanken**, um möglichst viele Varietäten von Nutzpflanzen zu bewahren – nicht zuletzt für den Fall, daß die heute gebräuchlichen einmal ausfallen sollten.

Auch auf der Ebene der Landschaft können regelmäßige, nicht zu starke Störungen die Artenvielfalt vergrößern. Wenn beispielsweise ein Teil eines Waldes abgebrannt oder abgeholzt wurde oder wenn ein Sturm alte Bäume gefällt hat, vermögen Pflanzenarten mit großem Lichtbedürfnis Fuß zu fassen, die in einem reifen, ungestörten Waldökosystem nicht vorhanden wären. Dadurch erhöht sich die Artenzahl des Waldes. Die **Elastizität** eines Ökosystems – die Fähigkeit, sich schnell von einer Störung zu erholen (*resilience stability*) – steigt also, wenn in einer Landschaft viele verschiedene Arten vorkommen. Ob eine hohe Artendiversität auch die **Beständigkeit** (Stabilität) erhöht – das heißt die Fähigkeit des Ökosystems, unter dem Einfluß von Störungen unverändert (stabil) zu bleiben (*resistance stability*) –, ist unter Ökologen eine vieldiskutierte Frage, auf die wir in Kapitel 7 noch einmal eingehen werden.

### Die Einteilung der Ökosysteme

Wenn es darum geht, eine große Vielfalt von Untereinheiten (gedanklich) zu bewältigen – zum Beispiel die Bücher in einer Bibliothek, die zahlreichen verschiedenen Arten von Organismen oder die diversen Arbeitsbereiche in einem Büro oder einer Fabrik –, benötigt der menschliche Verstand ganz offenbar eine geordnete Klassifizierung oder Kategorisierung (sie scheint ihm sogar ein gewisses intellektuelles Vergnügen zu bereiten). In der Ökologie hat man sich bisher weder auf ein einzelnes Schema zur Klassifizierung von Ökosystemtypen noch auf eine geeignete Grundlage für ein solches Schema einigen können. Und das ist wohl auch gut so, denn die verschiedensten Einteilungen können aufschlußreich sein. Als Grundlage für eine Klassifizierung kommen sowohl strukturelle als auch funktionelle Merkmale in Betracht, und für beide Möglichkeiten soll hier ein Beispiel aufgeführt werden.

Die allgemein gebräuchliche Einteilung nach Biomen (der Begriff wurde in Kapitel 2 erklärt) beruht auf dauerhaften und auffälligen „Makrostrukturen". An Land stellt in der Regel die Vegetation eine solche leicht zu erkennende Makrostruktur dar, die gleichermaßen Aufschluß über Organismen, Böden und klimatische Verhältnisse gibt. Zur Bestimmung und Einteilung aquatischer Lebensräume, in denen Pflanzen eher unauffällig sind, zieht man gewöhnlich die vorherrschenden physikalischen Faktoren heran. Ein wichtiger Sonderfall sind die anthropogen beeinflußten („domestizierten") Ökosysteme, also vor allem die landwirtschaftlich genutzten Flächen und die Städte. Die wichtigsten Ökosystemtypen der Erde sind in Kapitel 8 zusammengestellt und beschrieben.

Für die Einteilung von Ökosystemen anhand funktioneller Kriterien bilden Herkunft und Menge der umgesetzten Energie eine ausgezeichnete Basis, denn die Energie ist die umfassendste gemeinsame Größe aller Ökosysteme – der natürlichen, der vom Menschen veränderten und der von ihm geschaffenen. Eine Klassifizierung von Ökosystemen nach energetischen Gesichtspunkten folgt in Kapitel 4 im Anschluß an die Darstellung der Grundprinzipien, nach denen Energie umgesetzt wird.

**Die Gaia-Hypothese**

James Lovelock gehört zu den seltenen und wichtigen Persönlichkeiten, die sich nicht damit zufriedengeben, in einem Tätigkeitsfeld Erfolg und finanzielle Unabhängigkeit erlangt zu haben, sondern den Wunsch verspüren, ihre geistigen Fähigkeiten noch auf anderen Ebenen einzusetzen. Nach seiner Ausbildung als Physiker entwickelte Lovelock ein als Elektroneneinfangdetektor (ECD, vom englischen *electron capture detector*) bezeichnetes Analysegerät, mit dem sich kleinste Mengen (Spuren) chemischer Substanzen nachweisen lassen und das gegenüber den bis dahin verwendeten Methoden eine deutliche Verbesserung darstellte. Mit Hilfe dieser Technik entdeckte man zum Beispiel, daß Pestizide und andere toxische Rückstände in Lebewesen auf der ganzen Welt zu finden sind, in den Pinguinen der Antarktis ebenso wie in der Muttermilch amerikanischer Frauen. Diese beunruhigenden Befunde regten Rachel Carson zu ihrem einflußreichen Buch *Silent Spring* (1962) an (in deutscher Übersetzung 1963 unter dem Titel *Der stumme Frühling* erschienen), denn sie bestätigten ihre Befürchtungen über mögliche Langzeitschäden durch die allgegenwärtigen künstlichen Giftstoffe. Mitte der sechziger Jahre, nachdem Lovelock einige Zeit bei der NASA gearbeitet hatte, zog er sich aus der industriellen Arbeitswelt in ein englisches Landhaus zurück und startete von dort aus eine zweite Karriere. Er widmete sich der Aufgabe, die alte Vorstellung von *Gaia*, der griechischen Göttin „Mutter Erde", logisch und wissenschaftlich zu überprüfen. Der Name Gaia steht nach Lovelock für die umfassende Theorie, daß Organismen sich nicht nur passiv an die physikalischen Umweltbedingungen anpassen, sondern die chemisch-physikalischen Eigenschaften der Biosphäre in einem aktiven Prozeß verändern und steuern. Die nächsten zehn Jahre verbrachte der Wissenschaftler mit dem Studium der Astronomie, Kosmologie, Biologie und anderer Fächer, die es ihm – mit seinen Worten – erlauben würden, »auf der Suche nach Gaia einen interdisziplinären Weg einzuschlagen«. Eine Lehrerin und Kollegin Lovelocks, Lynn Margulis, hat viel zu unseren heutigen Vorstellungen über den Ursprung des Lebens beigetragen. Gemeinsam veröffentlichten die beiden Forscher eine Reihe von Artikeln, in denen sie Belege für eine biologische Steuerung der physikalischen Umwelt und die wichtige Rolle der Mikroorganismen in diesem Prozeß zusammenfaßten. Der verstorbene Alfred Redfield (der viele Jahre an der Woods Hole Oceanographic Institution arbeitete), ein weiterer interdisziplinärer Denker mit einem bemerkenswert breiten biologischen und physikalischen Fachwissen, trug unabhängig von ihnen zu diesem Konzept bei (Redfield 1958). 1979 veröffentlichte Lovelock ein lesenswertes kleines Buch mit dem Titel *Gaia, a New Look at Life on Earth* (in deutscher Übersetzung 1982 unter dem Titel *Unsere Erde wird überleben* erschienen) – einen, wie er es nannte, »persönlichen Bericht über eine Reise durch Zeit und Raum auf der Suche nach Belegen für dieses Modell der Erde«.

Laut Lovelock besagt die **Gaia-Hypothese** folgendes: »Die Biosphäre ist eine sich selbst regulierende Einheit, welche die Fähigkeit besitzt, unseren Planeten durch Steuerung der physikalischen und chemischen Umweltbedingungen gesund zu erhalten.« Mit anderen Worten: Die Erde ist ein übergeordnetes Ökosystem, quasi ein Superökosystem (aber kein Superorganismus, da ihre Entwicklung nicht genetisch gesteuert wird), mit zahlreichen untereinander in Wechselwirkung stehenden Funktionen und Rückkopplungsschleifen (entsprechend dem allgemeinen Modell in Abbildung 2.2), das extreme Temperaturen dämpft und die chemische Zusammensetzung der Atmosphäre und der Ozeane relativ konstant hält. Ferner wird – und dies ist der am heftigsten umstrittene Teil der Hypothese – der Lebensgemeinschaft die Hauptrolle bei der Aufrechterhaltung des Gleichgewichts (Homöostase) in der Biosphäre zugeschrieben, und die Organismen sollen die Kontrolle schon sehr bald nach dem Erscheinen der ersten Lebensformen vor über drei Milliarden Jahren übernommen haben. Die Gegenhypothese besagt, daß ausschließlich geologische (abiotische) Prozesse die auf der Erde vorherrschenden günstigen Lebensbedingungen schufen und daß die Organismen sich lediglich in der Folgezeit daran anpaßten.

Es stellt sich also folgende Frage: Entwickelten sich zuerst die physikalischen Bedingungen und dann das Leben, oder verlief beider Entwicklung parallel und in gegenseitiger Abhängigkeit? Unter Wissenschaftlern herrscht weitgehende Einigkeit darüber, daß sich die Uratmosphäre aus Gasen bildete, die aus dem heißen Erdinneren (zum Beispiel durch Vulkane) aufstiegen. Dieser Prozeß wird von Geologen als Ausgasung bezeichnet. Die Atmosphäre, die die Erde heute umgibt, ist dagegen – so die Gaia-Hypothese – das Produkt biologischer Prozesse. Der „Umbau" der Atmosphäre begann mit den ersten Lebewesen, primitiven Einzellern, die keinen gasförmigen Sauerstoff ($O_2$) benötigen und deshalb als **Anaerobier** bezeichnet werden. Nachdem die grünen (photosynthetisch aktiven) anaeroben Mikroorganismen begonnen hatten, Sauerstoff an die Atmosphäre abzugeben, entwickelten sich die **Aerobier** – Pflanzen und Tiere, die zum Leben gasförmigen Sauerstoff brauchen. Die Anaerobier wurden nach und nach verdrängt und besiedeln heute nur noch die sauerstofffreien unteren Schichten von Böden und Sedimenten, wo sie allerdings in den entsprechenden Ökosystemen immer noch die Hauptrolle spielen.

Ein Vergleich der heutigen Erdatmosphäre mit den Atmosphären von Mars und Venus, zwei Planeten, auf denen keine Anzeichen von Leben zu finden sind, liefert ernstzunehmende indirekte Belege für die Gaia-Hypothese. Wie Tabelle 3.4 zeigt, stehen der geringe Kohlendioxidgehalt und der hohe Gehalt an Sauerstoff und Stickstoff in der Erdatmosphäre in scharfem Kontrast zu den Bedingungen auf den Nachbarplaneten. Da durch Photosynthese, die sich bald nach dem Auftreten der ersten Lebensformen entwickelte, Sauerstoff freigesetzt und Kohlendioxid aus der Atmosphäre entfernt wird, und da in der Vergangenheit diese autotrophe Aktivität den entgegengesetzten Gasaustausch bei der Atmung der Organismen häufig überwog (wie etwa die Lagerstätten fossiler Brennstoffe beweisen), läßt sich logisch schließen, daß die Lebensgemeinschaft für die allmähliche Sauerstoffzunahme und Kohlendioxidabnahme in der Atmosphäre verantwortlich ist. Noch bis vor kurzem nahmen viele Geochemiker – ohne ausreichende Belege – an,

**Tabelle 3.4: Die Zusammensetzung der Atmosphäre auf Mars, Venus, Erde und einer hypothetischen Erde ohne Leben.**

| Zusammensetzung der Atmosphäre | Mars | Venus | Erde ohne Leben | Erde |
|---|---|---|---|---|
| Kohlendioxid | 95 | 98 | 98 | 0,03 |
| Stickstoff ⎫ in Prozent | 2,7 | 1,9 | 1,9 | 79 |
| Sauerstoff ⎭ | 0,13 | Spuren | Spuren | 21 |
| Temperatur in Grad Celsius | −53 | 477 | 290 ± 50 | 13 |

Daten nach Lovelock (1979).

daß der atmosphärische Sauerstoff ausschließlich durch Spaltung von gasförmigem Wasser entstanden ist, wobei der Wasserstoff in den Weltraum entwich und Sauerstoff zurückblieb. Übrigens läßt sich auch die Anreicherung von gasförmigem Stickstoff in der Atmosphäre ohne Einbeziehung von Lebewesen kaum erklären. Der Stickstoff würde nämlich ohne gegenläufige biologische Umsetzungen allmählich in seine stabilste Form überführt werden und dann hauptsächlich als gelöstes Nitrat im Ozean vorkommen.

Der in Kapitel 5 beschriebene Stickstoffkreislauf zeigt deutlich, daß die Lebensgemeinschaft nicht einfach Gase aus der Atmosphäre entnimmt und unverändert wieder zurückgibt, sondern diese zum Teil in chemische Verbindungen umsetzt, die das Leben auf der Erde begünstigen. Beispielsweise wären ohne Ammoniak (eine Verbindung aus Stickstoff und Wasserstoff, $NH_3$), das in großen Mengen von Organismen produziert wird, die Gewässer und Böden so sauer, daß nur wenige der Arten, welche die Erde heute bevölkern, überleben könnten. Einer Vielzahl spezialisierter Mikroorganismen (wie Stickstofffixierer und Denitrifikanten) ist es zu verdanken, daß dieses lebenswichtige Element in geregelter Weise zwischen biotischem und abiotischem Zustand wechselt.

Ohne die entscheidende Pufferwirkung der Stoffwechselaktivität früher Lebensformen und die beständigen aufeinander abgestimmten Aktivitäten von Pflanzen und Mikroorganismen, die Schwankungen der physikalischen Bedingungen dämpfen, würden nach Lovelock und Margulis auf der Erde Bedingungen wie auf der Venus herrschen – mit sehr hohen Temperaturen und ohne atmosphärischen Sauerstoff.

Zusammengefaßt besagt die Gaia-Hypothese, daß die Biosphäre ein äußerst komplexes, selbstorganisiertes **kybernetisches System** (vom griechischen *kybernetes* für „Steuermann") ist. Auf der Ebene der Biosphäre erfolgt die Regulation allerdings nicht mit Hilfe externer, zielorientierter Thermostaten, Chemostaten oder anderer mechanischer Rückkopplungssysteme, wie wir sie etwa zur Kontrolle der Raumtemperatur in unseren Häusern einsetzen. Es handelt sich vielmehr um eine interne und diffuse Steuerung, die ungezählte Rückkopplungsschleifen und synergistische Wechselbeziehungen umfaßt – zum Beispiel das Netzwerk von Mikroben, das den Stickstoffkreislauf kontrolliert. (Eine Diskussion der Unterschiede zwischen den kybernetischen Leistungen von Individuum und Ökosystem findet sich in Patten und Odum 1981.)

Da der Mensch dieses System nicht entwickelt hat, versteht er es auch nicht vollständig, und wir sind, wie schon im Prolog beschrieben, bis heute nicht einmal in der Lage, ein einfaches, biologisch gesteuertes Lebenserhaltungssystem für die bemannte Raumfahrt zu konstruieren. Wir müssen noch viel über die (für das unbewaffnete Auge) unergründlichen Netzwerke in den Meeren und in der „braunen Zone" von

Böden und Sedimenten lernen, die darüber entscheiden, wann, wo und in welchem Ausmaß Nährstoffe neu aufgebaut und Gase ausgetauscht werden. Lovelock selbst gibt zu, daß die »Suche nach Gaia«, also der Beweis seiner Hypothese, ein langer und schwieriger Weg sein wird, da ein Kontrollsystem dieses Umfangs aus sehr vielen Einzelprozessen zusammengesetzt sein muß.

Viele Wissenschaftler stehen der Idee, daß Ökosysteme und die Biosphäre tatsächlich als kybernetische Systeme funktionieren, mit Skepsis gegenüber. Die meisten von ihnen teilen jedoch die Ansicht, daß die chemische Zusammensetzung der Atmosphäre und der Ozeane maßgeblich von Organismen beeinflußt wird (Kerr 1988). Die Tatsache, daß immer wieder Naturkatastrophen wie Meteoriteneinschläge, heftige Vulkanausbrüche oder Gletschervorstöße hereinbrechen, stellt das Konzept eines stabilen globalen Gleichgewichts in Frage. Doch obwohl es während solcher geologischen und kosmischen Umwälzungen zum Aussterben von Arten gekommen ist, hatte das Leben an sich nicht nur Bestand, sondern es entwickelte sich weiter und wirkte an der Wiederherstellung lebensfreundlicher Bedingungen mit. Nur weil die Biosphäre in der Vergangenheit ausreichend Elastizität zeigte, um sich von Katastrophen zu erholen, sollten wir uns allerdings nicht blind auf die Widerstandsfähigkeit unserer heutigen Lebenserhaltungssysteme verlassen. Die Spezies Mensch würde eine selbst herbeigeführte Katastrophe wie einen Atomkrieg oder die Vergiftung der Meere möglicherweise nicht überstehen; doch selbst wenn wir überlebten, wäre alles, was wir an Kultur und Lebensstandard mühsam errungen haben, verloren.

Das Kupferbecken bei Copperhill im US-Bundesstaat Tennessee (Abbildung 3.7) zeigt im kleinen Maßstab, wie die Erde ohne Leben aussehen könnte. Um die Jahrhundertwende wurden hier auf einer ausgedehnten Fläche durch die schwefelhaltigen Rauchgase aus den Kupferschmelzhütten – einen extremen Fall von saurem Regen – alle höheren

**3.7** Copperhill in Tennessee. So sah die Landschaft um 1930 aus, als der Ausstoß an sauren Gasen durch die Kupferschmelzhütten seinen Höhepunkt erreicht hatte. (Mit freundlicher Genehmigung des U.S. Forest Service.)

Pflanzen vernichtet. In der Folge ging fast der gesamte Boden durch Erosion verloren, und zurück blieb eine Landschaft, wie man sie auch auf dem Mars finden könnte. Selbst nachdem die Industrie nach vielen Jahren erbitterten Rechtsstreites gezwungen war, den Ausstoß an Gasen zu verringern, blieben kostspielige Versuche, das Gebiet wieder zu begrünen, nahezu erfolglos. An einigen der weniger stark erodierten Stellen gelang es, mit Hilfe von reichlich Dünger einen Wald aus künstlich mit Mykorrhizapilzen beimpften Kiefern anzusiedeln.

---

**Die Lektion von Copperhill**

Der Fall Copperhill erteilt uns eine wichtige Lektion in Ökonomie und Politik. Wenn ein einziger Industriezweig alle Lebenserhaltungskapazitäten einer Region ausschöpft und einen Großteil davon − vielleicht unwiderruflich − zerstört, so ist dort eine weitere wirtschaftliche Entwicklung nicht mehr möglich. Neue Unternehmen können sich nicht ansiedeln, da es für sie keinerlei tragfähiges Umfeld mehr gibt. Die Bevölkerung der Region lebt in einer gesundheitsschädigenden Umgebung, und sie leidet unter den politischen Zwängen und der kulturellen Stagnation, die für eine „industrielle Monokultur" typisch sind. Darüber hinaus reinvestiert eine solche auf die Ausbeutung von Ressourcen ausgerichtete Industrie höchstens einen kleinen Teil der Gewinne in der Region; der größte Teil des Geldes wird in Gebiete transferiert, in denen eine industrielle Entwicklung noch möglich ist. 1988 kündigte die Kupfergesellschaft in Copperhill die endgültige Stillegung an. Vielleicht können die Gemeinden nun eine Tourismusindustrie aufbauen und den Besuchern die „bunte Wüste von Tennessee" zeigen. Das Netzwerk des Lebens, von dem auch unser eigenes Leben abhängt, ist stark und widerstandsfähig, aber wenn es einmal zerstört ist, wird es enorm teuer − vielleicht sogar unmöglich −, es in der Spanne eines Menschenlebens wieder neu zu knüpfen.

---

Auch wenn sich die Gaia-Hypothese zur Zeit nicht beweisen läßt, wissen wir genug, um zu begreifen, wie wichtig die Vermeidung weiterer Umweltverschmutzung ist. Das gilt nicht nur für lokal begrenzte Extremfälle wie Copperhill oder Giftmülldeponien, sondern auch für das wesentlich diffizilere Problem der Verschmutzung aus diffusen Quellen, die das komplizierte bioregenerative Netzwerk, das unseren Planeten bewohnbar hält, gravierend belasten kann. Einige Beispiele für die Bedrohung durch diffuse Umweltverschmutzung werden wir noch besprechen.

In einem unlängst veröffentlichten Artikel hat Serafin (1988) die beiden extremen Vorstellungen über die Steuerung der Erde analysiert: Wernadskis „Noösphäre" (1945), in der der menschliche Verstand die Erde beherrscht, und Lovelocks Gaia-Hypothese, nach der nicht der Mensch, sondern andere Lebewesen die Kontrolle über die Erde innehaben. Um beiden Konzepten Rechnung zu tragen, sollten sie nach Serafins Ansicht zu einer neuen Wissenschaft von der Biosphäre verschmelzen.

## Das Modell der Lebenserhaltung

Nachdem in den vorangehenden Abschnitten die Konzepte „Ökosystem"
und „Lebenserhaltung" vorgestellt, unter verschiedenen Gesichtspunkten
analysiert und in Beispielen verdeutlicht worden sind, können wir sie
nun in einem graphischen Modell zusammenfassen (Abbildung 3.8). Das

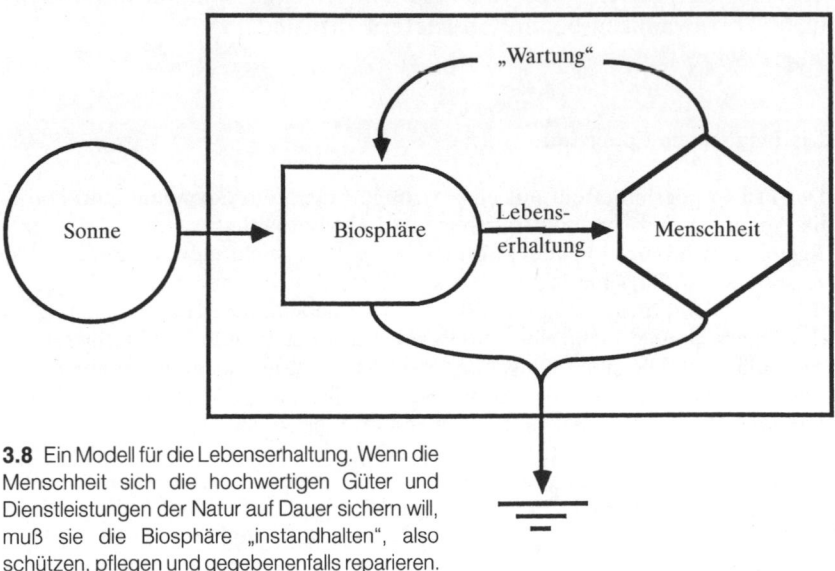

**3.8** Ein Modell für die Lebenserhaltung. Wenn die
Menschheit sich die hochwertigen Güter und
Dienstleistungen der Natur auf Dauer sichern will,
muß sie die Biosphäre „instandhalten", also
schützen, pflegen und gegebenenfalls reparieren.

Schema zeigt, daß die Biosphäre, die von der Sonne mit Energie versorgt wird, die natürlichen Lebensgrundlagen für den Menschen bereitstellt – mit allem, was unser Leben bereichert und angenehm macht. Da
es, wie man sagt, nichts umsonst gibt, müssen wir für die Wartung dieser
wunderbaren „Biomaschine" bezahlen, wenn wir von ihren Gütern und
Dienstleistungen weiterhin profitieren wollen. Diese „Rückzahlung" ist
in Abbildung 3.8 als Rückkopplungsschleife dargestellt. Die „Wartung"
umfaßt dabei den Schutz unersetzlicher Systembestandteile, die Erhaltung lebenswichtiger Funktionen sowie Reparaturarbeiten, wenn wir die
Regenerierungskapazität der Biosphäre über Gebühr beansprucht haben. Bis in das 20. Jahrhundert hinein war der menschliche Bedarf an
Gütern und Dienstleistungen der Natur auf globaler Ebene deutlich
geringer als das Angebot (auch wenn in der Geschichte natürlich immer
wieder lokale Engpässe verzeichnet sind). Niemand schenkte den
„kostenlosen", als „Allgemeingut" verfügbaren Gütern wie Luft und
Wasser viel Aufmerksamkeit oder interessierte sich besonders für ihre
Herkunft. Diese Zeiten sind vorbei. Wir stehen am Anfang einer neuen
Ära, in der wir für diese Güter und Dienstleistungen werden bezahlen
müssen, denn die stetig wachsende Erdbevölkerung stellt immer größere
Forderungen und Ansprüche an unser Lebenserhaltungssystem.

# 4. Energie

Auf die Frage nach dem gemeinsamen Kennzeichen alles Lebendigen auf der Erde, also nach dem, was absolut unverzichtbar und an sämtlichen Lebensprozessen – im Kleinen wie im Großen – beteiligt ist, müßte die Antwort lauten: **Energie.** In Physikbüchern und Nachschlagewerken wird Energie definiert als gespeicherte Arbeit beziehungsweise als Fähigkeit, Arbeit zu verrichten, wobei der Begriff Arbeit hier im weitesten Sinne verwendet wird. Ob man seinem Beruf oder einem Hobby nachgeht, ob man sich ausruht oder schläft – ständig erfüllt der Körper Tausende lebenswichtiger Funktionen, die allesamt Energie in bestimmter Art und Menge benötigen. Die phantastische Vielfalt der Lebewesen und Prozesse, die unsere Lebenserhaltungssysteme in Gang halten, zeichnet sich durch einen immensen Energiebedarf aus. Die wichtigste Energiequelle für heterotrophe Organismen ist natürlich ihre Nahrung; für die Autotrophen, die Photosynthese betreiben, sind es Licht und indirekte Formen der Sonnenenergie (Wind, Niederschläge). Menschliche Gesellschaften, vor allem die Industrienationen, brauchen darüber hinaus große Mengen konzentrierter Energie in Form von Brennstoffen. Alle Menschen sollten die Grundgesetze von Energieumwandlungen kennen, denn ohne Energie kann es kein Leben geben. Am besten sollte der Unterricht schon in der ersten Klasse beginnen.

## Energieeinheiten

Bedauerlicherweise sind viele verschiedene Maßeinheiten in Gebrauch, mit denen sich Energie oder der Verbrauch von Energie pro Zeiteinheit quantifizieren läßt. Wir kennen, um nur einige aufzuzählen, die Kalorie, das Watt, das Joule, das Erg und die Pferdestärke, die alle ursprünglich zur Messung eines bestimmten Typs von Energie entwickelt und verwendet wurden (Watt zum Beispiel für Strom, Kalorien für Nahrungsmittel oder auch „Barrels" für Rohöl). Obwohl sich diese Einheiten alle ineinander umrechnen lassen, braucht man doch schon fast einen Computer, um etwa den gesamten Energieverbrauch eines Haushalts zu berechnen, denn Strom, Wärme, Öl, Gas und Benzin erscheinen auf den Rechnungen in unterschiedlichen Einheiten. Und um die Verwirrung vollständig zu machen, stellen einige dieser Einheiten – zum Beispiel die Kalorie – ein zeitunabhängiges Maß für die potentielle Energie oder, anders ausgedrückt, für den Bestand an gespeicherter Arbeit dar, während andere wie etwa das Watt den Verbrauch von Energie pro Zeiteinheit – die Leistung – angeben. Diese etwas chaotische Situation ist eine

Folge der Zersplitterung in einzelne Disziplinen (die jeweils ihre traditionellen Terminologien beizubehalten trachten) sowie der mangelnden Kommunikation und Koordination zwischen verschiedenen Industriezweigen und Staaten. Nach dem internationalen Einheitensystem (SI-System), dem sich letztlich alle Länder der Erde anschließen sollen und das für die EG bereits gilt, wird die Energie vorrangig in Joule und die Leistung in Watt angegeben (Newtonmeter und Elektronenvolt sind weitere SI-Einheiten für die Energie); nach und nach werden diese Maßeinheiten auch alte und vertraute Bezeichnungen wie Kalorie und PS ersetzen.

Der Einfachheit halber werden wir in diesem Buch allerdings weiter die Kalorie als Energieeinheit verwenden, da sie den meisten Menschen im Zusammenhang mit Lebensmitteln (etwa von den vielen Werbungen für „kalorienreduzierte" Getränke) bereits vertraut ist. Wir werden die Einheiten **Kalorie** (cal) und **Kilokalorie** (kcal) benutzen. Eine Kalorie entspricht derjenigen Wärmemenge, die man benötigt, um ein Gramm Wasser um ein Grad Celsius zu erwärmen; eine Kilokalorie sind 1000 Kalorien. In der Ökologie wie bei der Ernährung kommt in der Regel die Kilokalorie zur Anwendung. Als Anhaltspunkt für die Größenordnung der Zahlen, die wir beim Vergleich von Energieflüssen anführen werden, sei daran erinnert, daß ein Mensch ungefähr 2000 bis 3000 Kilokalorien pro Tag oder ungefähr eine Million Kilokalorien pro Jahr in geeigneter Form benötigt, um seine Leistungsfähigkeit zu erhalten.

Da, wie oben erwähnt, nach dem internationalen Maßeinheitensystem für die Quantifizierung von Energie und Leistung Joule und Watt verwendet werden sollen, findet man diese Einheiten in der Fachliteratur recht häufig. Ein Watt (W) ist definiert als ein Joule pro Sekunde (J/s), und ein **Joule** (J) wiederum entspricht (nach der Definition $1 J = 1 Nm$) umgerechnet der Menge an Energie, die man benötigt, um einen Körper der Masse 1,02 Kilogramm um zehn Zentimeter anzuheben. (Ein Joule sind ungefähr 0,24 Kalorien.) Da dies eine sehr kleine Energiemenge ist, wird oft die **Kilowattstunde** (kWh; entsprechend 1000 Wattstunden) verwendet, die auch als Energieeinheit auf der Stromrechnung erscheint. Eine Kilowattstunde entspricht ungefähr 860 Kilokalorien. In der Ökologie benutzt man zunehmend das **Kilojoule** (kJ), das 1000 Joule oder umgerechnet ungefähr 240 Kalorien entspricht.

Während es für die Quantifizierung von Energie viele Maßeinheiten gibt, fehlt ein allgemein anerkanntes Kriterium, nach dem man die **Energieverdichtung** (*energy concentration*) – die „Qualität" verschiedener Energieformen – bemessen kann. Zwischen einzelnen Energieformen bestehen große Unterschiede, wenn eine bestimmte Art von Arbeit verrichtet werden soll; so sind für einen Autofahrer 100 Kalorien Sonnenschein keinesfalls das gleiche wie 100 Kalorien Benzin. Auf den Seiten 88 bis 90 werden wir auf dieses Problem ausführlicher eingehen.

## Energiegesetze

Das „Verhalten" von Energie läßt sich mit zwei Gesetzen beschreiben, die als die beiden **Hauptsätze der Thermodynamik** bekannt sind. Der Erste Hauptsatz besagt, daß Energie von einer Form (wie Licht) in eine andere (wie Nahrung) umgewandelt, aber niemals neu geschaffen oder vernichtet werden kann. Dem Zweiten Hauptsatz zufolge laufen Prozesse, die Energieumwandlungen einschließen, nur dann ab, wenn dabei Energie von einer höherwertigen, konzentrierten Form (wie Nahrung oder Benzin) in eine weniger konzentrierte Form (wie Wärme) umgesetzt wird. Da immer ein gewisser Anteil der Energie als Wärmeenergie der weiteren Nutzung verlorengeht, können spontane (thermodynamisch erlaubte) Energieumwandlungen wie die Umsetzung von Licht in Nahrung niemals mit hundertprozentigem Wirkungsgrad erfolgen.

Der Zweite Hauptsatz ist auch als Entropiesatz bekannt; **Entropie** (vom griechischen *entrepein* für „umkehren") ist ein Maß für die **Unordnung**, das heißt für den Anteil an nichtverfügbarer (nichtnutzbarer) Energie in einem geschlossenen thermodynamischen System. Wie erwähnt wird bei Energieumwandlungen Energie weder neu geschaffen noch vernichtet, doch geht bei jeder Nutzung (Umwandlung) ein gewisser Prozentsatz in eine schlechter oder gar nicht mehr verwertbare Form über (zum Beispiel in Wärmestrahlung). Die Nahrung, die man zum Frühstück zu sich genommen hat, steht nicht mehr zur Verfügung, sobald sie im Zuge der

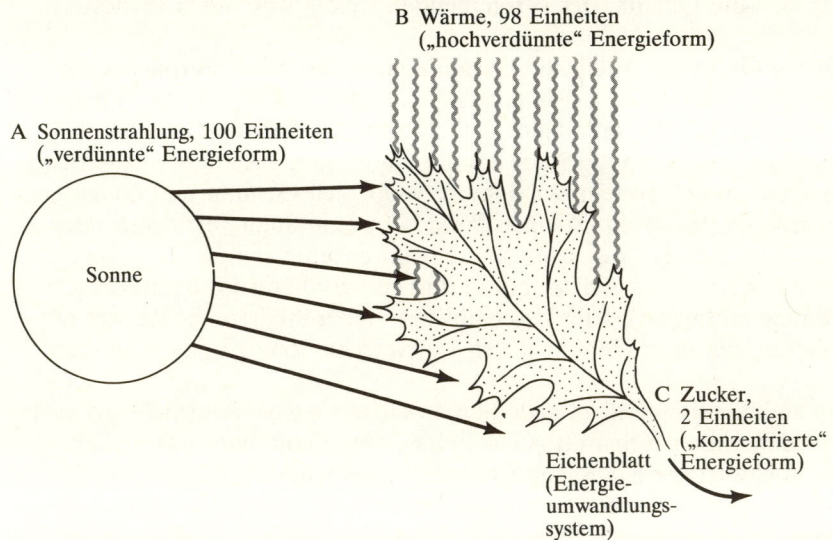

**4.1** Die beiden Hauptsätze der Thermodynamik. Der Erste Hauptsatz ist hier am Beispiel der Umwandlung von Sonnenenergie (A) in Nahrung (Zucker, C) durch die Photosynthese (A = B + C) veranschaulicht. Nach dem Zweiten Hauptsatz ist C immer kleiner als A, da bei der Umwandlung Wärme (B) freigesetzt wird.

Erhaltung der Körpergewebe veratmet worden ist; so muß man für den nächsten Tag wieder einkaufen gehen. *Energie ist nicht wiederverwertbar* – im Gegensatz zu Stoffen wie Wasser, Nährstoffen oder Geld, die sich einem Recycling zuführen und ohne großen Wertverlust immer wieder nutzen lassen. Die beiden Energiegesetze sind in Abbildung 4.1 am Beispiel des Energieflusses durch ein Eichenblatt dargestellt. Ein allgemeineres Bild der Einträge, Umwandlungen, Speichervorgänge und Austräge von Energie liefern die in den Abbildungen 3.1 und 3.2 gezeigten Modelle.

Organismen und Ökosysteme erhalten ihren hochorganisierten, entropiearmen (also einen geringen Unordnungsgrad aufweisenden) Zustand aufrecht, indem sie hochwertige Energie in solche mit geringer Wertigkeit überführen (etwa bei der Veratmung von Kohlenhydraten). Lebende Systeme und die gesamte Biosphäre sind, wie Ilja Prigogine sie genannt hat, „gleichgewichtsferne Systeme" (*far-from-equilibrium systems*) mit leistungsfähigen „dissipativen Strukturen", welche die Unordnung „herauspumpen" (Prigogine et al. 1972). Prigogine, der für seine theoretische Analyse der Thermodynamik irreversibler Prozesse den Nobelpreis erhielt, gelang es besser als irgend jemandem zuvor, zu erklären, wie lebende Systeme sich scheinbar über den Zweiten Hauptsatz der Thermodynamik hinwegsetzen, indem sie in Selbstorganisation einen offenen Zustand fern vom Gleichgewicht aufrechterhalten. Entropie, so stellt sich heraus, ist keineswegs nur negativ; wenn sich im Laufe aufeinanderfolgender Energieumwandlungen die Energiemenge verringert, mag sich die Qualität des verbleibenden Restes wesentlich verbessern.

Für ein Ökosystem stellt die Gesamtatmung der hochgeordneten Lebensgemeinschaft die dissipative Struktur dar. Analog hierzu könnte man sagen, daß für eine Stadt gutorganisiertes Wartungspersonal und viele Steuergelder nötig sind, um die Unordnung niedrig zu halten und die Qualität des Systems zu sichern. Wenn sich Qualität und Quantität des Energieflusses durch einen Wald oder eine Stadt verringern oder wenn der „Abfluß" der Unordnung nicht angemessen ist, dann beginnt der Wald oder die Stadt zu altern und zu verfallen (das heißt, die Unordnung nimmt zu). Dies geschieht mit vielen Städten ebenso wie mit Wäldern, die über Gebühr durch Luftverschmutzung belastet werden.

Um zu überleben und zu gedeihen, brauchen sowohl natürliche als auch von Menschen geschaffene Ökosysteme einen kontinuierlichen Eintrag von hochwertiger Energie, ausreichende Speicherkapazitäten (für Zeiten, in denen der Input unter dem Bedarf liegt) und Mittel, um die Entropie zu verringern. Diese drei Merkmale gehören zu dem von H. T. Odum formulierten **Prinzip der maximalen Leistung** (*maximum power principle*), das besagt, daß in dieser Welt voller Konkurrenz jene Systeme am ehesten überleben, die mit hohem Wirkungsgrad die größte Menge an Energie in nützliche Arbeit für sich selbst und die Umgebung, mit der sie zum gegenseitigen Nutzen verbunden sind, umsetzen (Odum und Odum 1981).

Der ausgebildete Physicochemiker Alfred James Lotka (1880–1949) war derjenige, der die Thermodynamik in die Ökologie einführte. Er arbeitete für eine Chemiefirma, und seine freie Zeit widmete er der Entwicklung eines neuen Gebiets, das er „physikalische Biologie" nannte. Lotkas grundlegendes Postulat war, daß die organische und die anorganische Welt als ein einziges System funktionieren, in dem alle Komponenten thermodynamisch so eng miteinander verknüpft sind, daß es unmöglich ist, einzelne Teile ohne das Ganze zu verstehen. 1925 veröffentlichte er ein Buch mit dem Titel *Elements of Physical Biology*, in dem er seine in 20 Jahren entwickelten Theorien darlegte. Das Buch, das zu einem Klassiker wurde (und 1956 eine Neuauflage unter dem Titel *Elements of Mathematical Biology* erlebte), weckte die Aufmerksamkeit des Ökologen Charles C. Adams, der Lotka als Mitglied der Ecological Society of America gewann, und des berühmten Demographen Raymond Pearl, der ihm eine Stelle an der Johns Hopkins University verschaffte, damit er seine Studien in einer akademischen Umgebung fortführen konnte. Hier sollte Lotka später noch bedeutende Beiträge zu mathematischen Modellen von Populationen leisten (die in Kapitel 6 diskutiert werden).

Lotkas Meinung nach sahen Biologen die Evolution zu eng, wenn sie ihr Augenmerk auf einzelne Arten konzentrierten. Er war überzeugt, daß die natürliche Selektion auch an dem Energiefluß des gesamten Systems angreift – ein Konzept, das heute als „Prinzip der maximalen Leistung" bekannt ist. Bezeichnenderweise haben ein Biologe (Tansley) und ein Physiker (Lotka) unabhängig voneinander die Vorstellung entwickelt, daß das **ökologische System** eine grundlegende Funktionseinheit in der Biosphäre darstellt. Weil aber Tansley den Begriff „Ökosystem" geprägt und dieser sich durchgesetzt hat, gilt weitgehend ihm die Anerkennung, die er eigentlich mit Lotka teilen sollte.

### Sonnenstrahlung

Das Licht der Sonne gehört zu den vertrauten Wohltaten, die wir als selbstverständlich hinnehmen, ohne uns weitere Gedanken darum zu machen. So wissen viele nicht, daß wir kaum die Hälfte dessen, was jeden Tag von der Sonne zu uns kommt, überhaupt sehen können. Um die Sonnenstrahlung in die richtige Perspektive zu rücken, ist in Abbildung 4.2 das gesamte Spektrum der elektromagnetischen Strahlung (einer in Wellen transportierten Energie) gezeigt. Die Solarstrahlung liegt im mittleren Bereich dieses Spektrums, mit Wellenlängen vor allem zwischen 0,1 und zehn Mikrometern (ein Mikrometer entspricht einem tausendstel Millimeter).

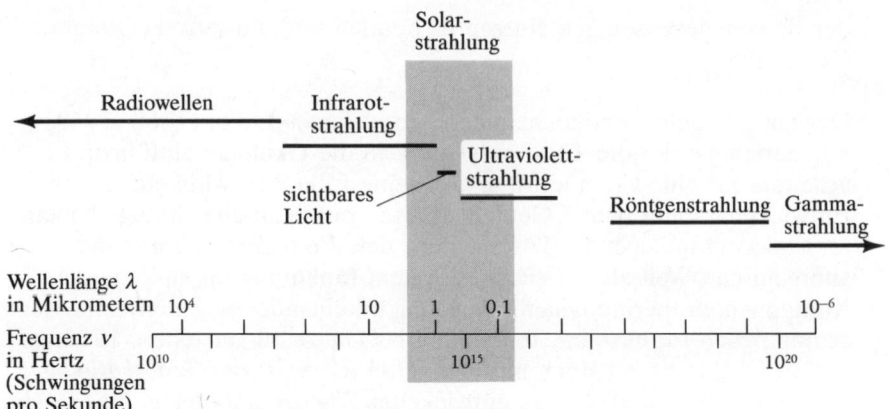

**4.2** Das Spektrum der elektromagnetischen Strahlung. Die Sonnenstrahlung liegt im mittleren Bereich dieses Spektrums.

Die Solarstrahlung setzt sich aus dem sichtbaren Licht und zwei nichtsichtbaren Komponenten, dem Ultraviolett- (UV-) und dem Infrarotlicht, zusammen. Die langwellige Infrarotstrahlung ist der „Heizungs"-anteil des Sonnenlichtes. Der sichtbare Bereich entspricht nicht nur dem Licht, das uns zu sehen ermöglicht, sondern auch der Energie, die bei der Photosynthese (welche auf den sichtbaren Ausschnitt des Spektrums beschränkt ist) genutzt wird. Ein großer Teil des ultravioletten Lichtes, das die obere Atmosphäre erreicht, wird durch die dortige **Ozonschicht** abgeschirmt – zum Glück, denn UV-Licht ist für ungeschütztes Cytoplasma tödlich. Ein Ozonmolekül besteht aus drei Sauerstoffatomen ($O_3$) und bildet sich unter UV-Bestrahlung aus Sauerstoff ($O_2$). Der Schutzschild aus Ozon hat sich schon früh in der Geschichte der Biosphäre entwickelt, als sich $O_2$ anzureichern begann, und er ermöglichte den frühen Lebewesen, das Wasser zu verlassen und sich letztlich zu jenen höheren Formen weiterzuentwickeln, die wir heute vorfinden. Seit einigen Jahren herrscht beträchtliche (und berechtigte) Sorge, daß bestimmte ozonzerstörende Chemikalien, vor allem Fluorchlorkohlenwasserstoffe (FCKW), in so großen Mengen von Düsenflugzeugen und irdischen Produktionsstätten freigesetzt werden, daß sich der Anteil an UV-Licht, der die Erdoberfläche erreicht, deutlich vergrößern könnte. Dies würde zumindest zu einem vermehrten Auftreten von Hautkrebs bei hellhäutigen Menschen führen, und im schlimmsten Fall käme es zu einer Schädigung der Lebenserhaltungssysteme.

Die Absorption der Sonnenstrahlung durch die Atmosphäre vor dem Eintritt in die Biosphäre verringert den Anteil des ultravioletten Lichtes sehr stark, den des sichtbaren Lichtes in Maßen und den der Infrarotstrahlung in unterschiedlichem Umfang (manche Wellenlängen werden stärker absorbiert als andere). Die Strahlungsenergie, die an einem klaren Tag die Erdoberfläche erreicht, besteht ungefähr zu zehn Prozent aus ultraviolettem, zu 45 Prozent aus sichtbarem und zu 45 Prozent aus infrarotem Licht. Die sichtbare Strahlung wird beim Durchtritt durch Wolken und Wasser am wenigsten abgeschwächt, so daß die Photosynthese auch an wolkigen Tagen (wenngleich oft mit verringerter Rate) und bis zu einer gewissen Wassertiefe stattfinden kann. Die Vegetation absorbiert Strahlungsenergie vor allem im Wellenlängenbereich des blauen und des roten sichtbaren Lichtes (der für die Photosynthese entscheidend ist) und im langwelligen Bereich der Infrarotstrahlung. Grünes Licht wird weniger stark und kurzwelliges Infrarotlicht nur äußerst schwach absorbiert. Da gerade im kurzwelligen Infrarotanteil die Wärmeenergie der Sonne konzentriert ist, vermeiden die Blätter der Landpflanzen auf diese Weise eine tödliche Erwärmung. (Sie werden außerdem noch durch die Verdunstung von Wasser gekühlt.) Die Wechselwirkung zwischen der Sonnenstrahlung und dem grünen Mantel der Erde ist ein weiteres Beispiel dafür, wie Organismen sich nicht nur an die physikalischen Bedingungen anpassen, sondern sie auch ihren Bedürfnissen entsprechend selbst verändern. Der kühle, grüne Schatten eines Waldes, der auf der Absorption von rotem und blauem sichtbaren sowie kurzwelligem infraroten Licht durch das Blätterdach beruht, stellt eine von Grund auf andere Strahlungsumwelt dar als von Menschenhand geschaffene Wüsten wie etwa die Landschaft von Copperhill (siehe Abbildung 3.7) oder ein Parkplatz. In einem Wald leben Tausende verschiedener Tiere und Mikroorganismen, während man auf einem Parkplatz höchstens ein paar „Durchreisende" (einschließlich Menschen) findet, die vermutlich alle versuchen, an einen besseren Ort zu kommen.

Da grünes Licht und kurzwellige Infrarotstrahlung von der Vegetation reflektiert werden, benutzt man diese Spektralbereiche bei Luftaufnahmen und bei der **Fernerkundung** mit Satelliten, um ein Gesamtbild der natürlichen Vegetation zu erhalten und den Zustand von Feldfrüchten, das Vorkommen kranker Pflanzen und so weiter zu erkennen. Die Entwicklung und Verfeinerung der Fernerkundungstechnologie kann als eine der positiveren Errungenschaften des Raumzeitalters gelten.

Die Strahlungsumwelt von Organismen, die auf oder nahe der Erdoberfläche leben, umfaßt nicht nur die Strahlen, die direkt von der Sonne kommen, sondern auch die langwellige Wärmestrahlung von nahegelegenen Oberflächen. Beide Komponenten beeinflussen die Temperatur und andere Existenzbedingungen, wie sie in Kapitel 5 dargestellt werden. Die Wärmestrahlung geht nicht nur von Boden, Wasser und Vegetation aus, sondern auch von den Wolken, die eine beträchtliche Wärmemenge in die Ökosysteme abstrahlen. Bekanntlich sinkt in einer Winternacht die Temperatur bei klarem Himmel stärker ab, als wenn es bewölkt ist; dies beruht auf der Wärme, die von den Wolken zurückgestrahlt wird. Auch farblose Gase wie Kohlendioxid können Wärmestrahlung einfangen und zur Erde zurückreflektieren – die Ursache des

**Treibhauseffekts** (so genannt, weil zum Beispiel Kohlendioxid wie das
Glas eines Treibhauses zwar die einfallenden Sonnenstrahlen hindurch-
läßt, aber die wieder abgestrahlte Wärme reflektiert). So müssen wir uns
heute nicht nur wegen des Ozonabbaus Gedanken machen, sondern
auch wegen der Tatsache, daß durch menschliche Tätigkeiten der Kohlendioxidgehalt der Atmosphäre zunimmt und daß dies unser Klima
beeinflussen könnte. Auf diese Sorgen werden wir in Kapitel 5 wieder
zu sprechen kommen.

### Energiefluß durch die Biosphäre

In Abbildung 4.3 und Tabelle 4.1 ist gezeigt, was mit der Sonnenstrahlung geschieht, wenn sie die Biosphäre passiert und dabei Schritt für
Schritt nützliche Arbeit verrichtet. Pro Quadratmeter beträgt die Einstrahlung von der Sonne ungefähr fünf Millionen Kilokalorien pro Jahr.
Beim Durchgang durch Wolken, Wasserdampf und andere Gase nimmt
dieser mächtige Energiefluß exponentiell ab, so daß der Betrag, der
tatsächlich pro Jahr die autotrophe Schicht der Ökosysteme erreicht, nur
bei ein bis zwei Millionen Kilokalorien pro Quadratmeter liegt. (Am
niedrigsten ist er im wolkigen Norden, am höchsten in Wüstengebieten.)
Ungefähr die Hälfte davon absorbiert die gutentwickelte „grüne Decke"
unseres Planeten, und hiervon wird wiederum im Durchschnitt etwa ein
Prozent (unter den günstigsten Bedingungen sind es bis zu fünf Prozent)
durch Photosynthese in organische Substanz umgesetzt.

a  bildliche Darstellung

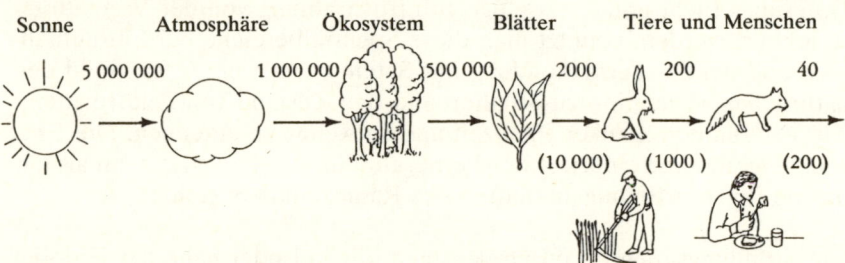

b  Energieflußdiagramm

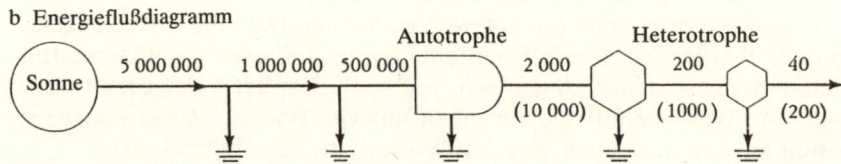

**4.3** Der Fluß der Sonnenenergie durch die Biosphäre (in Kilokalorien pro Quadratmeter und
Jahr): a ist eine bildhafte Darstellung, b ein formaleres Modell des Energieflusses. Die Zahlen in
den Klammern geben die Werte an, die in „energieunterstützten" Ökosystemen erreicht werden,
wenn der Energiefluß der Sonnenstrahlung durch andere Energieformen wie etwa fossile Brennstoffe gesteigert wird.

**Tabelle 4.1: Der Verbleib der Energie der Sonnenstrahlung in Prozent des jährlichen Eintrags in die Biosphäre.**

| Art der Energieumsetzung | Prozent |
|---|---|
| Reflexion | 30 |
| direkte Umwandlung in Wärme | 46 |
| Verdunstung, Niederschlag (Antrieb des Wasserkreislaufes) | 23 |
| Wind, Wellen, Strömungen | 0,2 |
| Photosynthese | 0,8 |
| Summe: | 100 |
| Gezeitenenergie: ungefähr 0,0017 Prozent | |
| Erdwärme: ungefähr 0,5 Prozent | |

Daten aus Hulbert (1971).

Wie in den Modellen der Abbildungen 4.1 und 4.3 gezeigt ist, geht bei jedem Schritt ein großer Teil des Sonnenenergieflusses als nicht weiter nutzbare Wärme verloren, wie es der Zweite Hauptsatz der Thermodynamik fordert. Diese Freisetzung von Wärme ist jedoch keineswegs eine Verschwendung von Energie, da bei jedem Umwandlungsschritt nützliche Arbeit verrichtet wird – nicht nur im biologischen Teil, sondern in der gesamten Folge. Beispielsweise sorgt die Streuung und Umwandlung der Sonnenstrahlung beim Eintritt in die Atmosphäre, die Ozeane und die Vegetationszonen für eine Erwärmung der Biosphäre auf ein lebenserhaltendes Niveau und für den Antrieb von Wettersystemen und Wasserkreislauf. (Wasser verdunstet und fällt als Regen zurück.) Eine Abschätzung der Anteile der gesamten Einstrahlung an den wichtigsten Umsetzungen zeigt Tabelle 4.1. Besonders hervorzuheben ist, daß ungefähr ein Viertel des Sonnenenergieflusses für den Kreislauf des Wassers verwendet wird, eine der lebensnotwendigen „freien" (nicht auf dem Markt gehandelten) Dienstleistungen der Biosphäre.

Der Fluß der Energie ist der Motor aller Stoffkreisläufe. Die Rückführung von Wasser und Nährstoffen erfordert Aufwendungen in Form von Energie, die selbst nicht wiederverwertbar ist. Diese Tatsache wird von Leuten, die das technische Recycling von Ressourcen wie Wasser, Metallen oder Papier für eine direkt umsetzbare und kostenlose Lösung aller Engpässe halten, leicht übersehen. Wie für alles Wertvolle auf dieser Welt fallen auch hierfür Energiekosten an (und finanzielle Kosten, wenn es sich um technische Maßnahmen handelt).

Die Natur nutzt die Sonnenenergie ohne Zweifel sehr gut aus. In welchem Umfang Menschen diese Energiequelle anzapfen können, um die zur Neige gehenden fossilen Brennstoffe zu ersetzen, bleibt abzuwarten.

Ein Vorteil der Sonnenenergie gegenüber den fossilen Brennstoffen liegt in ihrer Erneuerbarkeit; ihre Nutzung erschöpft nicht den Vorrat. Auf der anderen Seite ist Solarenergie viel „verdünnter" (weniger konzentriert), und man kann mit ihr direkt keine Autos oder Maschinen betreiben, sondern muß sie für solcherlei Arbeit zuvor in Elektrizität oder irgendeine Form von Brennstoff umwandeln. Und wie bei jeder anderen Energieumwandlung ergeben sich auch hier Kosten in Form von Entropie. Die Energiegesetze lassen sich einfach nicht umgehen; diese Einschränkung anzuerkennen, soll nicht entmutigen, sondern zu einer realistischen Sichtweise führen.

## Die Verdichtung von Energie

Wir sind nun vorbereitet für die Erörterung des Prinzips, daß die Energie, wenn sie in einer Kette aufeinanderfolgender Umwandlungsschritte genutzt und verteilt wird, sich in ihrer Form verändert und zunehmend konzentrierter oder quasi informationsreicher wird. Mit anderen Worten: Mit der Abnahme der Energiemenge geht eine Zunahme der „Energiequalität" einher. Nicht alle Kalorien (oder welche Energieeinheiten man auch gerade anwendet) sind gleich, denn verschiedene Formen derselben Energiemenge unterscheiden sich erheblich in ihrer Fähigkeit, Arbeit zu verrichten. Wie schon im letzten Abschnitt gesagt, weisen hochkonzentrierte Formen − etwa Erdöl − eine größere Leistungsfähigkeit und deshalb eine höhere Qualität auf als „verdünnte" Formen wie zum Beispiel Sonnenlicht. Auch wenn es keine allgemeingültigen Maßeinheiten für die Energieverdichtung (-konzentration) oder Energiequalität gibt, kann man sie doch wie folgt ausdrücken: als das Verhältnis der Menge an Energie der einen Form zur Menge jener Energie, in die erstere umgewandelt wird. Wenn also ein Prozent der von Pflanzen absorbierten Sonnenenergie in Nahrung umgesetzt wird, dann beträgt das Umwandlungsverhältnis 100 Sonnenkalorien zu einer Nahrungskalorie (oder 100 Kalorien pro Kalorie).

Die Zunahme der Energiekonzentration bei abnehmender Energiemenge ist in den Flußdiagrammen der Abbildung 4.4 dargestellt. In einer natürlichen Nahrungskette (Abbildung 4.4a) sinkt die Energiemenge bei jedem Schritt, aber die Konzentration, angegeben als Gesamtzahl der bis dahin verbrauchten Sonnenkalorien, nimmt zu. Schätzungsweise sind ungefähr 10 000 Kilokalorien Sonnenenergie erforderlich, um eine Kilokalorie Räuber (Carnivore) zu „produzieren", und für jede Energieeinheit Räuber werden 100 Energieeinheiten Pflanzenfresser (Herbivore) benötigt. Aus diesem Grunde sind Räuber relativ seltene und energieaufwendige Komponenten eines Ökosystems; sie können aber hinsichtlich einer Rückkopplungssteuerung von Herbivoren von großer Bedeutung sein, und diese wiederum üben oftmals einen großen Einfluß auf die Pflanzenproduktion aus. H. T. Odum (1983, S. 251) hat dieses

Prinzip so zusammengefaßt: »Wenn Energie durch Netze aufeinanderfolgender Umwandlungen fließt, so verändert sie sich in ihrer Form,
ihrer Konzentration und ihrer Fähigkeit, Rückkopplungs- und Verstär-
kungseffekte hervorzurufen.«

Abbildung 4.4b zeigt eine Energieflußkette, die in der Erzeugung von
Strom endet. In dem Hierarchiemodell in Abbildung 4.4c ist die „fluß-
abwärts" zunehmende Verdichtung der Energie bildlich dargestellt. (Es
sei hier betont, daß die Zahlenangaben in den Flußdiagrammen nur
vorsichtige, auf „Größenordnungen" gerundete Schätzungen sind, die
vermutlich revidiert werden müssen, sobald man den Möglichkeiten,
verschiedene Energieformen miteinander zu vergleichen, mehr Aufmerksamkeit schenkt.) Wie in der Nahrungskette erhöht sich auch bei
der Stromerzeugung mit abnehmender Energiemenge entlang der Kette

a Nahrungskette

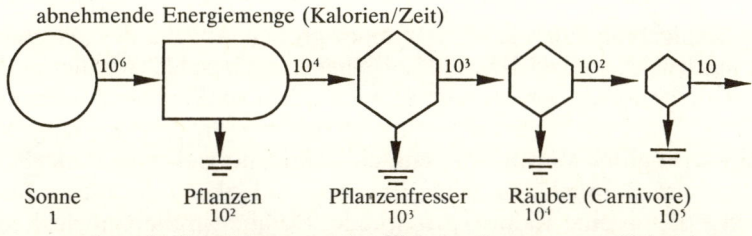

b Stromerzeugung

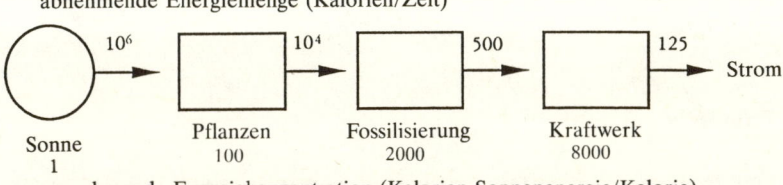

c räumliches Hierarchiemodell

**4.4** In Nahrungsketten (a) geht — genau wie bei der Stromerzeugung (b) — die Erhöhung der
Energiekonzentration (Qualität) mit einer Verringerung der Menge (Quantität) einher. (Nach
H. T. Odum 1983.)

bei jedem Umwandlungsschritt die Fähigkeit zur Verrichtung von Arbeit pro Energieeinheit (Kalorie). Die Energie der Sonnenstrahlung wird zunächst von den grünen Pflanzen konzentriert, dann weiter durch den Fossilisierungsprozeß, in dem Kohle entsteht, und schließlich noch ein wenig mehr bei der Erzeugung von Elektrizität, die folglich eine von der Sonne hergeleitete, aber vieltausendfach konzentrierte Energieform darstellt. Die Stromerzeugung – ob durch Verbrennung fossiler Brennstoffe oder durch direkte Umwandlung mittels Solarzellen – verbraucht sehr viel Energie, aber der Nutzen ist so groß (man denke an all die Arbeiten, die sich damit durchführen lassen), daß eine Welt ohne Elektrizität nur schwer vorstellbar ist.

Vor kurzem hat man zur Bezeichnung des Qualitätsfaktors den Begriff **„eingeschlossene Energie"** (*embodied energy*) vorgeschlagen. Darunter soll jene Energie zu verstehen sein, die zur Erzeugung eines Flusses oder zur Aufrechterhaltung eines Prozesses nötig ist und die (wie im letzten Abschnitt) in Kalorienäquivalenten eines Grundtyps von Energie (wie der Solarenergie) ausgedrückt wird. Die auf solche Weise abgeschätzte eingeschlossene Energie wird zu einer groben Angabe des „Wertes", da sie ausdrückt, wieviel Energie der einen Art „bezahlt" werden mußte, um eine andere, „wertvollere" zu erzeugen. Der Kernpunkt dabei ist, daß die für einen bestimmten Prozeß aufgewandte Energie möglicherweise kein gutes Maß für die tatsächlichen Energiekosten darstellt. Es kostet zum Beispiel sehr wenig Energie, zu denken oder dieses Buch zu lesen – kaum eine Kalorie pro Stunde. Da aber in die Entwicklung und Ausformung der Denk- und Lesefähigkeit sehr viel Energie gesteckt wird, ist die eingeschlossene Energie dieser Aktivitäten beträchtlich. Bildung und geistige Tätigkeit im allgemeinen sind also überaus energieintensiv – vielleicht hilft dies zu erklären, warum es so schwierig ist, genug Steuergelder aufzubringen, um einer großen Zahl von Menschen eine gute Ausbildung zu ermöglichen.

### Primärproduktion

Der Rest dieses Kapitels beschäftigt sich mit jenem Teil des Sonnenenergieflusses, der in Nahrung und anderes hochwertiges organisches Material umgesetzt wird, denn von diesem Vorgang ist die gesamte lebende Welt abhängig. Der bereits erwähnte Wirkungsgrad von ein bis fünf Prozent scheint sehr niedrig zu sein, wenn man ihn den viel höheren Werten von Elektromotoren oder anderen Maschinen gegenüberstellt. Genaugenommen ist jedoch der Wirkungsgrad der Photosynthese nicht mit dem von Motoren zu vergleichen, da die Energiequelle für Motoren hochwertiger (konzentrierter) ist als das Sonnenlicht. Zudem wird bei der Berechnung des Wirkungsgrades von Maschinen der hohe Energieverbrauch für Bau, Reparatur und Ersatz nicht berücksichtigt, während in biologischen Systemen Selbsterhaltung und -erneuerung

Teile der Energiebilanz sind. Letztlich erweist sich somit die Photosynthese als ein überaus effizienter Weg, um den kleinen Anteil des Sonnenlichtes anzuzapfen, der in hochnützliche organische Substanz umgewandelt werden kann; niemandem ist es gelungen, die Leistung der Natur in diesem Punkt zu verbessern. Gewiß gewinnen wir heutzutage mehr Nahrung aus Pflanzen als früher, aber das liegt nicht an einer Steigerung der photosynthetischen Effizienz. Wir vergrößern vielmehr den Anteil der umgewandelten Energie, der in die eßbaren Teile der Ernte geht. Wie dies geschieht, werden wir in Kürze sehen.

Mit den Begriffen **Primärproduktion** oder **Primärproduktivität** bezeichnet man die Menge an organischem Material, die von autotrophen Organismen auf einer bestimmten Fläche und in einem bestimmten Zeitraum fixiert (aus Sonnenenergie umgewandelt) wird. Meist gibt man sie als Rate − etwa als Menge pro Tag oder Jahr − an. Die **Bruttoprimärproduktion** ist die Gesamtmenge − einschließlich des Anteils, den die Pflanzen für ihre eigenen Bedürfnisse verwenden −, während die **Nettoprimärproduktion** der Menge entspricht, die von den Pflanzen (nach Abzug des Eigenbedarfs für die Atmung) gespeichert wird und daher für Heterotrophe zumindest potentiell verfügbar ist. Unter **Nettogemeinschaftsproduktion** versteht man die Menge, die übrigbleibt, wenn alle Mitglieder einer Lebensgemeinschaft − Autotrophe und Heterotrophe − die jeweils benötigte Nahrung entnommen haben. Die Energiespeicherung auf der Stufe der Konsumenten schließlich (zum Beispiel in Kühen oder Fischen) wird als **Sekundärproduktion** bezeichnet.

In natürlichen und kultivierten Ökosystemen treten hohe Primärproduktionsraten gewöhnlich dann auf, wenn die physikalischen Faktoren (wie Wasser, Nährstoffe und Klima) günstig sind − vor allem, wenn zusätzliche Energie von außen die Unterhaltskosten reduziert (also die Verringerung der Unordnung fördert). Die Zufuhr von Sekundärenergie, welche die Sonnenenergie ergänzt und es einer Pflanze ermöglicht, einen größeren Anteil ihrer Photosyntheseprodukte zu speichern und weiterzugeben, kann man als **Energiebeihilfe** (*energy subsidy*) betrachten. Als Beispiele lassen sich der Regen in einem Regenwald, die Energie der Gezeiten in einem Ästuar oder die fossilen Brennstoffe, die beim Getreideanbau eingesetzt werden, anführen. Sie alle steigern die Produktion derjenigen Pflanzen und Tiere, die an die Ausnutzung solcher Hilfsenergien angepaßt sind. Zum Beispiel übernehmen Gezeiten die Aufgabe, den Gräsern des Marschlandes Nährstoffe und den Austern Nahrung zuzuführen sowie Abfallprodukte wegzuschaffen, so daß die Organismen für diese Tätigkeiten keine Energie aufwenden müssen und einen größeren Teil ihrer Produktion für das Wachstum verwenden können.

## Arten der Photosynthese

Der Grundprozeß der Photosynthese ist chemisch gesehen eine Redox- oder Oxidations-Reduktions-Reaktion, deren Gleichung sich in Worten so ausdrücken läßt:

$$\text{Kohlendioxid} + \text{Wasser} + \text{Lichtenergie}$$

$$= \text{Kohlenhydrate} + \text{Sauerstoff}$$

Letztlich wird in dieser Reaktion(skette) Wasser ($H_2O$) zu Sauerstoff ($O_2$) oxidiert und Kohlendioxid ($CO_2$) zu Kohlenhydraten reduziert (fixiert). Aus diesen wiederum entstehen in weiteren Reaktionen die anderen Formen von Nahrung und organischer Substanz.

In den meisten Pflanzen beginnt die Kohlendioxidfixierung mit der Bildung von Verbindungen mit drei Kohlenstoffatomen. Seit einiger Zeit weiß man jedoch, daß bestimmte Gewächse Kohlendioxid auf eine andere Weise fixieren, nämlich als erstes Dicarbonsäuren mit vier Kohlenstoffatomen bilden. Die beiden ökologisch unterschiedlichen Pflanzentypen werden als **$C_3$-Pflanzen** und **$C_4$-Pflanzen** bezeichnet. Die $C_4$-Pflanzen weisen eine andere Anordnung von Chloroplasten in den Blättern auf, und sie reagieren — was wichtiger ist — anders auf Licht, Temperatur und Wasser.

In Abbildung 4.5 sind die unterschiedlichen Reaktionen von $C_3$- und $C_4$-Pflanzen auf Licht und Temperatur einander gegenübergestellt. $C_3$-Pflanzen erreichen im allgemeinen ihre höchste Photosyntheserate (pro Blattflächeneinheit) bei mäßigen Lichtintensitäten und Temperaturen; bei hohen Temperaturen und voller Sonneneinstrahlung werden sie gehemmt. Im Gegensatz dazu sind $C_4$-Pflanzen an hohe Lichtintensitäten und hohe Temperaturen angepaßt und nutzen unter diesen Bedingungen Wasser besser aus. Wie zu erwarten ist, dominieren $C_4$-Pflanzen in den Wüsten- und Graslandgesellschaften der warm-gemäßigten und tropischen Klimate; in Wäldern und im wolkigen Norden, wo mittlere bis niedrige Lichtintensitäten und Temperaturen vorherrschen, kommen sie seltener vor. Trotz der auf Blattebene niedrigeren Photosyntheseeffizienz der $C_3$-Pflanzen stammt der größte Teil der Gesamtprimärproduktion auf der Welt von solchen Gewächsen. Vermutlich liegt das daran, daß sie sich in Gemeinschaften mit vielen Arten, in denen Licht, Temperatur und andere Faktoren eher durchschnittlich als extrem sind, als konkurrenzfähiger erweisen. „Das Überleben des Tüchtigsten" trifft in der realen Welt nicht immer auf die Art zu, die in einer Monokultur unter Idealbedingungen physiologisch überlegen ist; in den Mischkulturen der Natur überleben vor allem diejenigen Arten, die auch unter nichtoptimalen Bedingungen ausdauern und sich fortpflanzen können.

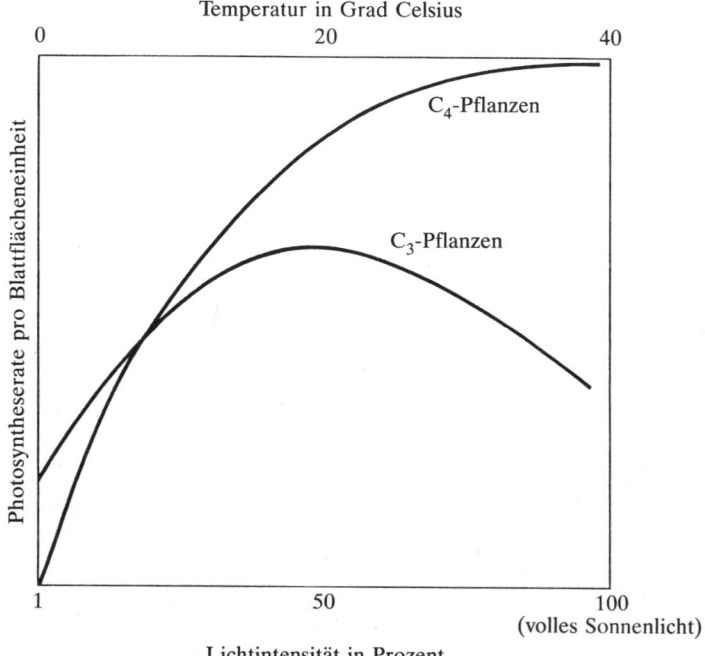

**4.5** Vergleich der Photosyntheseraten von $C_3$- und $C_4$-Pflanzen in Abhängigkeit von Licht und Temperatur.

Die wichtigsten Nutzpflanzen des Menschen – etwa Weizen, Reis und Kartoffeln – und die meisten Gemüse gehören zu den $C_3$-Pflanzen. Arten tropischer Herkunft wie Mais, Hirse und Zuckerrohr sind $C_4$-Pflanzen. Zu dieser Gruppe zählt auch das Bermudagras, das wichtigste Weidegras wärmerer Länder (das in den USA darüber hinaus auf Golfplätzen viel verwendet wird). Wir wären gut beraten, für die Nutzung in bewässerten Wüstengebieten und in den Tropen mehr $C_4$-Pflanzen zu kultivieren.

Es gibt noch weitere Varianten der Photosynthese, die meist Anpassungen an bestimmte Lebensräume darstellen. So oxidieren manche photosynthetisch aktive Bakterien, die unter anaeroben Bedingungen leben können, statt Wasser anorganische Verbindungen – zum Beispiel Schwefelwasserstoff ($H_2S$) – und setzen deshalb keinen Sauerstoff frei. Sukkulente Wüstenpflanzen wie Kakteen haben einen photosynthetischen Stoffwechselweg entwickelt, der unter dem Kürzel CAM (*crassulacean acid metabolism*) bekannt ist. Dabei wird Kohlendioxid über Nacht aufgenommen und in organischen Säuren gespeichert, aber erst am nächsten Tag, wenn wieder Licht zur Verfügung steht, „fixiert"; dies ermöglicht es der Pflanze, ihre Spaltöffnungen (Stomata) während des heißen und trockenen Tages geschlossen zu halten und somit Wasser zu sparen. Vermutlich gibt es noch viele bisher unentdeckte Anpassungen, die dazu dienen, unter allen nur denkbaren physikalischen Bedingungen die Energie der Sonne einzufangen. (Die Natur besitzt endlos viele Möglichkeiten, um „vorwärtszukommen", und nicht zuletzt deshalb ist ihre Erforschung so faszinierend!)

### Die Verteilung der Primärproduktion auf der Erde

Das allgemeine Verteilungsmuster der Weltprimärproduktion ist in Abbildung 4.6 gezeigt. Die Jahresraten bewegen sich in einem weiten Spektrum (Whittaker und Likens 1971). Große Teile des offenen Ozeans sowie Wüsten weisen eine jährliche Produktionsrate von 1000 Kilokalorien pro Quadratmeter oder weniger auf. Im Meer sind Nährstoffe begrenzt, und Wüsten sind natürlich wasserlimitiert. Viele Graslandgebiete, Küstenzonen, flache Seen und gewöhnliche Agrarökosysteme erreichen zwischen 1000 und 10 000 Kilokalorien pro Quadratmeter. Manche Ästuare, Korallenriffe, Feuchtwälder, Feuchtwiesen sowie Flächen mit hochintensiver (industrialisierter) Landwirtschaft und natürliche Gemeinschaften auf fruchtbaren Ebenen haben jährliche Produktionsraten zwischen 10 000 und 25 000 Kilokalorien pro Quadratmeter. Von der Gesamtfläche der Biosphäre bestehen ungefähr drei Viertel aus Meeren und Wüsten, und nur ungefähr zehn Prozent sind von Natur aus sehr fruchtbar. Wegen der beträchtlichen Fläche der weniger fruchtba-

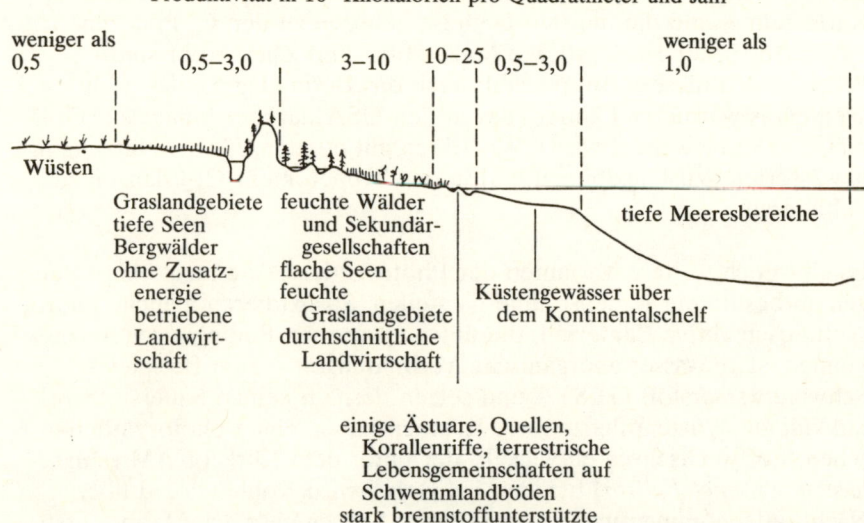

Produktivität in $10^3$ Kilokalorien pro Quadratmeter und Jahr

weniger als 0,5 — 0,5–3,0 — 3–10 — 10–25 — 0,5–3,0 — weniger als 1,0

Wüsten

Graslandgebiete tiefe Seen Bergwälder ohne Zusatzenergie betriebene Landwirtschaft

feuchte Wälder und Sekundärgesellschaften flache Seen feuchte Graslandgebiete durchschnittliche Landwirtschaft

tiefe Meeresbereiche

Küstengewässer über dem Kontinentalschelf

einige Ästuare, Quellen, Korallenriffe, terrestrische Lebensgemeinschaften auf Schwemmlandböden stark brennstoffunterstützte Landwirtschaft

**4.6** Die Verteilung der Primärproduktion auf die großen Lebensräume der Erde.

ren Gebiete ist deren Produktivität dennoch insgesamt sehr groß. Und eben dieser Energiefluß stellt uns (außer Nahrung) viele lebenserhaltende Güter und Dienstleistungen zur Verfügung.

### Nahrungsmittel für Menschen

Die Nahrungsmittelproduktion pro Flächeneinheit ist während der letzten Jahrzehnte beträchtlich gesteigert worden: durch verstärkte Mechanisierung, verbesserte Bewässerung und erhöhten Einsatz von Düngern (Abbildung 4.7). All diese Maßnahmen stellen Energiezufuhren dar – genau wie das Sonnenlicht; man kann sie messen, indem man bestimmt, wie viele Kalorien oder PS bei der Verrichtung der zur Ernteertragssteigerung aufgewandten Arbeit jeweils in Wärme umgesetzt wurden. (Die Energie, die für die Produktion von Düngern und Pestiziden nötig war – also deren eingeschlossene Energie –, wäre ein Maß für den Beitrag dieser Stoffeinträge.) Den allgemeinen Zusammenhang zwischen Ernteertrag und Energieaufwand in Form von Düngern, Pestiziden und Arbeit zeigt Abbildung 4.8. Für eine Verdopplung der Erträge war in der Vergangenheit eine etwa zehnfache Steigerung all dieser Inputs erforderlich – ein hoher Preis, der sich durch Anhebung der Effizienz allerdings senken läßt.

**4.7** Das Besprühen von Feldern mit Pestiziden ist ein Energieeintrag, der zwar die Nahrungsmittelproduktion gesteigert, aber auch gravierende Probleme mit sich gebracht hat, denn unsere Nahrung wird zunehmend von Rückständen belastet, und die eingebrachten Giftstoffe breiten sich weit über die Felder hinaus in der Umwelt aus. Eine Lösung bietet sich in Form weniger belastender und leistungsfähigerer integrierter Schädlingsbekämpfungsprogramme an. (Photo: B. J. Miller/Biological Photo Service.)

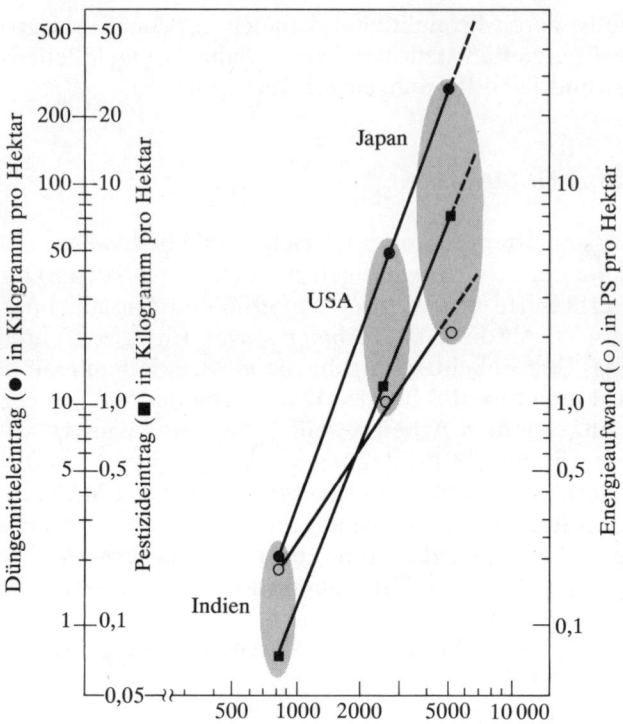

**4.8** Die Beziehung zwischen dem Ernteertrag und dem Einsatz von Energie und Chemie in Form von Arbeit, Düngern und Pestiziden. (Nach E. P. Odum 1983.)

Eine weitere Maßnahme, die sich ertragssteigernd ausgewirkt hat, ist die genetische Selektion auf einen höheren **Ernteanteil** (damit meint man das Verhältnis von eßbarem zu nichteßbarem Anteil einer Pflanze). Die Erfolge bei der Züchtung von hochertragreichen Getreidesorten waren Ausgangspunkt der sogenannten **Grünen Revolution**. Während eine wilde Reispflanze nicht mehr als 20 Prozent ihrer Produktion in Samen umsetzt − genug jedoch, um ihre Fortpflanzung langfristig zu sichern −, können hochgezüchtete „Wunder"-Reissorten 80 Prozent Korn produzieren (Ernteanteil 4:1). Der Haken dabei ist, daß diese Reispflanzen keine Energie übrig haben, um sich selbst zu schützen, und daß folglich eine große Menge teurer Zusatzenergie nötig ist, um sie zu ernähren und Schädlinge von ihnen fernzuhalten.

In vielen Bibliotheken ist unter den Nachschlagewerken auch das *FAO Production Yearbook* der Vereinten Nationen zu finden, das jährlich erscheint und Daten zur Weltnahrungsmittelproduktion enthält. Ein Beispiel aus diesem Buch ist in Tabelle 4.2 wiedergegeben. Die jährlichen Erträge von vier verschiedenen Nutzpflanzen mit unterschiedlichem

---

**Eine bessere Art zu helfen**

Sehr viele Menschen − schlechtinformierte Politiker eingeschlossen − denken naiverweise, daß man die Nahrungsmittelproduktion in den Ländern der sogenannten Dritten Welt erhöhen kann, indem man einfach Saatgut von Hochleistungssorten und ein paar „landwirtschaftliche Berater" dorthin schickt. Der Anbau solcher „Wunder"-Sorten erfordert jedoch eine zusätzliche Zufuhr teurer Energie, die sich viele unterentwickelte Länder gar nicht leisten können. Bis sie soweit sind, sollte man ihnen lieber dabei helfen, ihre traditionellen arbeitsintensiven Bewirtschaftungsverfahren zu verbessern. In vielen Fällen sind diese oft als „vorindustriell" bezeichneten Agrarsysteme hoch entwickelt und ziemlich effizient in der Energieausnutzung.

---

Proteingehalt sind dort für jeweils drei landwirtschaftliche „Leistungsstufen" angegeben: für das Land mit dem höchsten Ertrag, für das mit dem niedrigsten und für den Weltdurchschnitt. Eine hohe Produktion findet man vor allem in den Staaten Europas und Nordamerikas sowie in Japan − Ländern, die aus massiven Energiebeihilfen Nutzen ziehen. Nur etwa 30 Prozent der Weltbevölkerung leben in solchen hochentwickelten Ländern; 70 Prozent bewohnen Regionen, in denen die Nahrungsmittelproduktion nur bei einem Drittel oder Viertel der Produktion der Spitzenländer liegt. Deswegen ist auch der Weltdurchschnitt dem unteren Ende der Skala deutlich näher.

**Tabelle 4.2: Jährlicher Ertrag einiger wichtiger Nutzpflanzen (eßbare Anteile), unterteilt nach dem Proteingehalt (vier Kategorien) und dem Umfang der Energiebeihilfen (drei Kategorien).**

| | Erntegewicht (in Kilogramm pro Hektar) | | | |
|---|---|---|---|---|
| pflanzliches Produkt | Industrienation (stark brennstoffunterstützte Landwirtschaft) 1983−1985 | unterentwickeltes Land (wenig Energiebeihilfen) 1983−1985 | Weltdurchschnitt 1983−1985 | 1970 |
| Zucker (aus Zuckerrohr, weniger als 1 Prozent Protein) | USA 8200 | Philippinen 5350 | 5900 | 3000 |
| Reis (10 Prozent Protein) | Japan 6100 | Bangladesch 2100 | 3150 | 2200 |
| Weizen (12 Prozent Protein) | Niederlande 7200 | Argentinien 1900 | 2300 | 1200 |
| Sojabohnen (30 Prozent Protein) | Kanada 2900 | Indien 800 | 1750 | 1200 |

Die Zahlenangaben für die Jahre 1983−1985 sind gerundete Durchschnittswerte aus dem *FAO Production Yearbook* (1985).

Während des letzten Jahrzehnts hat die Gesamtnahrungsmittelproduktion in der unterentwickelten Welt zwar zugenommen, doch die Steigerungsraten halten kaum mit dem Bevölkerungswachstum Schritt. Sie gehen in diesen Ländern sowohl auf eine Ausdehnung der Anbauflächen als auch auf eine Erhöhung des Ertrags pro Flächeneinheit zurück; dagegen sind in Europa und Nordamerika die Erträge bei verringerter Anbaufläche deutlich angestiegen − hier wird also mehr Nahrung auf kleinerer Fläche angebaut.

Man kann aus Tabelle 4.2 auch ablesen, daß der Ertrag einer proteinreichen Pflanze wie der Sojabohne beträchtlich geringer ist als der einer Pflanze mit niedrigem Proteingehalt wie Zuckerrohr. Wie so oft geht Qualität mit einer verringerten Quantität einher (und umgekehrt). In vielen Teilen der Dritten Welt fehlen in der Nahrung eher Proteine als Kalorien insgesamt, und darum ist hier die Fleischerzeugung von großer Bedeutung. Weil die tierische Produktion in der Energieflußkette mindestens eine Stufe tiefer steht als die pflanzliche (siehe Abbildung 4.3), läßt sich auf einer bestimmten Fläche weniger Fleisch als Getreide produzieren. Viele Menschen, die mit großer Sorge den weitverbreiteten Hunger in der Welt sehen, haben vorgeschlagen, daß wir in den entwickelten Ländern weniger Fleisch essen sollten, damit ein größerer Teil der Pflanzenproduktion für die menschliche Ernährung zur Verfügung steht. Unter der Voraussetzung, daß sich das Getreide und die Sojabohnen, die zur Zeit an Tiere verfüttert werden, auf irgendeine Weise zu den Hungrigen transportieren lassen, könnte dies durchaus hilfreich sein. Man sollte aber berücksichtigen, daß Kühe oder auch Fische pflanzliches Material wie Gras, Algen und Detritus fressen können, das für die menschliche Ernährung ungeeignet ist. Rinder, die mit Gras gefüttert werden, und Fische aus Fischteichen gehen nicht zu Lasten von pflanzlicher Nahrung für Menschen.

Es sei hier noch einmal betont, daß gutes Ackerland Mangelware ist. Wie schon gesagt, ist nur ein kleiner Teil der Erde von Natur aus fruchtbar. Höchstens 24 Prozent der Landfläche sind ackerbaulich nutzbar, das heißt von Boden und Klima her für die Produktion von Nahrungsmitteln geeignet. Der größte Teil hiervon wird bereits zum Anbau oder als Weideland genutzt. Eine forcierte Ausweitung der Kultivierung auf Grenzertragsböden wäre ein großer Fehler, nicht nur wegen der hohen Kosten, sondern auch wegen der drohenden Schädigung lebenserhaltender Ökosysteme.

Unsere besondere Sorge sollte der Umwandlung tropischer Regenwälder in landwirtschaftliche Flächen gelten. Bei vielen dieser Wälder werden Nährstoffe leicht aus den Böden ausgewaschen, die sich folglich für hochproduktive Dauermonokulturen nicht eignen. Wenn solche Böden einmal erschöpft sind, können sie nur noch eine Busch- oder Weidevegetation von geringer Güte tragen. Dabei ist der unwiderrufliche Verlust der reichen Flora und Fauna der Tropenwälder noch nicht einmal berücksichtigt − ein Verlust, der selbst schon eine Tragödie wäre. Im allgemeinen sind die trockeneren Gebiete der Tropen (die man gegebenenfalls bewässern müßte) für eine tragfähige Landwirtschaft besser geeignet als die feuchteren. Bei Millionen neuer hungriger Menschen in jedem Jahr wird es allerdings schwierig sein, Regierungen davon zu überzeugen, daß intakte Regenwälder auf lange Sicht wertvoller sind als wenig ertragreiche Getreidefelder und Weiden. Die biologisch überaus vielfältigen Regenwälder können nur gerettet werden, wenn man heute große Flächen von der Nutzung ausnimmt und die landwirtschaftliche Entwicklung auf trockenere Regionen umlenkt.

Im Jahre 1967 und noch einmal 1976 haben von der Regierung der Vereinigten Staaten eingesetzte Expertenkommissionen umfangreiche Berichte (insgesamt neun Bände) zur Lage des „Welternährungsproblems" vorgelegt. Diese Berichte sind „vorsichtig optimistisch", daß man dem Hunger weltweit Einhalt gebieten kann, wenn sich die Industrienationen verstärkt darum bemühen, die Nutzung und Verteilung von Vorräten und Land zu verbessern und die Geburtenraten in den Entwicklungsländern zu senken. Norman E. Borlaug, ein Pionier der Entwicklung hochertragreicher Getreidesorten (und oft als „Vater der Grünen Revolution" bezeichnet), erinnert in seinen Schriften und Vorträgen immer wieder daran, daß unsere Erfolge bei der Ertragssteigerung uns nur einen Aufschub gewähren, bis es gelungen ist, die Weltbevölkerung zu stabilisieren. Ohne eine Abnahme des Bevölkerungswachstums werden unsere Anstrengungen vergeblich sein.

---

**Die Armen werden ärmer**

Wenn man das *FAO Production Yearbook* der Vereinten Nationen von 1980 mit dem von 1970 vergleicht, macht man die traurige Feststellung, daß sich bei der Nahrungsmittelproduktion die Kluft zwischen reichen und armen Ländern in diesem Jahrzehnt um ungefähr 2000 Kilogramm pro Hektar vergrößert hat. Die „Grüne Revolution" hat vielen Ländern wie Indien und China geholfen, ihre große Bevölkerung zu ernähren, aber insgesamt war der Nutzen doch für die Reichen größer als für die Armen. Der Export von Nahrungsmitteln von den „Besitzenden" zu den „Habenichtsen" hilft natürlich, aber die Länder, die Nahrungsmittel am dringendsten benötigen, können sie meist nicht bezahlen und bekommen sie auf dem heutigen freien Markt nicht − zumindest nicht, bevor große Hungersnöte die Aufmerksamkeit der wohlhabenden Nationen auf sie lenken.

### Futter für Nutz- und Haustiere

Es genügt nicht, nur die menschliche Ernährung in Betracht zu ziehen; man muß auch den großen Bestand an Nutzvieh (wie Kühe, Schweine, Pferde, Schafe und Geflügel) berücksichtigen, der einen wesentlichen Teil der weltweiten Nettoprimärproduktion beansprucht. Tatsächlich verbrauchen Nutz- und Haustiere weit mehr Nahrung als Menschen, da ihre Biomasse weltweit etwa fünfmal so hoch ist. Das Verhältnis von Viehbestand zu Menschen (in entsprechenden Biomasseeinheiten) liegt zwischen 43:1 in Neuseeland, wo Schafe die Landschaft dominieren, und 0,6:1 in Japan, wo bei der Ernährung das Fleisch von terrestrischen Tieren weitgehend durch Fisch ersetzt ist. Nicht nur die allgemeine Ökologie einer Landschaft, sondern auch Kultur und Wirtschaft werden stark davon beeinflußt, welches Fleisch die Bevölkerung ißt. So lieben Neuseeländer ihre Schafe (von denen sie wirtschaftlich abhängig sind), Japaner verehren Fisch, und Amerikaner haben ein Faible für Steaks, Cowboys und ausgedehntes Weideland.

Schließlich kommen noch zahlreiche Haustiere wie Katzen, Hunde und Vögel hinzu, die nicht nur in den Vereinigten Staaten eine Menge recht hochwertigen Futters verbrauchen – ein Blick auf die entsprechenden Regale im Supermarkt vermittelt eine gute Vorstellung davon. In China gibt es nur wenige Haustiere, die nicht auch gegessen werden.

### Nahrung aus dem Wasser

Zur Zeit kommen weltweit weniger als fünf Prozent der menschlichen Nahrung aus aquatischen Ökosystemen, und das meiste davon stammt – aus Gründen, die wir bereits erläutert haben – von Tieren (Emery und Iselin 1967). In Japan, Südostasien und Nordamerika, wo es viele produktive Ästuare, Seen und Flüsse gibt, liegt der Prozentsatz höher. Die Fangerträge bei Meeresfischen sind weltweit seit einigen Jahren ungefähr gleich geblieben, wobei es in vielen Gebieten wegen Überfischung oder Verschmutzung zu Abnahmen kam. Die meisten Fischereibiologen halten es nicht für möglich, die Fänge aus dem Meer weiter zu steigern. Neue Perspektiven bietet hier die gezielte Zucht. Techniken der **Aquakultur** (der Pflanzen- und Tierzucht im Wasser) sind im Orient hoch entwickelt. Die Erträge aus bewirtschafteten Teichen und abgetrennten Bereichen fruchtbarer Ästuare sind pro Flächeneinheit mindestens genauso hoch wie die der Rindfleischproduktion an Land. Theoretisch sollte die Fischproduktion tatsächlich ertragreicher sein als die Rinderproduktion, da Fische (wie auch Schalentiere) kaltblütige Organismen sind und nicht soviel Energie zur Aufrechterhaltung ihrer Körpertemperatur verwenden müssen. Das Problem liegt darin, daß es nicht allzu viele Gebiete gibt, die sich für eine intensive Aquakultur eignen, und daß Fische und Schalentiere sehr empfindlich gegenüber Krankheiten,

Verschmutzung und Kälte sind. Wie in der Landwirtschaft erzielt man die höchsten Erträge mittels Energiebeihilfen: So kann die Zugabe von Mineraldünger zu einem Teich den Ertrag an Karpfen oder Welsen verdoppeln oder verdreifachen, und bei zusätzlichen Futtergaben in Form von Getreide oder speziellem mit Proteinen angereichertem Fischfutter lassen sich die Erträge sogar verzehnfachen. Während die in den Vereinigten Staaten konsumierten Meeresfrüchte nur zu einem sehr geringen Prozentsatz aus Kulturen stammen, wird weltweit ungefähr ein Siebtel der Fische und Schalentiere aus Aquakulturen gewonnen. Diese Art der Zucht wird voraussichtlich noch erheblich an Bedeutung gewinnen, aber es ist wichtig zu wissen, daß das Meer und das Süßwasser keine Goldgruben sind, die nur darauf warten, für die Ernährung von Milliarden hungriger Menschen angezapft zu werden, wie viele Leute anscheinend denken. Um hohe Erträge zu erzielen, sind teure Energiebeihilfen erforderlich − im Wasser genauso wie an Land.

### Die Produktion von Brennstoffen und Fasern

Die Menschheit nutzt die Primärproduktion außer für Nahrungsmittel auch in starkem Maße für andere Produkte; vor allem Faserrohstoffe (zum Beispiel Baumwolle) und Brennmaterial sind hier zu nennen. Für mehr als die Hälfte der Weltbevölkerung ist Holz der wichtigste Brennstoff zum Kochen, Heizen und für die Leichtindustrie (Abbildung 4.9).

**4.9** Holzsammeln in Tansania, wo ein Großteil der Bevölkerung Holz als Brennstoff verwendet. (Photo: P. R. Ehrlich, Stanford University/Biological Photo Service.)

In den ärmsten Ländern wird Holz viel schneller verbraucht, als es nachwächst, so daß Wälder zu Buschland und schließlich – wenn eine übermäßige Beweidung hinzukommt – zu Wüsten degradiert werden. Nach einem Bericht des Worldwatch Institute (einer privaten Arbeitsgemeinschaft mit Sitz in Washington) aus dem Jahre 1975 mit dem Titel *The Other Energy Crisis: Firewood* (Eckholm 1975) liegt in den afrikanischen Ländern Tansania und Gambia der jährliche Brennholzverbrauch bei 1,4 Tonnen pro Person; 99 Prozent der Bevölkerung nutzen Holz als Brennmaterial. Da diese Länder nicht über große Wälder verfügen, steht ihnen eine harte Zukunft bevor.

In Nordamerika und anderen Regionen mit relativ dichter Vegetation besteht ein beträchtliches Interesse an der Nutzung von Biomasse aus Forst- und Landwirtschaft als Brennstoff. Es gibt dazu unter anderem folgende Möglichkeiten: 1) die Pflanzung schnellwachsender Bäume bei kurzer Umschlagszeit (Kahlschlag und Wiederaufforstung innerhalb von zehn Jahren oder weniger); 2) die Verwendung von Ästen, Stümpfen, Wurzeln und anderen Baumteilen, die nach der Holzernte normalerweise im Wald verbleiben (Konzept der „vollständigen Baumernte"); 3) die Verringerung des Holzschliffbedarfs durch Papierrecycling; 4) die Verwendung von Ackerpflanzen und tierischen Abfällen (Mist) für die Erzeugung von Methangas oder Alkohol (Ethanol); 5) der Anbau von Pflanzen wie zum Beispiel Zuckerrohr speziell für die Produktion von Alkohol zur Verwendung in Verbrennungsmotoren.

Obwohl all diese Möglichkeiten sicher kurzfristig Engpässe in der Brennstoffversorgung abmildern können, haben doch alle (mit Ausnahme der dritten) ihre Nachteile: Sie könnten die Bodengüte negativ beeinflussen, und sie könnten die Konkurrenz zwischen Nahrungsmitteln und Brennstoffen um Ackerland verschärfen und somit die bereits kritische Welternährungslage noch verschlimmern. Würde man Kraftstoffe für Motoren allein aus landwirtschaftlichen Produkten gewinnen (Methan und Alkohol), wäre Schätzungen zufolge mindestens ein Viertel des gesamten Ackerlandes der Erde nötig, um den derzeitigen globalen Bedarf an Motorenbrennstoffen zu decken. Nach Brown (1980) sind drei Hektar Anbaufläche erforderlich, um ein durchschnittliches amerikanisches Auto vollständig mit Ethanol zu betreiben, während für die Ernährung eines Menschen in der Dritten Welt ein siebtel Hektar ausreicht.

Wenn Feldfrüchte oder Bäume geerntet werden, bleibt ungefähr ein Drittel der Gesamtbiomasse (zum Beispiel Stengel, Blätter, Stümpfe und Wurzeln) zurück. Diese Reste sind, wie der Bodenkundler Hans Jenny betont hat, keinesfalls „Abfälle"; sie tragen vielmehr entscheidend dazu bei, die Fruchtbarkeit und das Wasserbindungsvermögen der Böden zu erhalten. Jenny wendet sich gegen eine unterschiedslose Umwandlung von Biomasse und organischen Nebenprodukten in Kraftstoffe, da auf lange Sicht das „Humuskapital" wertvoller ist als die Brennstoffe, vor allem, weil es für letztere, nicht aber für Humus, auch andere Quellen gibt (Jenny 1980). Ökologisch gesehen ist das Konzept der vollständigen Baumernte eine besonders schlechte Idee, da nicht nur das gesamte organische Material entnommen, sondern auch noch der Boden aufgerissen wird. Brasilien, das fast sein gesamtes Öl importieren muß, versucht in großem Maßstab die Möglichkeit 5 in die Tat umzusetzen − wie neuere Berichte zeigen, mit beträchtlichem Erfolg. Es wird interessant sein zu sehen, was sich langfristig daraus ergibt und ob es schließlich zu einer Konkurrenz in der Landnutzung zwischen Nahrung und Brennstoff kommt.

**Energieverteilung in Nahrungsnetzen**

Zum Glück beansprucht der Mensch nicht die gesamte Primärproduktion der Biosphäre für seine Bedürfnisse. Nach einer Schätzung von Vitousek et al. (1986) werden nur ungefähr vier Prozent der terrestrischen Nettoprimärproduktion durch den Menschen und seine Haustiere direkt genutzt, nämlich in Form von Nahrungsmitteln, Faserstoffen und Brennholz; indirekt kommen noch etwa 34 Prozent hinzu, und zwar zum einen aus der nichteßbaren, aber vom Menschen gesteuerten Produktion (hierzu gehören Rasenflächen oder die nichteßbaren Anteile von Nutzpflanzen), zum anderen durch Zerstörungen infolge menschlicher Tätigkeiten (etwa die Abholzung der Tropenwälder oder die Ausbreitung der Wüsten). Solche Schätzungen sind sehr schwierig und können nur vorläufig sein, aber man darf wohl davon ausgehen, daß mindestens 50 Prozent der terrestrischen und der größte Teil der aquatischen Nettoproduktion für die „anderen Geschöpfe Gottes" übrigbleiben. Es ist überaus wichtig, auch die Bedürfnisse der natürlichen Nahrungsnetze zu beachten, die zur Lebenserhaltung und zum globalen Gleichgewicht beitragen und durch unsere Gier schon unter Druck geraten sind. Deswegen wurde im vorhergehenden Abschnitt die Sorge über die Ausbeutung von Wäldern oder Feldern zum Ausdruck gebracht. Wenn wir in Zukunft überhaupt noch Felder und Wälder haben wollen, muß mindestens ein Drittel der Primärproduktion für das Ökosystem übrigbleiben (das ebenfalls Nahrungsenergie braucht).

Das allgemeine Konzept von Nahrungsketten und -netzen ist bereits früher vorgestellt worden (siehe vor allem die Abbildungen 2.2, 3.2 und 3.4). Energie von der Sonne wird Schritt für Schritt umgewandelt: erst durch Primärproduzenten (Pflanzen), dann durch Primärkonsumenten (Pflanzenfresser oder Herbivore) und Sekundärkonsumenten (Carnivore) und so weiter. Jeder von uns ist zumindest vage mit diesem Sachverhalt vertraut, denn wir essen das Rind, welches das Gras frißt, das die Sonnenenergie fixiert. Jeder Schritt in der Kette wird als **Trophiestufe** oder **Trophieebene** bezeichnet. Diese Einteilung bezieht sich auf die

Energie, nicht auf Arten, da eine bestimmte Art durchaus zu mehr als einer Trophiestufe gehören kann – Menschen zum Beispiel ernähren sich meist sowohl von Pflanzen als auch von Tieren. Wie wir bereits gezeigt haben, geht bei jedem Umwandlungsschritt Energie verloren, so daß auf den aufeinanderfolgenden Trophiestufen immer weniger davon zur Verfügung steht. Folglich ist Fleisch teurer als Brot und immer dann, wenn sehr viele Menschen zu ernähren sind, ein seltenerer Bestandteil der menschlichen Nahrung.

In natürlichen Lebensgemeinschaften mit ihrer großen Vielfalt an Organismen ist der Energiefluß kein einfacher linearer Prozeß wie in dem Gras-Kuh-Mensch-Beispiel; hier liegt vielmehr ein komplexes Netzwerk von Flüssen vor, das man als **Nahrungsnetz** bezeichnet. Ein vereinfachtes Modell des grundlegenden biologischen Nahrungsnetzes zeigt Abbildung 4.10. Die pflanzliche Produktion kann für die Primärkonsumenten als lebende Substanz oder als totes, partikuläres Material (Detritus) verfügbar werden; dementsprechend können wir von einer **Lebendfresser- oder Herbivorennahrungskette** (*grazing food chain*) und einer **Detritusnahrungskette** (Zersetzerkette) sprechen. Oft liegt ein beträchtlicher Teil der Primärproduktion in Form gelöster organischer Verbindungen vor (DOM, *dissolved organic matter*), die von lebenden Pflanzenzellen und den pflanzlichen Gefäßsystemen ausgeschieden oder diesen entzogen

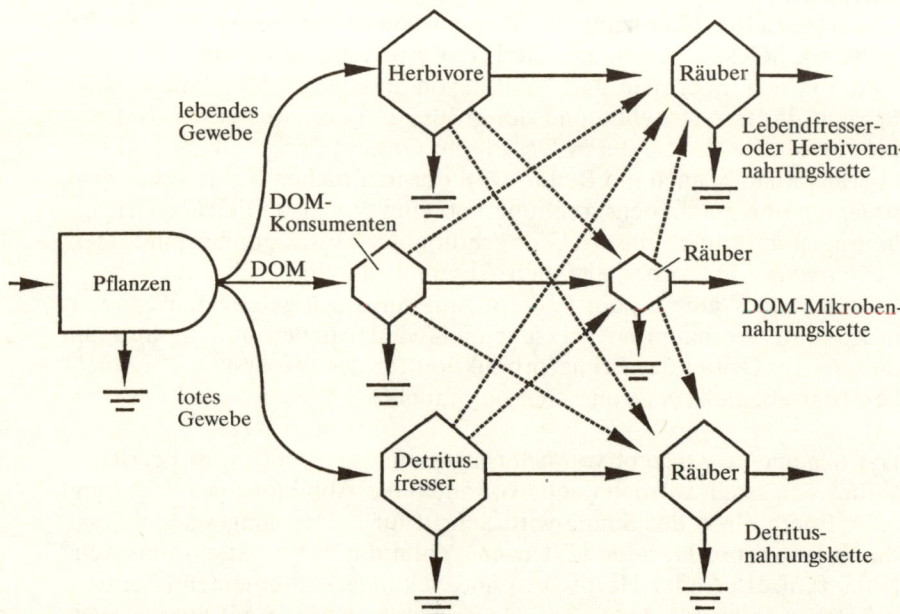

**4.10** Verallgemeinertes Nahrungsnetzmodell mit den drei grundlegenden (pflanzlichen) Ressourcen: lebenden Pflanzen, gelösten organischen Verbindungen oder DOM (*dissolved organic matter*) und totem Gewebe (Bestandsabfall, Detritus).

werden. Die mit Mikroorganismen beginnende Nahrungskette, die auf dieser Energiequelle beruht, kann man **DOM-Mikroben-Nahrungskette** nennen. Aus Überschneidungen zwischen den verschiedenen Nahrungsketten entsteht das Nahrungsnetz.

Der Anteil der Nettoprimärproduktionsenergie, welcher diesen drei Hauptwegen folgt, ist in verschiedenartigen Ökosystemen und unter verschiedenen Bedingungen sehr unterschiedlich. Auf einer Weide oder in einem Graslandgebiet, das gut mit großen pflanzenfressenden Säugetieren bestückt ist, oder in einem Teich oder See, in dem das Zooplankton einen hohen Fraßdruck auf das Phytoplankton ausübt, können bis zu 50 Prozent die Lebendfresserkette entlangfließen, aber sogar in diesen Systemen wird eine derart hohe Rate in der Regel nicht über den ganzen Jahreszyklus hinweg aufrechterhalten.

Die meisten Ökosysteme (etwa Wälder, Meere und Marschen) funktionieren als Detritussysteme – weniger als zehn, oft auch weniger als fünf Prozent der pflanzlichen Produktion werden lebend gefressen. Diese Verzögerung des Verbrauchs ist wichtig, da sie den Aufbau einer komplexen Biomasse erlaubt und damit die Speicher- und Pufferkapazität des Ökosystems vergrößert. Schließlich könnte sich niemals ein Wald entwickeln, wenn die jungen Bäume so schnell gefressen würden, wie sie wachsen.

Pflanzen verteidigen sich gegen Fraß mit der Produktion von **chemischen Abwehrstoffen** wie Tanninen, Alkaloiden und Phenolen, oder indem sie in ihre Gewebe reichlich Cellulose und holziges Material einlagern, das von den meisten Tieren nicht verdaut werden kann. Einige Pflanzen, etwa die Gräser, sind speziell an Beweidung (und Mahd) angepaßt, da sie von ihren grundständigen Vegetationspunkten aus neue Blätter fast genauso schnell wieder emporsprießen lassen können, wie sie abgebissen (oder abgeschnitten) werden, wenngleich es natürlich eine Grenze für Geschwindigkeit und Dauer gibt. Jedenfalls wird ein großer Teil des pflanzlichen Materials erst verwertet, wenn es abgestorben und zu partikulärem oder gelöstem organischen Material (POM oder DOM) geworden ist.

Die aus Pflanzen freigesetzten gelösten organischen Verbindungen werden vor allem von Bakterien und Pilzen verwertet, die wiederum Protozoen, Mikroarthropoden, Nematoden und anderen kleinen Tieren als Nahrung dienen, welche schließlich von größeren gefressen werden. Es ist sehr schwierig, diese über DOM laufende Produktion zu messen, und so ist ihre Rolle in den Nahrungsnetzen der unterschiedlichen Ökosysteme bisher noch wenig untersucht. Zur DOM-Mikroben-Nahrungskette zählen auch Stickstofffixierer und Mykorrhizapilze, die fünf bis 15 Prozent der Photosyntheseprodukte einer Pflanze direkt aus deren Gefäßsystem entnehmen können (Odum und Biever 1984; Paul und Kucey

1981). Neuere Studien deuten darauf hin, daß im Meer bis zu 30 oder 50 Prozent der Primärproduktion von winzigen Schwebpflanzen (Phytoplankton) als DOM ausgeschieden und durch die mikrobielle Nahrungskette verarbeitet werden. In diesem Habitat kann die DOM-Mikroben-Nahrungskette wichtiger sein als die beiden anderen Hauptnahrungsketten (siehe Pomeroy 1974).

Pflanzenfraß ist ein Prozeß, den fast jeder erkennt, wenn etwa Kühe oder Heuschrecken beteiligt sind. Der Detritusfraß vollzieht sich dagegen fast unsichtbar, und die wenigsten Leute würden einen Detritusfresser erkennen, wenn sie einen zu Gesicht bekämen, denn viele dieser Organismen sind mikroskopisch klein − oder jedenfalls winzig genug, um unbemerkt zu bleiben. Eigentlich ist Detritusfraß eine Gemeinschaftsaktivität, bei der Bakterien und Pilze mit kleinen Tieren wie Protozoen, Nematoden und Milben sowie − im Wasser − kleinen Krebstieren und Insektenlarven in Wechselwirkung treten. Die Tiere brechen totes Pflanzen- und Tiermaterial in kleine Partikel und gelöste Substanzen auf, die als Nahrung für Bakterien und Pilze besser zugänglich sind als dicke Brocken. Die Tiere fressen auch die Mikroorganismen, deren Populationen dadurch − so merkwürdig das auch scheinen mag − zu schnellerem Wachstum und höherer Aktivität angeregt werden. Alle diese Zersetzer (Destruenten) liefern natürlich Nahrung für die höheren Trophiestufen.

Die Partnerschaft zwischen Mikroorganismen, die schwerabbaubares Pflanzenmaterial (wie Cellulose und Holz) verdauen können, und Tieren, die dazu im allgemeinen nicht in der Lage sind, ist vor allem bei Wiederkäuern (etwa bei Rindern, Hirschen und Antilopen) und Termiten gut entwickelt. Wiederkäuer haben einen speziellen Magen, den Pansen, in dem symbiontische Mikroorganismen Cellulose in Zucker überführen, die das Tier verwerten kann. Termiten kultivieren in ihrem Verdauungstrakt spezialisierte Mikroorganismen (vor allem Flagellaten), die das gefressene Holz und tote Gras verdauen und so Nahrung für beide Partner zur Verfügung stellen. In einigen tropischen Graslandgebieten verbrauchen Termiten mehr Gras als die Antilopen und anderen Weidetiere, und ihre auffälligen Hügel beherrschen die Landschaft (Abbildung 4.11). Wer also in einem morschen Baumstamm oder in seinem Haus einmal Termiten findet, weiß nun, daß er es nicht mit einer einzelnen Art zu tun hat, sondern mit einem der weltbesten detritusverarbeitenden Systeme aus miteinander kooperierenden Arten. Und wie so oft ist ein schrecklicher Schädling im menschlichen Haus ein wertvolles Mitglied im Haus der Natur, wo totes Holz zersetzt und nicht erhalten werden muß.

Die Blütenpflanzen, die in der terrestrischen Vegetation vorherrschen, stellen im Zusammenhang mit ihrer Fortpflanzung spezielle, gehaltvolle Produkte her − nämlich Nektar, Pollen, Samen und Früchte −, die einer

**4.11** Große Termitenhügel in Australien. (Mit freundlicher Genehmigung von John Alcock.)

Vielfalt von Spezialisten, das heißt Nektar-, Samen- und Früchtefressern, als Nahrung dienen. Nektar wird von Pflanzen produziert, um Insekten und andere Tiere für die Bestäubung anzulocken. Der Nektarfresserweg ist besonders in tropischen Wäldern ausgeprägt, wo die meisten Pflanzenarten von Tieren bestäubt werden – im Unterschied zu den Wäldern der gemäßigten Breiten, wo die Windbestäubung vorherrscht. Früchte locken Tiere an, die bei der Verbreitung der Samen helfen. Bei beiden handelt es sich um energieaufwendige Produktionen, die jedoch für die Vermehrung der Pflanze erforderlich sind. Sie stellen den „Lohn" dar, den die Pflanze für das Überleben der nächsten Generation bezahlt. Diese „Löhne" unterhalten eine aktive „Tierindustrie", die ein wichtiger Bestandteil des Nahrungsnetzes ist. Menschen, die Honigbienen halten, zapfen diesen Energiefluß ein wenig an.

Wenn wir die Prozesse der Nahrungskette auf der Stufe von Populationen oder Lebensgemeinschaften betrachten, so ist Fressen und Gefressenwerden kein einseitiger Vorgang in dem Sinne, daß nur der Fresser einen Nutzen daraus zieht. Ein einzelner Hirsch, der von einem Puma getötet und vertilgt wird, hat sicherlich nichts von diesem räuberischen Akt, aber für die Hirschpopulation als Ganzes mag es besser sein, wenn einige ihrer Mitglieder von Räubern weggefangen werden. Den Überlebenden wird mehr Raum und Nahrung zur Verfügung stehen, und es ist weniger wahrscheinlich, daß die Herde die Ressourcen ihres Lebensraumes übernutzt. Eine mäßige Beweidung von Pflanzen durch Herbivore erweist sich für die Pflanzengemeinschaft insgesamt oft als vorteilhaft. Die Artenvielfalt steigt gewöhnlich, wenn durch Beweidung die

Dichte einer dominanten Art zurückgeht. Nachweislich stimuliert Beweidung neues Pflanzenwachstum; in einer Studie fand man im Speichel von Heuschrecken eine wachstumsfördernde Substanz, die von dem Gras, das die Tiere gerade anknabbern, absorbiert werden kann und die Wurzeln zur Bildung neuer Halme anregt. Man hat außerdem gezeigt, daß die riesigen Antilopenherden in den ostafrikanischen Steppen die Grasproduktion fördern; die Nettoprimärproduktion in Gegenwart dieser Weidetiere ist größer, als sie es ohne diese wäre (McNaughton 1976). Der „Nachteil" ist, daß die Herden über riesige Gebiete ziehen müssen, um eine Überweidung zu vermeiden. Wenn man die Wildtiere einsperrt, hebt man diese Anpassung auf.

Wenn ein Organismus, der im Energiefluß „weiter unten" steht, einen positiven Einfluß irgendeiner Art auf seine Nahrungsquelle „weiter oben" ausübt (wie in den eben angeführten Beispielen), liegt eine Rückkopplung – in diesem Falle eine positive Rückkopplung – vor (siehe Abbildung 2.2); man könnte sogar von einer „Belohnungsrückkopplung" sprechen. Langfristig wird das Überleben besser gesichert, wenn ein Konsument sein Nahrungsangebot nicht nur nutzen, sondern auch verbessern kann (genau wie Menschen ihre Nutztiere essen *und* pflegen). Je mehr Nahrungsnetze man untersucht, desto mehr Partnerschaften und wechselseitig nützliche Beziehungen zwischen Produzenten und Konsumenten sowie zwischen verschiedenen Stufen von Konsumenten werden entdeckt (Lewin 1987). Im Gegensatz zu der Ansicht vieler Menschen ist die Natur keineswegs nur ein Kampf „jeder gegen jeden". Konkurrenz und räuberisches Verhalten haben zweifellos ihren Platz, aber das Überleben hängt oft von Kooperation ab, wie wir in Kapitel 6 noch sehen werden.

Nahrungsketten sind unterschiedlich lang und die Gründe dafür keineswegs klar. Briand und Cohen (1987) haben 113 Nahrungsketten, die in der wissenschaftlichen Literatur beschrieben wurden, überprüft und dabei herausgefunden, daß die Länge von der Primärproduktion unabhängig ist, daß aber dreidimensionale, „dicke" Lebensgemeinschaften wie Wälder oder der offene Ozean längere Nahrungsketten haben als zweidimensionale oder „dünne" Gemeinschaften wie Graslandgebiete oder Gezeitenküsten.

## Energieverteilung in Individuen

Ein Modell für die Energieverteilung in einem Individuum oder in der Population einer Art ist in Abbildung 4.12 gezeigt. Der graue Kasten B steht für die gesamte lebende Substanz, also die Biomasse. I stellt den Energieeintrag (Input) dar: Licht im Falle der autotrophen, Nahrung in dem der heterotrophen Organismen. Der nutzbare Anteil des Inputs wird assimiliert (A), der nichtnutzbare (NU) abgegeben. Der Grad der

Assimilation hängt von der Qualität der Energiequelle ab: Er erreicht bis zu 90 Prozent, wenn die Futterqualität hoch ist (zum Beispiel Zukker), aber nur fünf Prozent, wenn sie niedrig ist (zum Beispiel totes Laub). Ein beträchtlicher Anteil der assimilierten Energie muß immer veratmet werden, um die **Erhaltungsenergie** bereitzustellen, welche die Körperfunktionen aufrechterhält; in dem Modell ist dies durch ein R (für Respiration) gekennzeichnet. Was übrigbleibt, kann für Wachstum und Fortpflanzung eingesetzt oder zur zukünftigen Verwendung gespeichert werden (zum Beispiel als Fett). Diese Komponente ist in der Abbildung mit P (für Produktion) bezeichnet. Ein kleiner Teil schließlich geht durch Exkretion verloren (E).

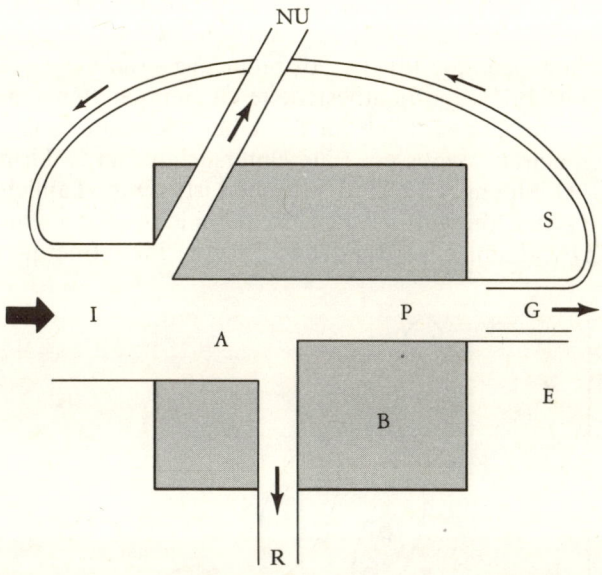

**4.12** Energieverteilung und -fluß in einem Individuum oder einer Population. I = Input oder aufgenommene Energie; NU = nichtgenutzte Energie (*not used*); A = assimilierte Energie; P = Produktion; R = Respiration (Atmung); B = Biomasse; G = Wachstum (*growth*); S = gespeicherte Energie (*stored*); E = ausgeschiedene Energie (*excreted*).

Die Verteilung der Energie zwischen P und R ist von lebenswichtiger Bedeutung für das Individuum oder die Population. Große Organismen brauchen (absolut gesehen) mehr Erhaltungsenergie als kleine, da sie eine größere Biomasse zu unterhalten haben. Die Beziehung zwischen Stoffwechselrate und Größe ist nicht linear, sondern gekrümmt (sie hängt mehr von der Oberfläche als vom Gewicht ab). Warmblütige Tiere − also Vögel und Säuger − atmen mehr als die kaltblütigen, die keine Energie darauf verwenden müssen, ihre Körpertemperatur hoch zu halten, wenn es kalt wird. Räuber müssen im allgemeinen einen größeren

Prozentsatz der assimilierten Energie für die Atmung aufwenden als Pflanzenfresser, da das Aufspüren und Überwältigen der Beute viel Energie erfordert. Wenn ein Räuber die Wahl hat, wird er nach größeren, nahrhafteren Beutetieren suchen, die er – relativ gesehen – unter geringerem Energieaufwand verzehren kann; so bleibt ihm mehr Energie für Fortpflanzung oder Speicherung. Durch die natürliche Selektion erreichen Organismen das bestmögliche energetische Nutzen-Kosten-Verhältnis. Ökologen verwenden viel Zeit auf die Frage, wie die Optimierung des Energieverbrauchs bei verschiedenen Organismen und unter unterschiedlichen Bedingungen funktioniert.

Die Aufwendung von Energie für die Fortpflanzung ist natürlich für alle Organismen, die nicht vom Menschen gezüchtet werden, von grundlegender Bedeutung. Arten, die an instabile, frisch freigelegte oder geringbesiedelte Flächen angepaßt sind, verwenden im allgemeinen einen großen Teil ihrer Energie für die Fortpflanzung – im Gegensatz zu Arten, die an stabile oder dichtbesiedelte Gemeinschaften angepaßt sind und ihre Energie hauptsächlich für das Überleben unter angespannten Bedingungen einsetzen müssen. Eine Untersuchung an Goldruten, deren Ergebnis in Abbildung 4.13 wiedergegeben ist, veranschaulicht dieses Muster. Die Art 1, die auf offenen Flächen mit gestörtem Boden (Ruderalflächen) vorkommt, verwendet 45 Prozent ihrer Energie für die

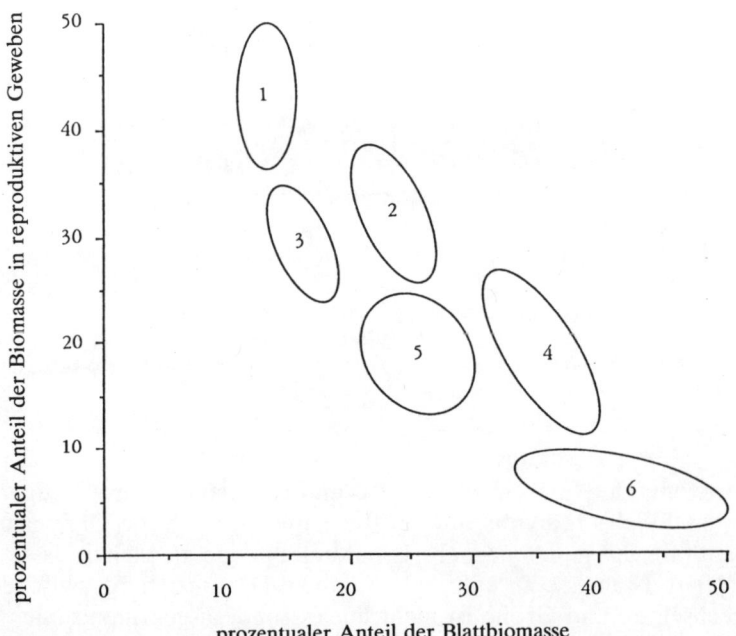

**4.13** Aufteilung der Biomasse zwischen reproduktiven Geweben (Blüten, Samen) und Blättern bei sechs verschiedenen Goldrutenarten, deren Habitate von Ruderalflächen oder offenem Feld (1) bis zum Wald (6) reichen. (Nach Abrahamson und Gadgil 1973.)

Bildung von Blüten und Samen. Am anderen Ende des Spektrums steht die waldbewohnende Art 6, die weniger als fünf Prozent ihrer Energie in die Fortpflanzung steckt. Ihr Überleben hängt mehr davon ab, daß sie eine große Blattfläche entwickelt, um das rare Sonnenlicht einzufangen – aus diesem Grunde kann man auch auf dem Boden im Schatten von Bäumen keine auffällig blühenden Blumen ziehen. Auf einige interessante Parallelen zwischen menschlichen und natürlichen Populationen werden wir in Kapitel 6 näher eingehen.

### Die Einteilung von Ökosystemen unter energetischen Gesichtspunkten

Bei der Einteilung der Landschaft in drei Kategorien, nämlich Natur-, Kultur- sowie Siedlungs- und Industrielandschaft (siehe Kapitel 1), haben wir bereits erwähnt, daß man diese Systeme unter dem Aspekt des Energieverbrauchs auch in sonnenenergiebetriebene und brennstoffbetriebene aufteilen kann. Nachdem wir inzwischen die Grundprinzipien der Energetik zusammenfassend dargestellt haben, wollen wir diese Einteilung nun näher betrachten.

In Tabelle 4.3 ist die **Leistungsstufe** (*power level*) oder **Energieflußdichte** (*energy density*) – auch dieses Konzept wurde in Kapitel 1 eingeführt – von vier Ökosystemtypen abgeschätzt und als Energieverbrauch in Kilokalorien pro Jahr und Quadratmeter angegeben. Die sonnenenergiebetriebenen Ökosysteme sind in solche mit und solche ohne natürliche „Energiebeihilfen" (*energy subsidies*) aufgeteilt worden (wobei die Übergänge fließend sind).

**Tabelle 4.3: Einteilung der Ökosysteme nach Herkunft und Höhe der Energie.**

| Ökosystemtypen | jährlicher Energiefluß* (Leistungsstufe) in Kilokalorien pro Quadratmeter |
|---|---|
| 1. sonnenenergiebetriebene natürliche Ökosysteme ohne zusätzliche Energiezufuhr | 1000 – 10 000 (2000) |
| 2. sonnenenergiebetriebene Ökosysteme mit natürlicher zusätzlicher Energiezufuhr | 10 000 – 40 000 (20 000) |
| 3. sonnenenergiebetriebene Ökosysteme mit zusätzlicher Energiezufuhr durch den Menschen | 10 000 – 40 000 (20 000) |
| 4. brennstoffbetriebene urban-industrielle Ökosysteme | 100 000 – 3 000 000 (2 000 000) |

* Die Zahlenangaben in Klammern sind auf eine Größenordnung geschätzte und gerundete Durchschnittswerte. Ehe sich statistisch einigermaßen gesicherte Mittelwerte berechnen lassen, müssen erst detailliertere Bestandsaufnahmen von den Ökosystemen der Erde durchgeführt werden.

Ökosysteme wie Ozeane oder Gebirgswälder, die überwiegend oder ausschließlich durch die Energie der Sonne unterhalten werden, sind **sonnenenergiebetriebene natürliche Ökosysteme ohne zusätzliche Energiezufuhr** (Kategorie 1 in der Tabelle). Sie weisen zwar einen geringen Energiefluß auf (ungefähr 2000 Kilokalorien pro Quadratmeter und Jahr), bedecken aber einen großen Teil der Erdoberfläche und stellen überaus wichtige Komponenten unserer lebenserhaltenden Umwelt dar. Organismen, die diese Lebensräume bewohnen, zeigen bemerkenswerte Anpassungen, um mit einem knappen Angebot an Energie (und anderen Ressourcen) zurechtzukommen und dieses optimal auszunutzen.

Weniger weit verbreitet, aber von ungefähr zehnmal höherer Energieflußdichte sind die **sonnenenergiebetriebenen Ökosysteme mit natürlicher zusätzlicher Energiezufuhr** und die **sonnenenergiebetriebenen Ökosysteme mit zusätzlicher Energiezufuhr durch den Menschen** (Kategorien 2 und 3). Erstere umfassen unter anderem gezeitenbeeinflußte Ästuare und manche Regenwälder und stellen jene hochproduktiven Systeme der Natur dar, die nicht nur wichtige Lebenserhaltungsfunktionen erfüllen, sondern auch große Überschüsse an speicherbarem oder in andere Systeme exportierbarem organischem Material produzieren. Ökosysteme mit anthropogenen Energiebeihilfen werden durch zusätzlichen Brennstoff oder sonstige von Menschen zugeführte Energie bei der Produktion von Nahrungsmitteln oder anderen Rohstoffen unterstützt. Diese beiden Ökosystemtypen liefern den größten Teil unserer Nahrungsmittel, zusammen mit anderen wertvollen Dienstleistungen. Von Flugzeugen oder Satelliten aus erscheinen diese unterstützten Ökosysteme leuchtend grün (wegen der beträchtlichen Chlorophyllmenge, die auf hohe Primärproduktionsraten hinweist). In den Infrarotaufnahmen, die jetzt routinemäßig von Landsat, einem um die Erde kreisenden Satelliten, aufgenommen werden, erscheinen sie in leuchtendem Rosa.

Die seltensten, jedoch bei weitem energieintensivsten Ökosystemtypen sind die **brennstoffbetriebenen urban-industriellen Ökosysteme**, die gewissermaßen die höchste Errungenschaft der Menschheit darstellen – die großen Metropolen mit ihren ausgedehnten Vorstädten und Industriegebieten, die man zusammen als **Ballungsräume** bezeichnen kann. Ihre Energieflußdichte liegt um mehrere Größenordnungen über der von sonnenenergiebetriebenen Ökosystemen. Der jährliche Energiefluß durch Großstädte wie New York, London und Tokio beläuft sich eher auf Millionen als auf Tausende von Kilokalorien pro Quadratmeter. Die Energie der Sonne wird hier weitgehend durch hochkonzentrierten Brennstoff ersetzt, nicht bloß ergänzt, und wird selbst eher zu einer teuren Belästigung, da sie den Beton aufheizt und zur Smogbildung beiträgt. Wenn man die (im Vergleich zur Solarenergie) große Fähigkeit von Brennstoff, Arbeit zu verrichten, betrachtet, dann ist der Unterschied in der eingeschlossenen Energie zwischen natürlichen und urban-industriellen Systemen sogar noch größer, als es die reine Kalorienzählung andeutet. Industriestädte sind buchstäblich „Hitzeinseln", die sich in bestimmten Regionen der Welt – etwa in Europa, im Osten und mittleren Norden der USA und auf der Hauptinsel von Japan – zusammenballen und anderswo eher wie Inseln in einem Meer energiearmer Landschaften verstreut liegen. Große Industriegebiete sind tatsächlich so energielastig, daß sich das Klima von Städten wie New York deutlich von dem der umliegenden ländlichen Regionen unterscheidet. Sie sind wärmer, es gibt mehr Nebel und Nieselregen und aufgrund von Staub und Rauch weniger Sonnenschein.

Für das gesamte Festland der Vereinigten Staaten liegt die Energieflußdichte, die in direktem Bezug zum menschlichen Brennstoffverbrauch steht, im Durchschnitt bei 2000 Kilokalorien pro Quadratmeter und damit in der gleichen Größenordnung wie bei einer durchschnittlichen natürlichen, sonnenenergiebetriebenen Gemeinschaft. (Es sei aber noch einmal daran erinnert, daß Brennstoff- und Sonnenenergie sich in ihrer Qualität und damit in ihren Auswirkungen deutlich unterscheiden.) Der weltweite Durchschnitt des Brennstoffenergieflusses beträgt nur ungefähr 100 Kilokalorien pro Quadratmeter (Smil 1984). Wie in Kapitel 1 betont wurde, ist eine brennstoffbetriebene Stadt so energielastig, daß für ihren Unterhalt große Flächen von natürlichen und landwirtschaftlichen Systemen mit geringem Energiefluß notwendig sind.

---

**Zeit erwachsen zu werden**

Wie Produzenten und Konsumenten in einem Nahrungsnetz stehen auch Stadt und Land in einer Beziehung von wechselseitigem Nutzen, da Städte ihre lebenserhaltenden Güter und Dienstleistungen vom Land beziehen und dieses seinerseits von Wohlstand und Kultur profitiert, welche die Stadt erzeugt. Leider scheinen viele verantwortliche Politiker diese wechselseitige Abhängigkeit nicht zu sehen; immer wieder können wir beobachten, wie in der Politik Stadt und Land gegeneinander ausgespielt werden. Man fühlt sich manchmal an Kinder erinnert, die sich um Spielzeug zanken – was nichts anderes bedeutet, als daß unser gegenwärtiges politisches Verhalten unreif, kurzsichtig und überholt ist, vor allem angesichts der ausgereiften und hochentwickelten Technologie unserer Zeit. Wir wollen hoffen, daß unsere politischen Systeme erwachsen werden, bevor wir alle „Landhühner", die „goldene Eier" für die Stadt legen, umgebracht haben.

**Die Zukunft der Energieversorgung**

Auf der ersten internationalen Konferenz für die friedliche Nutzung der Atomenergie, die 1955 in Genf abgehalten wurde, beschrieb der Vorsitzende der Konferenz, der inzwischen verstorbene Homi J. Bhabha aus Indien, drei Zeitalter der Menschheit: das Zeitalter der Muskelkraft (in dem mit der Arbeit von Tieren, Sklaven und Knechten große Zivilisationen geschaffen wurden), das Zeitalter der fossilen Brennstoffe (in dem brennstoffbetriebene „Maschinenknechte" die Sklaven befreiten) und das Atomzeitalter. Bhabha drückte sehr beredt seine Überzeugung aus, daß das kommende Atomzeitalter wegen der universellen Verfügbarkeit des Atoms die Lücke zwischen reichen und armen Nationen schließen würde. Ich war als Delegierter auf diesem Treffen, und fast wäre ich der Begeisterung über das bevorstehende Utopia erlegen.

Dreißig Jahre später ist der Traum von der für alle gleichen und im Überfluß vorhandenen Energie aus dem Atom noch nicht Wirklichkeit geworden. Das Anzapfen des enormen Potentials der Atomenergie hat sich als eine Technik mit wesentlich größerem „Unordnungspotential" erwiesen, als man 1955 ahnte, und die Kluft zwischen reichen und armen Nationen ist ständig größer geworden. Carroll Wilson, der erste Leiter der United States Atomic Energy Commission, drückte es 1979 in einem Artikel mit dem Titel *Nuclear Energy: What Went Wrong?* so aus: »Niemand schien zu verstehen, daß, wenn das Gesamtsystem nicht in sich kohärent ist, auch kein einzelner Teil annehmbar ist.« Holistisch denkende Ökologen verstanden das sehr wohl, aber sie waren zu jener Zeit nicht in der Lage, ihre Bedenken zu formulieren oder zu belegen.

Heute stellt sich die auf Uranspaltung basierende Atomenergie als eine mangelhafte Technologie dar, da es erstens keine absehbare Lösung für die Probleme der Entsorgung von schwach- und hochradioaktiven Abfällen (Spaltprodukten) gibt, da zweitens die Urananreicherung und der Bau von Atomkraftwerken sehr hohe Kosten verursachen und da drittens das Risiko für Unfälle wie die von Three Mile Island in den USA und Tschernobyl in der Sowjetunion sehr hoch ist. Bevor nicht neue, risikoärmere Wege für die Energiegewinnung aus Atomkernen entwickelt sind, ist der Beginn des Atomzeitalters verschoben. Der friedlichen Nutzung der Kernenergie steht die militärische Nutzung gegenüber, und die schreckliche Gefahr eines Atomkrieges ist trotz aller Abrüstungsbemühungen noch nicht gebannt. In der Zwischenzeit sucht man in der ganzen Welt nach anderen Energiequellen und nach effektiveren (weniger verschwenderischen) Verfahren zur Nutzung der noch verbleibenden fossilen Brennstoffe, um diese so lange wie möglich verfügbar zu halten.

Nur wenige Menschen scheinen sich bewußt zu sein, daß man Energie braucht, um Energie zu erzeugen, da bei jedem Umwandlungssystem ein

Teil der produzierten Energie für die Erhaltung dieses Systems zurückgeführt werden muß, wie Abbildung 4.14 zeigt. Um **Nettoenergie** zu erzeugen, muß der Ertrag (A) größer als die Energiekosten sein, die für die Erhaltung des Systems erforderlich sind (B). Damit ein Kraftwerk sich wirklich lohnt, sollte der Ertrag mindestens doppelt, besser sogar viermal so hoch sein wie die Energiekosten (die „Energiestrafe", wie Ingenieure sie manchmal nennen). Wenn man zum Beispiel zehn Einheiten Brennstoff braucht, um bei einer Tiefseebohrung zwölf Einheiten Öl aus dem Meeresboden zu fördern, so hat man keine sonderlich vielversprechende Quelle vor sich. Die derzeitigen mit Uranspaltung arbeitenden Atomkraftwerke sind so teuer in Bau und Unterhalt, daß die Nettoenergie äußerst gering ist; oft sind für ihren Betrieb verschiedene staatliche Subventionen notwendig (zum Beispiel für die Abfallentsorgung). Versuche mit der Kernverschmelzung (Kernfusion) haben bislang keine nutzbare Nettoenergie erbracht (das heißt, die Energiekosten sind höher als der Ertrag). Da für die Kernverschmelzung extrem hohe Temperaturen nötig sind, ist es äußerst schwierig und vielleicht unmöglich, die Wasserstoffbombe für friedliche Zwecke zu zähmen.

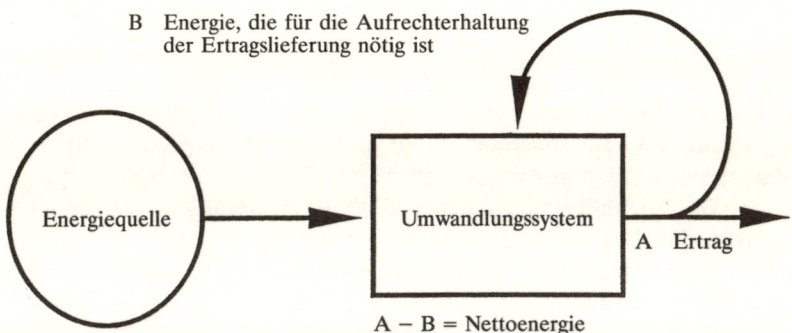

**4.14** Das Konzept der Nettoenergie. Damit die Nettoenergie einen positiven Wert annimmt, muß der Ertrag größer sein als die Energie, die zur Aufrechterhaltung des Umwandlungssystems benötigt wird.

Trotz dieser Schwierigkeiten sollte die Atomenergie in irgendeiner Form eine Zukunft haben, sofern es uns, wie schon gesagt, gelingt, einen weniger risikoreichen Weg für ihre Nutzung zu finden. Bis dahin ist es besonders wichtig, die Energienutzung der Qualität der jeweiligen Energie anzupassen. Wenn sich zum Beispiel niedrigkonzentrierte Sonnenenergie für die Beheizung von Gebäuden (niederwertige Arbeit) nutzen ließe, könnte man hochkonzentrierte Energieformen wie Öl oder Strom für den Betrieb von Maschinen (hochwertige Arbeit) sparen. Wenn man es recht überlegt, stellt die Beheizung eines Hauses durch Verbrennung von Öl eine irrsinnige Verschwendung dar, denn hier wird eine der hochwertigsten Energiequellen für eine der niederwertigsten

Arbeiten verwendet. In der Verwirklichung einer besser angepaßten Nutzung nimmt Kalifornien eine Spitzenstellung ein, denn die meisten neuen Häuser dort sind so angelegt, daß zumindest ein Teil der Heizung und Warmwasseraufbereitung mit Sonnenenergie betrieben wird.

Zumindest für die unmittelbare Zukunft sollten wir uns wohl darauf einstellen, mehrere verschiedene Energiequellen zu nutzen, statt uns nur auf eine oder zwei zu verlassen, wie wir es in den vergangenen hundert Jahren getan haben. Ein neuerer Bericht der International Energy Agency führt auf, daß infolge von Einsparungsbemühungen die Effizienz der Energienutzung in den westlichen Industrieländern um etwa 20 Prozent gestiegen ist (eine Einsparung, die ungefähr 880 Millionen Tonnen Öl pro Jahr entspricht; siehe *Science* 23 (1987) S. 25). Durch verstärkte Anstrengungen läßt sich sogar noch mehr Energie einsparen. Auch wenn wir die Zukunft allgemein nicht mit Sicherheit voraussagen können, so sind wir doch in der Lage, unwillkommene zukünftige Situationen – wie sie auf uns zukommen werden, wenn wir weiterhin hochkonzentrierte, aber zunehmend knappere Energien verschwenden – vorab zu erkennen und zu vermeiden.

### Energie und Geld

Geld und Energie sind direkt miteinander verknüpft, da man Energie braucht, um Geld zu „machen". Geld stellt einen Gegenstrom zur Energie dar, denn es fließt aus Städten und Landwirtschaftsbetrieben heraus, um Energie und Material, die hineinfließen, zu bezahlen. Das Problem liegt darin, daß Geld zwar die von Menschen bereitgestellten Güter und Dienstleistungen begleitet, nicht aber die gleichermaßen wichtigen Güter und Dienstleistungen der Natur, wie Abbildung 4.15 zeigt. Auf der Ökosystemebene (Abbildung 4.15a) erscheint Geld erst nach der Umwandlung von natürlichen Ressourcen in marktfähige Güter und Dienstleistungen, wohingegen der gesamten Arbeit des natürlichen Systems, das diese Ressourcen unterhält, kein Preis – und damit kein Wert – zugewiesen wird. In dem dargestellten Beispiel erhält nur derjenige Teil der Produktionskette, der mit Fischfang und -verarbeitung zu tun hat, einen Geldwert; die ganze Energie und Arbeit, die das Ästuar für die

**4.15** Energie und Geld. a) Der Wert eines Ästuars. In der traditionellen Ökonomie kommt Geld erst dann ins Spiel, wenn Fisch gefangen wird; die Arbeit des Ästuars für die Fischproduktion bleibt ohne Preis- beziehungsweise Wertzuordnung. Der Gesamtwert des Ästuars bezüglich der für Menschen nützlichen Arbeit beträgt mindestens das Zehnfache des Wertes der entnommenen Produkte. (Durchgezogene Pfeile stehen für Energieflüsse, gestrichelte für den Fluß des Geldes; siehe Gosselink et al. 1974.) b) Das Energienutzungssystem der Menschheit. Geldflüsse (DM) sind mit den Energieflüssen aus kultivierten und vom Menschen geschaffenen Ökosystemen verbunden, nicht aber mit denen aus natürlichen Ökosystemen. (Nach H. T. Odum.)

a

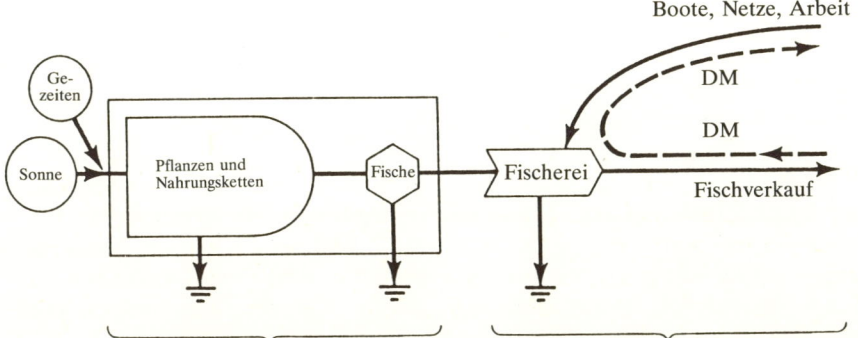

Arbeit des Ästuars, welche die Fischerei aufrechterhält und andere wertvolle Leistungen vollbringt (ohne Wertzuweisung)

auf Energiebasis umgerechneter Geldwert: etwa 35 000 DM pro Hektar und Jahr

Geldwert der Fischereiprodukte (einschließlich der Werterhöhung durch Verarbeitung): etwa 3500 DM pro Hektar und Jahr

b

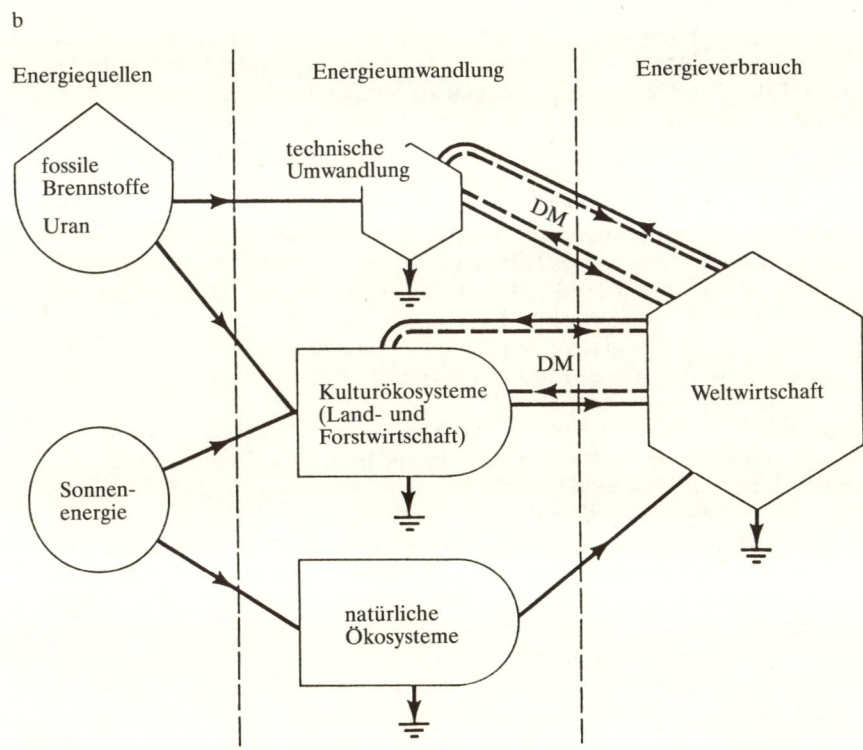

Produktion der Ernte und für andere wertvolle Dienstleistungen wie das Recycling von Luft und Wasser aufbringt, bleiben vollständig außerhalb des monetären Systems. Deshalb ist das Ästuar für die Gesellschaft insgesamt wesentlich mehr wert, als der ökonomische Wert seiner Produkte nahelegt. Selbst wenn gar keine Produkte entnommen werden, ist es sehr viel wert.

Auf globaler Ebene (Abbildung 4.15b) werden zwar die Energieflüsse aus kultivierten und vom Menschen geschaffenen Ökosystemen, nicht aber die aus natürlichen Systemen, von Geldflüssen begleitet. Anders ausgedrückt, wir bezahlen zwar für die Güter und Dienstleistungen aus landwirtschaftlichen und urban-industriellen Ökosystemen, jedoch nicht für die aus natürlichen Ökosystemen. Für diese liegt ein **Marktversagen** vor.

---

**Eine neue Währung**

Da Geld und Energie miteinander verknüpft sind, ist die Zugrundelegung von Energie für die Bewertung und Verteilung von Gütern und Dienstleistungen aller Art ein logischer Ansatz (Odum 1973; Hall et al. 1986). Um zum Beispiel den Gesamtwert eines Ästuars zu berechnen, würde man den Gesamtenergiefluß in Form der eingeschlossenen Energie (der die Gesamtarbeit des Ästuars wiedergibt) bestimmen und diesen Energiebetrag dann auf der Basis des Verhältnisses von Energie zu Geld bei der Produktion von marktwirtschaftlichen Gütern (zum Beispiel als Verhältnis von Energieverbrauch pro Kopf zu Einkommen pro Kopf) in Geldeinheiten umrechnen. Wenn in der lokalen oder nationalen Wirtschaft für eine Produktion im Wert von einer Mark $x$ Kalorien aufgebracht werden müssen, dann ergibt sich für einen Energiefluß von $1000x$ Kalorien pro Hektar und Jahr ein Wert von 1000 DM für alle Güter und Dienstleistungen, die im Laufe eines Jahres zur Verfügung gestellt werden. Über einige Jahre kapitalisiert oder anteilsmäßig aufgeteilt, käme man auf einen Wert des Ästuars, der unter marktwirtschaftlichen Gesichtspunkten Zehntausenden von Mark pro Hektar entspräche. Gosselink et al. (1974) haben mit diesem Ansatz den Gesamtwert eines Gezeitenästuars auf 70 000 bis 200 000 DM pro Hektar geschätzt.

Ein anderer Ansatz, das Versagen des Marktes auszugleichen, knüpft an die zunehmende Bereitschaft der Bürger an, für bestimmte Dienstleistungen mehr zu bezahlen, wenn dies zur Bewahrung der lebenserhaltenden Biosphäre beiträgt. Beispielsweise wären wahrscheinlich die meisten Menschen bereit, zehn bis 20 Prozent mehr für Strom zu bezahlen, wenn dafür die Luft sauberer wird. Luftverschmutzung und saurer Regen lassen sich deutlich verringern, wenn Kraftwerke Verunreinigungen in Kohle und anderen Brennstoffen vor der Verbrennung entfernen. Tatsächlich sind solche Anlagen schon in vielen Kohlekraftwerken in Gebrauch. Eine logische Konsequenz von höheren Brennstoffpreisen sollte der Bau energiesparender Gebäude sein – und damit eine weitere Entlastung unserer Atmosphäre.

---

Kenneth Boulding, einer der wenigen Wirtschaftswissenschaftler, die in die renommierte National Academy of Sciences der USA gewählt wurden, hat drei Jahrzehnte lang für einen stärker holistischen Ansatz in der Ökonomie gestritten, der vielleicht die Lücke zwischen marktwirtschaftlichen (mit einem Preis versehenen) und nichtmarktwirtschaftlichen („preislosen") Werten schließen könnte. Seine zahlreichen Bücher und Artikel tragen provozierende Titel wie *A Reconstruction of Economics* (1965) und *The Economics of the Coming Spaceship Earth* (1966). Unter den Gelehrten werden seine Werke viel gelesen und hoch geschätzt, aber auf die ökonomische Praxis hatten sie bislang wenig Einfluß. In den letzten Jahren allerdings haben Ökonomen und Ökologen einen vielversprechenden Dialog aufgenommen. Immerhin geben inzwischen zwei Vertreter dieser Fachrichtungen gemeinsam eine neue Zeitschrift mit dem Titel *Ecological Economics* heraus.

Geld ist eine unserer wichtigsten Erfindungen, und es ist liegt heute den Entscheidungen auf fast allen gesellschaftlichen Ebenen zugrunde. Wir sollten uns aber vergegenwärtigen, daß unser monetäres System nicht alle wirklich bestehenden Lebenskosten berücksichtigt, und wir müssen darauf achten, daß bei den Entscheidungen, die wir treffen, Geld nicht der einzige Faktor ist.

# 5. Stoffkreisläufe und die physikalischen Voraussetzungen des Lebens

Der Meteorologe im Fernsehen gibt sich erfreut, wenn er einen Tag ohne Regen vorhersagen kann, und er entschuldigt sich vielmals – vor allem am Wochenende –, wenn der Wetterbericht Niederschläge ankündigt. Am besten sollte ununterbrochen die Sonne scheinen, und ein verregneter Tag gilt fast schon als Unglück, weil er das Leben ein bißchen unangenehmer und ungemütlicher macht. Aber ohne Regen gäbe es kein Leben, keine Menschen, keine Städte. Die typische Einstellung des Großstadtbewohners zum Wetter zeigt anschaulich unseren Hang zur Kurzsichtigkeit, wenn es um unsere Umwelt geht. Der Bauer schätzt den Regen natürlich, doch er beklagt sich ebenso lautstark, wenn das Wetter nicht den augenblicklichen Ansprüchen seiner Felder genügt. Ohne Wetter können wir nicht leben – und es ist ein unerschöpfliches Gesprächsthema. Ein englischer Schriftsteller des 19. Jahrhunderts, John Ruskin, traf den Nagel auf den Kopf, als er schrieb: »So etwas wie schlechtes Wetter gibt es überhaupt nicht, es gibt nur verschiedene Arten von gutem Wetter.«

Wasser, eine wichtige Komponente unseres Wetters, ist ein unverzichtbares, lebenserhaltendes Gut, das sich in einem ständigen Kreislauf zwischen lebenden Organismen und der abiotischen Umwelt befindet. Wasser geht fortwährend „verloren"; es verdunstet von den Pflanzen, von Seen und anderen Oberflächen, es sickert durch den Boden in den Untergrund, und es fließt in Bächen und Flüssen ins Meer. Auf welchem Wege auch immer Wasser ein Ökosystem verläßt – letztlich muß es durch Niederschläge (es kann auch der im Grundwasser gespeicherte Regen aus vorgeschichtlicher Zeit sein) wieder ersetzt werden, wenn Handel, Landwirtschaft, Erholung und andere Bereiche des menschlichen Lebens weitergehen sollen wie zuvor.

## Der Wasserkreislauf

In Abbildung 5.1 sind die beiden grundlegenden Bewegungsrichtungen des **Wasserkreislaufes** dargestellt: die Aufwärtsbewegung, die durch die Energie der Sonne angetrieben wird, und die Abwärtsbewegung, welche letztlich jene Güter und Leistungen bereitstellt, die wir und unsere Umwelt benötigen. Über den Ozeanen verdunstet mehr Wasser, als in Form von Niederschlägen wieder eingebracht wird; das Umgekehrte gilt für die Landoberfläche. Folglich stammt ein beträchtlicher Teil der Niederschläge, die terrestrische Ökosysteme und den Großteil der landwirt-

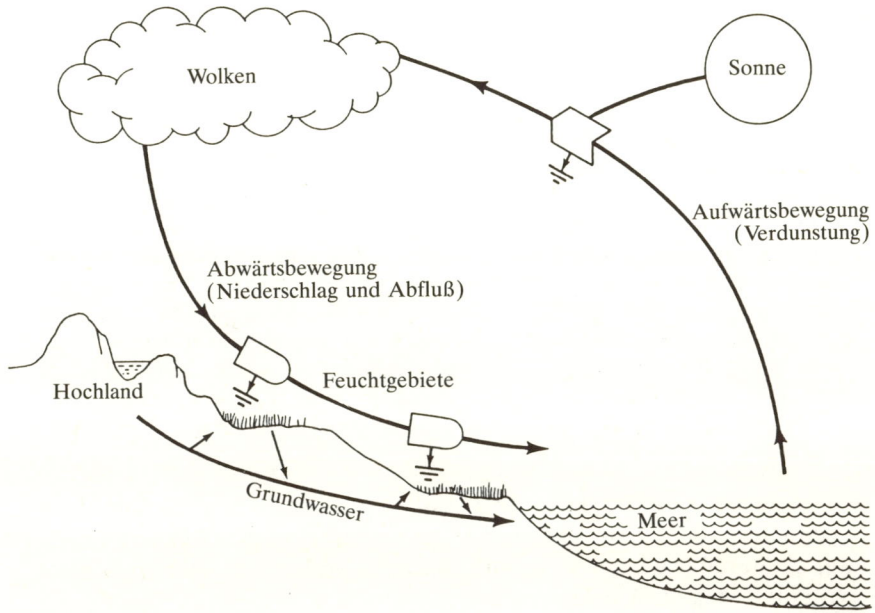

**5.1** Die Energetik des Wasserkreislaufes mit seinen zwei grundlegenden Bewegungsrichtungen. Die Aufwärtsbewegung wird durch die Energie der Sonne angetrieben, die Abwärtsbewegung führt Energie an Seen, Flüsse und Feuchtgebiete ab und verrichtet wertvolle, zum Teil für den Menschen direkt nutzbare Arbeit (etwa in Wasserkraftwerken).

schaftlichen Nahrungsmittelproduktion aufrechterhalten, aus der Wasserverdunstung über dem Meer. Man schätzt zum Beispiel, daß 90 Prozent des Regens, der im Tal des Mississippi fällt, vom Meer kommen (vor allem aus dem Golf von Mexiko). Mit aus Wasserkraft gewonnenem Strom profitieren wir unmittelbar von der Energie der Abwärtsbewegung des Wasserkreislaufes.

Den Wasserkreislauf zu quantifizieren, das heißt, Angaben über die Größe der Teilflüsse zu machen, ist eine schwierige, bis heute nicht vollständig gelöste Aufgabe. Nach einer Schätzung fließen 20 Prozent der jährlich über der Landoberfläche herabkommenden Niederschläge in das Meer ab; 80 Prozent füllen die Oberflächen- und Grundwasservorräte auf. Menschen vergrößern den Anteil des abfließenden Wassers und verringern das Einsickern in Boden und Grundwasser, indem sie die Erdoberfläche versiegeln (also asphaltieren und überbauen), Gräben anlegen, Sümpfe entwässern, den Boden verdichten und Wälder roden. Grundwasser (also jenes Wasser, nach dem man bei einer Brunnenbohrung sucht) ist in vielen Regionen der Welt viel reichlicher vorhanden als Oberflächenwasser, und es wird in zunehmendem Maße zur künstlichen Bewässerung, für industrielle Zwecke sowie als Trinkwasser genutzt. In den USA schätzt man die Grundwassermenge auf das Vierfache des

---

**Sauberes Wasser – kostenlos**

Wie schon in Kapitel 4 erwähnt, fließt etwa ein Viertel der Sonnenenergie, welche die Erdoberfläche erreicht, in den Antrieb des globalen Wasserkreislaufes. Der natürliche Zyklus des Wassers ist nicht nur eine „kostenlose" Dienstleistung – er verbraucht auch eine gewaltige Menge an (Sonnen-) Energie, was der breiten Öffentlichkeit fast völlig unbekannt ist. Für unsere Wirtschaft werden traurige Tage anbrechen, wenn wir einmal gezwungen sein sollten, unser gesamtes Trinkwasser unter Einsatz teurer Brennstoffe zurückzugewinnen und zu reinigen. Und dies könnte durchaus passieren, wenn wir die Verseuchung unserer Trinkwasserquellen nicht aufhalten. Ein Liter künstlich entsalztes und gefiltertes Meerwasser würde einschließlich Anlieferung wohl fast 50 Pfennig kosten, wie es auf einigen abgelegenen, niederschlagsarmen Inseln heute der Fall ist – eine Summe, für die man dank der kostenlosen Arbeit der Natur derzeit noch Hunderte von Litern erhält.

---

Volumens der Großen Seen. Trotz dieses gewaltigen Vorrats sind die Vereinigten Staaten von Wassermangel bedroht, weil das Grundwasser zum einen nicht wieder aufgefüllt und zum anderen zunehmend durch toxische Substanzen belastet wird.

## Der Ogallala-Grundwasserleiter – Fallbeispiel einer Übernutzung

Die größten Grundwasservorräte bergen die **Grundwasserleiter**: poröse, oft aus Kalkstein, Sand oder Kiesen bestehende Schichten des Untergrundes, die von undurchlässigen Gesteins- oder Lehmschichten umschlossen sind, so daß das Wasser wie in einem überdimensionalen Rohr oder langgezogenen Tank festgehalten wird. In sehr trockenen Gebieten werden viele dieser Grundwasserspeicher nicht oder nur so langsam wieder aufgefüllt, daß das Wasser, das sie enthalten, ein nicht erneuerbarer Rohstoff ist – wie etwa die fossilen Brennstoffe. (Man spricht gelegentlich auch von fossilem Wasser.) Im Westen der Vereinigten Staaten gilt heute ein Viertel der Gesamtwasserentnahme aus Grundwasserleitern als Übernutzung (übersteigt also die Wiederauffüllung). Ein Beispiel liefert der Ogallala-Grundwasserleiter der Hochebenen (Great Plains) von Texas, Kansas, Oklahoma und dem östlichen Colorado. Das Getreide, das hier mit Hilfe künstlicher Bewässerung produziert wird, stellt einen bedeutenden Faktor im Außenhandel der USA dar, die nicht zuletzt mit Getreideexporten ihre hohen Unkosten für die Einfuhr von Öl ausgleichen. Der kombinierte Einsatz von fossilem Wasser und fossilen Brennstoffen (zur Förderung des Wassers) hat in dieser Region einen milliardenschweren Wirtschaftszweig geschaffen. Doch das Grundwasservorkommen wird – zumindest für praktische Zwecke – bis zum Jahre 2000 oder bald danach leergepumpt sein. Das Wasser wird eher ausgehen als die fossilen Brennstoffe, aber ohne Wasser sind auch letztere nutzlos. Der Region droht dann eine schwere wirtschaftliche

Krise und eine Abwanderung der Bevölkerung, während man bei der Bewirtschaftung des Bodens zwangsläufig wieder auf den viel weniger einträglichen Trockenfeldbau zurückkommen wird. Außerdem könnten die Staubstürme der dreißiger Jahre wiederkehren, wenn das Wasser, mit dem man gegenwärtig die Landschaft grün hält, verbraucht ist (Abbildung 5.2). Beispiele für Regionen in Deutschland, in denen bedenkliche Grundwasserabsenkungen drohen oder bereits verzeichnet werden, sind das Hessische Ried und die Lüneburger Heide.

Weltweit werden ungefähr 70 Prozent des Wassers, das man aus Grundwasserleitern abpumpt, zur Bewässerung von Feldern verwendet. Wie schon in Kapitel 4 erwähnt wurde (siehe insbesondere Abbildung 4.8), hat die künstliche Bewässerung zusammen mit dem vermehrten Einsatz von Düngemitteln und dem Anbau verbesserter Hochertragssorten die Ernteerträge in vielen Teilen der Welt erheblich gesteigert. Die große Frage lautet nur: Wie lange läßt sich dieser immense Wasserverbrauch aufrechterhalten? Wie lange noch können wir immer mehr Wasser fördern, um immer mehr hungrige Menschen und Nutztiere zu ernähren? Durch die Bewässerung werden nicht nur die Grundwasservorräte erschöpft, sie führt auch − vor allem in warmen und trockenen Gebieten − zur **Bodenversalzung**, wenn das Wasser auf den Feldern verdunstet. Zur Zeit geht mehr bewässertes Ackerland durch Versalzung verloren als durch Wassermangel. Wie sich diese Gefahr verringern läßt, wird gegenwärtig intensiv erforscht.

**5.2** Die Staubstürme der dreißiger Jahre könnten auf den Hochebenen der Vereinigten Staaten wieder auftreten, wenn das Grundwasser, das man derzeit verwendet, um die Landschaft dort grün zu halten, zu Beginn des nächsten Jahrhunderts zur Neige gehen wird. Wir wissen zwar im Prinzip genug über Bodenschutz, um eine solche Katastrophe zu verhindern, aber kurzfristige ökonomische Überlegungen machen es schwierig, Alternativen — etwa eine räumliche Verlagerung der Anbaugebiete — zu entwickeln. (Mit freundlicher Genehmigung des Soil Conservation Service.)

## Alternativen zum Grundwasser?

Um die künstliche Bewässerung von Ackerland in den Great Plains auch nach einem möglichen Leerpumpen des Ogallala-Grundwasserleiters fortzusetzen, könnte man theoretisch über eine lange Wasserleitung das Flußsystem des Mississippi anzapfen. Ein solches Unterfangen wäre jedoch sehr teuer und würde ernste politische und ethische Fragen aufwerfen. Soll man den Steuerzahlern der Nation abverlangen, für eine Region, in der die Menschen freiwillig ihre wichtigste natürliche Ressource erschöpft haben, die Kosten zu übernehmen? Oder wäre es besser, den Getreideanbau schrittweise in Gebiete mit einer besseren Wasserversorgung zu verlegen, bevor das Wasser verbraucht ist? Wenn ja, wer würde den geplanten Ortswechsel organisieren und durchführen – die Bundesstaaten, die amerikanische Regierung oder die Agrarindustrie?

## Biogeochemische Kreisläufe

Ökologen bezeichnen die mehr oder weniger kreisförmigen Wege, über die chemische Elemente zwischen Organismen und Umwelt ausgetauscht werden, als **biogeochemische Kreisläufe**, wobei sich *bio* auf die lebenden Organismen bezieht und *geo* auf das Gestein, den Boden, die Luft und das Wasser der Erde. Die Geochemie ist eine wichtige naturwissenschaftliche Fachrichtung, die sich mit der chemischen Zusammensetzung der Erdkruste sowie der Ozeane, Flüsse und so weiter beschäftigt. Die Biogeochemie befaßt sich demgemäß mit dem Austausch von Stoffen zwischen den belebten und unbelebten Komponenten der Biosphäre. Der Begriff stammt vermutlich von dem russischen Geologen und Mineralogen Wladimir Iwanowitsch Wernadski (1863–1945), der vor allem für sein 1926 in Russisch erschienenes Buch *Die Biosphäre* bekannt ist.

In Abbildung 5.3 ist ein biogeochemischer Kreislauf in ein vereinfachtes Energieflußschema integriert, um die Beziehung zwischen diesen beiden Grundprozessen zu veranschaulichen. Es sei hier nochmals darauf hingewiesen, daß Energie notwendig ist, um Stoffkreisläufe in Gang zu halten. In der Natur werden die Kreisläufe weitgehend durch natürliche Energiequellen wie das Sonnenlicht angetrieben. Damit eine künstliche Rückführung von Stoffen (also ein Recycling) Gewinn abwirft, muß sich der hierfür nötige Energiebedarf zu einem Preis decken lassen, der den Wert des letztlich zurückgewonnenen Produkts nicht übersteigt. Solange Rohstoffe im Überfluß vorhanden sind und das Angebot die Nachfrage weit übersteigt, rentiert sich eine Wiedergewinnung nur bei sehr wertvollen Stoffen wie Gold oder Platin. Bei knappem Angebot dagegen ist ein Recycling angebracht und wünschenswert, wie wir in einem späteren Abschnitt dieses Kapitels am Beispiel Papier noch sehen werden. Lebewesen verfahren nach dem gleichen Prinzip: Sie versuchen in der Regel, lebenswichtige Elemente wie Phosphor, die im Verhältnis zum Bedarf relativ selten vorkommen, zu speichern und wiederzuverwerten.

Wie das Wasser, so sind auch die rund zwei Dutzend lebenswichtiger Nährelemente (Kohlenstoff, Stickstoff, Phosphor, Calcium, Kalium und andere, die in unterschiedlichem Maße von lebenden Organismen benötigt werden) in einem Ökosystem weder gleichförmig verteilt, noch liegen sie überall in derselben chemischen Form vor. Die Stoffe verteilen sich vielmehr auf einzelne **Kompartimente** oder **Pools**, zwischen denen sie mit unterschiedlichen Raten ausgetauscht werden. Im allgemeinen ist es zweckmäßig, zwischen einem großen, nichtbiologischen Reservoir mit langsamem Umsatz und einem kleineren, aber aktiveren Pool zu unterscheiden, der einem schnellen Austausch zwischen den Organismen und ihrer unmittelbaren Umgebung unterliegt. Gartenerde beispielsweise enthält Phosphor sowohl in einer unlöslichen Form, in der dieses Element für die Wurzeln von Blumen und Gemüsepflanzen nicht ohne weiteres verfügbar ist, als auch in Form löslicher Verbindungen, die von den Pflanzen aufgenommen und insbesondere in der Wachstumsperiode verwertet werden können. Oft ist der unmittelbar zugängliche Anteil solcher Nährstoffe klein, und man muß Dünger zugeben, um hohe Erträge zu erzielen.

In Abbildung 5.3 steht das mit „Nährstoffpool" bezeichnete Rechteck für das große, nur langsam umgesetzte Reservoir; das schnell ausgetauschte Material ist als gerasterter Ring dargestellt, der von den autotrophen zu den heterotrophen Organismen und wieder zurück führt.

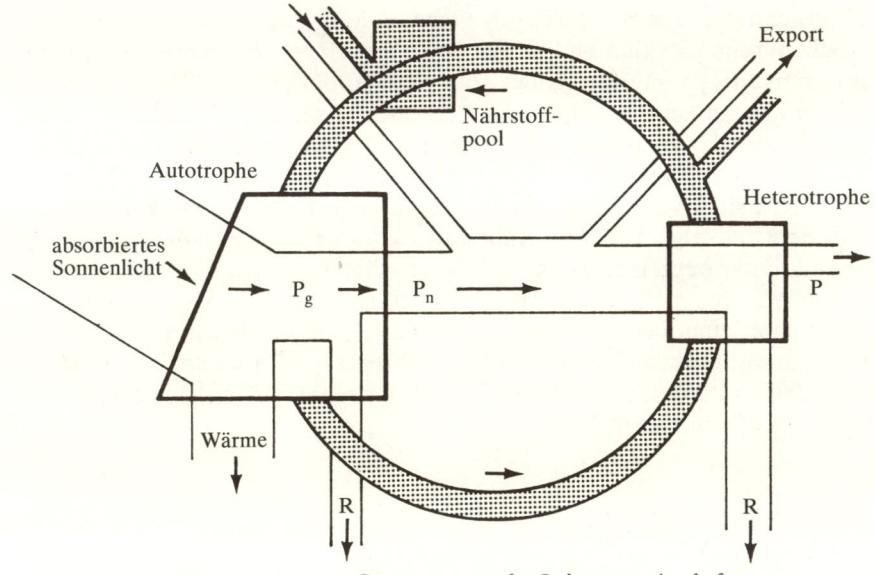

**5.3** Zusammenhang zwischen dem Kreislauf eines Nährstoffes (gerastert) und dem linearen Energiefluß, der alle biogeochemischen Kreisläufe in Gang hält. $P_g$ steht für Bruttoprimärproduktion (*gross primary production*), $P_n$ für Nettoprimärproduktion, $P$ für Sekundärproduktion und $R$ für Atmung (Respiration).

Manchmal nennt man das große Reservoir auch den nichtverfügbaren Anteil und das Material im Kreislauf den verfügbaren Anteil; diese Bezeichnungen sind zulässig, wenn man sich darüber im klaren ist, daß die Begriffe relativ sind. Ein Atom oder Molekül in dem großen Reservoir ist nicht unbedingt dauerhaft dem Zugriff durch Organismen entzogen, da fast immer ein langsamer Austausch zwischen den verfügbaren und den nichtverfügbaren Anteilen stattfindet.

Durch Zersetzungsprozesse werden nicht nur Mineralstoffe freigesetzt, sondern auch organische Nebenprodukte, welche die Verfügbarkeit von Mineralien für Autotrophe beeinflussen können. Ein Beispiel ist der als Komplex- oder **Chelatbildung** (vom griechischen *chele* für „Klaue" oder „Krebsschere") bezeichnete Prozeß, bei dem sich eine organische Verbindung ein Calcium-, Magnesium-, Eisen- oder anderes Ion „schnappt" und in einem Komplex (Chelat) bindet. Vor allem Metallionen sind in Chelatform besser löslich und oftmals weniger giftig als manche der anorganischen Salze desselben Elements. Beispielsweise ist Kupfer aus Industrieabwässern in Küstengebieten, wo reichlich organisches Material vorhanden ist, weniger toxisch für die Meeresorganismen als im offenen Ozean, wo komplexbildende Substanzen seltener vorkommen.

### Die zwei Grundtypen von Stoffkreisläufen

Wenn man von der Biosphäre als Ganzem ausgeht, lassen sich die biogeochemischen Zyklen zwei Kategorien zuordnen: den Kreisläufen vom gasförmigen Typ, die ihr großes Reservoir in der Atmosphäre haben, und den Sedimentkreisläufen, deren großes Reservoir in den Böden und Sedimenten der Erdkruste lokalisiert ist. Der Kreislauf des Stickstoffes (N) und der des Phosphors (P), die in den Abbildungen 5.4 und 5.5 dargestellt sind, veranschaulichen diese beiden Grundtypen. Da Stickstoff und Phosphor wichtige Nährstoffe sind, deren Verfügbarkeit oft die Produktivität begrenzt, ist es wichtig zu verstehen, wie sich diese lebensnotwendigen Elemente biogeochemisch verhalten. Als allgemeine Regel kann man davon ausgehen, daß die Primärproduktion im Meer eher durch Stickstoff begrenzt wird, während im Süßwasser oft Phosphor der limitierende Faktor ist. In terrestrischen Böden sind häufig beide Elemente knapp.

### Der Stickstoffkreislauf

Stickstoff (N) wird kontinuierlich zwischen seinem gewaltigen Reservoir in der Atmosphäre und dem schnell „kreisenden" biologischen Pool ausgetauscht. Sowohl biologische als auch nichtbiologische Mechanismen sind an der **Denitrifizierung**, bei der letztlich Stickstoff in die Luft freigesetzt wird, und der **Stickstoffixierung** beteiligt, durch die gasförmi-

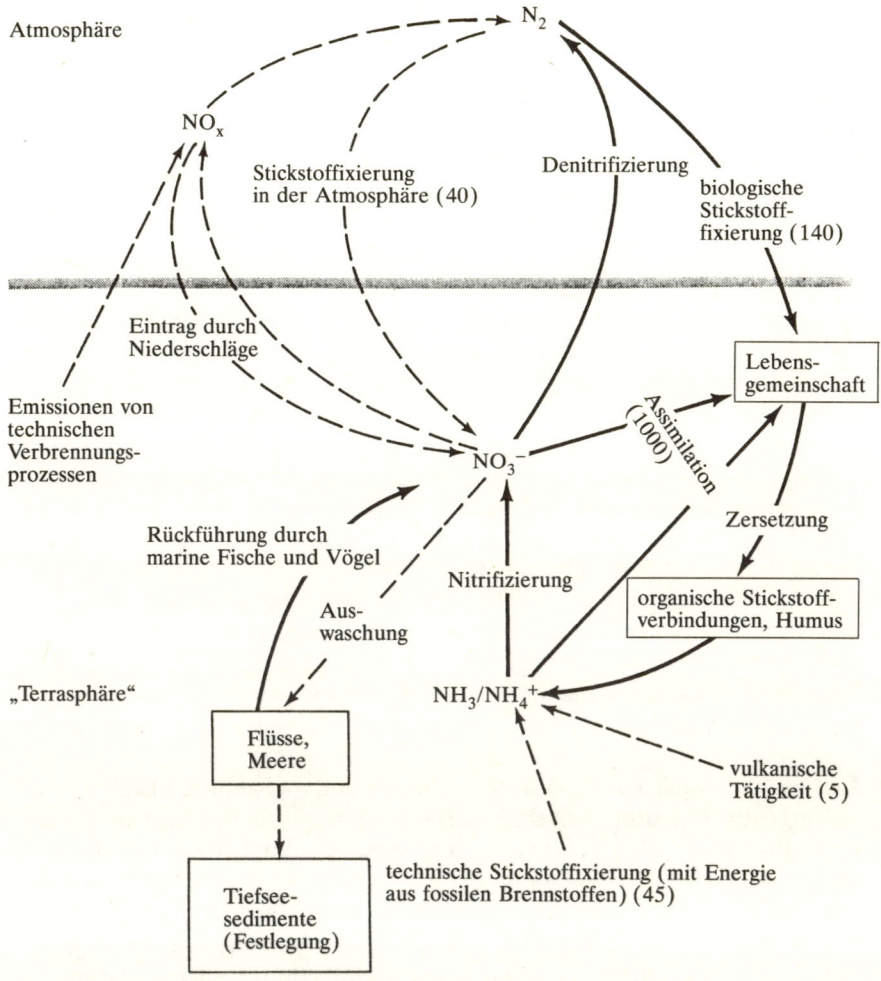

**5.4** Der Stickstoffkreislauf. Dargestellt ist – in vereinfachter Form – der Austausch des Elements Stickstoff (N) und seiner wichtigsten Verbindungen zwischen dem großen Reservoir in der Atmosphäre und den kleineren, aber aktiveren Stickstoffpools im Boden und im Wasser der Erde selbst (in der „Terrasphäre"). Durchgezogene Pfeile markieren die Flüsse und Austauschprozesse, die von Organismen (vor allem von Mikroorganismen) vermittelt und kontrolliert werden. Gestrichelte Pfeile kennzeichnen die Flüsse, die vor allem auf physikalischen Kräften beruhen oder Folgen menschlicher Tätigkeit sind. Stickoxide ($NO_x$) kommen in der Luft in mehreren Formen vor, zum Beispiel als $NO_2$ oder als $N_2O$. Diese Verbindungen tragen zum sauren Regen, zu Smog und anderen Formen der Luftverschmutzung bei. Zum gegenwärtigen Zeitpunkt ist es noch nicht möglich, alle Stickstoffflüsse auf globaler Ebene quantitativ zu erfassen; die Zahlenangaben in Klammern sollen nur die relative Bedeutung einiger Austauschprozesse andeuten. (So ist zum Beispiel die biologische Stickstoffixierung durch Mikroorganismen von größerer Bedeutung als die natürliche Fixierung (Oxidation) durch Blitze oder die technische Fixierung im Rahmen der industriellen Düngemittelproduktion.)

ger Stickstoff, den autotrophe Organismen nicht direkt verwerten können, in die nutzbaren Verbindungen Ammonium ($NH_4^+$), Nitrit ($NO_2^-$) und Nitrat ($NO_3^-$) überführt wird. Mikroorganismen mit speziellen Stoffwechselwegen spielen eine Schlüsselrolle im Stickstoffkreislauf, wie aus Abbildung 5.4 hervorgeht. Beispielsweise sind ausschließlich bestimmte Bakterien (Prokaryoten, zu denen auch die besser als Cyanobakterien bezeichneten Blaualgen gehören) in der Lage, Stickstoff zu fixieren. Leguminosen (Hülsenfrüchtler) und einige andere höhere Pflanzen vermögen Stickstoff nur mit Hilfe von Bakterien zu binden, die als Symbionten in speziellen Wurzelknöllchen der Pflanze leben. Dies verdeutlicht erneut die zentrale Rolle, die Mikroorganismen für die Bewahrung unserer Lebenserhaltungssysteme spielen und die wir schon in Kapitel 3 unter der Überschrift „Die Gaia-Hypothese" angesprochen haben. Die Austausch- und Rückkopplungsprozesse, die in Abbildung 5.4 in vereinfachter Form dargestellt sind, machen den Stickstoffkreislauf und andere Zyklen (etwa die von Kohlenstoff und Wasser) zu Systemen, die sich, großräumig betrachtet, sehr effektiv selbst regulieren. Eine Beschleunigung des Umsatzes in einem Teil des Kreislaufes kann durch Anpassungen in anderen Teilen schnell wieder ausgeglichen werden. Lokal hingegen wird Stickstoff in biologischen Systemen oft zu einem begrenzenden Faktor, weil entweder die Regeneration (also die Überführung vom nichtverfügbaren in den verfügbaren Zustand) in dem betreffenden Gebiet zu langsam verläuft oder weil es dort zu Nettoverlusten kommt.

Die Verfügbarkeit von Stickstoff ist für uns und alle anderen Lebewesen von größter Bedeutung, da Stickstoff ein unentbehrlicher Bestandteil der Grundbausteine allen Lebens ist: der Bausteine der Erbsubstanz DNA ebenso wie der Grundeinheiten der Proteine (also der Aminosäuren). Aber damit Stickstoff aus dem großen Reservoir der Atmosphäre in unsere Zellen gelangt, bedarf es einer langen und energieaufwendigen Folge von Fixierungsprozessen und Nahrungsketten. Viel Energie muß etwa dafür aufgebracht werden, die Dreifachbindung des gasförmigen Stickstoffes ($N\equiv N$) aufzubrechen, so daß am Ende aus Stickstoff und Wasser ($H_2O$) Ammonium ($NH_4^+$) entstehen kann.

**Der Phosphorkreislauf**

Die meisten Nährstoffe sind „erdgebundener" als der Stickstoff; ihre Kreisläufe zeigen eine schwächere Selbstregulation und sind folglich anfälliger für anthropogene Störungen. Ein gutes Beispiel für einen Sedimentkreislauf von höchster Wichtigkeit ist der Phosphor- oder Phosphatkreislauf (Abbildung 5.5). Phosphor wird für die Energieumwandlungen benötigt, die lebendes Cyto- oder Protoplasma von nichtlebendem Material unterscheiden, und er ist − angesichts des biologischen Bedarfs − ein vergleichsweise seltenes Element der Erdoberfläche.

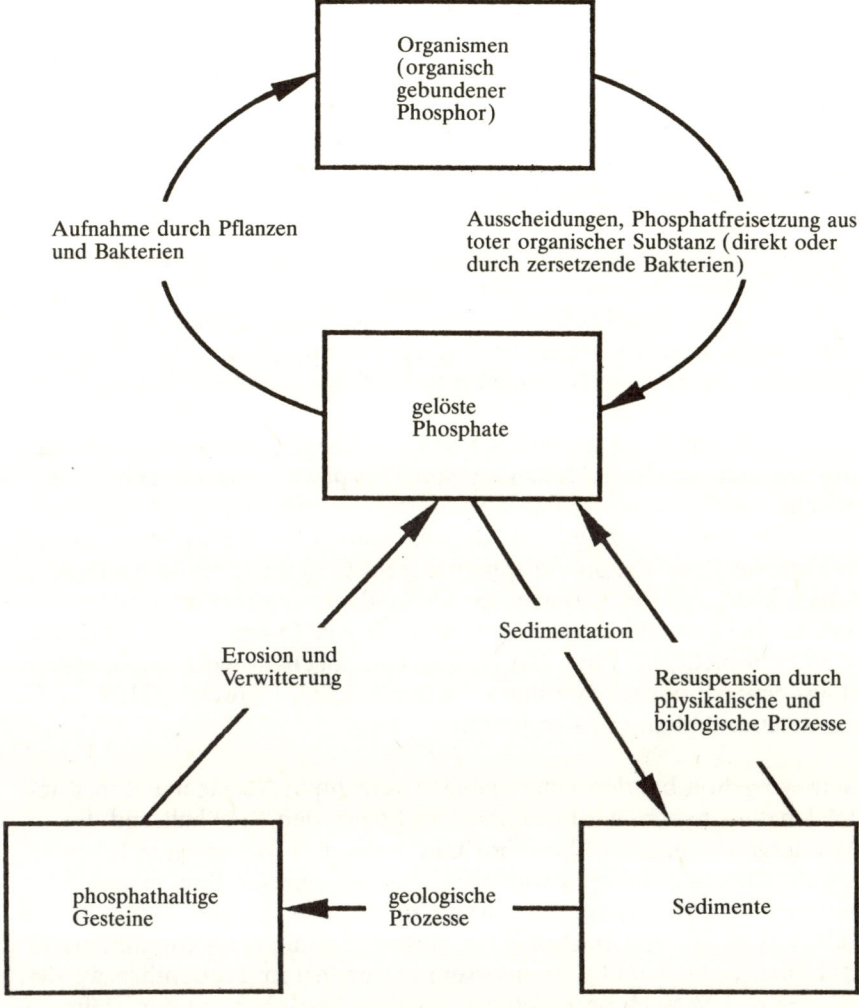

**5.5** Vereinfachte Darstellung des Phosphorkreislaufes unter Berücksichtigung des langsamen Austauschs mit den großen Reservoiren der Sedimente und Gesteine.

Organismen haben viele Mechanismen entwickelt, um dieses Element zu speichern, und die Phosphorkonzentration in einem Gramm Biomasse liegt deswegen gewöhnlich um ein Vielfaches über der in einem Gramm anorganischer Substanz aus der unmittelbaren Umgebung (Boden oder Wasser).

Während der direkt verfügbare Phosphor rasch in Organismen und in kleinräumigen biogeochemischen Zyklen zirkuliert, unterliegt der in dem großen Reservoir der Gesteine gebundene Phosphor einer allmählichen, durch die Prozesse von Erosion und Sedimentation bestimmten

Verfrachtung in das Meer und seine Sedimente. Langfristig jedoch gelangt Phosphor durch Gebirgsbildung und Gesteinsverwitterung, durch Winde, die Staub und Salz transportieren, sowie durch vulkanische Gase, die Phosphorverbindungen mit nach oben befördern können, zum Land zurück. Der windverursachte Auftrieb von ozeanischem Tiefenwasser bringt Phosphate und andere Nährstoffe aus den dunklen Tiefen der Meere in die (eu)photische Zone (wo er von Photosynthese treibenden Algen aufgenommen werden kann) und stellt damit einen wichtigen Rückführmechanismus dar, von dem des weiteren auch die Fische profitieren (etwa vor der südamerikanischen Pazifikküste). Fischfressende Vögel setzen den Prozeß schließlich fort, indem sie an ihren Nistplätzen an der Küste Tonnen von phosphatreichem Guano ablagern, der in jenen Regionen oft als Dünger gewonnen wird.

Unter menschlichem Einfluß hat sich die Erosion so beschleunigt, daß die unwiderrufliche Verfrachtung von Phosphor in die weitgehend unzugänglichen Reservoire der Ozeane stark zugenommen hat. Gegenwärtig machen sich die Landwirte deswegen noch keine Sorgen, da es beträchtliche Reserven an phosphathaltigem Gestein gibt, die man abbauen kann, um die Verluste aus den landwirtschaftlich genutzten Flächen zu kompensieren. Wer südöstlich von Tampa in Florida das Gebiet besucht, wo Phosphat im Tagebau abgebaut wird, erhält allerdings einen Eindruck von den schweren lokalen Umweltproblemen, die ein solcher Abbau mit sich bringt.

Wie wir schon bei den Überlegungen zum Input-Management in Kapitel 1 betont haben, wird es immer wichtiger, den Rückhalt und die Wiedergewinnung von Phosphor und anderen Nährstoffen in landwirtschaftlichen und anderen vom Menschen gesteuerten Systemen zu verbessern – nicht nur, um die Vorräte zu schonen, sondern auch, um die diffuse Umweltverschmutzung (in diesem Fall die Ausschwemmung in das Oberflächen- und Grundwasser) zu verringern. Hoffentlich werden wir nie den Versuch unternehmen müssen, Phosphor aus der Tiefsee zu gewinnen, da dies viel Energie und Geld kosten und die Preise für Nahrungsmittel gewaltig in die Höhe treiben würde.

### Der Schwefelkreislauf

Am Kreislauf des Schwefels in einem See (Abbildung 5.6) lassen sich viele Grundzüge von Stoffkreisläufen veranschaulichen:

a) Es gibt ein großes Reservoir in den Sedimenten und ein kleineres in der Atmosphäre.
b) Die Schlüsselrolle bei den schnellen biologischen Umsetzungen (also in dem „Rad" im oberen Teil der Abbildung) spielen Mikroorganismen mit speziellen Stoffwechseleigenschaften, die wie in einer Staffel nach-

einander verschiedene chemische Reaktionen ausführen (Schritte 1 bis 7).

c) Durch die Aufwärtsbewegung einer gasförmigen Verbindung – Schwefelwasserstoff ($H_2S$) – wird Schwefel, der sonst in den tiefen Sedimenten „verloren" wäre, wieder in den Kreislauf zurückgebracht.

d) Bei der Steuerung des Kreislaufes auf globalem Niveau gibt es eine enge Verflechtung von geochemischen, meteorologischen und biologischen Prozessen sowie von Luft, Wasser und Boden.

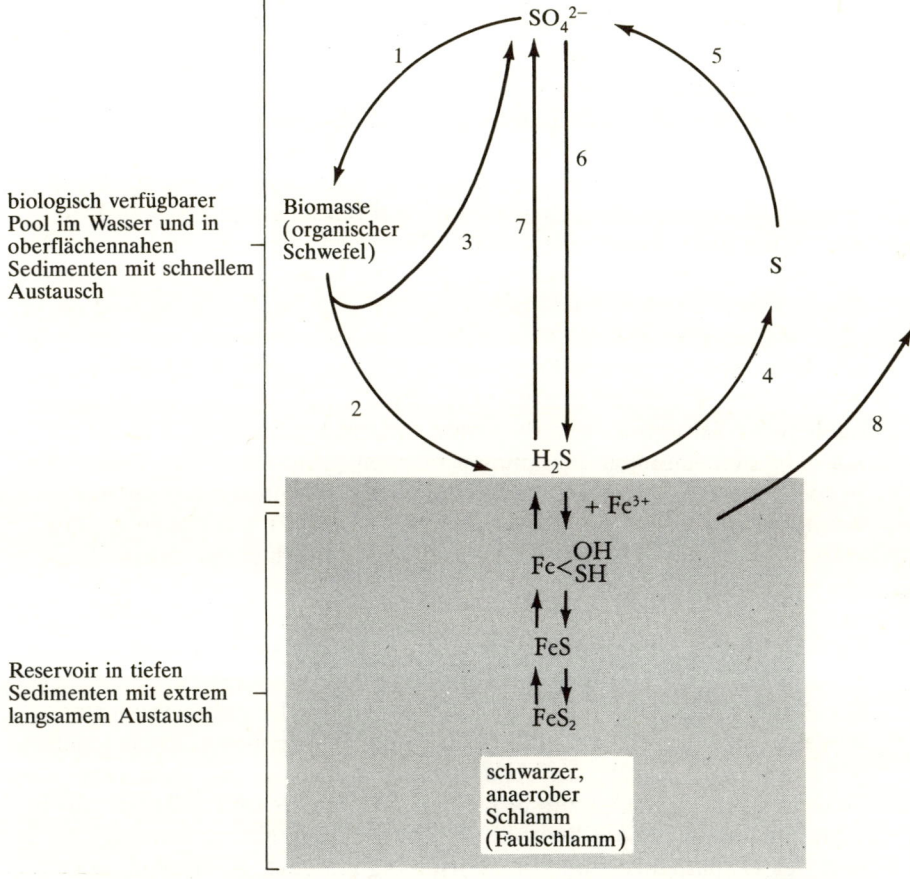

**5.6** Der Schwefelkreislauf in einem aquatischen Ökosystem. Spezialisierte Mikroorganismen führen die mit 1 bis 7 bezeichneten Umwandlungsschritte aus. Der erste Schritt – die Aufnahme von Sulfat ($SO_4^{2-}$), seine Reduktion zu Sulfid ($S^{2-}$) und dessen Festlegung in organischen Verbindungen – kann auch von grünen Pflanzen durchgeführt werden. Bei Zersetzungsprozessen entstehen Sulfide beziehungsweise Schwefelwasserstoff (2) und in geringerem Maße Sulfat (3). $H_2S$ wiederum kann bakteriell zu elementarem Schwefel (4) und weiter zu $SO_4^{2-}$ (5) oxidiert werden. Sogenannte Desulfurikanten reduzieren Sulfat direkt zu $H_2S$ (6), das umgekehrt durch wieder andere Bakterien (aber auch rein chemisch) unmittelbar zu $SO_4^{2-}$ oxidiert werden kann (7). Schritt 8 deutet die Überführung des Elements Phosphor von einer nichtverfügbaren in eine verfügbare Form an, die mit der Bildung von Eisensulfiden einhergeht. Dieser Schritt zeigt, wie der Kreislauf eines lebenswichtigen Elements ein anderes beeinflussen kann.

e) Wenn sich im Sediment Eisensulfide bilden, wird Phosphor aus einer unlösliche in eine lösliche Form überführt (Schritt 8) und steht damit den Lebewesen wieder zur Verfügung. Die Freisetzung von Phosphor im Rahmen des Schwefelkreislaufes ist besonders in den anaeroben (sauerstofffreien) Sedimenten von Feuchtgebieten ausgeprägt, die darüber hinaus auch eine wichtige Rolle bei der Rückführung von Stickstoff und Kohlenstoff spielen.

### Ressourcen am falschen Platz

Die Kreisläufe von Schwefel und Stickstoff werden beide von der Luftverschmutzung im städtischen und industriellen Bereich beeinflußt. Die **Oxide** von **Stickstoff** ($N_2O$ und $NO_2$) und **Schwefel** ($SO_2$) sind giftige Gase, die in ihren jeweiligen Kreisläufen normalerweise nur als kurzlebige Zwischenstufen auftreten. Die Verbrennung von fossilen Brennstoffen hat die Konzentration dieser flüchtigen Oxide allerdings in einem solchen Maße erhöht — und zwar nicht nur in Großstädten und Industriegebieten, sondern auch in Regionen, die in Windrichtung weit davon entfernt liegen —, daß die Gesundheit von Menschen wie auch der grünen Pflanzen, die für uns lebensnotwendig sind, bedroht ist. Die Kohleverfeuerung (vor allem in großen Kraftwerken) stellt eine der Hauptquellen für Schwefeldioxid dar, während die Stickoxide vor allem aus Autoabgasen stammen. Zusammen machen sie ungefähr ein Drittel der Schadstoffe aus, die in den USA und anderen Industriestaaten von Kraftwerken, Industrie und Automobilen in die Luft geblasen werden. (Hinzu kommen vor allem Kohlenmonoxid und flüchtige organische Verbindungen.)

Schwefeldioxid hemmt die Photosynthese, wie Haagen-Smit und seine Mitarbeiter bereits Anfang der fünfziger Jahre entdeckten; damals zeigten Blattgemüse, Obstbäume und Wälder in der Umgebung von Los Angeles erste Anzeichen einer Schädigung (Haagen-Smit et al. 1952). Schwefeldioxid reagiert außerdem mit Wasserdampf zu verdünnter Schwefelsäure ($H_2SO_4$), die in kleinen Tropfen als **saurer Regen** auf die Erde niedergeht. Diese bedrohliche Entwicklung hat weltweit das Interesse der Öffentlichkeit und der Forschung geweckt. Wo Boden und Wasser keine Puffersubstanzen enthalten, die fähig sind, Säure zu neutralisieren, steigt der Säuregehalt (beziehungsweise sinkt der pH-Wert) auf ein Niveau, das eine extreme Belastung für Vegetation und Fische darstellt. Der saure Regen wird ebenso für das Verschwinden der Fische aus Seen in Skandinavien und in den Adirondack Mountains im US-Bundesstaat New York verantwortlich gemacht wie für das Waldsterben in Mitteleuropa, etwa im Schwarzwald, wenngleich man ihn hierfür nicht unbedingt als den einzigen auslösenden Faktor ansieht. (Vermutlich spielt auch das Ozon eine Rolle, wie wir im nächsten Abschnitt noch sehen werden.) Der Bau von hohen Schornsteinen (Abbildung 5.7) bei

Kohlekraftwerken und Industriebetrieben – eine Maßnahme zur Verringerung der örtlichen Luftverschmutzung – hat das Problem insgesamt nur noch verschärft, da um so mehr Säure gebildet wird, je länger die Oxide in der Luft bleiben. (Das erklärt vielleicht auch, warum Wälder in Höhenlagen offenbar eher geschädigt werden als solche in tieferen Lagen.) Diese zweifellos gutgemeinte Maßnahme ist ein anschauliches Beispiel für jene Art von schnellen, aber kurzsichtigen Lösungen, die letztlich nur noch schwerere langfristige Probleme nach sich ziehen.

Auch Stickoxide beeinträchtigen in den Konzentrationen, in denen sie inzwischen in der Luft vorhanden sind, die Lebensqualität. Sie reizen die Atemwege von Mensch und Tier, und da sie mit Wasser zu Salpetersäure reagieren, tragen sie ebenfalls zum sauren Regen bei. Darüber hinaus führen chemische Reaktionen mit anderen Luftschadstoffen zu einem **synergistischen Effekt** (das heißt, die Wirkung der kombinierten Schadstoffe ist größer als die Summe der Einzeleffekte). So reagiert in Gegenwart von ultraviolettem Licht Stickstoffdioxid mit unverbrannten

**5.7** Hohe Schornsteine verringern zwar die Luftverschmutzung in der unmittelbaren Umgebung, verschärfen aber – unter anderem – das Problem des sauren Regens. (Photo: J. N. A. Lott, McMaster University/Biological Photo Service.)

Kohlenwasserstoffen (beides wird in großen Mengen in Autoabgasen freigesetzt) und erzeugt den sogenannten **photochemischem Smog** (chemisch handelt es sich dabei vor allem um die „Photooxidantien" Peroxyacetylnitrat und Ozon), der Menschen nicht nur die Tränen in die Augen treibt, sondern allgemein gesundheitsgefährlich und umweltschädlich ist. Man braucht nur in die Bergregionen Südkaliforniens, in die Appalachen oder auch die Mittelgebirge Westdeutschlands zu fahren, um selbst zu sehen, welche Schäden der photochemische Smog in Nadelwäldern anrichtet. Vergilbung und vorzeitiger Nadelwurf, Mißwuchs im Kronenbereich, Wachstumsverzögerungen und zuletzt das Absterben der Bäume sind Symptome der extremen Belastung durch Photooxidantien und sauren Regen. Der Schaden in der Landwirtschaft ist nicht so offensichtlich, aber trotzdem weitreichend; so schätzt man, daß die Luftverschmutzung durch Oxidantien in Südkalifornien zu einem 15prozentigen Rückgang der Bohnenproduktion und im gesamten Gemüseanbau zu einem Verlust von 45 Millionen Dollar geführt hat (Kneese 1984).

### Ozon, ein „chemisches Unkraut"

Unkräuter werden manchmal als „Pflanzen am falschen Platz" bezeichnet – als im allgemeinen nützliche oder zumindest unschädliche Gewächse, die bloß unbedingt dort wachsen wollen, wo man sie nicht haben möchte (im eigenen Garten zum Beispiel). Stoffe, die wichtig und notwendig für uns und für alles Leben sind, solange sie sich an ihrer normalen oder natürlichen Position in einem Kreislauf befinden, können erhebliche Probleme verursachen, wenn sie infolge menschlicher Aktivitäten in erhöhter Menge oder am falschen Ort auftreten. Ozon ($O_3$) ist ein Paradebeispiel für eine chemische Substanz, ohne die wir nicht leben können, die sich jedoch am falschen Platz als kostspieliges und gefährliches „chemisches Unkraut" erweist.

Ozon entsteht natürlicherweise in der Stratosphäre, wenn die einfallende Sonnenstrahlung mit Sauerstoff reagiert. Wie schon in Kapitel 3 beschrieben, schützt uns die Ozonschicht in der oberen Atmosphäre vor der tödlichen UV-Strahlung, und die Bildung von Ozon im Frühstadium der Erdgeschichte hat die Evolution des Lebens bis zu seiner heutigen hochentwickelten Form überhaupt erst ermöglicht. Bestimmte Luftschadstoffe, vor allem Fluorchlorkohlenwasserstoffe (Cohn 1987) aus Spraydosen und die Abgase von Düsenflugzeugen, die in großen Höhen fliegen, können jenen lebenserhaltenden Schutzschild zerstören. Angesichts dieser beängstigenden Aussicht wurden in den USA bereits 1970 Produktionsbeschränkungen für Fluorchlorkohlenwasserstoffe (FCKW) beschlossen, die einen Rückgang in der Herstellung dieser Gase um 17 Prozent herbeiführten. Andere Staaten erließen ähnliche Verordnungen. Offensichtlich jedoch reichen solche begrenzten Maßnahmen in einzelnen Ländern nicht aus, um die Gefährdung des globalen Schutzschildes zu stoppen, der insbesondere über der Antarktis („Ozonloch") schon eine bedenkliche Verdünnung zeigt (Bowman 1988).

Zur selben Zeit, zu der wir uns bemühen, das Ozon an seinem angestammten Platz zu erhalten, entwickelt es sich im unteren, bodennahen Bereich der Atmosphäre zu einem der bedeutendsten (photochemischen) Luftschadstoffe. Wie neuere Untersuchungen gezeigt haben, hemmt Ozon in Konzentrationen von 0,02 bis 0,14 ppm (*parts per million*, also Teile pro Million Teile), wie man sie heute in Gebieten weit ab von Großstädten vorfindet, die Photosynthese bei allen Arten von Feldfrüchten und Bäumen, die daraufhin untersucht wurden (Reich und Amundson 1985). Ozon in Bodennähe könnte demnach durchaus eine größere Gefahr für uns und unser Lebenserhaltungssystem darstellen als der saure Regen. Möglicherweise – und das käme nicht unerwartet – wirken beide auch synergistisch. Kneese (1984) hat in einer Studie über den wirtschaftlichen Nutzen von reiner Luft und sauberem Wasser berechnet, daß schon eine geringfügige Reduzierung der bodennahen Ozonkonzentration um 0,01 ppm die Anzahl der Fälle von chronischen Atemwegserkrankungen um eine Million verringern und deshalb volkswirtschaftlich einen Gewinn von mehr als einer Milliarde Dollar erbringen würde.

---

**Saubere Luft: Zeit zum Handeln**

Autobesitzer wissen, daß einiges unternommen wird, um den Ausstoß von Schadstoffen aus Verbrennungsmotoren zu reduzieren. Auch für die Begrenzung der Schadstoffemissionen aus Kraftwerksschornsteinen gibt es zahlreiche Maßnahmen und Ansätze, aber die Ergebnisse sind noch keineswegs befriedigend. Die Kosten der Emissionskontrolle sind so groß, daß der direkte wirtschaftliche Schaden durch Luftschadstoffe schon sehr hoch sein muß, bevor Kosten-Nutzen-Rechnungen eine Einschränkung nahelegen und die Öffentlichkeit eine entsprechende „Zahlungsbereitschaft" zeigt. Wenn man jedoch mit Gegenmaßnahmen zu lange wartet, könnten Gesundheit und Lebenserhaltungssysteme Langzeitschäden erleiden, deren Kosten in astronomische Höhen gehen würden. Deshalb müssen wir die politisch Verantwortlichen dazu bringen, die letztlich unausweichlichen Maßnahmen sofort in Angriff zu nehmen. Erfreulich sind in diesem Zusammenhang Meldungen, wonach „saubere" Kohlekraftwerke (bei deren Betrieb Schwefel und andere Luftschadstoffe vor der Verfeuerung entfernt werden), ökonomisch durchaus mit herkömmlichen Kraftwerken konkurrieren können (siehe Spencer et al. 1986). Wir kommen hier wieder auf das Konzept des Input-Managements zurück: Auf lange Sicht ist es ökonomisch sinnvoller, die Umweltverschmutzung am Anfang (auf der Input-Seite) des Produktionsprozesses zu verringern und nicht an seinem Ende (in diesem Falle also an den Schornsteinen).

---

## Der globale Kohlenstoffkreislauf

Abbildung 5.8 zeigt ein vereinfachtes Modell des globalen Kohlenstoff-
kreislaufes mit Schätzwerten für die Kohlenstoffmengen in den vier
großen Kompartimenten: der Atmosphäre, den Ozeanen (hier läge der
Wert erheblich höher, wenn man tektonisch gehobene Carbonatsedi-
mente wie etwa die berühmten Weißen Klippen von Dover hinzunäh-
me), den terrestrischen Systemen (Biomasse und Böden) sowie den fossilen Brennstoffen. Flüsse zwischen den Kompartimenten sind durch
Pfeile gekennzeichnet. Verglichen mit den anderen Kompartimenten ist
das atmosphärische Reservoir recht klein, aber es hat einen hohen Umsatz, und durch die Verfeuerung fossiler Brennstoffe wie auch durch
Rodung und Bearbeitung von Land für Ackerbau und Viehzucht –
beide Vorgänge setzen Kohlendioxid frei – wird es ständig größer.

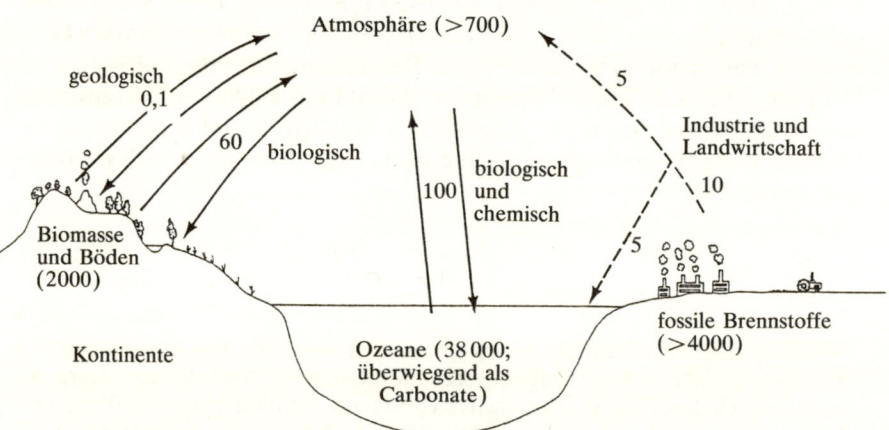

**5.8** Der globale Kohlenstoffkreislauf. Die Zahlenangaben (in $10^9$ Tonnen Kohlenstoff) beruhen
auf Schätzungen der Vorräte in den wichtigsten (aktiven) Kompartimenten der Biosphäre sowie
der jährlich zwischen ihnen ausgetauschten Mengen (Pfeile). Das kleine atmosphärische Reservoir wird zunehmend durch die anthropogene $CO_2$-Freisetzung beeinflußt.

Vor dem Industriezeitalter waren die $CO_2$-Flüsse zwischen Atmosphäre,
Kontinenten und Ozeanen vermutlich annähernd ausgeglichen, wie es
die durchgezogenen Pfeile in der Abbildung andeuten. Im Laufe des
letzten Jahrhunderts jedoch hat der Kohlendioxidgehalt der Atmosphäre
langsam zugenommen, da der anthropogene Eintrag die Aufnahmeka-
pazität der Vegetation und des marinen Carbonatsystems übersteigt (wie
die gestrichelten Pfeile zeigen). Die $CO_2$-Konzentration in der Atmosphäre ist von ungefähr 290 ppm (0,029 Prozent) Mitte des 19. Jahrhunderts (ein Schätzwert, da es damals noch keine Messungen gab) über
315 ppm im Jahre 1958, als erstmals genaue Messungen durchgeführt
wurden, auf heute 350 ppm angestiegen – und sie steigt weiter.

Während mehr Kohlendioxid in der Luft einerseits den positiven Effekt haben könnte, die Primärproduktion zu steigern, erweckt es andererseits Befürchtungen wegen der Verstärkung des **Treibhauseffekts**, die zu unerwünschten Klimaveränderungen führen könnte. Kohlendioxid wirkt in der Atmosphäre ähnlich wie die Verglasung eines Treibhauses: Es läßt den kurzwelligen Anteil der Sonnenstrahlung passieren, reflektiert aber die von der Erde zurückgestrahlte langwellige Wärmestrahlung und verringert so die Wärmeabgabe aus der Biosphäre. Sollte die gegenwärtige Zuwachsrate von Kohlendioxid und anderen Treibhausgasen wie Methan bis in das nächste Jahrhundert hinein anhalten, ist mit einer spürbaren weltweiten Erwärmung zu rechnen. Schon eine Zunahme des Temperaturmittels um ein bis vier Grad Celsius würde ausreichen, um einen schnellen Anstieg des Meeresspiegels herbeizuführen, denn zum einen würden sich die Ozeane erwärmen (und warmes Wasser hat ein größeres Volumen als kaltes), zum anderen finge das Polareis zu schmelzen an. In diesem Fall könnten wir uns von New York und etlichen anderen Küstenstädten verabschieden. Eine weitere, möglicherweise noch unheilvollere Folge der globalen Erwärmung wäre eine Umverteilung der Niederschläge und damit eine massive Beeinträchtigung der landwirtschaftlichen Produktion.

Bevor nun allerorten eine Flucht in die Bergregionen einsetzt, sei darauf hingewiesen, daß auch entgegengesetzte Kräfte am Werk sind, die eher zu einer Abkühlung der Erde führen. Sowohl durch menschliche Tätigkeit als auch durch Naturereignisse wie Vulkanausbrüche gelangt partikuläres Material (Staub und andere Schwebteilchen) in die Atmosphäre, das die einfallende Strahlung reflektiert und so die Erde abkühlt. In der jüngeren Erdgeschichte hat es in Abständen von jeweils zehn- bis zwanzigtausend Jahren große Eiszeiten gegeben (die letzte liegt bereits ähnlich lange zurück, so daß die Zeit für eine neue bald reif sein könnte). Auch ein Atomkrieg könnte so viel Staub in die Atmosphäre bringen, daß es zu dem vieldiskutierten Phänomen des **nuklearen Winters** käme (Ehrlich et al. 1983). Ein Meteoritenschwarm, der die Erde träfe, hätte ähnliche Folgen. Da es so viele Mechanismen gibt, die zu einer Erwärmung oder zu einer Abkühlung führen können, ist es unbedingt erforderlich, die internationalen Bemühungen zur Erfassung von Temperaturänderungen, des $CO_2$-Gehalts der Atmosphäre, von Kometenbahnen und von anderen Bedrohungen des globalen Gleichgewichts zu verstärken. (Weitere Informationen über den Treibhauseffekt und denkbare weltweite Klimaveränderungen finden sich bei Bolin et al. 1986.)

Außer Kohlendioxid sind zwei weitere Kohlenstoffverbindungen in der Atmosphäre vorhanden, wenngleich in kleineren Mengen: Kohlenmonoxid (CO) mit ungefähr 0,1 ppm und Methan ($CH_4$) mit etwa 1,6 ppm. Diese Gase werden relativ schnell umgesetzt und haben somit eine kurze Verweildauer in der Atmosphäre, nämlich ungefähr 0,1 Jahre für Kohlenmonoxid und 3,6 Jahre für Methan, verglichen mit vier Jahren beim

Kohlendioxid. Sowohl CO als auch $CH_4$ entstehen bei der unvollständigen oder anaeroben Zersetzung von organischem Material. In der Atmosphäre werden beide zu Kohlendioxid oxidiert. Etwa die gleiche Menge an Kohlenmonoxid, die bei der natürlichen Zersetzung frei wird, gelangt heute durch die unvollständige Verbrennung fossiler Brennstoffe – vor allem mit den Autoabgasen – in die Luft. Das für Menschen giftige Gas stellt zwar keine globale Gefahr dar, aber in städtischen Ballungsräumen ist es bei Wetterlagen mit geringem Luftaustausch ein sehr unangenehmer Schadstoff. Konzentrationen von 100 ppm sind in Gebieten mit starkem Autoverkehr nicht außergewöhnlich. (Wer eine Packung Zigaretten am Tag raucht, setzt sich übrigens sogar Konzentrationen bis zu 400 ppm aus, durch die das Sauerstoffbindungsvermögen des Blutes schon beträchtlich eingeschränkt wird.)

Methan, das in großen Mengen in Feuchtgebieten und Reisfeldern, aber auch von Rindern und Termiten (deren Verdauungstrakte anaerob und von methanbildenden Bakterien besiedelt sind) freigesetzt wird, ist ein weiterer Bestandteil der Atmosphäre mit möglichen positiven und negativen Auswirkungen. Man nimmt an, daß es eine Rolle bei der Aufrechterhaltung der Ozonschicht in der oberen Atmosphäre spielt. Andererseits könnte zuviel Methan, das ebenfalls als Treibhausgas gilt, das Wärmegleichgewicht zerstören.

### Nährstoffkreisläufe in nährstoffarmen Böden

Einer der Mythen über die Tropen besagt, daß die Böden dort fruchtbar sind und die ganze Welt ernähren könnten, wenn man nur die Wälder beseitigen und Getreide anbauen würde. Natürlich gibt es in den wärmeren Breiten tatsächlich Gebiete mit fruchtbarem Boden, aber die Böden riesiger Flächen – etwa die des tropischen Regenwaldes im Amazonasbecken – sind wenig ergiebig, wenn man sie beispielsweise mit den Prärieböden von Iowa vergleicht (Jordan 1985). Üppige Wälder sind im Amazonasgebiet deshalb von Dauer, weil leistungsfähige biologische Recyclingmechanismen lebenswichtige Nährstoffe wie Phosphor und Stickstoff in einem Kreislauf innerhalb der Biomasse halten. In solchen Wäldern befindet sich weniger als die Hälfte der Nährstoffe im Boden, während es in europäischen oder nordostamerikanischen Waldgebieten über 90 Prozent sind. Wenn Wälder oder Grassteppen der gemäßigten Zonen ihrer Vegetation entledigt und in landwirtschaftliche Nutzflächen umgewandelt werden, so behalten die Böden dort ihre Nährstoffe und ihre Struktur. Sie können mit herkömmlichen Methoden – dazu gehören ein- oder mehrmaliges Pflügen im Jahr, der Anbau einjähriger Pflanzen mit kurzer Vegetationsdauer und das Ausbringen großer Mengen leichtlöslicher anorganischer Düngemittel – viele Jahre lang bewirtschaftet werden. Im Winter trägt der Frost dazu bei, Nährstoffe im Boden festzuhalten sowie Schädlinge und Krankheiten zu unterdrücken. In den Tropen dagegen, wo die Temperaturen das ganze Jahr über hoch sind und wo starke Regenfälle den Boden auswaschen, verliert das Land mit der Rodung der Wälder auch die Fähigkeit, Nährstoffe zu binden und in die Kreisläufe zurückzuführen (wie auch die Fähigkeit, Schädlinge zu unterdrücken). Den dünnen tropischen Böden fehlen die organischen und biologischen Rückhaltemechanismen, so daß alle verbleibenden Nährstoffe in kurzer Zeit ausgeschwemmt werden. Die Ernteerträge gehen innerhalb kürzester Zeit zurück (manchmal schon nach zwei oder drei Jahren), und das Land wird von den Bauern verlassen; so hat sich das typische Muster des **Wanderfeldbaus** entwickelt, der in den Tropen weit verbreitet ist.

Einige der biologischen „Kunstgriffe", mit denen in tropischen Regenwäldern Nährstoffe in der lebenden Biomasse festgehalten werden, sind in der folgenden Liste aufgeführt:

1. **Wurzelmatten** mit vielen feinen Wurzelhaaren, welche die Streuoberfläche durchdringen, nehmen die Nährstoffe von abgeworfenem Laub auf, ehe sie weggespült werden. Solche Wurzelmatten scheinen zudem die Aktivität denitrifizierender Bakterien zu hemmen und verhindern so den Verlust von Stickstoff an die Luft. Einige tropische Bäume verfügen sogar über Wurzeln, die am Stamm nach oben wachsen (anstatt abwärts in den Boden wie normale Wurzeln), und können deshalb Nährstoffe aus Regenwasser aufnehmen, das am Stamm hinunterfließt.
2. **Mykorrhizapilze**, die eine enge symbiontische Beziehung mit den Wurzelsystemen bestimmter Pflanzen eingehen, wirken als „Nährstofffallen", welche die Rückgewinnung von Nährstoffen und ihren Rückhalt in der Biomasse beträchtlich erleichtern. (Diese wechselseitig nützliche Symbiose zwischen höheren Pflanzen und Pilzen ist in nährstoffarmen Böden der gemäßigten Breiten ebenfalls weit verbreitet, wie wir in Kapitel 6 noch sehen werden.)
3. **Immergrüne Blätter** mit einer dicken, wachsartigen Cuticula und eine dicke Rinde vermindern den Wasserverlust (und bieten außerdem Pflanzenfressern und Parasiten Widerstand).
4. **Algen** und **Flechten**, welche die Oberfläche vieler Blätter bedecken, halten Nährstoffe aus Niederschlägen fest und fixieren Stickstoff aus der Luft.

Diese kurze Zusammenstellung (mehr über Nährstoffkreisläufe in Tropenwäldern findet sich bei Jordan 1982 und 1985) ist natürlich eine grobe Vereinfachung komplexer Zusammenhänge, aber sie zeigt, warum sich Böden in den Tropen, die üppige Wälder tragen, als so wenig ertragreich erweisen, wenn man sie mit Methoden bewirtschaftet, die sich in den gemäßigten Breiten bewährt haben. Es ist offensichtlich, daß man für die Tropen eine andere Art von Landwirtschaft entwickeln muß – eine Anbauweise, bei der der Boden weniger gestört wird (selteneres Pflügen) und bei der man vermehrt auf ausdauernde Pflanzen mit $C_4$-

Stoffwechsel und vielleicht Mykorrhizapilzen zurückgreift, häufiger Mischkulturen anlegt und verstärkt Leguminosen und andere stickstoffbindende Pflanzen anbaut.

Leider ist die moderne Agrarwissenschaft so sehr den Konzepten der industrialisierten Landwirtschaft verhaftet und die Agrarwirtschaft so abhängig von dem gewinnträchtigen Anbau einjähriger, hochertragreicher Getreidesorten (*cash crops*), daß die notwendige Umorientierung nur langsam fortschreitet. Wir müssen vor allem traditionellen Bewirtschaftungsmethoden, die von den Menschen in den Tropen selbst entwickelt und für Jahrhunderte beibehalten wurden, größere Aufmerksamkeit schenken. Dazu gehören der Reisanbau mit einer natürlichen Bewässerung durch Überstauung (während der Regenzeit), Mischkulturen wie der Mais-Bohnen-Kürbis-Anbau, der schon von den alten Maya gepflegt wurde und in Mexiko heute noch in Gebrauch ist, Gartenbausysteme mit einer Mischung von Obstbäumen, Beerensträuchern und einjährigen Gemüse- und Getreidesorten sowie Kombinationen von Getreideanbau und Fischhaltung, bei denen die Pflanzenüberreste an die Fische verfüttert werden (Gliessman et al. 1981; Altieri 1983). Solche Verfahren sind keineswegs „primitiv" oder „rückständig" – in vielen Fällen handelt es sich vielmehr um hochentwickelte und sehr wirtschaftliche Methoden, dank derer sich Nährstoffe mit sehr geringen Energiekosten in einem Kreislauf halten lassen. Von großem Vorteil ist auch, daß solche Methoden von vielen Entwicklungsländern selbst – ohne umfangreiche, kaum bezahlbare Einfuhren von Energie und Düngemitteln – weiterentwickelt werden können. Die traditionelle Landwirtschaft ernährt Millionen von Menschen auf lokaler Ebene, aber sie produziert nicht jene großen Überschüsse, die für die Versorgung der Großstädte und für den Export in andere Länder notwendig sind. Um diesen Bedarf zu decken, bieten die trockeneren Gebiete in den Tropen, vor allem, wenn sie bewässert werden können, bessere Möglichkeiten für eine industrialisierte Landwirtschaft als die Regenwaldgebiete. Unsere Kenntnisse über Regenwälder haben sich im Laufe der letzten 20 Jahre erheblich erweitert, und es läßt sich heute mit guten Argumenten darlegen, daß wir nicht diese Wälder abholzen müssen, um die Erde oder irgendeinen Teil von ihr zu ernähren.

**Wege der Nährstoffrückführung**

Da uns Probleme der Wiedergewinnung und Wiederverwertung sowohl in der Natur wie auch in der Wirtschaft immer stärker beschäftigen, ist es lehrreich, die biogeochemischen Prozesse einmal unter dem Aspekt der unterschiedlichen Recyclingmechanismen zu betrachten. Abbildung 5.9 zeigt einige Wege für die Rückführung von Nährstoffen. Wie schon erwähnt, spielen bei der Wiedergewinnung vieler essentieller Nährstoffe Mikroorganismen und die aus der Zersetzung organischen Materials ge-

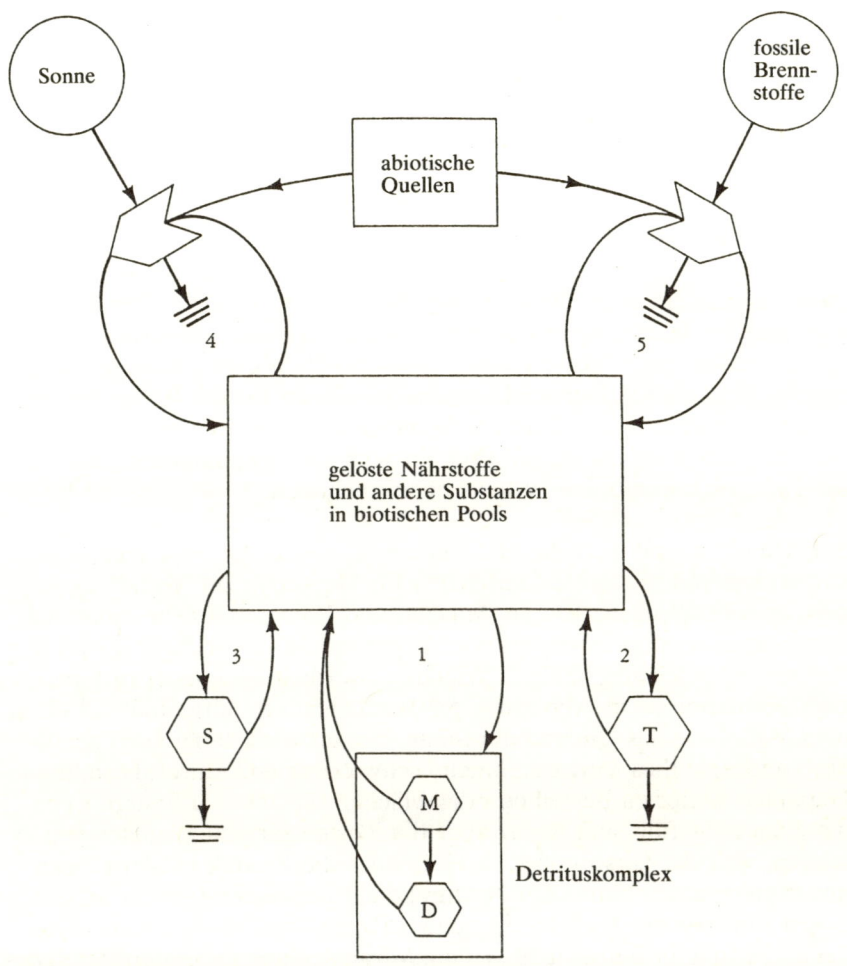

**5.9** Fünf wichtige Recyclingwege: 1. Zersetzung (M = Mikroorganismen, D = Detritusfresser), 2. Ausscheidungen von Tieren (T), 3. symbiontische Mikroorganismen (S), 4. sonnenenergie-betriebene Prozesse, wie sie etwa im Wasserkreislauf stattfinden, 5. durch fossile Energieträger betriebene Prozesse wie im gewerblichen Recycling.

wonnene Energie eine entscheidende Rolle (Weg 1). Wo kleine Pflanzen wie Gras oder Phytoplankton stark beweidet werden, kann die Rück-führung über die Ausscheidungen der Tiere von Bedeutung sein (Weg 2). In einer sehr nährstoffarmen Umgebung erfolgt die Rückführung direkt durch symbiontische Mikroorganismen, die zu einem integralen Bestandteil der autotrophen Pflanzen geworden sind (Weg 3); ein Bei-spiel hierfür sind die im letzten Abschnitt beschriebenen Mykorrhiza-pilze. Wie in der Darstellung des Wasserkreislaufes (Abbildung 5.1) schon gezeigt wurde, bleiben viele Substanzen auf physikalischem Wege, mit Hilfe der Sonnenenergie, dem Kreislauf erhalten (Weg 4). Der

Mensch schließlich nutzt fossile Energieträger, um Wasser, Düngemittel, Metalle und Papier wiederzuverwerten (Weg 5). Es sei hier noch einmal betont, daß für jedes Recycling Energie in irgendeiner Form aufgewendet werden muß, sei es organisches Material (Wege 1, 2 und 3), Sonnenenergie (Weg 4) oder Brennstoffe (Weg 5).

### Die Wiederverwertung von Papier

Papier ist ein ein gutes Beispiel, um die Parallele zwischen der Entwicklung des Recycling in einem urban-industriellen System und der Wiedergewinnung wichtiger Stoffe in natürlichen Ökosystemen aufzuzeigen. In beiden Fällen wird ein Energieeinsatz für die Wiederverwertung immer dann sinnvoll und notwendig, wenn die Ressourcen knapp werden oder wenn die Abfallprodukte sich so stark anhäufen, daß sie das Leben innerhalb des Systems beeinträchtigen.

Solange es Bäume in Hülle und Fülle gibt, zahlreiche Papierfabriken vorhanden sind und viele Freiflächen für Deponien zur Verfügung stehen, besteht wenig Anreiz, in Anlagen und Energie (für die Sammlung, Sortierung und den Transport von Altpapier) zu investieren, wie es der Aufbau eines leistungsfähigen Wiederverwertungssystems erfordert. Diese Situation ist in Abbildung 5.10a schematisch dargestellt. Doch in dem Maße, wie das Umland der Städte bebaut wird, steigt auch der Wert des Landes, und es wird zunehmend schwieriger und teurer, bestehende Deponien weiter zu betreiben oder Flächen für neue zu finden, wenn die alten aufgefüllt sind. Oder aber die Kosten für neuerzeugtes Papier steigen, weil die Versorgung mit Holz oder die Produktionsleistungen der Papiermühlen hinter der Nachfrage zurückbleiben (wie es in weiten Teilen Europas der Fall ist). In beiden Fällen lohnt es sich, eine Wiederverwertung in Betracht zu ziehen. Voraussetzung für ein erfolgreiches Recycling sind – unter anderem – Papierfabriken, die Altpapier und -karton aufkaufen, verarbeiten und wieder anbieten (Abbildung 5.10b). Eine solche Fabrik ließe sich mit dem Wiederverwertungssystem der Mykorrhiza im tropischen Regenwald vergleichen. Mit anderen Worten,

---

**Wie steht es mit dem Recycling in Ihrem Wohnort?**

Aufgrund von politischer Trägheit, kurzsichtigen wirtschaftlichen Überlegungen und einer unglücklichen Zersplitterung der Zuständigkeiten warten Städte und Kommunen oft zu lange mit Recyclingmaßnahmen. Dadurch entstehen unnötige Konflikte, die sich zu den Kosten für die fortgesetzte Anwendung überholter Techniken addieren. Jeder Bürger kann hier in seinem Wohnort Hilfestellung leisten, indem er sich darum kümmert, inwieweit Pläne für das Recycling von Papier, Metallen und anderen Wertstoffen vorliegen und umgesetzt werden.

das Gesamtsystem muß um eine neue Komponente erweitert werden. Außerdem erhält die Stadt, die zuvor für den Betrieb der Deponie bezahlen mußte, jetzt Geld aus dem Altpapierverkauf, das sie zur Finanzierung der Deponierung anderer Abfälle einsetzen kann; dies ist in der Abbildung durch die gestrichelten Linien, die den Geldfluß darstellen, veranschaulicht.

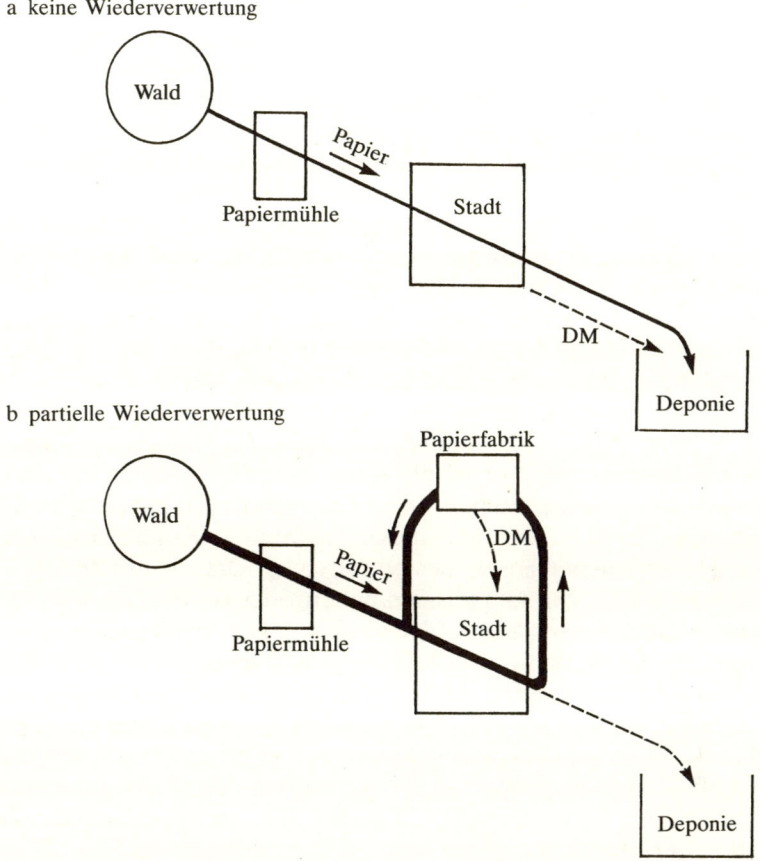

**5.10** Ungünstige (a) und günstige (b) Rahmenbedingungen für die Wiederverwertung von Altpapier. Der Nutzen des Papierrecycling für die Allgemeinheit liegt darin, daß schädliche Einflüsse auf die Umwelt (Wälder, Flüsse und Böden) vermindert werden und die Städte oder Kommunen aufgrund von Einsparungen zum Beispiel die Gebühren für bestimmte Dienstleistungen senken können. Zu den Voraussetzungen für eine erfolgreiche Altpapierverwertung gehören die aktive Beteiligung der Bürger, ein praktikables Sammelsystem (Änderung der Müllabfuhr), ein Lager, in dem das Material sortiert und gepackt wird, eine Papierfabrik, die Altpapier verarbeitet, und der Transport dorthin, ein Absatzmarkt für Recyclingpapier und Gewinne für die Gemeinde oder zumindest Kosten, die unter denen für die Deponierung liegen.

### Das Prinzip der limitierenden Faktoren

Die Vorstellung, daß Organismen vom schwächsten Glied in der ökologischen Kette ihrer Bedürfnisse abhängig sind, reicht bis in die Zeit von Justus von Liebig vor mehr als 100 Jahren zurück. Liebig hatte als erster die Wirkung anorganisch-chemischer Düngemittel in der Landwirtschaft untersucht und dabei herausgefunden, daß das Wachstum von Kulturpflanzen oft durch dasjenige chemische Element begrenzt wurde, das sich – im Verhältnis zum Bedarf – im Minimum befand, unabhängig davon, ob die benötigte Menge klein oder groß war. **Liebigs Gesetz vom Minimum** bedeutet in heutiger Lesart, daß stets derjenige Nährstoff das Wachstum begrenzt (limitiert), der im Vergleich zum Bedarf im geringsten Umfang verfügbar ist. Man kann dieses Konzept über Nährstoffe hinaus auf andere Faktoren ausdehnen und außerdem auch den „limitierenden Effekt des Maximums" einschließen. (Ein Zuviel eines Faktors kann ebenfalls wachstumsbegrenzend wirken.) Man muß darüber hinaus berücksichtigen, daß die einzelnen Faktoren nicht unabhängig voneinander wirken. So kann ein Mangel an einem Element den Bedarf an einem anderen, das selbst nicht limitierend wirkt, beeinflussen. Insgesamt ergibt sich daraus eine sinnvolle Arbeitshypothese.

Das erweiterte **Prinzip der limitierenden Faktoren** können wir folgendermaßen formulieren: Der Erfolg eines Organismus, einer Population oder einer Lebensgemeinschaft hängt von einem Komplex von Bedingungen oder Faktoren ab; jeder dieser Faktoren, der sich der (oberen oder unteren) **Toleranzgrenze** des betreffenden Organismus oder der betreffenden Gruppe von Organismen nähert oder sie überschreitet, kann als limitierender Faktor angesehen werden. Die Hauptbedeutung dieses Prinzips liegt darin, daß es Ökologen einen Zugang zur Analyse komplexer Situationen eröffnet. Beziehungen in Ökosystemen sind wirklich sehr kompliziert, und so ist es ein glücklicher Umstand, daß in einer gegebenen Situation nicht alle Faktoren von gleicher Wichtigkeit sind. Sauerstoff ($O_2$) zum Beispiel ist für die meisten Tiere lebensnotwendig, aber zum limitierenden Faktor wird er nur dort, wo er im Verhältnis zum Bedarf in geringen Mengen vorliegt. Wenn etwa in einem Fluß, in den Abwässer eingeleitet werden, Fische sterben, wird man als einen der ersten Parameter die Sauerstoffkonzentration im Wasser messen. Der $O_2$-Gehalt von Seen und Flüssen ist sehr variabel; Sauerstoff wird durch Abbauprozesse leicht aufgebraucht und steht oft nur in geringen Mengen zur Verfügung. Wenn dagegen auf einem Feld Kleinsäuger sterben, wird man nach einer anderen Ursache forschen; in der Luft ist Sauerstoff nämlich in konstanten und – im Verhältnis zum Bedarf – großen Mengen vorhanden (er wird nur schwerlich durch biologische Prozesse aufgebraucht) und kann daher für oberirdisch lebende, luftatmende Tiere kaum zum limitierenden Faktor werden. Liebigs Gesetz vom Minimum (wie auch das Prinzip der limitierenden Faktoren im allgemeinen) trifft am ehesten auf Fließgleichgewichtsbedingungen zu, unter denen Zu- und Abflüsse sich die Waage halten (*steady state*), während es auf Übergangsbedingungen (*transient state*), unter denen Stoffflüsse nicht ausgeglichen sind und Funktionsraten wahrscheinlich von sich schnell verändernden Konzentrationen und der Wechselwirkung vieler Faktoren abhängen, kaum anwendbar ist. Nach einer neueren Studie zur Ressourcenlimitierung vermögen Pflanzen ihre Ressourcennutzung so abzustimmen, daß die Grenzen ihres Wachstums für alle Nährstoffe annähernd gleich sind (Bloom et al. 1985). Nach Ansicht der Wissenschaftler beschreibt diese Hypothese die Beziehung zwischen Wachstum und Ressourcenlimitierung besser als Liebigs Gesetz. Wie auch immer – es gibt eine Handvoll natürlicher Ressourcen, die ganz zweifellos für Ökosysteme wie für Menschen häufig die wichtigsten limitierenden Faktoren darstellen: Wasser an Land, Sauerstoff im Wasser und in vielen Situationen – wie oben schon beschrieben – Stickstoff, Phosphor und Energie.

Da es unter gleichgewichtsfernen Übergangsbedingungen keinerlei theoretische Grundlage für eine „Ein-Faktor"-Hypothese gibt, muß das Ziel jeder Umweltverschmutzungskontrolle darin liegen, den Eintrag möglichst aller sich anreichernden, toxischen und schwer abbaubaren Substanzen zu verringern, statt sich auf nur eine oder zwei zu beschränken.

## Faktorenkompensation

Arten mit weiter geographischer Verbreitung entwickeln oft lokale Rassen oder Subpopulationen, die jeweils an die örtlichen Verhältnisse gut angepaßt sind und unterschiedliche Wuchsformen oder verschiedene Toleranzgrenzen für Temperatur, Licht, Nährstoffe und andere Faktoren aufweisen. Sie werden als **Ökotypen** bezeichnet. Reziproke Umsetzungen von Tieren oder Pflanzen können zeigen, ob die Kompensation von Umweltfaktoren entlang eines Gradienten der Ausbildung echter genetischer Unterschiede zuzuschreiben ist oder lediglich auf physiologischen Anpassungs- oder Akklimatisierungsprozessen beruht. Die Möglichkeit, daß in lokalen Beständen Unterschiede genetisch fixiert werden, ist in der angewandten Ökologie oft übersehen worden. Das hat dazu geführt, daß Versuche, dezimierte Bestände von Ökotypen wieder aufzustocken, häufig gescheitert sind, weil man dafür Individuen aus weit entfernten Gebieten einsetzte, die an die örtlichen Gegebenheiten nicht angepaßt waren.

Ein gutes Beispiel für Temperaturkompensation ohne genetische Fixierung innerhalb einer Art ist in Abbildung 5.11a dargestellt. Quallen bewegen sich nach dem Rückstoßprinzip durch das Wasser, indem sie mit rhythmischen Kontraktionen Wasser aus ihrer Leibeshöhle ausstoßen. Eine Rate von 15 bis 20 Kontraktionen pro Minute scheint dabei das Optimum zu sein. Bemerkenswert ist, daß Ohrenquallen von der

a Ohrenqualle (*Aurelia aurita*)

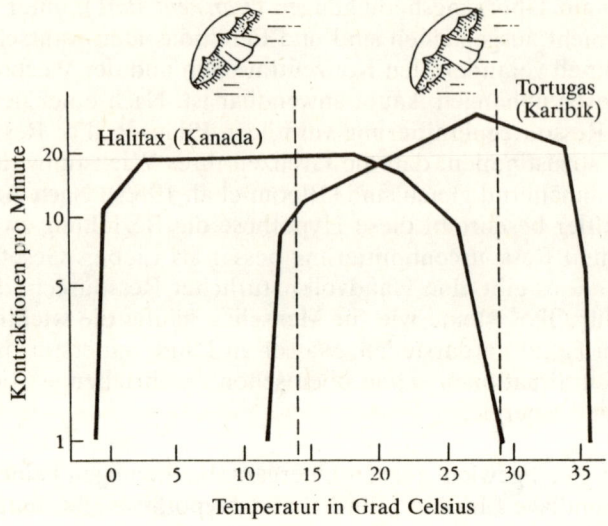

b Gemeine Schafgarbe (*Achillea millefolium*)

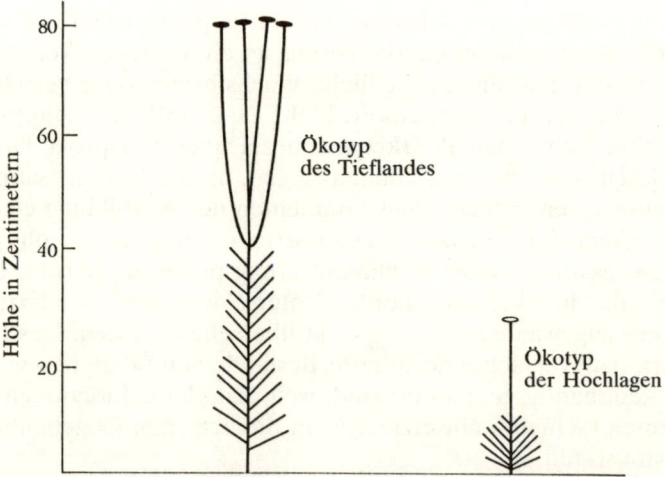

**5.11** Kompensation physikalischer Faktoren bei Tieren und Pflanzen. a) In verschiedenen Gebieten lebende Populationen derselben Quallenart schwimmen trotz der unterschiedlichen Temperaturen ihrer Standorte mit ungefähr derselben Kontraktionsrate. (Nach Bullock 1955.) b) Wenn man Samen der Gemeinen Schafgarbe (*Achillea millefolium*) aus dem Hoch- beziehungsweise Tiefland in einem Garten auf Meereshöhe keimen läßt, behalten die entstehenden Pflanzen ihre hoch- oder zwergwüchsige Form bei, was auf eine genetische Fixierung schließen läßt; die beiden Varietäten sind also echte Ökotypen. (Nach Clausen et al. 1948.)

kanadischen Atlantikküste (Halifax) mit der gleichen Kontraktionsrate schwimmen wie solche, die im Karibischen Meer leben, obwohl die Wassertemperaturen dort um 15 bis 20 Grad Celsius höher liegen. Abbildung 5.11b zeigt Ökotypen der Gemeinen Schafgarbe, einer Pflanzenart, die in den USA von Meereshöhe bis in die Hochlagen der Rocky Mountains verbreitet ist. Wie man in der Abbildung sehen kann, behalten Pflanzen aus dem Hochland ihre niedrige Wuchsform bei, wenn sie im selben Garten wie die hochwüchsigen Formen des Tieflandes aus Samen gezogen werden – ein deutliches Zeichen dafür, daß hier eine genetische Fixierung stattgefunden hat.

Viele Arten gedeihen nur innerhalb enger Toleranzgrenzen und sind deswegen sehr empfindlich gegenüber Veränderungen. Solche Arten können nützliche **ökologische Indikatoren** (Bioindikatoren) für Veränderungen der Umweltbedingungen sein. Verwalter großer Weideflächen wissen zum Beispiel, daß ein sinkender Anteil beweidungsempfindlicher Pflanzen eine bevorstehende Überweidung anzeigt, ehe diese im Grasland als Ganzem offensichtlich wird. Arten, deren Häufigkeit bei Beweidung abnimmt, können auch als beweidungsintolerant bezeichnet werden und Arten, deren Häufigkeit zunimmt, weil sie Dornen haben oder schlecht schmecken, als beweidungstolerant oder -resistent. Indikatororganismen (Pflanzen und Tiere) erweisen sich nicht zuletzt bei der Beurteilung verschiedener Formen der Gewässerverschmutzung als überaus hilfreich.

## Biologische Uhren

Organismen passen sich nicht nur an ihre physikalische Umwelt an, sondern nutzen auch periodische Änderungen in dieser Umwelt, um ihre Aktivitäten zeitlich abzustimmen und ihre Entwicklungsphasen so zu „programmieren", daß sie jeweils möglichst günstige Bedingungen ausnutzen können. Dieses Ziel erreichen sie mit Hilfe von **biologischen Uhren**, physiologischen Mechanismen zur Messung der Zeit. Am weitesten verbreitet (und wohl allgemein von grundlegendem Charakter) ist der **circadiane Rhythmus** (von *circa* für „ungefähr" und *dies* für „Tag"), also die Fähigkeit, physiologische Funktionen auch ohne äußere Zeitgeber in Intervallen von annähernd 24 Stunden einzupassen und zu wiederholen. Genau dieser Rhythmus gerät durcheinander, wenn wir nach Langstreckenflügen unter dem „Jet-lag" (den körperlichen Symptomen einer raschen Zeitverschiebung) leiden. Die biologische oder innere Uhr koppelt periodische Änderungen in der Umwelt mit physiologischen Rhythmen und versetzt Organismen in die Lage, sich auf Tagesgang, Jahreszeiten, Gezeiten und andere periodische Phänomene einzustellen. Wo im Organismus der Zeitgeber lokalisiert ist und wie er arbeitet, bleibt noch zu entdecken. (Mehr über biologische Uhren findet man bei Winfree 1988.)

Ein zuverlässiger Anhaltspunkt, den Organismen für das „Timing" ihrer jahreszeitabhängigen Aktivitäten nutzen, ist die Tageslänge oder **Photoperiode**. Im Gegensatz zur Temperatur und den meisten anderen Faktoren, die sich im Laufe des Jahres verändern, ist die Photoperiode an einem bestimmten Ort zu einem bestimmten Datum immer gleich. Die jahreszeitliche Änderung der Tageslänge wird mit zunehmender geographischer Breite größer. Sie liefert folglich nicht nur Hinweise auf die Jahreszeit, sondern auch auf die geographische Lage. Im kanadischen Winnipeg zum Beispiel – oder auch in Frankfurt, das in etwa auf demselben Breitengrad liegt – hat die längste Photoperiode 16,5 Stunden (Juni), die kürzeste 7,5 Stunden (Dezember). In Miami in Florida (oder auch auf den Kanarischen Inseln) liegt der Schwankungsbereich hingegen nur zwischen 13,5 und 10,5 Stunden im Juni beziehungsweise Dezember.

Man weiß, daß die Tageslänge als Zeitgeber und Auslöser für viele physiologische Prozesse wirkt, etwa für das Wachsen und Blühen von Pflanzen, für Mauser, Fellwechsel, Fettspeicherung und Wanderung bei Vögeln und Säugetieren und für das Einsetzen der Diapause (des Ruhestadiums) bei Insekten. Wahrgenommen wird die Tageslänge mit Hilfe von Rezeptorsystemen wie zum Beispiel dem Auge bei Tieren oder speziellen Blattpigmenten bei Pflanzen. Die Rezeptoren aktivieren jeweils ein oder mehrere Hormon- oder Enzymsysteme, welche schließlich die entsprechenden physiologischen Reaktionen oder Verhaltensweisen bewirken. Obwohl sich höhere Tiere und Pflanzen morphologisch sehr stark unterscheiden, sind ihre Reaktionen auf die Tageslänge doch bemerkenswert ähnlich. Bei vielen, aber längst nicht allen Organismen mit photoperiodisch gesteuertem Verhalten läßt sich die zeitliche Abstimmung durch experimentelle oder künstliche Veränderung der Tageslänge beeinflussen. Gärtnern gelingt es zum Beispiel oft, Blumen auch außerhalb der Saison zum Blühen zu bringen, indem sie die Tageslänge im Gewächshaus durch künstliche Beleuchtung verändern.

Ganz anders als die Tageslänge sind Niederschläge in einer Wüste völlig unvorhersagbar. Wüstenpflanzen haben sich jedoch in einzigartiger Weise auf diese Ungewißheit eingestellt. Die Samen vieler einjähriger Wüstengewächse enthalten einen Keimungshemmstoff, der zunächst durch eine bestimmte Mindestmenge an Regen (zum Beispiel 15 Millimeter oder mehr) ausgewaschen werden muß. Ein solcher Niederschlag liefert gerade so viel Feuchtigkeit, wie die Pflanze für Wachstum und erneute Samenbildung – also zur Vollendung ihres Lebenszyklus – benötigt. Derartige Samen keimen nicht, wenn man sie im Gewächshaus lediglich in feuchte Erde einbringt, aber sie reagieren sehr schnell, wenn man sie einem vorgetäuschten Regenschauer der passenden Stärke aussetzt. Samen von Wüstenpflanzen können im Boden über Jahre hinweg keimungsfähig bleiben und auf den passenden Regenguß warten. Dies erklärt, warum Wüsten nach einem starken Regen so rasch „aufblühen".

### Feuer als ökologischer Faktor

Ein wichtiger Umweltfaktor ist das Feuer, das fast als Klimabestandteil gelten kann, da es in den meisten terrestrischen Ökosystemen der Welt die Entwicklung der Vegetation mitgeformt hat. Eine besondere Bedeutung kommt ihm in den Wald- und Graslandgebieten der gemäßigten Breiten und in den tropischen Regionen mit Trockenzeiten zu. In den Vereinigten Staaten wird man vor allem im Südwesten wohl kaum eine größere Wald- und Graslandfläche finden, die nicht Spuren von Bränden in den zurückliegenden 50 bis 100 Jahren aufweist. Feuer war schon lange vor Beginn der Neuzeit ein normaler Faktor in natürlichen Ökosystemen. Brände werden natürlicherweise durch Blitzschlag ausgelöst, und die Menschen der Frühzeit (wie die Indianer Nordamerikas) brannten regelmäßig Wälder und Prärien ab, um Wild aufzuscheuchen oder um Acker- oder Weideflächen zu gewinnen. Im Gegensatz zu einer weitverbreiteten Meinung müssen Brände auch heutzutage nicht unbedingt schädlich sein. **Kontrollierte Brände** (quasi „Feuer auf Rezept") können, wie wir noch sehen werden, ein sehr nützliches Werkzeug bei der Bewirtschaftung bestimmter Wald- und Graslandtypen sein.

In Gebieten, wo häufig zu bestimmten Jahreszeiten oder in gewissen Abständen kleinere Brände auftreten, findet man eine **an Feuer angepaßte Vegetation**, deren Gedeihen − ja sogar Überleben − von Bränden abhängig ist. Die immergrüne Dornbuschvegetation in Südkalifornien (Chaparral, siehe Kapitel 2), die Kiefernwälder im Südosten der USA und die ebenen Savannen Ostafrikas − der Lebensraum der großen Antilopenherden − sind drei gutuntersuchte Beispiele. In Abbildung 5.12 ist angedeutet, wie das Grasland im Südwesten der USA durch Feuer erhalten wird. Die Gräser sind nicht nur an Brände angepaßt, sondern auch wertvoller für eine Beweidung als die Büsche, die sich ohne Feuer leicht ausbreiten. Kontrollierte Brände können somit helfen, das Grasland vor dem Vordringen der Strauchvegetation zu schützen.

---

**Brände in der Natur: Katastrophe oder notwendiger Umweltfaktor?**

Es ist äußerst wichtig, zwischen den leichten bodennahen Feuern, wie sie für feuerangepaßte Ökosysteme charakteristisch sind, und den heftigen, schlagzeilenträchtigen Waldbränden, welche die Baumkronen erfassen, zu unterscheiden. Weil Menschen in ihrer Unachtsamkeit leicht solche Katastrophen auslösen, ist es zweifellos geboten, der Öffentlichkeit die Notwendigkeit der Brandverhütung eindringlich bewußt zu machen. Bürger und Bürgerinnen sollten einsehen, daß sie niemals und nirgendwo in der Natur ein Feuer entfachen sollen. Aber man sollte auch wissen, daß Feuer − oft durch Blitzschlag ausgelöst − in vielen Regionen der Welt ein normaler Teil der natürlichen Umwelt ist und daß der wissenschaftliche, kontrollierte Einsatz von Feuer durch Fachkräfte im allgemeinen Interesse liegt.

In trocken-heißen Regionen wirkt Feuer als Zersetzer von organischem Material. Es setzt mineralische Nährstoffe aus der alten angesammelten Streu frei, die hier so stark austrocknet, daß Bakterien und Pilze sie nicht mehr umsetzen können. In solchen Fällen vermögen Brände die Produktivität des Ökosystems durch Beschleunigung der Remineralisation tatsächlich zu erhöhen. Darüber hinaus verhindern periodische leichte Feuer den Ausbruch schwerer Brände, da sie die brennbare Streu auf ein Minimum reduzieren. Nach einer jahrzehntelangen Politik der strikten Feuervermeidung und -bekämpfung experimentiert man in den amerikanischen Nationalparks mittlerweile mit kontrollierten Bränden als Mittel zur Verhütung der katastrophalen Wildfeuer (Oberle 1969). Für die Vereinigten Staaten ist es auch eine wichtige Frage, ob sich die Zerstörung kalifornischer Siedlungsgebiete durch „Feuerstürme" durch ein Programm kontrollierter Brände verhindern ließe.

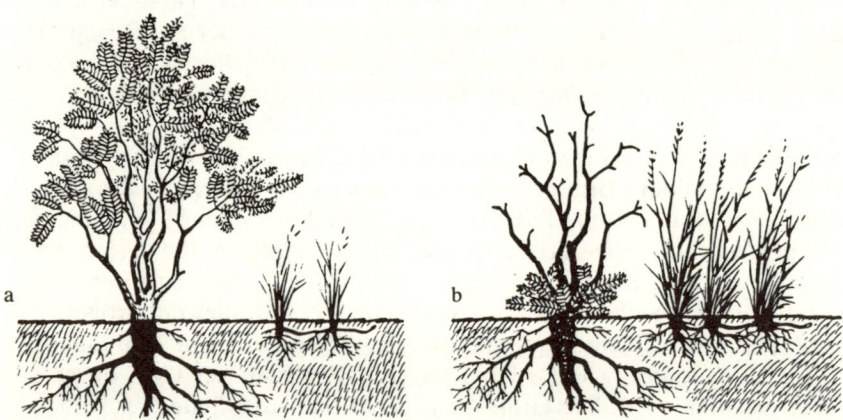

**5.12** Die beiden Zeichnungen zeigen, wie im Grasland der südwestlichen Vereinigten Staaten durch Feuer Gräser gegenüber Mesquitebüschen (*Prosopis juliflora*) begünstigt werden. a) Ohne Feuer verdrängen und überwuchern die Mesquitesträucher das Gras. b) Nach einem Feuer erholt nur das Gras sich schnell und wächst unter dem nun verminderten Konkurrenzdruck rasch heran. Kontrollierte Brände können die Mesquitebüsche vollständig ausmerzen und das Grasland erhalten. (Nach Cooper 1961.)

## Die Ressource Boden

Alles Leben wird durch die drei Medien Luft (Atmosphäre), Wasser (Hydrosphäre) und Boden (Pedosphäre) unterhalten. Luft und Wasser sind in diesem Kapitel schon behandelt worden; die dritte bedeutende lebenserhaltende Komponente der Biosphäre ist der Boden, und menschliche Eingriffe beeinträchtigen auch diese lebenswichtige Ressource. Böden sind das Produkt der physikalischen Verwitterung der Erdkruste (also von Gesteinen und Tonmineralien) und der Aktivität von Organismen, vor allem von Pflanzen und Mikroorganismen. An der

Schnittfläche eines Grabens oder auch an einem steilen Flußufer sieht man, daß der Boden sich aus deutlich abgegrenzten Schichten zusammensetzt, die sich oft farblich unterscheiden. Man nennt sie **Bodenhorizonte**, und ihre Folge von oben nach unten heißt **Bodenprofil**. Der obere oder **A-Horizont** (Oberboden) besteht aus den Resten von Pflanzen und Tieren, die zu fein verteilter organischer Substanz zerfallen sind, und ist mit Ton, Sand, Schluff und anderem mineralischen Material gemischt. Der zweite oder **B-Horizont** (Unterboden) läßt sich als Mineralboden charakterisieren, in dem die organische Substanz mineralisiert (also zu anorganischen Verbindungen zersetzt) und mit dem fein verteilten geologischen Ausgangsmaterial gründlich durchmischt ist. Die löslichen Bestandteile im B-Horizont werden oft im A-Horizont gebildet und durch Wasser nach unten transportiert (ausgewaschen). Der dunkle Streifen in Abbildung 5.13 kennzeichnet den oberen Rand des B-Horizonts, wo sich solches Material angesammelt hat. Der dritte oder **C-Horizont** ist das mehr oder weniger unveränderte Ausgangsgestein. Dieses **Ausgangsmaterial** entspricht entweder dem an Ort und Stelle verwitterten ursprünglichen geologischen Material, oder es ist durch Schwerkraft, Gletscher, Wind, Wasser (Schwemmlandböden) oder Vulkantätigkeit an diese Stelle verfrachtet worden. Böden aus solchermaßen

ursprünglich          erodiert

**5.13** Bodenprofile im Vergleich: eine ursprüngliche, nicht erosionsgeschädigte Fläche (links) und ein erodierter Boden (rechts) in einer Laubwaldregion im Osten der USA. Die Schichten 1 bis 4 stellen den A-Horizont oder Oberboden (Deckboden) dar. Das dunklere Band darunter gehört zum B-Horizont (Unterboden), in dem sich ausgewaschenes Material ansammelt. Man beachte, daß der erodierten Fläche etwa die Hälfte des Oberbodens verlorengegangen ist. (Mit freundlicher Genehmigung des Soil Conservation Service.)

transportiertem Material sind oft besonders ertragreich, wie man etwa an den tiefen, vom Wind abgelagerten Lößböden von Iowa oder Norddeutschland, den reichen Böden in den Mündungsgebieten großer Flüsse und den fruchtbaren Böden, die sich aus Vulkanasche entwickeln, sehen kann.

Böden durchlaufen eine Entwicklung vom Jugendstadium zum Reife- und schließlich zum Altersstadium, die man mit der Entwicklung eines Organismus oder einer Lebensgemeinschaft vergleichen kann. Junge Böden (wie junge Organismen) häufen schnell organisches Material an und entwickeln eine Struktur (Profil), wie sie in Abbildung 5.13 gezeigt ist. Das Reifestadium ist mit der Einstellung des Fließgleichgewichts (*steady state*, Verluste und Gewinne sind gleich hoch) erreicht. Auf günstigem Untergrund kann dieses Stadium in weniger als 100 Jahren erreicht sein, aber je nach Klima, Vegetation und anderen Faktoren kann es vom Zeitpunkt der Freilegung des Ausgangsgesteins an auch bis zu 2000 Jahre dauern (Hall et al. 1982). Die Entwicklung magerer Böden (dünne Schichten auf Fels, Sand und anderem ungünstigen Untergrund) verläuft natürlich sehr langsam. Wenn Böden altern (nach Tausenden von Jahren), werden Nährstoffe oft schneller ausgewaschen, als sie sich ansammeln, und vielfach bilden sich verfestigte, undurchlässige Schichten, in die Wurzeln, Wasser und Luft nicht mehr vordringen können (Ortstein). Vom landwirtschaftlichen Standpunkt aus sind Böden in der Regel in frühen Entwicklungsstadien am fruchtbarsten, wobei die höchste Leistungsfähigkeit dann vorliegt, wenn die Konzentration von organischem Material und die Strukturbildung bereits deutlich fortgeschritten sind, aber weder eine beträchtliche Verwitterung noch die Ausbildung undurchlässiger Bodenhorizonte eingesetzt hat.

Die zehn wichtigsten Bodentypen („Ordnungen") − eingeteilt nach der in den USA gebräuchlichen bodenkundlichen Klassifizierung* − sind in Tabelle 5.1 nach der Größe der Fläche, die sie weltweit einnehmen, aufgelistet; zum Vergleich stehen die entsprechenden Angaben für die USA daneben. Entisole sind die jüngsten, Ultisole die am stärksten verwitterten Böden. Alfisole (mäßig verwitterte Waldböden) und Mollisole (Graslandböden) ergeben die besten Ackerböden; sie machen weltweit nur ungefähr 24 Prozent der Landfläche aus, in den USA (Kontinent) dagegen, wo es weniger Wüstenböden (Aridisole) und weniger verwitterte tropische Böden (Oxisole) gibt als im Weltdurchschnitt, etwa 38 Prozent. Auf die Tatsache, daß drei Viertel der Böden auf der Erde für intensiven Ackerbau ungeeignet sind, wenn sie nicht mit großen Mengen von Düngemitteln und Wasser versorgt werden, wurde schon in der Diskussion der Welternährungskrise in Kapitel 4 hingewiesen.

---

* Eine international anerkannte Bodensystematik liegt bisher nicht vor. In Deutschland benutzt man allgemein eine auf Kubiena (1953) zurückgehende Einteilung.

**Tabelle 5.1: Verteilung der wichtigsten Bodenordnungen weltweit und in den USA (Einteilung nach der US Soil Taxonomy).**

| Bodentyp | Anteil an der Landfläche in Prozent | |
| --- | --- | --- |
| | weltweit | USA |
| Aridisole (Wüstenböden) | 19,2 | 11,5 |
| Inceptisole (schwach entwickelte Böden) | 15,8 | 18,2 |
| Alfisole (mäßig verwitterte Waldböden)* | 14,7 | 13,4 |
| Entisole (unentwickelte Böden ohne erkennbare Horizonte) | 12,5 | 7,9 |
| Oxisole (stark verwitterte innertropische Böden) | 9,2 | 0,02 |
| Mollisole (Graslandböden)* | 9,0 | 24,6 |
| Ultisole (stark verwitterte Waldböden) | 8,5 | 12,9 |
| Spodosole (Böden der Nadelwaldzone der nördlichen Hemisphäre) | 5,4 | 5,1 |
| Vertisole (Böden aus quellfähigem Ton) | 2,1 | 1,0 |
| Histosole (Moore und andere Böden mit mächtiger Humusauflage) | 0,8 | 0,5 |
| andere (steile Berghänge und so weiter) | 2,3 | 4,8 |
| | 100,0 | 100,0 |

Daten aus Steila (1976) und US Soil Conservation Service (1975).
*Alfisole und Mollisole ergeben die besten Ackerböden; zusammen bedecken sie 24 Prozent der gesamten Landfläche der Erde und 38 Prozent der Landfläche der Vereinigten Staaten.

## Bodenerosion: natürlich und anthropogen beschleunigt

Bodenerosion durch Wasser und Wind ist ein kontinuierlicher, wenngleich gewöhnlich langsamer natürlicher Prozeß; von Zeit zu Zeit sorgen allerdings große Überschwemmungen, Gletschervorstöße, Vulkanausbrüche, Kometeneinschläge (vielleicht) und andere vorübergehende Ereignisse für beträchtliche Bodenbewegungen. Gebiete, in denen Bodenverluste die Bodenneubildung übersteigen, leiden in der Regel unter einer verringerten Produktivität und weiteren nachteiligen Auswirkungen. Regionen, in denen zuviel Boden abgelagert wird, können ebenfalls Schäden erleiden, wie das Beispiel des Illinois zeigt (siehe Kapitel 1). Andererseits erhöht sich die Bodenfruchtbarkeit oft, wenn verwittertes Material von Bergregionen in Flußtäler und Mündungszonen verfrachtet oder mit dem Wind in Präriegebiete transportiert wird. Wie so viele natürliche Prozesse verstärkt der Mensch auch die Bodenerosion – mit oft negativen Langzeitfolgen.

In den dreißiger Jahren richtete die Regierung der Vereinigten Staaten den Soil Conservation Service (SCS) ein, um die Bodenerosion zu bekämpfen, die bereits Tausende von Hektar Ackerland und Wald zerstört hatte. Die sogenannte „dust bowl" forderte zu jener Zeit auf den Ebenen des Westens ihren Tribut (siehe Abbildung 5.2). Das Programm, das für die Rettung des Bodens entwickelt wurde, ist ein ausgezeichnetes Beispiel dafür, wie in einer Demokratie die Regierung für das Allgemeinwohl arbeiten sollte. Es gab eine enge Kooperation zwischen der amerikanischen Regierung in Washington, den Regierungen der einzelnen Bundesstaaten, den öffentlichen Universitäten und den Gemeinden. Washington stellte das Geld zur Verfügung, die Universitäten übernahmen die Forschungsarbeiten, die Entscheidungen jedoch wurden vor Ort getroffen, und Vertreter der Gemeinden arbeiteten direkt mit den Landbesitzern zusammen. Terrassierung, Bepflanzung von Wasserläufen, Wälder als Pufferzonen entlang der Flüsse (Lowrance et al. 1984), Fruchtwechsel und andere Maßnahmen brachten − zusammen mit einer besseren Ausbildung der Farmer und einer Verbesserung ihrer wirtschaftlichen Situation − die Bodenerosion zum Stillstand, und Farmer und andere Grundbesitzer räumen dem **Bodenschutz** seither einen großen Stellenwert ein.

Wohl nicht zuletzt aufgrund seiner Erfolge erhielt der SCS so viel Unterstützung vom amerikanischen Kongreß und den einzelnen Bundesstaaten, daß er allmählich immer bürokratischer (und damit weniger offen für die wirklichen Probleme) wurde und seine Aktivitäten auch auf Projekte wie Flußkanalisierung und Staudammbau (Abbildung 5.14) ausdehnte, deren Wert für den Bodenschutz oft fragwürdig war. In den siebziger Jahren entwickelte sich dann plötzlich der Bodenschutz selbst wieder zu einem drängenden nationalen Problem, und zwar infolge zweier neuer, anhaltender Trends. Der erste ist die Industrialisierung der Landwirtschaft und die Konzentration auf jene Hochertragssorten, die weniger wie Nahrungsmittel, sondern eher wie Rohstoffe für den Verkauf auf internationalen Märkten behandelt werden. Wenn Farmen − die oft im Besitz von Gesellschaften oder anderen nicht vor Ort anwesenden Eigentümern sind − ausschließlich unter ökonomischen Gesichtspunkten bewirtschaftet werden, geht die kurzfristige Maximierung des Ernteertrags leider meist auf Kosten der langfristigen Erhaltung von Fruchtbarkeit und Produktivität. Der zweite Trend ist die unkontrollierte Ausbreitung der Siedlungszonen; Straßennetze und Wohngebiete schießen in ländlichen Regionen wie Pilze aus dem Boden, wobei im allgemeinen auf den Verlust von Boden und hochwertigem Ackerland wenig oder keine Rücksicht genommen wird.

Die dringende Notwendigkeit, den schädlichen Auswirkungen dieser beiden landverbrauchenden Entwicklungen entgegenzuwirken und erneut ethische Grundsätze für den Bodenschutz zu schaffen, ist für die USA in Regierungsberichten (siehe zum Beispiel Council on Environmental Quality 1981) und in Gutachten der privaten Conservation Foundation (Batie und Healy 1983; Batie 1983; Clark et al. 1985) ausführlich belegt. Nach Ansicht des Soil Conservation Service liegt der maximal „tolerierbare" Bodenverlust pro Jahr bei guten, tiefen Böden im Bereich von zwölf Tonnen pro Hektar und bei ärmeren, flacheren Böden bei fünf Tonnen pro Hektar. Den eben zitierten Erhebungen zufolge gehen dem besten Ackerland in Iowa und Illinois zur Zeit 25 bis 50 Tonnen pro Hektar jährlich verloren, und insgesamt liegt in den USA die Bodenverlustrate bei einem Viertel des Ackerlandes über der maximal tolerierbaren Grenze. Um diese Angaben in die richtige Perspektive zu rücken, sollte man sich klarmachen, daß ein Hektar Ackerland mit gutem Oberboden von etwa 15 Zentimeter Tiefe (ungefähr Pflugtiefe) etwa 2500 Tonnen wiegt; ein Hektar einer ein Zentimeter dicken Schicht wiegt also rund 170 Tonnen. Bei einem jährlichen Verlust von 25 Tonnen pro Hektar geht demnach in sieben Jahren ein Zentimeter des Oberbodens verloren – ein Verlust, der jede bekannte Neubildungsrate erheblich übersteigt. Langdale et al. (1979) schätzen, daß jeder verlorene Zentimeter Oberboden die Ernteerträge um mindestens vier Prozent vermindert. Bodenverluste durch Baumaßnahmen sind sogar noch größer, wenngleich oft von kurzer Dauer; Verluste von 100 Tonnen pro Hektar sind nicht ungewöhnlich, und in extremen Fällen hat man sogar Raten von 250 Tonnen pro Hektar festgestellt (Clark et al. 1985).

**5.14** Ein Stausee, der nur wenige Jahre nach dem kostspieligen Dammbau wegen massiver Schlammablagerung und Verlandung wieder aufgegeben wurde. Obwohl man Feuer im Wassereinzugsgebiet und „außergewöhnliche" Regenfälle für die Erosion verantwortlich machte, hätte eine Ökosystemstudie des spärlich bewachsenen Einzugsgebiets wahrscheinlich gezeigt, daß dies einfach kein Ort für einen Dammbau ist. (Mit freundlicher Genehmigung des Soil Conservation Service.)

Bodenerosion als Folge schlechter Landnutzung ist natürlich nicht neu. Schon ein flüchtiger Blick in die Geschichte zeigt, daß Bodenverluste und der Mißbrauch von Land mitverantwortlich für den Niedergang vieler vergangener Kulturen waren (Carter und Dale 1974). Neu sind jedoch die beschleunigte Rate und das Ausmaß der Bodenstörung und -zerstörung, deren Ursachen in wirtschaftlichen Zwängen, dem Bevölkerungswachstum und dem Einsatz schwerer, leistungsstarker Maschinen liegen. Hinzu kommen die Gefahren durch die toxischen Chemikalien aus Landwirtschaft und Industrie, die mit dem abgetragenen Boden weggeschwemmt werden. Falls die gegenwärtige Zerstörung anhält, kann unser Anspruch, mehr Nahrungsmittel auf kleinerer Fläche zu produzieren, unmöglich erfüllt werden.

Zum Glück hat man den Ernst der derzeitigen Gefährdung des Lebenserhaltungssystems Boden heute weltweit erkannt. Neue Bewirtschaftungsverfahren, die eher zur Neubildung von Boden als zu seiner Erschöpfung beitragen, kommen zur Zeit schnell zum Einsatz. Ein Beispiel ist die **konservierende Bodenbearbeitung** (*conservation tillage*), bei der ganzjährig eine Pflanzendecke und/oder eine Schicht aus Pflanzenresten den Boden bedeckt und bei der weniger (*limited till*) oder überhaupt nicht (*no-till*) gepflügt wird. Ein Beispiel für diese Art der Bewirtschaftung zeigt Abbildung 5.15. Die konservierende (schonende) Bodenbearbeitung verringert nicht nur deutlich die Erosion und verbessert die Bodenqualität, sie erbringt auch Erträge, die mindestens so hoch sind wie bei konventioneller Bodenbearbeitung. Wasser und Dünger werden

**5.15** Beispiel für konservierende Bodenbearbeitung beim Ackerbau in Iowa. Hier sind ohne jedes Pflügen (*no-till*) Sojabohnen in die Mulchdecke aus dem Maisstroh des Vorjahres gepflanzt worden. (Mit freundlicher Genehmigung des Soil Conservation Service.)

besser zurückgehalten, und der Abfluß von Wasser und Pestiziden wird reduziert. Weil die Bodenstörungen, die durch häufiges Pflügen und durch die Verdichtung des Bodens beim Einsatz schwerer Maschinen verursacht werden, zurückgehen, können die natürlichen bodenbildenden Mikroorganismen und Prozesse wieder wirksam werden. Zuerst dachte man, daß ohne Pflügen mehr Herbizide zur Kontrolle der Unkräuter erforderlich wären, und in einigen Fällen traf dies auch zu. Neuere Freilandversuche haben jedoch gezeigt, daß dies nicht unbedingt der Fall sein muß. Mehr über die konservierende Bodenbearbeitung findet man in den Übersichtsartikeln von Phillips et al. (1980) und Gebhardt et al. (1985) sowie in dem Buch von Little (1987).

Den schweren Pflug (der den Boden einmal umwendet) in der Scheune stehenzulassen, ist keineswegs eine neue Idee. 1943 veröffentlichte Edward H. Faulkner einen schmalen Band mit dem Titel *Plowman's Folly* (deutsch etwa: „Die Torheit des Pflügenden"), der auf seinen Experimenten mit Ackerbau ohne Pflug beruhte. Faulkner war, nachdem er viele Jahre als Vertreter des Kreises und als Landwirtschaftslehrer gearbeitet hatte, zu der Überzeugung gekommen, daß es für das Pflügen keine wissenschaftliche Begründung gibt, und ging daran, seine Vorstellungen auf der eigenen Farm in Ohio zu beweisen. Faulkners Methoden bedeuteten eine radikale Abkehr von der traditionellen Landwirtschaft seiner Zeit. Sie zeigen aber eine bemerkenswerte Ähnlichkeit mit jenen Verfahren, die heutzutage weithin als zukunftsweisend gelten.

Letztlich hängt das Schicksal des Bodens von der Bereitschaft der Gesellschaft ab, in Marktmechanismen einzugreifen und auf einen Teil der kurzfristigen Gewinne aus der maximalen Ausbeutung des Bodens zu verzichten, um dessen Qualität und Fruchtbarkeit langfristig zu erhalten. Die entsprechende Technologie steht zur Verfügung, und sie wird mit wachsendem Gewicht agrarökologischer Forschung noch verbessert werden. Zerstörte Böden lassen sich zwar wieder aufbauen, aber wie immer ist die Erhaltung weitaus billiger.

### Giftmüll: Der Fluch der Industriegesellschaft

Unsere lebenserhaltende Umwelt zeigt eine beachtliche Fähigkeit, sich von periodischen kurzzeitigen Störungen wie Stürmen, Bränden, vorübergehenden Schadstoffbelastungen oder der Entnahme von Biomasse bei der Ernte zu erholen, da Organismen und Ökosystemprozesse an natürliche Störungen, die seit jeher auftreten, angepaßt sind. Einige Organismen können sogar langfristig ohne solche Störungen nicht überleben, wie wir bei der Beschreibung der feuerangepaßten Vegetation schon erwähnt haben. In jüngster Zeit ist jedoch ein in Stärke und geographischer Verbreitung ungekannter Anstieg anthropogener Störungen zu verzeichnen, wobei vor allem der massive Eintrag neuartiger chemischer Gifte, etwa von Pestiziden und radioaktivem Material, in die Umwelt Anlaß zur Sorge gibt. Für die USA faßte im Jahre 1980 das Nachrichtenmagazin *Time* (22. September 1980) unter der Schlagzeile *The Poisoning of America* („Die Vergiftung Amerikas") die Giftmüllsituation folgendermaßen zusammen:

»Von allen Eingriffen des Menschen in die natürliche Ordnung nimmt keiner so erschreckend schnell zu wie die Schaffung neuer chemischer Verbindungen. Die erfinderischen und innovativen Alchemisten unserer Zeit brauen allein in den USA jedes Jahr mindestens 10 000 neue Mixturen zusammen. Bei der letzten Zählung waren fast 50 000 Chemikalien auf dem Markt. Viele sind ohne Zweifel von Segen für die Menschheit – aber fast 35 000 der in den USA gebräuchlichen Verbindungen werden von der EPA [der Environmental Protection Agency, der nationalen Umweltbehörde der USA] als für die menschliche Gesundheit potentiell oder mit Sicherheit schädlich eingestuft.«

Man kann hinzufügen, daß die Bezeichnung „potentiell schädlich" auch Schädigungen der lebenserhaltenden Prozesse einschließen sollte, die indirekt die menschliche Gesundheit beeinträchtigen.

Während hochradioaktive Stoffe seit Beginn ihrer Produktion einer strengen Kontrolle unterliegen, galt die Handhabung giftiger Industrieabfälle bis vor kurzem als nicht „geschäftsrelevant" und keiner ernsthaften Betrachtung würdig. Das unerwünschte Material wurde in Giftmüllhalden deponiert (Abbildung 5.16) oder einfach irgendwo wild abgeladen, bis mehrere lokale Unglücksfälle die Problematik in das Licht der Öffentlichkeit rückten. Der Zwischenfall von Love Canal im Bundesstaat New York, wo eine Wohnsiedlung, die auf einer Mülldeponie errichtet worden war, evakuiert werden mußte, als die Menschen erkrankten, wurde in der Presse ausführlich behandelt. Ähnlich viel Beachtung fand das Insektizid Kepone, das nicht nur große Abschnitte des James River in Virginia, sondern auch Arbeiter des Werkes, das die Substanz herstellte, vergiftete. (Der Fluß erholte sich wieder, aber nicht alle der betroffenen Menschen.) In einem anderen gut dokumentierten Fall mußte eine ganze Stadt in Missouri verlassen werden, da Material, das mit dem tödlichen Gift Dioxin verseucht war, als Straßenbelag verwendet worden war. Für den mitteleuropäischen Raum sei nur an den Unglücksfall von Seveso und die vielen Probleme mit Altlasten erinnert.

Die vielleicht größte Gefahr einer Katastrophe liegt in der Verseuchung des Grundwassers, vor allem der tiefen Grundwasserleiter, die einen großen Anteil des von Städten, Industrie und Landwirtschaft genutzten Wassers liefern (Pye und Patrick 1983). Wenn das Grundwasser erst einmal verseucht ist, läßt es sich nur schwer oder überhaupt nicht wieder reinigen, da es nur wenige stoffabbauende Mikroorganismen enthält und weder dem Sonnenlicht noch starken Strömungen oder anderen natürli-

a

b

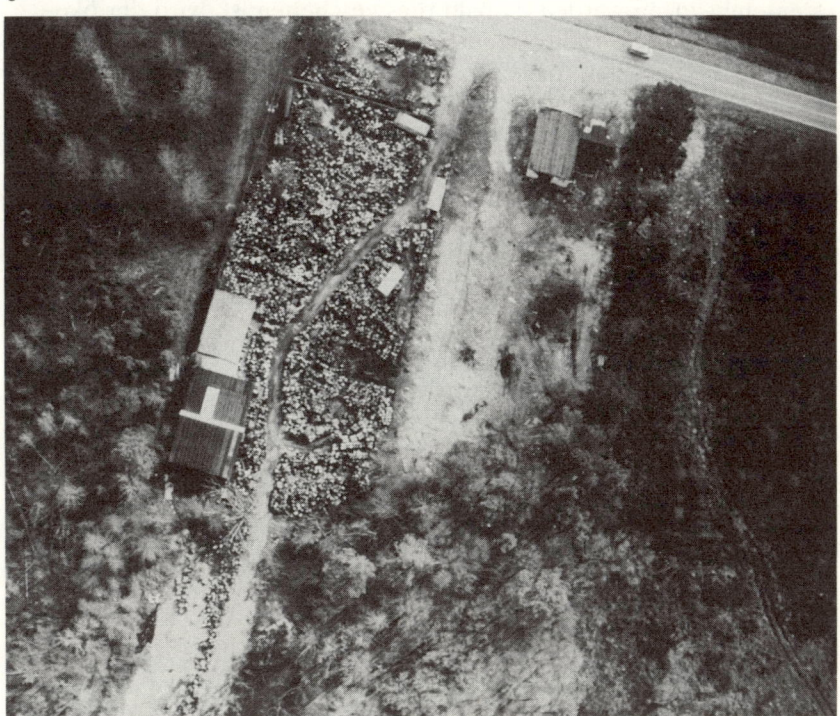

**5.16** a) Mülldeponie. (Mit freundlicher Genehmigung des Soil Conservation Service.) b) Deponie für giftigen Sondermüll. (Mit freundlicher Genehmigung der Environmental Protection Agency.) Die hier dargestellten Methoden der Abfallbeseitigung können nicht länger zugelassen werden. Die Verminderung der Abfallmengen muß — zusammen mit einer dem neuesten Stand der Technik angepaßten Abfallwirtschaft und einem verstärkten Recycling — weltweit höchsten Vorrang erhalten.

chen Prozessen ausgesetzt ist, durch die das Oberflächenwasser gereinigt wird. Schon heute können Städte im Zentrum von Industrieregionen das örtliche Grundwasser wegen seiner Schadstoffbelastung nicht mehr als Trinkwasser verwenden, sondern müssen Wasser unter hohen Kosten aus entfernteren Gebieten beziehen – ein weiteres Beispiel für eine „frei" verfügbare, lebenserhaltende Ressource, die in unserer Marktwirtschaft von einem nützlichen Gut zu einem Kostenfaktor wird.

Mit einiger Verzögerung haben alle diese Zwischenfälle und Situationen zu einer öffentlichen Forderung nach einer Zusammenarbeit von Industrie und Staat geführt – mit dem Ziel, erstens die schlimmsten Müllkippen zu sanieren und zweitens Entsorgungszentren zu schaffen, in denen sich gefährliche Stoffe verbrennen, entgiften oder so in Glas oder Keramik einbetten lassen, daß sie gefahrlos gelagert werden können. Der nächste logische Schritt wäre, für die giftigsten Chemikalien Ersatzstoffe zu finden, um den Ausstoß von Material, das besondere Maßnahmen verlangt, zu verringern. Vor allem müssen die Kosten der Abfallbeseitigung „internalisiert", also von vornherein in die Gesamtproduktionskosten einbezogen werden. Sobald dies geschehen ist, wird der ökonomische Druck die Industrieunternehmen veranlassen, durch Verringerung des Einsatzes von toxischen Stoffen, die teuer und gefährlich zu handhaben sind, Kosten zu reduzieren. Man darf optimistisch sein, daß die öffentliche Meinung bald auf der Schaffung der zur Durchsetzung der Kosteninternalisierung nötigen Infrastruktur mit den entsprechenden Anreizen und Verboten bestehen wird.

# 6. Populationsökologie

Wir wenden uns jetzt einem Aspekt der Ökologie zu, der eher zur reinen Biologie gehört, nämlich den Beziehungen und Wechselwirkungen von Organismen untereinander. Bisher galt unsere Aufmerksamkeit vor allem den physikalischen und chemischen Kräften auf der Erde. So haben wir in groben Zügen dargestellt, auf welche Weise Energie von der Sonne durch Ökosysteme wie etwa Ozeane, Felder oder Wälder fließt und wie der vom Menschen gelenkte Fluß der Brennstoffenergie die sonnenenergiebetriebene Biosphäre beeinflußt, ergänzt und verändert. Des weiteren haben wir gezeigt, wie Stoffe in natürlichen Kreisläufen wiederverwertet werden und wie das **Wachstum** von Organismen durch Temperatur, Licht, Nährstoffe und andere abiotische Faktoren limitiert wird. Wir haben schließlich betont, daß Organismen keineswegs nur Bauern in einem großen Schachspiel sind, in dem die physikalische Umwelt alle Züge diktiert, sondern daß sie (vor allem die Menschen) ganz im Gegenteil diese Umwelt mehr oder weniger stark verändern und in bestimmtem Umfang sogar steuern.

Vor diesem Hintergrund können wir jetzt die Organisationsstufen des Individuums und der Population (siehe Tabelle 2.1) in den Mittelpunkt unseres Interesses rücken. Auf diesen Stufen führen die natürliche Selektion sowie genetische Mechanismen den evolutionären Wandel der Arten herbei. Die Kenntnis der Prinzipien des Populationswachstums und der Wechselwirkungen zwischen Individuen oder Arten kann uns helfen, die „Symbiose" zwischen Menschen und den zahllosen Organismen, die unsere Lebenserhaltung sichern, zu verbessern.

### Formen des Populationswachstums

Gemäß der Definition in Kapitel 2 ist eine Population eine Gruppe von Organismen derselben Art, die einen bestimmten Raum bewohnt. Populationen weisen eine Reihe von Merkmalen auf, deren Bestimmung oft von Bedeutung ist, wenn man verschiedene Populationen oder dieselbe Population zu verschiedenen Zeitpunkten vergleichen möchte. Einige dieser Merkmale sind im folgenden aufgeführt:

**Dichte**: Größe einer Population (Anzahl der Individuen) pro Flächen- oder Raumeinheit;
**Geburtenrate (Natalität)**: Rate, mit der durch Fortpflanzung neue Individuen zu einer Population hinzukommen;

**Sterberate** (**Mortalität**): Rate, mit der Individuen durch Tod aus einer Population ausscheiden;

**Ausbreitung** (*dispersal*): Rate, mit der Individuen aus einer Population auswandern (Emigration) oder in eine Population einwandern (Immigration);

**Verteilung** (*dispersion*): Art und Weise, wie Individuen im Raum verteilt sind. Diese folgt in der Regel einem von drei Grundmustern: a) zufällige Verteilung, das heißt, die Wahrscheinlichkeit, ein Individuum an einem bestimmten Ort zu finden, ist für alle Orte gleich hoch; b) gleichmäßige Verteilung, das heißt, die Individuen sind regelmäßiger verteilt, als es dem Zufall entspricht – so wie Maispflanzen in einem Maisfeld; c) geklumpte Verteilung (kommt in der Natur am häufigsten vor), das heißt, die Individuen sind weniger regelmäßig verteilt, als es dem Zufall entspricht, und treten an einigen Stellen gehäuft auf; dies gilt zum Beispiel für eine Gruppe von Pflanzen, die durch vegetative Vermehrung entstanden ist, für einen Vogelschwarm oder für die Bevölkerung einer Stadt;

**Altersstruktur**: Verteilung der Individuen auf verschiedene Altersklassen;

**Adaptationswert** (**genetische Fitness**): Wahrscheinlichkeit, mit der ein Individuum langfristig Nachkommen, das heißt eigene Gene, hinterläßt.

Das **Wachstum** einer Population, also das Gesamtresultat aus Geburten, Todesfällen und Wanderungsbewegungen, kann verschiedene Formen annehmen. Abbildung 6.1 zeigt die beiden Grundtypen des Populationswachstums unter Bedingungen, wie sie etwa am Anfang der Vegetationsperiode herrschen oder wenn einige wenige Individuen eine bis dahin unbesetzte Fläche besiedeln oder wenn auf einmal zuvor ungenutzte Ressourcen verfügbar werden. Die Wachstumskurven nehmen einen annähernd J-förmigen (Abbildung 6.1a) oder einen **sigmoiden** (S-förmigen) Verlauf (Abbildung 6.1b). Man bezeichnet diese beiden Grundtypen als exponentielles (geometrisches) beziehungsweise als logistisches (sigmoides) Populationswachstum. Beim **exponentiellen Wachstum** steigt die Dichte exponentiell oder entsprechend einer geometrischen Reihe – zum Beispiel 2, 4, 8, 16, 32 und so weiter – an, bis die Population schließlich eine lebensnotwendige Ressource aufgebraucht hat oder an eine andere Grenze stößt (in der Abbildung mit $N$ bezeichnet). Das Wachstum kommt dann zu einem plötzlichen Stillstand, und oft nimmt die Populationsdichte rapide ab, bis die Bedingungen für eine weitere Wachstumsphase wiederhergestellt sind (Abbildung 6.1c). Populationen mit diesem Wachstumsmuster sind instabil (starken Fluktuationen unterworfen), wenn sie nicht durch äußere Faktoren reguliert werden.

Beim **logistischen Wachstum** (Abbildung 6.1b) wirken die limitierenden Faktoren, die sich aus einer übermäßigen Populationsvermehrung ergeben, als negative Rückkopplung, so daß sich die Wachstumsrate mit zunehmender Dichte immer weiter verringert. Wenn diese Verringerung

linear proportional zur Dichte erfolgt, dann ergibt sich als Wachstumskurve eine annähernd symmetrische, sigmoide Kurve, und die Populationsdichte nähert sich asymptotisch einem oberen Wert $K$. $K$ ist die
**Kapazität** oder Tragfähigkeit des Lebensraumes und bezeichnet die
theoretische maximal tragbare Dichte (quasi das „Fassungsvermögen").
Dieses Wachstumsmuster wirkt stabilisierend, da die Population sich
selbst reguliert. In der wirklichen Welt mit ihren komplizierten Lebenszyklen und Entwicklungsmustern überschreitet die Dichte allerdings oft
die Kapazität des Lebensraumes, da die Rückkopplung erst mit Verzögerung wirksam wird, und es kommt zu Oszillationen der Dichte. Zwei
Beispiele sind in Abbildung 6.1d und 6.1e gezeigt. Wenn die Amplitude
der Oszillationen mit der Zeit abnimmt, wie in Abbildung 6.1d, erreicht
die Population schließlich ein (Fließ-)Gleichgewicht. All diese unter-

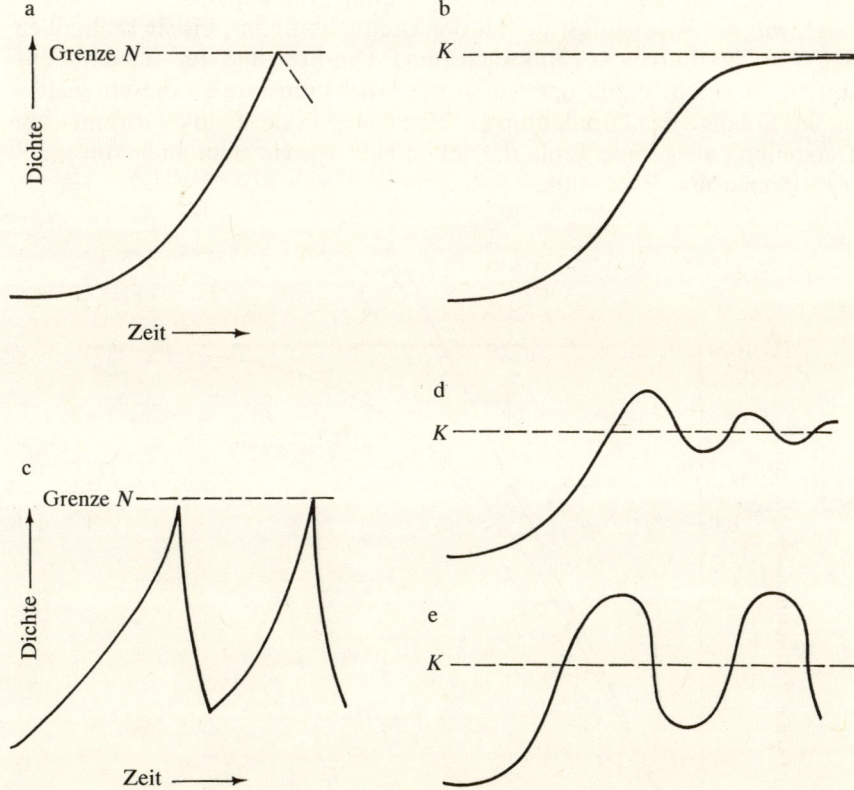

**6.1** Verschiedene Formen des Populationswachstums: exponentielles (geometrisches) Wachstum (a), logistisches (sigmoides) Wachstum (b) und einige ihrer typischen Ausprägungsfor-
men. In c sind die starken zyklischen Fluktuationen gezeigt, die sich bei einer Population mit un-
gehemmtem exponentiellem Wachstum durch die wiederholte Abfolge von Massenvermehrung
und Zusammenbruch ergeben. Die gedämpften beziehungsweise ungedämpften Oszillationen
der Kurven d und e treten auf, wenn beim logistischen Wachstum die Kapazität $K$ des Lebensraumes überschritten wird.

schiedlichen Wachstumsformen können – je nach dem Fortpflanzungs-potential der Art, ihren Wechselbeziehungen mit anderen Arten und den Eigenheiten des Ökosystems – miteinander kombiniert und/oder in verschiedener Weise abgewandelt auftreten.

In Abbildung 6.2 sind das unbegrenzte exponentielle und das logistische Wachstum auf eine etwas andere Weise graphisch dargestellt: Die Dichte $N$ ist statt auf einer arithmetischen auf einer logarithmischen Skala an-gegeben. Man nennt diese Art der Auftragung halblogarithmisch, da eine Achse (in diesem Falle die Dichte) logarithmisch und die andere (hier die Zeit) arithmetisch eingeteilt ist. Eine solche Darstellung hat den Vorteil, daß die J-förmige Kurve des exponentiellen Wachstums in eine Gerade übergeht, deren Steigung die **spezifische Zuwachsrate** (spe-zifische Vermehrungsrate) angibt. Aus der sigmoiden Wachstumskurve wird in der halblogarithmischen Darstellung eine konvexe Kurve, die zeigt, wie die Wachstumsrate mit der Dichte abnimmt, bis sie schließlich den Wert Null erreicht (Nullwachstum). Die Steigung der Tangente ent-spricht an jedem Punkt der Kurve der Wachstumsrate zu diesem Zeit-punkt. Solange das Populationswachstum sich in der halblogarithmischen Darstellung als gerade Linie darstellen läßt, spricht man auch von **logarithmischem** Wachstum.

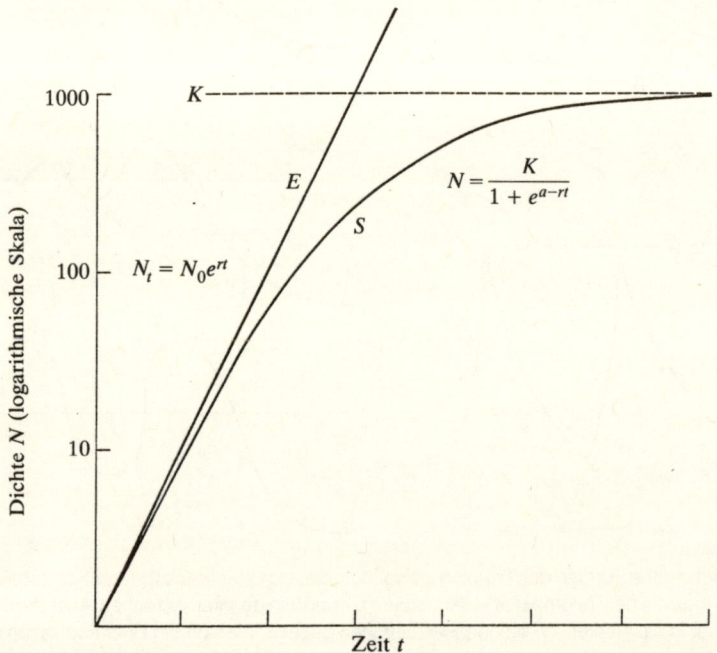

**6.2** Exponentielles ($E$) und logistisches (sigmoides, $S$) Wachstum in halblogarithmischer Dar-stellung. (Die Dichte ist auf einer logarithmischen, die Zeit auf einer linear-arithmetischen Skala aufgetragen.)

Es ist offensichtlich, daß exponentielles (logarithmisches) Wachstum – ob es sich nun um die Zunahme einer Population oder um eine andere Entwicklung, zum Beispiel den Brennstoffverbrauch in unserer Gesellschaft, handelt – nicht über längere Zeit hinweg ohne verheerende Folgen andauern kann, denn mit jeder Verdopplung der Zeit wird der Sprung größer. Wenn sich eine Population von blattfressenden Insekten jeden Monat um das Zehnfache vermehrt, dann mag es vielleicht nach zwei Monaten nur 200 Individuen geben, aber nach vier Monaten könnten es schon 20 000 sein – genug, um einen Baum völlig kahl zu fressen. Die exponentiellen und logistischen Wachstumsformen in den Abbildungen 6.1 und 6.2 stellen Modelle für äußerst schnelles und für gemäßigtes Wachstum dar; die meisten Populationen weisen mittlere Wachstumsraten oder eine Kombination der verschiedenen Muster auf.

Abbildung 6.3 stellt drei verschiedene Wachstumsformen in Abhängigkeit von der Populationsdichte dar. Populationen, deren Wachstum in der Regel insofern einer Selbstbeschränkung unterliegt, als die Wachstumsrate mit zunehmender Dichte abnimmt, können als **dichteabhängig** bezeichnet werden. Andere Populationen, die mehr oder weniger unbegrenzt weiterwachsen, bis schließlich äußere Kräfte der Entwicklung Einhalt gebieten, kann man dementsprechend **dichteunabhängig** nennen.

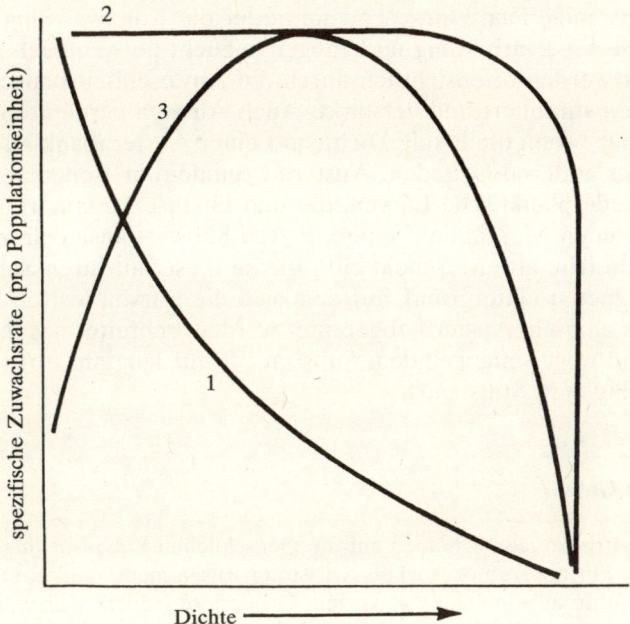

**6.3** Drei Formen des Populationswachstums in Beziehung zur Dichte. 1) Die Wachstumsrate sinkt mit zunehmender Dichte (selbstbegrenzendes oder dichteabhängiges Wachstum). 2) Die Wachstumsrate bleibt auch bei hohen Populationsdichten hoch, ehe schließlich Faktoren außerhalb der Population stark limitierend wirken (dichteunabhängiges Wachstum). 3) Die Wachstumsrate ist bei mittleren Dichten am höchsten (Alleesches Wachstum).

Wenn Arten mit einem solchen Wachstumsmuster nicht durch äußere Einflüsse (wie Räuber, Nahrungsversorgung und physikalische Faktoren) in Schach gehalten werden, können sie massiven Dichteschwankungen unterliegen und überdies in manchen Fällen zu ernsten Plagen werden. Vielleicht kann man einen „Schädling" als einen Opportunisten definieren, der zu exponentiellem Wachstum in der Lage ist, wenn die entsprechenden Kontrollmechanismen innerhalb des Ökosystems fehlen oder zusammenbrechen. In Kapitel 2 wurden als Beispiele mehrere eingeschleppte Schadinsekten aufgeführt.

Es gibt schließlich noch eine dritte Art von Beziehung zwischen Dichte und Wachstumsrate. Bei einigen Arten von sozial lebenden Tieren und gruppenbildenden Pflanzen ist die Wachstumsrate bei einer mittleren Dichte größer als bei niedrigen oder hohen Dichten; mit anderen Worten, sowohl „Unterbevölkerung" als auch „Überbevölkerung" wirken wachstumsbegrenzend. Dieses Phänomen wird **Allee-Prinzip** genannt – nach dem verstorbenen amerikanischen Zoologen W. C. Allee, der in seinem 1951 veröffentlichten Buch *Cooperation Among Animals, with Human Implications* seine jahrzehntelangen Untersuchungen zum Sozialleben von Tieren zusammengefaßt hat. Möwen, die in Kolonien brüten, sind ein gutes Beispiel: Wenn die Individuendichte in der Kolonie relativ groß ist, liegt die Zahl der Jungen pro Brutpaar höher, als wenn nur einige wenige Paare anwesend sind oder die Kolonie völlig übervölkert ist. Die für Paarbildung und Jungenaufzucht notwendigen Verhaltensmuster werden offensichtlich durch die Anwesenheit benachbarter Artgenossen stimuliert und verstärkt. Auch Austern vermehren sich erfolgreicher, wenn die lokale Dichte auf einer Austernbank mäßig hoch ist, aber aus anderen Gründen. Austern beginnen ihr Leben als freischwimmende planktische Larven, die sich für ihre Metamorphose zur ausgewachsenen Muschel auf einem harten Substrat ansiedeln müssen. Wo es zahlreiche alte Muscheln gibt, bieten diese mit ihren Schalen einen geeigneten Untergrund, auf dem sich die Larven festsetzen können. Wenn zu viele Austern abgeerntet werden, schreitet das Wachstum der Kolonie wegen mangelndem Substrat oft nur langsam fort (oder kommt völlig zum Stillstand).

---

**Zuviel des Guten?**

Das Allee-Prinzip läßt sich auch auf die menschlichen Lebensbedingungen anwenden. Für unsere hochsoziale Art ist der Zusammenschluß in Dörfern und Städten im allgemeinen von Vorteil. Großstädte jedoch können – wie Möwenkolonien – allzu groß und allzu dicht besiedelt werden, und die Überbevölkerung sorgt dann für wachsende Probleme. Im Falle der Großstadt könnten das die Zunahme von Umweltverschmutzung und Lärmbelästigung, der Anstieg der Kriminalität und die Steigerung der Lebenshaltungskosten sein.

Einige Tierarten sind berühmt für ihre ausgeprägten **Populationszyklen**, das heißt für den periodischen Wechsel von Massenvermehrungen und Zusammmenbrüchen (siehe Abbildung 6.1c). Die in Skandinavien beheimateten Berglemminge – kleine, mausähnliche Nagetiere – treten ungefähr alle vier Jahre in Massen auf („Lemmingjahre"). Wenn sie den höchsten Bestand erreicht haben, durchstreifen sie in unglaublichen Mengen die Tundra; ein Jahr später sind dann nur noch einige wenige zu finden. Der vielleicht berühmteste Fall zyklischer Populationsschwankungen ist der von Schneeschuhhase und Kanadischem Luchs, die beide annähernd gleichzeitig in Abständen von etwa zehn Jahren maximale Dichten erreichen, wie die Statistiken der kanadischen Pelztierjäger belegen. Gut dokumentiert sind auch die „Ausbrüche" der (nadelfressenden) Raupen des Kiefernspanners, die in Deutschland zwischen 1880 und 1940 alle fünf bis zehn Jahre in Kiefernforsten auftraten. Im nördlichen Nordamerika kommen periodische Ausbrüche mit zehnjährigen oder noch längeren Intervallen bei Populationen von Fichtenblattwespen, Borkenkäfern und Rauhfußhühnern vor. In Eurasien gehen Berichte über regelmäßige Populationsexplosionen bei Wanderheuschrekken, die in so großen Zahlen auftreten, daß sie die Ernte einer Region in wenigen Stunden vernichten können, bis in das Altertum zurück (Carpenter 1940). Eine Darstellung all dieser Populationszyklen mit Diagrammen, Literaturhinweisen und Diskussion ist bei Odum (1983) zu finden.

Populationszyklen und Massenvermehrungen wie die eben genannten sind meistens dort zu verzeichnen, wo die Lebensgemeinschaft relativ einfach ist (wo also jede Trophieebene nur wenige Arten umfaßt), weil es entweder – wie in der Arktis – strenge limitierende Faktoren gibt oder weil der Mensch das System gestört hat; beides schwächt im allgemeinen die Rückkopplungskontrollmechanismen. Allerdings herrscht bei den Ökologen keine Übereinstimmung in der Frage, ob diese Instabilität auf Faktoren innerhalb oder solche außerhalb der Population zurückzuführen ist.

### *r*- und *K*-Selektion

Für Leser mit mathematischen Vorkenntnissen sind in Abbildung 6.2 neben den Kurven die Gleichungen für exponentielles und logistisches Wachstum aufgeführt. Die erste Ableitung dieser Gleichungen läßt sich in Worten so formulieren:

1) Wachstumsrate = Fortpflanzungrate $r$ × Individuenzahl $N$

2) Wachstumsrate = Fortpflanzungsrate $r$ × Individuenzahl $N$ × „Selbstbeschränkungsfaktor" $(K-N)/K$

Die beiden wichtigen Konstanten in diesen Gleichungen sind *K*, also die Kapazität (das „Fassungsvermögen") des Lebensraumes, und *r*, das die spezifische Vermehrungs- oder Zuwachsrate („innere Wachstumspotenz") einer Population in einer Umwelt ohne limitierende Faktoren angibt. In einem noch kaum besiedelten Lebensraum (etwa auf einem aufgelassenen Acker oder in einem neu angelegten Teich) werden durch den Druck der natürlichen Selektion Arten mit einem hohen Fortpflanzungspotential gefördert (die große Investitionen in die Produktion von Nachkommen stecken). Bei hohen Besiedlungsdichten (zum Beispiel in einem reifen Waldökosystem) sind hingegen Organismen bevorzugt, die ein geringeres Fortpflanzungspotential haben, sich aber in der Nutzung und Konkurrenz um knappe Ressourcen als überlegen erweisen (die also mehr Energie in die Erhaltung und das Überleben der ausgewachsenen Organismen investieren). Diese beiden Lebensstrategien werden nach den Konstanten *r* und *K* in den Gleichungen als **r-Selektion** und **K-Selektion** bezeichnet (und die entsprechenden Arten als *r*- und *K*-Strategen).

In Tabelle 6.1 sind die Fortpflanzungsstrategien zweier Kräuter gegenübergestellt. Die Ambrosie, die zu den *r*-Strategen zählt, produziert Samen in großer Zahl und steckt 30 Prozent ihrer Biomasse in reproduktive Strukturen (Blüten, Samen und so weiter). Im Unterschied dazu bringt eine im Wald wachsende Zahnwurzart nur wenige Samen hervor und steckt lediglich ein Prozent ihrer Biomasse in Fortpflanzungsstrukturen; um im dunklen Schatten des Waldes zu überleben, muß sie den größten Teil ihrer Produktion für nichtreproduktive Strukturen (Stengel, Wurzeln, Blätter) verwenden. Selbstverständlich findet man neben den typischen *r*- und *K*-Strategen auch allerlei Zwischenformen, wie etwa die sechs Goldrutenarten der Abbildung 4.13 belegen.

**Tabelle 6.1: Gegensätzliche Reproduktionsstrategien bei zwei Kräutern als Beispiel für *r*- und *K*-Selektion bei Arten mit unterschiedlichem Lebensraum.**

| Biozönose und Art | durchschnittliche Samenzahl je Individuum | Anteil der reproduktiven Strukturen in Prozent des Trockengewichts |
|---|---|---|
| einjähriges Feld: *Ambrosia artemisiifolia* (Beifußambrosie) | 1190 | 30 |
| Wald: *Dentaria laciniata* (Zahnwurz) | 24 | 1 |

Angaben aus Newell und Tramer (1978).

### Das Konzept der Kapazität — eine detailliertere Darstellung

Wie auch immer Populationen wachsen — früher oder später erreichen sie einen Punkt, an dem eine weitere Zunahme keine Vorteile mehr bringt. Wie kann man die theoretische obere Grenze für das Wachstum (also die Kapazität $K$) oder — anders ausgedrückt — jene Populationsgröße, die sich unter bestimmten Umweltbedingungen langfristig aufrechterhalten läßt, definieren und abschätzen? Das Konzept der Kapazität oder Tragfähigkeit eines Lebensraumes erscheint nicht sonderlich kompliziert, aber es auf Menschen oder auf andere Organismen mit völlig unterschiedlichen Wachstumsformen und Entwicklungszyklen anzuwenden, ist keineswegs einfach. Noch schwieriger gestaltet sich der Versuch, dieses Konzept auf verschiedene Organisationsebenen wie Populationen, Lebensgemeinschaften und Ökosysteme zu übertragen.

Biologen definieren die Kapazität in der Regel als die Zahl oder die Biomasse von Organismen, die ein bestimmter Lebensraum unterhalten kann. Typischerweise unterscheidet man zwei Stufen: die maximale Dichte — also die höchste Zahl an Individuen, die in einem Habitat (Biotop, Ökosystem) gerade noch existieren können — und die (niedrigere) optimale oder „sichere" Dichte, bei der die Individuen hinsichtlich Nahrung, Schutz vor Räubern und zeitweiligen Schwankungen in der Verfügbarkeit der Ressourcen sicherer sind. Beim logistischen Wachstum (Abbildung 6.1b) stünde $K$ für die maximale Dichte, während die optimale Dichte irgendwo zwischen diesem Sättigungsniveau und dem Wendepunkt der Kurve zu finden wäre, an dem die Wachstumsrate der Population am größten ist und ihre Dichte die Hälfte oder zwei Drittel des Maximums beträgt.

Eine der besten zoologischen Untersuchungen zur Kapazität stammt von McCullough (1979), der eine Hirschpopulation auf einer fünf Quadratkilometer großen, eingezäunten Fläche in Michigan studiert hat. Sein Fazit lautet, daß die Hirschherde „sich $K$ annähert". Da in dem Gebiet Raubtiere fehlen, nahm die Zahl der Hirsche schnell bis zur maximalen Kapazität zu und schoß schließlich darüber hinaus; die dadurch bedingte Überweidung bewirkte, daß die Vegetation nicht mehr so viele Tiere ernähren konnte wie zuvor. Um diese unerwünschte Situation zu vermeiden, entfernte man in der Folgezeit jeweils so viele Tiere, daß die Population sicher unterhalb der maximalen Kapazität blieb. Auf der Basis dieser Langzeitstudie hat man die maximale Kapazität auf 35, die optimale auf 19 Hirsche pro Quadratkilometer geschätzt.

Diese Konzepte sind natürlich auf Pflanzenpopulationen genauso anwendbar wie auf Tierpopulationen. Zum Beispiel können durchaus 100 Kiefern auf einem kleinen Stück Land zusammengedrängt existieren, aber die einzelnen Bäume wären in ihrer Entwicklung gehemmt, und die Sterblichkeit wäre hoch. Ein Ausdünnen des Bestands auf die halbe

Dichte würde die Qualität jedes einzelnen Baumes und damit den wirtschaftlichen Wert des Waldstückes steigern.

Individuenzahlen oder Biomasse sind geeignete Maße für die Kapazität eines Lebensraumes, solange jede Einheit (Individuum oder Gewichtseinheit) die gleiche Wirkung auf ihre Umwelt hat. Aber Individuen üben oft ganz unterschiedliche Einflüsse aus. In besonderem Maße gilt dies für den Menschen; wie schon in Kapitel 4 erwähnt wurde, kann der Pro-Kopf-Verbrauch von Ressourcen und Energie in einem Industriestaat 50fach über dem in einem armen Land liegen. Folglich wäre die Kapazität des Lebensraumes – also die Anzahl von Personen, die bei ihrem gegenwärtigen Lebensstandard auf der Basis vorgegebener Energie- und Rohstoffvorräte unterhalten werden kann – in einem Industrieland wesentlich niedriger.

Da sich Menschen in ihren Wirkungen auf die lebenserhaltenden Ressourcen so unterschiedlich verhalten, haben Sozialwissenschaftler ihr Konzept der Kapazität des Lebensraumes um eine zweite Dimension erweitert, die Intensität der Nutzung. So definiert William R. Catton (1987) die Kapazität als »*Umfang und Intensität der Nutzung, die langfristig aufrechtzuerhalten sind, ohne die zukünftige Eignung der Umwelt für diese Nutzung zu beeinträchtigen*«. Die beiden Dimensionen, die Zahl der Nutzer und die Intensität der Nutzung pro Kopf, sind reziprok, das heißt, wenn die Nutzungsintensität zunimmt, verringert sich die Zahl der Nutzer, und umgekehrt. Catton hat außerdem vorgeschlagen, die Kapazität mit Liebigs Gesetz des Minimums (siehe Kapitel 5) in Verbindung zu bringen, das man zur Abschätzung von Obergrenzen verwenden kann. Von einem gesamtökologischen Standpunkt aus ist das umfassendere Konzept der Lebensraumkapazität, mit dem die Soziologen arbeiten, dem eindimensionalen Konzept der Biologen überlegen, da außer beim Menschen auch bei vielen anderen Arten die Auswirkungen pro Individuum verschieden sind.

Es ist wichtig, hier festzuhalten, daß die Kapazität des Lebensraumes für eine Population keine unveränderliche Konstante darstellt (wie $K$ in der Gleichung für das Wachstum); sie ist jedoch für die menschliche Popu-

---

**Menschen und die Kapazität ihres Lebensraumes**

Die Botschaft, daß die optimale Kapazität fast immer unter der maximalen liegt, findet – etwa bei Stadtplanern und Entwicklungsgesellschaften – nur schwer Gehör; diese neigen nämlich dazu, ein Gebiet viel zu dicht zu bebauen, da mit der Bevorzugung von Quantität vor Qualität oft schnelles Geld zu verdienen ist. Gegebenenfalls sollten die politischen und steuerlichen Rahmenbedingungen so geändert werden, daß der Anreiz, über das Ziel hinauszuschießen, wegfällt.

lation auch keineswegs unendlich. Wenn zwei Populationen um dieselbe Ressource konkurrieren und eine der beiden entfernt wird, kann sich die Lebensraumkapazität der anderen erhöhen. Es sind viele weitere Faktoren denkbar, die das Wachstumsplateau verändern könnten.

Theoretisch sollte die Kapazität für natürliche Ökosysteme auf globaler Ebene einigermaßen konstant bleiben, solange sich Menge und Qualität der Sonnenenergie nicht ändern. Bei Ökosystemen, die größer und komplexer werden, wächst der Anteil der Bruttoproduktion, der für die Erhaltung der Lebensgemeinschaften verbraucht (veratmet) werden muß, und der Anteil, der für weiteres Wachstum zur Verfügung steht, nimmt ab. Wenn Input und Output sich die Waage halten, kann die Größe (die Biomasse) nicht weiter zunehmen.

## Optimierung der Energienutzung

Die Analyse, wie ein Organismus oder eine Population die verfügbare Energie (Input) auf verschiedene Aktivitäten verteilt, läßt sich mit der ökonomischen Kosten-Nutzen-Analyse im Bereich der persönlichen oder geschäftlichen Finanzen vergleichen; der Nutzen stellt sich dabei als gesteigerte Fitness (höhere Überlebenswahrscheinlichkeit der Art in Gegenwart und Zukunft) dar, und die Kosten setzen sich aus der Zeit und der Energie zusammen, die für die Sicherung des zukünftigen Fortpflanzungserfolgs aufgewendet werden müssen. Man kann hier Parallelen zu der in Kapitel 4 behandelten Energieverteilung zwischen P (Produktion) und R (Respiration, also Atmung) und dem Konzept der Nettoenergie auf der Ebene des Ökosystems ziehen: Einzelne Individuen und ihre Populationen vermögen nur dann zu wachsen und sich fortzupflanzen, wenn sie mehr Energie aufbringen können, als für ihre Erhaltung nötig ist (Existenzenergie). Für die Fortpflanzung (für reproduktive Strukturen, Paarung, Erzeugung von Samen, Eiern und Nachkommen, Brutpflege und so weiter) und damit für das Überleben zukünftiger Generationen wird zusätzliche Energie (Nettoenergie) benötigt.

Durch die natürliche Selektion nähern sich Organismen dem bestmöglichen Nutzen-Kosten-Verhältnis von Energie und Zeit an. Bei den Autotrophen ist hierbei folgende Beziehung zu berücksichtigen: das nutzbare Licht (der in Nahrung umwandelbare Anteil) abzüglich der Energie, die für Aufbau und Erhalt der zur Energiegewinnung eingesetzten Strukturen (der Blätter zum Beispiel) aufgewendet werden muß, als Funktion der Zeit, in der Lichtenergie zur Verfügung steht. Bei Tieren kommt dem Verhältnis von nutzbarer Energie in der Nahrung zu jener Energiemenge, die für Futtersuche und -aufnahme erforderlich ist, die entscheidende Rolle zu. Die Optimierung kann prinzipiell auf zwei Wegen erreicht werden: durch Verkürzung der aufgewendeten Zeit – beispielsweise durch effizienteres Aufspüren der Beute oder effizientere

Energieumwandlung – oder durch Maximierung der Nettoenergie, also etwa durch die Wahl möglichst großer Futterstücke oder die Nutzung leicht umwandelbarer Energiequellen.

Neueren Analysen von Energiebilanzen zufolge nehmen sowohl die Größe des Gebiets, das bei der Nahrungssuche durchstreift wird, als auch die Spanne der möglichen Futterobjekte zu, je geringer die absolute Futtermenge (oder eine andere Energiequelle) ist. Ein Beispiel liefern Experimente, die von Werner und Hall (1974) durchgeführt wurden. Diese Forscher boten Blauwangen (einer Sonnenbarschart) Wasserflöhe (Cladoceren) in unterschiedlicher Größe und Zahl an und registrierten, welche Beutegröße bevorzugt wurde. War die Futtermenge gering, fraßen die Fische Wasserflöhe jeder Größe, wann immer sie ihnen begegneten. Wurde das Futterangebot erhöht, ignorierten die Fische die kleineren Beutetiere und konzentrierten sich auf die größten Exemplare. Die Fische wandelten sich also von „Nahrungsgeneralisten" zu „Nahrungsspezialisten", wenn die Futtermenge anstieg (und umgekehrt, wenn sie abnahm).

### Jagd und Netzbau: Zwei Lebensstrategien bei Spinnen

Spinnen sind sehr erfolgreiche Organismen – und faszinierende Studienobjekte, wenn man seine Angst vor ihnen überwinden kann. (Von wenigen Ausnahmen abgesehen stellen Spinnen keine Bedrohung für Menschen dar; sie sind uns als wichtige Insektenräuber vielmehr von Nutzen.) Spinnen zeigen zwei unterschiedliche Lebensstrategien: Die

a

b

**6.4** Zwei Spinnen mit unterschiedlichen Lebensstrategien. Die Wolfsspinne links jagt ihre Beute „zu Fuß", die Netzspinne rechts fängt sie in ihrem Netz. (Photos: P. J. Bryant, University of California in Irvine/Biological Photo Service.)

einen jagen ihre Beute „zu Fuß" (Abbildung 6.4a), die anderen, die Netzspinnen, liegen auf der Lauer und warten auf Beutetiere, die sich in den Netzen verfangen (Abbildung 6.4b). Da die Netze einen hohen Proteingehalt haben, sind die Energiekosten für ihre Herstellung hoch, aber viele Spinnen fressen die Spinnweben bei Reparatur und Neubau der Netze auf und verwerten sie so wieder. Auf diese Weise verringern sie die Kosten. Nach einer Schätzung von Peakall und Whit (1976) liegen die Gesamtenergiekosten für die Netze bei Spinnen, die ihre Fäden wiederverwerten, unter den Kosten, die einige der nichtnetzbauenden Arten für die Jagd aufbringen müssen. (Vielleicht kann auch der Mensch hieraus eine Lehre ziehen: Eine Population, die teure arbeitssparende Vorrichtungen baut, kann die Kosten durch Recycling der Materialien verringern.)

## Nutzung des Raumes

Organismen schließen sich manchmal zum gegenseitigen Nutzen zusammen, und manchmal isolieren sie sich zum individuellen Vorteil. Beide Strategien können je nach Umständen und Art einen besonderen Überlebenswert haben; bei vielen Arten kommen beide je nach Jahreszeit abwechselnd vor (beispielsweise Zusammenschluß im Winter und Isolation im Sommer). Zahlreiche Pflanzen und Tiere (bei letzteren vor allem sessile, also solche, die sich dauerhaft festsetzen) bilden dichte Kolonien (mit den Vorteilen, die wir schon bei der Erläuterung des Allee-Prinzips beschrieben haben). Andere Pflanzen dagegen − zum Beispiel manche Wüstensträucher − halten durch die Produktion spezifischer Abwehrstoffe Nachbarn auf Distanz; auf diese Weise sichern sie sich die knappe Bodenfeuchtigkeit, die möglicherweise nicht genügen würde, mehr als ein Individuum auf einer bestimmten Fläche zu erhalten. Einige sehr mobile Tiere gehen noch einen Schritt weiter und nehmen aktiv ein recht großes Gebiet in „Besitz"; diese Bemühungen zur Sicherung und Verteidigung eines Reviers (oder Territoriums) werden **Territorialverhalten** genannt. Viele unserer beliebten Singvögel zeigen ein solches Verhalten. Ein männliches Rotkehlchen beispielsweise wird zu Beginn der Brutsaison ungefähr einen halben Hektar eines geeigneten Habitats (beispielsweise einer mit Bäumen bestandenen Rasenfläche) „abstecken" und verteidigen − mit dem Erfolg, daß kein anderes männliches Rotkehlchen in dieses Revier eindringen kann. Viele der lauten Vogelgesänge, die wir im Frühling hören, dienen dazu, die Besitzerschaft über ein Revier anzuzeigen. Die meisten Menschen scheinen enttäuscht zu sein, wenn sie erfahren, daß das erste Rotkehlchen im Frühling (oder ein anderer neu eintreffender Zugvogel) mit seinem Gesang zunächst ein Revier zu etablieren sucht und gar nicht um ein Weibchen wirbt (das vielfach erst etwa eine Woche nach dem Männchen in dem Brutrevier eintrifft). Ein Männchen, das erfolgreich ein Revier in Besitz nimmt und verteidigt, wird mit großer Wahrscheinlichkeit ein Weibchen anlocken und mit diesem brüten, wohingegen ein Artgenosse, dem es nicht gelingt, ein gutes Revier zu gewinnen, nur dann zur Fortpflanzung kommen wird, wenn er einen gestorbenen Revierbesitzer zu ersetzen vermag. Bei vielen Arten beteiligt sich das Weibchen nach der Paarbildung an der Verteidigung des Reviers.

Am stärksten ausgeprägt ist die Territorialität bei Wirbeltieren und bestimmten Arthropoden (Gliederfüßern), die ein komplexes Fortpflanzungsverhalten einschließlich Brutpflege entwickelt haben. Bei Vögeln gewährleistet die Verteidigung eines Reviers, daß nicht andere Vögel derselben Art das schwierige Geschäft von Paarung, Nestbau, Brut und Aufzucht der Jungen behindern. Einige Biologen sind auch der Überzeugung, daß Territorialität langfristig von Vorteil ist, da durch sie die Populationsgröße (Dichte) innerhalb der durch die verfügbare Nahrung vorgegebenen Grenzen gehalten wird. Wir können noch einmal die Spinnen als Beispiel heranziehen. In einer experimentellen Untersuchung an einer territorialen Wüstenspinne fand Riechert (1981) heraus, daß die Größe des Territoriums einen festen Wert hatte (nur eine bestimmte Anzahl von Spinnen konnte die Versuchsfläche besiedeln) und daß dieser an die Zeiten mit der niedrigsten Beutedichte angepaßt war. Folglich überschritt die Populationsdichte der Spinnen niemals eine obere Grenze, welche durch die Zahl der insgesamt verfügbaren Territorien vorgegeben war – unabhängig von der Nahrungsmenge, die in guten Zeiten zur Verfügung stand oder im Experiment in das Gebiet eingebracht wurde. Revierbesitzer hatten die besten Plätze inne und waren in der Produktion von Nachkommen viel erfolgreicher als die „Wanderer" (Individuen, die in ungünstigen Habitaten umherstreifen und nicht in der Lage sind, ein Revier zu etablieren). In diesem Falle scheint tatsächlich die Territorialität die Populationsgröße zu begrenzen und für die Selektion der genetisch geeignetsten Individuen zu sorgen.

### Genetische Vielfalt

Die Aufrechterhaltung der **genetischen Vielfalt** (zu der das Vorhandensein vieler verschiedener Allele und der sogenannte „balancierte" Polymorphismus gehören) ist für das Überleben einer Art von großer Bedeutung. Arten können vom Aussterben bedroht werden, wenn ihre Populationsgröße zu sehr sinkt und dadurch ein genetischer Engpaß entsteht (siehe Kapitel 7). Immer mehr Pflanzen- und Tierarten sind heute bedroht oder schon ausgestorben, weil ihr Lebensraum zerstört oder durch menschliche Eingriffe in kleine, isolierte Inseln zerschnitten wurde. Mit Naturschutzfragen befaßte Behörden (in den USA zum Beispiel der Forest Service und der Fish and Wildlife Service), aber auch Raumplaner im allgemeinen versuchen inzwischen, diesem unerwünschten Trend entgegenzutreten. Zwei mögliche Strategien bieten sich hier an: erstens die Erhaltung oder Schaffung von Korridoren oder Biotopstreifen, die isolierte Flächen (Inselbiotope) miteinander verknüpfen und von Organismen als natürliche Verbindungswege genutzt werden können, wodurch sich der Genaustausch verstärkt (Harris 1984), und zweitens die Aufstockung bedrohter Populationen durch Einführung von Individuen aus einem Gebiet, in dem die Art noch nicht gefährdet ist, oder von Individuen, die in Gefangenschaft gezüchtet wurden.

Da der Mensch immer mehr Ressourcen in Beschlag nimmt und ständig weitere Bereiche der Naturlandschaft in Kulturland umwandelt, ist der Verlust einiger Arten unausweichlich. Aber die Vielfalt auf allen Stufen (auf den Ebenen der Gene, der Arten und der Ökosysteme oder Landschaften) läßt sich erhalten (die dafür notwendige „ökologische Technologie" ist vorhanden) − wir müssen nur erst eingesehen haben, daß dies in unserem ureigenen Interesse liegt (Myers 1983; Ehrlich und Mooney 1983; Norton 1986; Wilson 1988).

### Das Wachstum der Weltbevölkerung

Die Population der Menschen auf der Erde hat im Laufe der Zeit wohl fast jede vorstellbare Form von Wachstum erlebt, einschließlich des Minuswachstums − etwa im 14. Jahrhundert, als die Pest (der Schwarze Tod) die Bevölkerung Europas um 25 Prozent reduzierte (Freedman und Berelson 1974). Viele Jahrhunderte lang ist die menschliche Bevölkerung, wenn überhaupt, nur langsam gewachsen. Dann folgten zwei Perioden schnelleren Wachstums, die in engem Zusammenhang mit Veränderungen in der Energienutzung standen. Der erste große Zuwachs ging mit der Entwicklung der Landwirtschaft einher (durch die sich die Kapazität einer bestimmten Fläche Land beträchtlich erhöhte) und setzte vor ungefähr 8000 Jahren ein (Neolithische Revolution). Der zweite, deutlich schnellere Anstieg begann vor ungefähr 200 Jahren mit der Industriellen Revolution, der Entwicklung brennstoffbetriebener Systeme, der Kolonisation dünnbesiedelter Kontinente und dem Rückgang der Sterberate durch Fortschritte in Medizin und Gesundheitsfürsorge. Ungefähr 80 Prozent des Bevölkerungswachstums seit dem Erscheinen des Menschen haben während der letzten beiden Jahrhunderte stattgefunden. Gegenwärtig zeigt die Wachstumsrate der Weltbevölkerung − zur Zeit leben mehr als fünf Milliarden Menschen auf der Erde − Anzeichen einer Verlangsamung, und einige Demographen wagen die Vorhersage, daß die Zahl sich irgendwann im nächsten Jahrhundert zwischen neun und 14 Milliarden einpendeln wird (entsprechend der logistischen Wachstumskurve).

Eine gute Möglichkeit, das Wachstum der menschlichen Bevölkerung zu veranschaulichen, bietet die **Verdopplungszeit**, also die Zahl der Jahre, die vergeht, bis sich die Populationsdichte verdoppelt hat. Die jährliche Zunahme wird in der Regel als die Anzahl von Personen, die im Jahr pro 100 oder 1000 Personen dazukommen, angegeben und als Prozentsatz ausgedrückt. Ein Wachstum von zwei Prozent pro Jahr bedeutet also, daß jedes Jahr pro 100 Personen zwei (oder pro 1000 Personen 20) hinzukommen. Da im Laufe der Zeit natürlich auch die Menschen, die in die Bevölkerung hineingeboren werden, Nachkommen erzeugen, kommen bei einem jährlichen Wachstum von zwei Prozent auf Dauer mehr als nur zwei Personen jährlich (pro 100 Individuen der Ausgangspopulation) hinzu; die Bevölkerung wächst vielmehr wie Geld auf einem Sparbuch mit Zins und Zinseszins. Eine Abschätzung der Verdopplungszeit $t$ bei einer Wachstumsrate $r$ von zwei Prozent (als Dezimalbruch ausgedrückt) ermöglicht die folgende Gleichung:

$$t = \ln2/r = 0{,}6931/0{,}02 = 35 \text{ Jahre}$$

Zwei Prozent mögen nicht sonderlich hoch erscheinen, aber bei dieser Rate würde sich zum Beispiel die Bevölkerung Ihres Wohnortes im Leben eines Menschen zweimal verdoppeln. Zur Zeit wächst die Weltbevölkerung mit einer Rate von ungefähr 1,8 Prozent. In vielen unterentwickelten Ländern liegt der Wert eher bei drei Prozent (Verdopplungszeit von 23 Jahren) oder darüber, in weiten Teilen der entwickelten Länder dagegen unter einem Prozent (Verdopplungszeit von 70 Jahren oder mehr), wobei einige europäische Länder ein Nullwachstum zeigen. Wie Brown und Jacobson (1986) gezeigt haben, ist die Welt durch eine scharfe Grenze in Länder mit geringem (durchschnittlich 0,8 Prozent) und solche mit hohem Bevölkerungswachstum (durchschnittlich 2,5 Prozent) geteilt. Für Städte liegt die Wachstumsrate allerdings in vielen Teilen der Welt (in reichen wie in armen Ländern) über drei Prozent, da zahllose Menschen aus ländlichen Gebieten in die Großstädte ziehen, wo sie ein ökonomisch besseres Leben erwarten. Einer Prognose zufolge werden an der Wende zum nächsten Jahrhundert 80 Prozent der Weltbevölkerung in Großstädten leben.

Viele Soziologen und Ökonomen vertrauen oder hoffen zumindest auf eine Entwicklung, die man als **demographischen Übergang** bezeichnet — eine Theorie, nach der sich das Bevölkerungswachstum verlangsamt, wenn die Menschen wohlhabender werden und (unter anderem) weniger auf die Arbeit ihrer Kinder angewiesen sind. Mit wachsendem Wohlstand haben Menschen in der Regel weniger Kinder und investieren einen größeren Anteil ihrer Energie- und Geldreserven in die Verbesserung der eigenen Lebensqualität — eine Verschiebung des Lebensstiles hin zur $K$-Strategie. Wenn dies zutrifft, wäre das Bevölkerungsproblem ein ökonomisches Problem, aber die Meinungen hierüber gehen auseinander (Teitelbaum 1975; McNamara 1982). Die Schlüsselfrage bleibt: Fördert das Bevölkerungswachstum die wirtschaftliche Entwicklung, oder drosselt es sie? Zwei Berichte der National Academy of Sciences, die im Abstand von 15 Jahren veröffentlicht wurden (1971 und 1986), stimmen darin überein, daß ein schnelles Bevölkerungswachstum keinen ökonomischen oder sonstigen Vorteil mit sich bringt, da soziale und Umweltprobleme dabei schneller entstehen, als sie gelöst werden können. Deswegen wäre ein langsameres Wachstum, als wir es heute registrieren, in den meisten Ländern der Erde für die wirtschaftliche Entwicklung und die Lebensqualität des einzelnen günstiger. Brown und Jacobson (1986) sind skeptisch, ob der demographische Übergang in Ländern mit hohen Wachstumsraten überhaupt wirksam werden wird. Ihrer Überzeugung nach müssen diese Länder politische Maßnahmen ergreifen, um das Bevölkerungswachstum einzudämmen (so wie es etwa China schon erfolgreich getan hat).

## Wechselwirkungen zwischen verschiedenen Arten

Der Einfluß, den eine Art auf das Populationswachstum und Wohlergehen einer anderen Art ausübt, kann negativ (−), positiv (+) oder neutral (0) sein. Theoretisch sind also für die Wechselwirkung zwischen Populationen zweier verschiedener Arten neun Grundformen denkbar, die sich aus den neun möglichen Kombinationen von 0, + und − ergeben, nämlich 00, −−, ++, +0, 0+, 0−, −0, +−, −+. Abbildung 6.5 zeigt ein Koordinatenmodell der fünf wichtigsten Wechselwirkungstypen, die man mit den folgenden Begriffen bezeichnet:

**Konkurrenz** (−−): Beide Populationen hemmen sich gegenseitig oder üben irgendeinen anderen negativen Einfluß aufeinander aus;
**Räuber-Beute-Beziehung** (+−): positiv für den Räuber, negativ für die Beute;
**Parasitismus** (−+): negativ für den Wirt, positiv für den Parasiten;
**Kommensalismus** (+0): positiv für die eine Art (den Kommensalen), ohne Auswirkung auf die andere;
**Kooperation** oder **Symbiose** (++): Beide Populationen profitieren von der Beziehung, die für das Überleben der beiden Partner entweder fakultativ (Kooperation) oder obligat (Symbiose, Mutualismus) ist.

## Konkurrenz

Das Word **Konkurrenz** beschreibt den gegenseitigen Wettbewerb oder Kampf um eine Ressource, wie wir ihn im Bereich der Wirtschaft von Firmen kennen, die denselben Markt erobern wollen. Auf ökologischer Ebene spielt Konkurrenz immer dann eine große Rolle, wenn zwei Arten nach etwas streben, das nicht in ausreichendem Maße für beide vorhanden ist. Pflanzen in einem Wald konkurrieren zum Beispiel um Licht und Nährstoffe, und Tiere konkurrieren um Nahrung und geeignete Standorte, wenn diese Ressourcen im Verhältnis zur Nachfrage knapp sind. Konkurrenz kann auch in Form einer gegenseitigen Hemmung auftreten, wenn zwei Organismen sich beim Wettbewerb um eine

Sache, die gar nicht knapp sein muß, direkt behindern. Solche Organismen scheiden zum Beispiel Substanzen aus, die den jeweiligen Konkurrenten stören, oder sie fressen sich gegenseitig auf.

Im Endeffekt werden beide Parteien (also die Konkurrenten) in irgendeiner Weise behindert (daher die Einstufung als − −). Auf der Ebene der Population bedeutet das, daß durch Konkurrenz die Dichte oder das Wachstum der Populationen vermindert oder unter Kontrolle gehalten wird. Sowohl innerartliche (intraspezifische) als auch zwischenartliche (interspezifische) Konkurrenz bestimmen mit darüber, wie viele und welche Arten von Organismen man in einem bestimmten Lebensraum oder einer Lebensgemeinschaft findet. Die intraspezifische Konkurrenz ist bei Populationen, die eine Selbstregulation zeigen wie die mit logistischem Wachstum, ebenso ein wichtiger Faktor wie bei territorialen Arten. Die interspezifische Konkurrenz ist, wie man erwarten kann, vor allem bei Arten mit ähnlichen Lebensformen und vergleichbaren Ressourcenansprüchen ausgeprägt. In natürlichen Lebensgemeinschaften läßt sich oft beobachten, daß nahe verwandte Arten mit ähnlichen Lebensweisen nicht gemeinsam am selben Platz vorkommen. Und falls sie doch zusammen auftreten, nutzen sie oft unterschiedliche Ressourcen oder sind zu verschiedenen Zeiten aktiv. Die Erklärung für die ökologische Trennung von nahe verwandten (oder sonstwie ähnlichen) Arten ist als **Gause-Prinzip** bekannt geworden − nach dem russischen Biologen

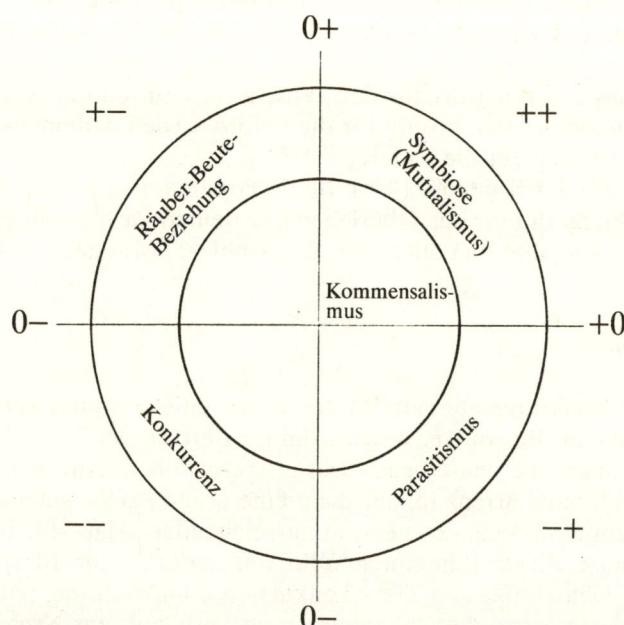

**6.5** Dieses Koordinatenmodell der Wechselwirkungen zwischen zwei Arten zeigt die fünf häufigsten Typen von Beziehungen.

G. F. Gause, der dieses Phänomen zuerst an experimentellen Kulturen von Protozoen beobachtet hat. Später hat Hardin (1960) den aussagekräftigeren Begriff **Konkurrenzausschlußprinzip** (*competitive exclusion principle*) vorgeschlagen.

## Konkurrenzausschluß und Koexistenz

Wie in der menschlichen Gesellschaft hat die Konkurrenz in der Natur neben ihren Vorteilen auch ihre negativen Seiten. Der Tüchtigere und besser Angepaßte verdrängt den weniger Erfolgreichen. Vielfalt und Anpassungsfähigkeit werden allerdings erhöht, wenn Arten im Bestreben, den negativen Auswirkungen der Konkurrenz zu entkommen, nach neuen Lebensräumen und Ressourcen suchen. Wann immer zwei Arten in ernsthafte Konkurrenz zueinander treten, wird die eine möglicherweise vollständig eliminiert oder dazu gezwungen, einen anderen Platz zu besetzen oder auf andere Futter- oder sonstige Ressourcen auszuweichen. Oder aber die beiden Arten können nebeneinander existieren und sich bei verringerten Populationsdichten die Ressourcen in einer Art von Gleichgewicht teilen. Diese beiden Möglichkeiten – Konkurrenzausschluß (Exklusion) und Koexistenz – sind in Abbildung 6.6 am Beispiel von Wachstumsformmodellen dargestellt, die auf zwei experimentellen Studien beruhen. Bei der einen (Abbildung 6.6a und 6.6b) wurden zwei nahe verwandte Tierarten (Käfer), bei der anderen (Abbildung 6.6c) zwei Pflanzenarten (Klee) untersucht.

Thomas Park und seine Studenten und Mitarbeiter haben in den vierziger und fünfziger Jahren an der University of Chicago eine lange Serie von Konkurrenzversuchen an Laborpopulationen von Reismehlkäfern durchgeführt. Diese kleinen Käfer (mehrere Arten der Gattung *Tribolium*) sind bedeutende Schädlinge in Nahrungsmittelvorräten, haben aber eine versöhnliche Eigenschaft: ihre Eignung als Versuchstiere im Labor. Sie brauchen nicht mehr als einen Behälter mit Mehl oder Weizenkleie, um ihren vollständigen Lebenszyklus zu durchlaufen; das Medium dient ihnen als Futter und Lebensraum gleichermaßen. Wenn man den Käferpopulationen in regelmäßigen Abständen frisches Medium gibt, lassen sie sich unbegrenzt lange halten. Parks experimentellen Aufbau kann man sich als stabilisiertes, experimentelles Mikroökosystem – als „Mikrokosmos" – vorstellen, in dem die Zufuhr von Energie in Form von Nahrung die Verluste durch Wärmeabgabe und Atmung ausgleicht. Der Mikrokosmos ähnelt also in kleinem Maßstab der Stadt oder der Austernbank, die in Kapitel 3 vorgestellt wurden (siehe Abbildung 3.5).

Die Wissenschaftler in Chicago kamen zu folgenden Ergebnissen: Wenn man zwei verschiedene *Tribolium*-Arten gemeinsam in solch ein kleines homogenes Universum setzt, stirbt eine Art früher oder später aus, während die andere weiter gedeiht. Anders gesagt: Eine Art gewinnt den Konkurrenzkampf. Im selben Behälter können zwei *Tribolium*-Arten nicht überleben, auch wenn jede allein unter identischen Kulturbedingungen gut gedeiht – ein klarer Fall von Konkurrenzausschluß. Die

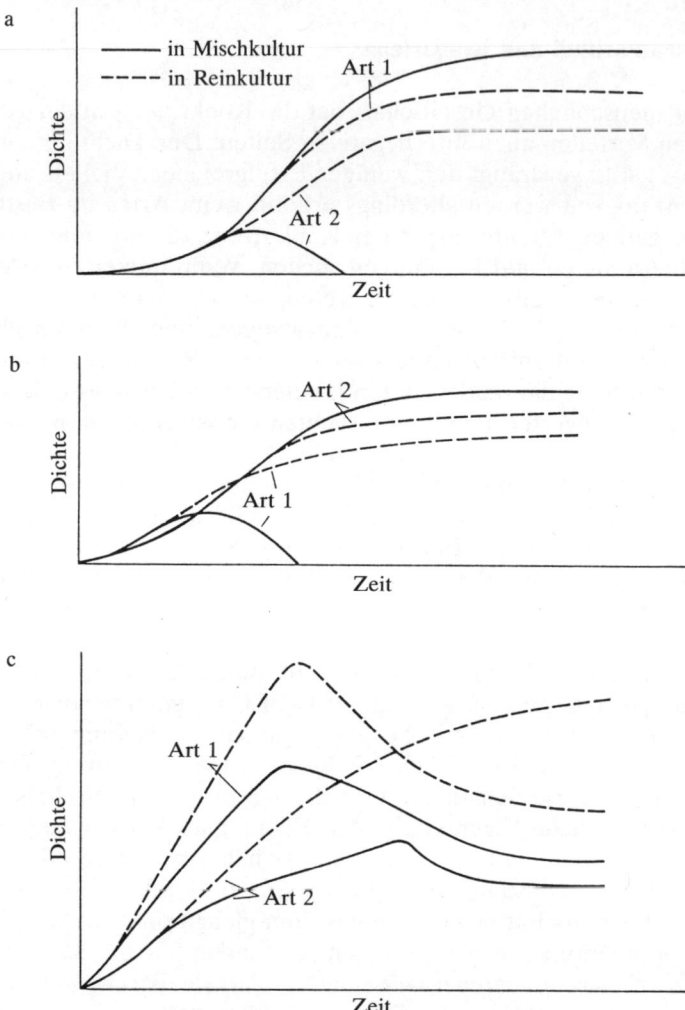

**6.6** Konkurrenzausschluß bei Reismehlkäfern und Koexistenz bei Kleearten. a) Die Käferart 1, *Tribolium castaneum*, verdrängt in einer Mischkultur unter feuchten und heißen Bedingungen (34 Grad Celsius, 70 Prozent relative Luftfeuchtigkeit) die Art 2, *T. confusum*, obwohl sich jede Art allein unter diesen Bedingungen gut entwickelt. b) Unter kühlen und trockenen Bedingungen (24 Grad Celsius, 30 Prozent relative Luftfeuchtigkeit) verdrängt die Art 2, *T. confusum*, in einer Mischkultur die Art 1, *T. castaneum*, obwohl auch in diesem Falle beide Arten für sich allein ohne weiteres existieren können. (Daten aus Park 1954.) c) Zwei Kleearten, *Trifolium repens* (Weißklee, Art 1) und *Trifolium fragiferum* (Erdbeerklee, Art 2) können in einer Mischkultur nebeneinander existieren, wenngleich beide unter diesen Umständen eine geringere Blattdichte aufweisen als in einer Reinkultur. (Daten aus Harper und Chatworthy 1963.)

relative Anzahl der Individuen jeder Art, die man zu Anfang in die Mischkultur einbringt, hat keinen Einfluß auf das Endergebnis, wohl aber die klimatischen Bedingungen, die in den Mikrokosmen herrschen. Wie in Abbildung 6.6a und 6.6b zu erkennen ist, setzt sich unter heißen und feuchten Bedingungen die Art 1 durch, während die andere als Sieger hervorgeht, wenn es kühl und trocken ist. Unter Zwischenbedingungen setzt sich, entsprechend dem Gradienten zwischen den Extrembedingungen, einmal die eine, einmal die andere Art durch; genau in der Mitte zwischen beiden Extremen haben beide eine Gewinnchance von etwa 50 Prozent.

Versuche mit verschiedenen Kleearten, die John L. Harper und seine Mitarbeiter am University College of North Wales durchführten, verdeutlichen, daß nahe verwandte Arten trotz Raumnot und Konkurrenz um begrenzte Ressourcen miteinander koexistieren können. Die Ergebnisse sind in Abbildung 6.6c dargestellt. Zwei in Schalen eng zusammengepflanzte Arten von Klee (aus der Gattung *Trifolium*) waren in der Lage, ihren Lebenszyklus vollständig zu durchlaufen und Samen zu produzieren, wenngleich die Dichte jeder Art natürlich geringer war als in Reinkulturen. Die durchgezogenen Linien in der Abbildung zeigen das Populationswachstum in Mischkulturen, und die gestrichelten Linien geben die Wachstumskurven der Pflanzen in Reinkultur wieder. Kleine, aber entscheidende Unterschiede in den Wachstumsformen ermöglichen die Koexistenz dieser beiden Konkurrenten. Die Art 1 (*T. repens*) wächst schneller und erreicht eher die maximale Blattdichte, aber die Art 2 hat längere Blattstiele, und ihre Blätter sitzen weiter oben; so kann sie die schnellwüchsige Art überragen und verhindern, in deren Schatten unterzugehen. Harper (1961) hat den Schluß gezogen, daß zwei Arten dauerhaft nebeneinander existieren können, wenn sie sich im zeitlichen Ablauf des Wachstums, in den Nährstoffansprüchen oder in der Empfindlichkeit gegenüber Fraß, Toxinen, Licht, Wasser und so weiter unterscheiden. Die Koexistenz von Konkurrenten wird außerdem durch wiederkehrende Veränderungen oder Störungen in der Umwelt, die erst die eine und dann die andere Art begünstigen, gefördert. So könnte ein Wechsel von kalt-feuchten und heiß-trockenen Zeiten auch den beiden Reismehlkäferarten die Koexistenz ermöglichen.

Versuche mit Populationen verschiedener Arten im Labor oder im Gewächshaus helfen uns, die – ökologischen wie genetischen – Mechanismen zu verstehen, die in der Natur wirksam werden, wenn Arten miteinander in Wechselwirkung treten. Die angeführten Beispiele liefern hierzu gute Belege, doch letztlich ist, wie in Kapitel 2 betont wurde, die Verknüpfung von Untersuchungen auf vielen Ebenen notwendig, da Analysen auf einzelnen Organisationsstufen etwas, aber nicht alles zum Gesamtbild beitragen. Wenn wir von der Erforschung einzelner Populationen unter kontrollierten Bedingungen zu der wirklichen Welt der Lebensgemeinschaften und Ökosysteme übergehen, treten tatsächlich Fälle von Konkurrenzausschluß zutage. Noch öfter jedoch läßt sich beobachten, daß Arten – auch solche, die unter den eingeschränkten Bedingungen eines Mikrokosmos unmöglich gemeinsam existieren können – Anpassungen zeigen, die ihnen eine Koexistenz ermöglichen; diese Arten verringern den Konkurrenzdruck durch physiologische oder genetische Veränderungen, durch Änderung ihres Verhaltens oder indem sie dieselbe Ressource zu verschiedenen Zeiten oder an unterschiedlichen Orten nutzen oder aber ihren Platz in den jeweiligen Umweltgradienten verlagern. Tatsächlich ist ein Kritiker der Konkurrenztheorie, den Boer (1986), zu dem Schluß gekommen, daß in den offenen Systemen der Natur Koexistenz die Regel und vollständiger Konkurrenzausschluß die Ausnahme darstellt.

Eine klassische Feldstudie über Konkurrenz ist die von Joseph Connell (1961), der die Bewohner einer Felsküste untersuchte. In der Gezeitenzone leben sessile Tiere und Pflanzen wie Seepocken, Muscheln, Austern und Seegras oft in übereinander angeordneten Zonen. In Cornells Untersuchungsgebieten besetzte eine kleine Seepockenart der Gattung *Chthamalus* einen Streifen im oberen Bereich der Gezeitenzone, während eine größere Art der Gattung *Balanus* ein breites Band unterhalb der *Chthamalus*-Population besiedelte. Diese Zonierung legt einen Konkurrenzausschluß sehr nahe. Aber da es auch andere Erklärungen für eine solche Verteilung gibt, mußte man die Hypothese, daß die Konkurrenz eine Rolle spielt, im Experiment prüfen. Cornell entfernte zunächst die Vertreter der großen Art (*Balanus*) und hielt neue Individuen von einer Besiedlung ab; daraufhin breitete sich die kleine Art (*Chthamalus*) im oberen Teil der *Balanus*-Zone aus und gedieh auch dort, wo sie normalerweise nicht vorkommt. Als jedoch die *Chthamalus*-Seepocken entfernt wurden, drang *Balanus* nicht in das freigewordene Territorium vor; die Larven dieser Art sind – auch in Abwesenheit eines potentiellen Konkurrenten – nicht in der Lage, in der exponierten oberen Zone zu überleben, wie man inzwischen aus weiteren Beobachtungen und Experimenten weiß. Ein solches Wechselspiel zwischen physikalisch bedingten Einschränkungen und Konkurrenz hat sich als verbreitetes Muster in vielen Umweltfaktorengradienten erwiesen.

### Räuber und Beute

Bei dem Wort „Raubtier" haben viele Menschen ein wildes, grausames Tier vor Augen, auf das wir gut verzichten könnten. Aber in Wirklichkeit spielen Räuber eine wichtige Rolle im Haushalt der Natur, und auch für die Wirtschaft des Menschen sind sie von Nutzen, wenn es um die Kontrolle von Insekten und anderen Schädlingen geht. Unsere Abneigung gegen Raubtiere ist paradox, denn über Jahrhunderte hinweg sind Menschen die zerstörerischsten Räuber gewesen, die jemals die Erde durchstreift haben. Um objektiv zu sein, sollte man den Beutefang besser vom Standpunkt der Population als von dem des einzelnen Organismus betrachten. Natürlich haben Räuber für die Individuen, die sie töten, keinerlei Nutzen, aber der Beutepopulation insgesamt können sie durchaus einen Dienst erweisen, da sie untüchtige Individuen entfernen und/oder eine Überbevölkerung verhindern. Zum Beispiel nimmt bei vielen Wildarten in Abwesenheit großer Raubtiere die Populationsdichte so stark zu, daß es zu einer Erschöpfung der Nahrungsquellen kommt, wie wir bereits bei der Erläuterung der Lebensraumkapazität weiter vorne in diesem Kapitel dargestellt haben. In solchen Fällen verbessert der Räuber zweifellos die „Lebensqualität" der Beutepopulation.

Andererseits kann ein Räuber aber auch limitierend wirken – bis hin zur massiven Dezimierung oder gar vollständigen Auslöschung der Beutepopulation. Welche Situation sich bei zwei in Wechselwirkung stehenden Arten jeweils einstellt, hängt von der Anfälligkeit der Beutetiere für den Räuber ab. Während es aus der Sicht des Räubers entscheidend ist, wieviel Energie er für den Fang der Beute aufbringen muß, kommt es für die Beuteorganismen darauf an, wie gut sie es vermeiden können, geschlagen zu werden, und wie gut sie in der Lage sind, ihre Jungen zu verstecken oder zu schützen. Die Anfälligkeit der Beute wird oft durch menschliche Eingriffe in der Landschaft erhöht, vor allem durch die Einführung von Räubern, an die die Beutetiere nicht angepaßt sind. Vor vielen Jahren brachte man zum Beispiel den Mungo, ein wieselähnliches Raubtier, auf etliche karibische Inseln, weil man damit hoffte, die Ratten in den Zuckerrohrfeldern unter Kontrolle zu bekommen. Aber die Mungos vernichteten nicht nur die Ratten, sondern richteten auch unter den ungeschützten bodenbrütenden Vögeln, Reptilien und Schildkröten verheerende Schäden an (Seaman 1952).

Das Schlagen von Beute – zum Beispiel der Fang eines fliegenden Vogels durch einen Jagdfalken – mag spektakulär und leicht zu beobachten sein, aber viele andere Faktoren, die noch stärker begrenzend auf die Beutepopulation einwirken, entziehen sich oftmals der Kenntnis und dem Verständnis des Laien. Nach Untersuchungen, die der inzwischen verstorbene Herbert L. Stoddard (1936) und seine Mitarbeiter in Wildreservaten im US-Bundesstaat Georgia durchführten, stellen Raubvögel so lange keine ernste Bedrohung für Wachteln dar, als die Vegetation in der Nähe der Futterflächen genügend Deckung bietet, so daß gesunde Wachteln den Angriffen der Greifvögel entkommen können. Hohe Wachteldichten lassen sich erhalten, indem man kleine Flächen Land abbrennt oder durch andere Maßnahmen die Versorgung mit Nahrung und Deckungsmöglichkeiten verbessert. Anders gesagt: Wenn man seine Anstrengungen darauf konzentriert, den Lebensraum der Wachteln zu verbessern, dann ist die Entfernung von Greifvögeln unnötig – und nicht einmal wünschenswert, da die Wachteln nicht akut bedroht sind und die Greifvögel auch Nager als Beute nehmen, die ihrerseits Wachtelgelege plündern. Aber „Ökosystemmanagement" ist schwieriger und weniger effektheischend als der Abschuß von Raubvögeln, und nicht selten werden die für den Naturschutz Zuständigen von Jägern zu letzterem gedrängt, auch wenn sie es besser wissen.

Wenn die „Beute" eine Pflanze ist und der „Räuber" ein pflanzenfressendes Tier (Weidegänger, Herbivor), bezeichnet man die Wechselwirkung als **Herbivorie** (Pflanzenfraß). Pflanzen können ihren möglichen Konsumenten nicht durch Flucht oder Verstecken entkommen, aber sie verteidigen sich durch die Bildung von Strukturen, wie etwa Dornen, die sie vor Fraß schützen, durch chemische Abwehrstoffe wie Tannine und durch Substanzen, die für Tiere giftig sind. In den Tropen, wo die klimatischen Bedingungen für Insekten ganzjährig besonders günstig sind, wenden Bäume eine doppelte Verteidigung an: zähe Blätter mit einem harten, wachsartigen Bezug und chemische Abwehrstoffe, zum Beispiel Phenole (Coley et al. 1983).

Räuber und Pflanzenfresser können nicht nur positive und negative Auswirkungen auf ihre Beute haben; oftmals üben sie auch einen bedeutenden Einfluß auf die Zusammensetzung der ganzen Lebensgemeinschaft aus. Zum Beispiel werden felsige Gezeitenküsten, bei denen das besiedelbare Substrat begrenzt ist, häufig von einer einzigen Muschel- oder Seepockenart dominiert; wenn nun ein Räuber (etwa ein Seestern) viele Individuen der dominanten Art entfernt, wird der Lebensraum für andere Arten frei, und die Artenvielfalt erhöht sich (Paine 1966). Man sollte allerdings aus diesem gutuntersuchten Beispiel nicht schließen, daß Räuber immer die Artenvielfalt erhöhen. In einem ausgedehnteren Habitat, wo ein Raubtier kein so leichtes Spiel hat, sowie in Fällen, in denen Stürme oder andere regelmäßige Störungen die dominanten Arten immer wieder reduzieren, treten solche Effekte möglicherweise nicht auf.

---

**Natürliche Insektizide**

Die Züchtung oder gentechnische Entwicklung von Nutzpflanzen, die ihre eigenen Insektizide produzieren, könnte eine vielversprechende Strategie sein − aber es gibt auch einige Nachteile. Die Energie, die eine Pflanze in ihre chemische Verteidigung steckt, kann ihre Nettoproduktion (den Ertrag) verringern, und möglicherweise sind die antiherbivoren Substanzen auch für den Menschen toxisch oder beeinträchtigen zumindest den Geschmack der Nahrungspflanzen. Doch vermutlich sind die künstlich hergestellten Insektizide, die wir heute in so riesigen Mengen einsetzen, weitaus giftiger. Erst wenn wir eingesehen haben, daß der Ertrag nicht das einzige Kriterium für eine erfolgreiche Landwirtschaft ist, wird die gentechnische Konstruktion von Pflanzen, die sich selbst gegen Räuber wehren können, zu einem lohnenden Ziel.

## Parasiten und Wirte

Vieles von dem, was eben über die Räuber-Beute-Beziehung gesagt wurde, trifft auch auf den Parasitismus zu. Tatsächlich bilden Parasiten und Räuber einen mehr oder weniger kontinuierlichen Gradienten von jenen winzigen Viren und Bakterien, die im Gewebe ihrer Wirte leben, bis zu den großen Carnivoren in einem komplexen Ökosystem. Der Begriff **Parasit** bezeichnet gewöhnlich einen Organismus, der auf oder in einem Wirt lebt und diesen als Energiequelle und Lebensraum zugleich nutzt. Im Gegensatz dazu versteht man unter einem Räuber einen frei-lebenden Organimus, der größer ist als seine Beute, welche ihm zwar als Energiequelle, aber nicht als Lebensraum dient. Zwischen diesen beiden Polen gibt es jedoch alle möglichen Übergänge.

Obwohl sich Räuber-Beute- und Parasit-Wirt-Beziehungen also unter dem Gesichtspunkt der ökologischen Wechselwirkungen ähnlich sind, findet man zwischen den beiden Extremen doch wichtige Unterschiede. Parasitische Organismen haben in der Regel höhere Vermehrungsraten und eine größere Wirtsspezifität als Räuber. Zudem sind sie in ihrem Bauplan, ihrem Stoffwechsel und ihren Entwicklungszyklen oft stärker spezialisiert, was mit ihrer besonderen Lebensumwelt und dem Problem der Übertragung von einem Wirt zum anderen zusammenhängt. Ganze Klassen und Ordnungen von Organismen – etwa die Bandwürmer (Cestoda), eine Klasse der Plattwürmer, und die Sporozoen, die zu den Protozoen gehören – haben sich an eine parasitische Lebensweise angepaßt. Als Beispiel ist in Abbildung 6.7 der Lebenszyklus von *Plasmodium*, dem Erreger der Malaria, dargestellt.

Die **Wirtsspezifität** bei Parasiten ist einer genaueren Betrachtung wert. Da viele Arten von Parasiten nur in einem oder wenigen Wirtsarten leben können, ist die Beziehung zwischen Wirt und Parasit besonders eng und unter Umständen für beide Populationen ein limitierender Faktor. Mehrfach sind Parasiten erfolgreich zur Kontrolle von Schädlingen eingesetzt worden. In vielen Fällen ließen sich Schadinsekten, die aus anderen Teilen der Welt eingeschleppt worden waren, durch die Einführung der natürlichen Parasiten, die in dem ursprünglichen Lebensraum die Insektenpopulation regulieren, unter Kontrolle bringen; in anderen Fällen haben sich künstlich angezüchtete Parasiten als hilfreich erwiesen. Eine solche **biologische Schädlingsbekämpfung** ist sinnvoll, wenn die eingesetzten Parasiten spezifisch für den Schädling sind, den man bekämpfen möchte. Ein derartiger Parasit verfolgt nämlich „stur" sein Ziel und paßt sich schnell einer Zu- oder Abnahme der Wirtspopulation an. Im Gegensatz dazu kann man einen Schädling durch die Einführung eines nichtspezialisierten Räubers (oder Parasiten) gewöhnlich nicht unter Kontrolle bringen, und nicht selten wird dieser selbst zur Plage, wenn er seine Angriffe auf andere als die eigentlich angepeilten Organismen ausdehnt – wie im Falle des Mungos, den wir im letzten

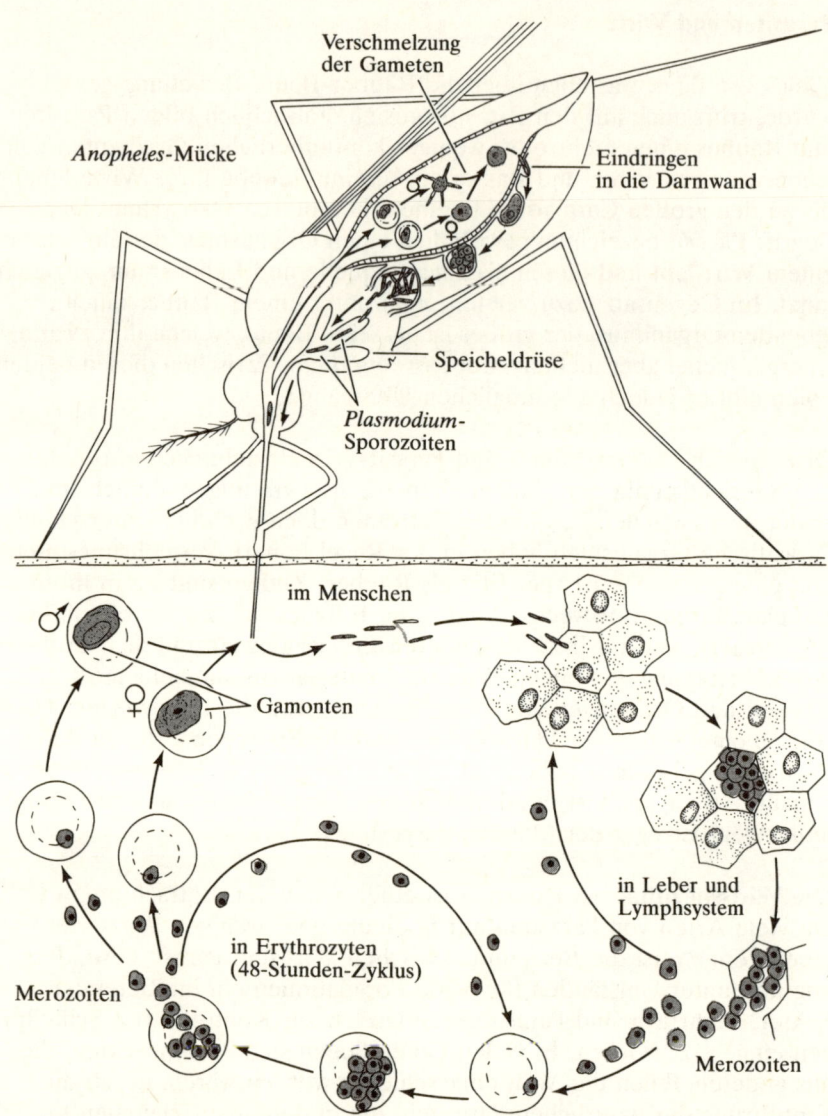

**6.7** Die Malariaerreger — Sporozoen der Gattung *Plasmodium* — sind hochspezialisierte Parasiten mit einem komplexen Entwicklungszyklus. Männliche und weibliche Gamonten, die bei einem Stich der *Anopheles*-Mücke mit dem menschlichen Blut übertragen werden, entwickeln sich im Darm der Mücke zu männlichen und weiblichen Gameten (Keimzellen), die zu einer Zygote verschmelzen. Die Zygote, die ihrerseits eine weitere Entwicklung durchläuft, dringt in die Darmwand ein und wächst dort zu einer Zyste heran, aus der schließlich viele schlanke Zellen, die sogenannten Sporozoiten, hervorgehen. Diese Sporozoiten wandern in die Speicheldrüse der Mücke ein und werden bei der nächsten Blutmahlzeit in die Blutbahn eines Menschen abgegeben. Sie dringen in Zellen der Leber und des Lymphsystems ein, wo nach mehreren Teilungsschritten die Merozoiten, die Zellen des nächsten Stadiums, entstehen. Die Merozoiten können nun wiederum neue Zellen von Leber und Lymphsystem befallen und den Zyklus in diesen Organen noch einmal durchlaufen, oder aber sie dringen in Erythrozyten (rote Blutkörperchen) ein; im

Abschnitt erwähnt haben. Nebenbei bemerkt: Die Natur lehrt uns, welche Weisheit darin liegt, artspezifische chemische Pestizide oder Parasiten zu entwickeln anstelle jener Gifte mit breitem Wirkungsspektrum, die zusammen mit den Organismen, die wir für schädlich halten, auch die unbestreitbar nützlichen vernichten.

Ein wichtiges allgemeines Prinzip von Parasit-Wirt- und Räuber-Beute-Beziehungen läßt sich folgendermaßen formulieren: Die limitierende Wirkung von Parasiten und Räubern wird in der Regel schwächer und ihr regulierender Einfluß stärker, wenn die betroffenen Populationen eine gemeinsame Evolution in einem Ökosystem durchlaufen haben, das stabil genug oder von ausreichender räumlicher Vielfalt ist, um eine gegenseitige Anpassung zu erlauben. Anders gesagt: Im allgemeinen vermindert die natürliche Selektion die negativen Auswirkungen auf *beide* Populationen, da eine ernsthafte Schwächung der Wirts- oder Beutepopulation durch den Parasiten oder Räuber letztlich nur zum Aussterben einer oder beider Populationen führen kann. Deswegen erfolgen sehr heftige Zusammenstöße zwischen Parasit und Wirt oder Räuber und Beute vor allem dann, wenn die Wechselwirkung neu etabliert worden ist oder wenn gravierende Störungen vorausgegangen sind, wie sie etwa durch menschliche Eingriffe oder Klimaveränderungen hervorgerufen werden können.

Wie schon in Kapitel 2 und noch einmal in Kapitel 3 erwähnt wurde, verzeichnet eine Liste jener Krankheiten, Parasiten und Schadinsekten, die Land- und Forstwirtschaft die größten Schäden zufügen, zahlreiche Arten, die erst vor kurzem in ein neues Gebiet eingeführt wurden oder auf einen neuen anfälligen Wirt getroffen sind. Insekten wie Maiszünsler, Schwammspinner, Japankäfer und Mittelmeerfruchtfliege sind Beispiele für ernstzunehmende Schädlinge, die aus anderen Kontinenten nach Nordamerika eingeschleppt worden sind. Die allgegenwärtige Gefahr, die von eingeschleppten Arten ausgeht, ist ein Grund, warum die Ein- und Ausfuhrbestimmungen bei Grenzübertritten so streng sind. Übrigens trifft ungefähr das gleiche Prinzip auch auf menschliche Infektionskrankheiten zu; am gefürchtetsten sind die neu auftretenden. Im Gegensatz dazu ist dort, wo Parasiten und Räuber schon lange mit ihren jeweiligen Wirts- und Beutearten gemeinsam vorkommen, die Wechselwirkung eher gemäßigt und auf lange Sicht neutral oder vorteilhaft.

---

48-Stunden-Rhythmus (je nach Art unterschiedlich) können sie sich dann teilen, wachsen, ihre Wirtszellen lysieren und neue Erythrozyten befallen. Schließlich entwickeln sich in den roten Blutkörperchen aus einigen Merozoiten männliche und weibliche Gamonten, die bereitstehen, von einer hungrigen Mücke aufgenommen zu werden und den Entwicklungszyklus von neuem zu beginnen.

Ein anschauliches Beispiel für die gegenseitige Anpassung in einem Wirt-Parasit-System liefert der in Abbildung 6.8 dargestellte Laborversuch. Stubenfliegen (*Musca domestica*) und parasitische Wespen (*Nasonia vitripennis*) wurden in einem Käfig mit 30 einzelnen Kammern zusammengebracht, der so konstruiert war, daß er stets einigen Fliegen ermöglichte, den Wespen zu entkommen, und die Ausbreitung der Parasiten somit verlangsamte. Wenn man Wildstämme beider Arten zum ersten Male zusammenführte, kam es bei beiden Populationen zunächst zu heftigen Dichteschwankungen. Zwei Jahre und viele Generationen später hatte sich bei den Fliegen eine Resistenz entwickelt, und die Parasiten suchten weniger aktiv nach Beute (beziehungsweise nach Wirten), so daß sich ein mehr oder weniger stabiles Gleichgewicht einstellte. Dieser Laborversuch zeigte, wie eine genetische Rückkopplung in Populationssystemen als regulierender und stabilisierender Mechanismus in Populationssystemen wirken kann (Pimentel 1968).

In der freien Natur nehmen Anpassungsprozesse mehr Zeit in Anspruch, und es besteht immer die Gefahr, daß eine Art ausstirbt, ehe eine Anpassung greift. Der Kastanienrindenkrebs (*chestnut blight*) ist ein Fall, wo die Entscheidung zwischen Anpassung oder Aussterben seit fast einem Jahrhundert auf Messers Schneide steht. Im Jahre 1904 wurde ein parasitischer Pilz, der Rinde und Stamm von Kastanien befällt, beim Import von Kastanienbäumen aus China nach Nordamerika eingeschleppt. Während die ostasiatischen Kastanienarten resistent gegen den Befall sind, erwies sich die Amerikanische Kastanie, die in den Wäldern der südlichen Appalachen damals 40 Prozent der Biomasse ausmachte, als äußerst anfällig gegenüber dem eingeschleppten Parasiten. Bis 1952 waren alle großen Bäume abgestorben, und ihre grauen, kahlen Stämme wurden zu einem Wahrzeichen der Appalachenlandschaft. Die geschädigten Kastanien bilden zwar immer noch Wurzelsprosse, und diese Triebe können auch Früchte tragen, bevor sie absterben, aber letztlich vermag niemand vorherzusagen, ob es am Ende zur Ausrottung der Amerikanischen Kastanie oder zu einer Anpassung kommen wird (Anagnostakis 1982). In Mitteleuropa, wo derselbe Erreger seit 1938 nachgewiesen ist, sind die Edelkastanienwälder in den darauffolgenden Jahrzehnten zwar ebenfalls empfindlich geschädigt worden, aber aufgrund einer höheren natürlichen Widerstandsfähigkeit und des Auftretens einer schwächeren Form des Parasiten besteht hier nicht die Gefahr des Aussterbens. Die in Nordamerika heimische Art ist inzwischen weitgehend durch andere Laubbäume (vor allem Eichen) ersetzt. Der Wald als Ganzes hat sich an den Verlust angepaßt, denn die Gesamtbiomasse des Waldes ist heute ungefähr so groß wie vor Ausbruch der Seuche.

Ein Fall, bei dem sich offenbar eine reziproke Anpassung (Koevolution, siehe Kapitel 7) entwickelt hat, betrifft das Myxomavirus. Im Jahre 1859 wurden europäische Kaninchen nach Victoria in Australien eingeführt.

a frisch zusammengebracht

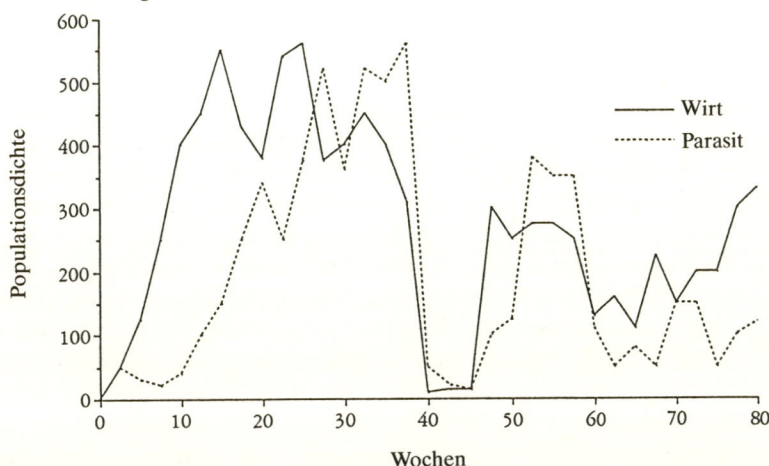

b nach zweijähriger gemeinsamer Kultur

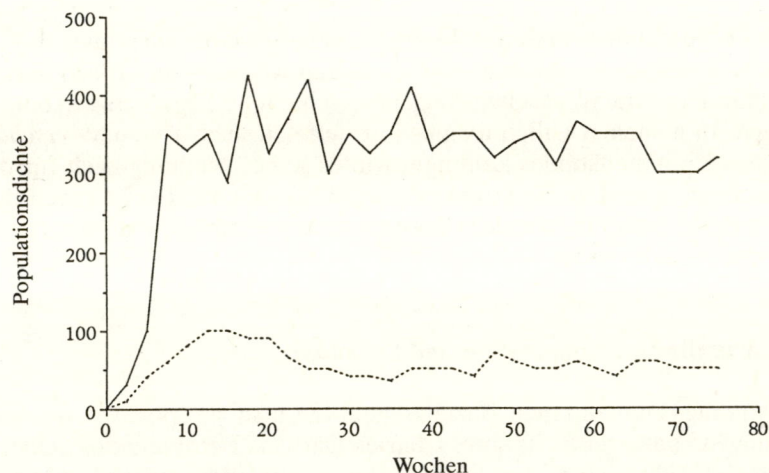

**6.8** Evolution eines Gleichgewichts (Homöostase) in der Wirt-Parasit-Beziehung von Stubenfliegen (*Musca domestica*) und parasitischen Wespen (*Nasonia vitripennis*). Die Dichteangaben
beziehen sich auf die Anzahl der Individuen pro Kammer in einem Versuchskäfig mit 30 Kammern. a) Neu zusammengeführte Populationen unterlagen heftigen Fluktuationen, wobei immer
zuerst die Wirts- und dann die Parasitenpopulation anwuchs und anschließend zusammenbrach.
b) Populationen aus Mischkulturen, in denen man die beiden Arten zwei Jahre lang gemeinsam
gehalten hatte, lebten nebeneinander in einem stabileren Gleichgewicht ohne Zusammenbrü-
che. Die adaptive Resistenz, die der Wirt entwickelt hatte, zeigte sich in der Tatsache, daß die
Natalität der Parasiten deutlich verringert war (46 Nachkommen pro Weibchen im Vergleich zu
133 bei frisch zusammengeführten Populationen) und daß die Parasitenpopulation nur eine
geringe Dichte erreichte. (Nach Pimentel und Stone 1968.)

Sie breiteten sich schnell aus und überweideten in Konkurrenz mit Schafen wertvollstes Weideland. Um die Kaninchen unter Kontrolle zu bringen, brachte man 1950 das Myxomavirus nach Australien. Dieses parasitische Virus, das durch Stechmücken auf Kaninchen übertragen wird, verursacht die Myxomatose, eine Krankheit, von der man wußte, daß sie in Europa die Größe von Kaninchenpopulationen reguliert. Gemäß der Darstellung von Levin und Pimentel (1981) erwies sich der Parasit in der ersten Zeit nach seiner Einführung als äußerst virulent und brachte seinen Wirt innerhalb von wenigen Tagen um. So erlagen der ersten Myxomaepidemie 99,8 Prozent der Kaninchenpopulation. Anschließend wurde der virulente Stamm jedoch allmählich durch einen weniger virulenten ersetzt, der längere Zeit brauchte, um seinen Wirt zu töten. Folglich hatten nun die Stechmücken, die das Virus übertragen, mehr Zeit für Blutmahlzeiten an den infizierten Wirtstieren. Da der avirulente Stamm seine Lebensgrundlage (das Kaninchen) nicht so schnell zerstörte wie der virulente Stamm, wurden immer mehr avirulente Parasiten produziert, die dann auf neue Wirte übertragen werden konnten. Offensichtlich begünstigt die natürliche Selektion den avirulenten gegenüber dem virulenten Stamm; wenn dies nicht so wäre, würden letztlich Parasit *und* Wirt aussterben.

Wie bei allen Verallgemeinerungen oder „Naturgesetzen" kann man auch hier mit Ausnahmen rechnen. In einem neueren Überblick über die Beziehungen zwischen Wirten und Parasiten weist Ewald (1983) darauf hin, daß derartige Wechselwirkungen verschiedene Ergebnisse haben können. In manchen Fällen mag es mit der Zeit auch zu einer *Verschärfung* des Krankheitsbildes kommen, wie es seiner Meinung nach für die Malaria gilt. Eine Übersicht über die traditionelle Sichtweise (nach der die Evolution auf ein weniger schweres Krankheitsbild hinausläuft) findet man bei Alexander (1981).

### Kommensalismus, Kooperation und Symbiose

Wir kommen nun zu jenen Beziehungen, die man als „positive Wechselwirkungen" bezeichnen könnte. Charles Darwins Betonung des „Überlebens des Tüchtigsten" hat das Augenmerk vor allem auf Konkurrenz, Räuber-Beute-Beziehungen und andere negative Wechselwirkungen gelenkt. Jedoch ist in der Natur, wie Darwin übrigens selbst betont hat, die Kooperation zum gegenseitigen Vorteil ebenfalls weit verbreitet, und ihr kommt auch eine große Bedeutung für die natürliche Selektion zu.

Positive Wechselwirkungen zwischen zwei oder mehr Arten können drei verschiedene Formen annehmen, die möglicherweise in einer evolutionären Reihe stehen. **Kommensalismus** (+0) ist eine einfache Form der positiven Wechselwirkung, bei der die eine Art profitiert, während die andere weder Schaden noch Nutzen hat. Wenn zwei Arten einander nützen, aber nicht aufeinander angewiesen sind (also auch getrennt ohne weiteres überleben können), kann man von **Kooperation** (++) sprechen. Wenn die Beziehung schließlich so eng wird, daß sie für beide Arten lebensnotwendig ist, liegt eine **Symbiose** (++) vor.

Kommensalismus tritt besonders häufig zwischen kleinen beweglichen und größeren seßhaften Organismen auf. An Meeresküsten lassen sich solche Beziehungen besonders gut beobachten. Praktisch jeder Wurmbau, jede Muschel und jeder Schwamm beherbergt verschiedene „uneingeladene Gäste" (Krebstiere, Ringelwürmer, kleine Fische und so weiter), die den Schutz oder das übriggebliebene Futter ihrer Wirte brauchen, ihre Partner aber weder schädigen noch ihnen nützen. Wer Austern mag und sie in großen Mengen öffnet, wird gelegentlich auf eine kleine, zarte Krabbe stoßen, die in der Mantelhöhle der Auster lebt. Diese als „Muschelwächter" bekannten Krabben sind gewöhnlich Kommensalen, also „Mitesser", aber manchmal gehen sie auch zu weit und fressen das Gewebe ihres Wirtes an (Christensen und McDermott 1958). Vom Kommensalismus zum Parasitismus auf der einen und zur gegenseitigen Hilfe auf der anderen Seite ist es ein kleiner Schritt. Kommensalen sind nicht weniger wirtsspezifisch als Parasiten, wenngleich man einige nur mit einer einzigen Wirtsart vergesellschaftet findet.

Symbiose, gewissermaßen die höchste Form der Kooperation, ist weitverbreitet und äußerst wichtig. Viele Paare oder Gruppen von Arten leben zum gegenseitigen Vorteil als obligatorische Partner zusammen (keiner kann alleine leben). Auf indirekte Weise sind symbiontische (mutualistische) Beziehungen auch für das Gesamtökosystem von Nutzen. So bringt die schon in Kapitel 5 beschriebene Symbiose zwischen Pflanzen und stickstofffixierenden Mikroorganismen nicht nur den beiden Partnern Vorteile, sondern spielt auch eine Schlüsselrolle im lebenserhaltenden Stickstoffkreislauf.

Meist gehen zwei Arten eine Symbiose ein, die taxonomisch getrennt (und nicht einmal „entfernte Verwandte") sind, die aber beide lebensnotwendige „Güter und Dienstleistungen" bereitstellen können, die der jeweilige Partner benötigt. Zwei Beispiele, Wiederkäuer und ihre Pansenflora sowie Termiten und ihre Darmflagellaten, wurden schon in Kapitel 4 im Zusammenhang mit der Detritusnahrungskette erwähnt. In beiden Fällen bauen die Mikroorganismen Cellulose zu Fetten und Kohlenhydraten um, welche die Tiere verwerten können, und die Wirte versorgen die Mikroorganismen mit Lebensraum und Schutz vor Konkurrenten und Räubern.

Eine noch kompliziertere gegenseitige Abhängigkeit kann sich entwickeln, wenn der mikrobielle Partner außerhalb des Wirtskörpers lebt. Tropische Blattschneiderameisen kultivieren in ihren unterirdischen

Nestern Pilzgärten auf Blättern, die sie ernten und dort lagern. Die Ameisen düngen (mit ihren Ausscheidungen), pflegen und ernten die Pilze fast genauso wie ein Pilzzüchter. Natürlich ist eine Menge „Ameisenenergie" nötig, um diese Monokultur zu versorgen und zu erhalten – nicht anders als bei Menschen, die viel Energie für einen intensiven Ackerbau bereitstellen.

Ameisen und Akazien (jene pittoresken, zu den Leguminosen gehörenden Bäume der tropischen Savannen) sind die Partner einer weiteren verblüffenden Symbiose. In Afrika beherbergen die Bäume die Ameisen (die spezielle Höhlungen der Zweige besiedeln) und liefern ihnen Nahrung, während die Ameisen die Bäume vor möglichen herbivoren Insekten schützen. Wenn man die Ameisen entfernt (zum Beispiel durch Einsatz eines Insektizids), wird der Baum schnell von blattfressenden Insekten angegriffen und oft entlaubt und getötet. In einigen tropischen Gebieten der Neuen Welt beherbergen Akazien keine Ameisen, sondern schützen sich durch selbstproduzierte antiherbivore Substanzen. Niemand hat je analysiert, welche der beiden Strategien (der Unterhalt einer Armee von Ameisen oder die Herstellung chemischer Verteidigungswaffen) energetisch gesehen die günstigere ist.

An einer weiteren Klasse von Symbiosen sind Autotrophe, die Nahrung produzieren können, und Heterotrophe beteiligt, die das nicht können, aber in der Lage sind, die Autotrophen mit Schutz oder Nährstoffen zu versorgen. Paradebeispiele sind die **Mykorrhizen** („Pilz-Wurzeln"), die schon in Kapitel 2 bei der Diskussion der „emergenten Eigenschaften" und in Kapitel 5 im Zusammenhang mit dem Recycling von Nährstoffen erwähnt wurden. Wie stickstoffixierende Bakterien und Leguminosen bilden die Mykorrhizapilze und das Wurzelgewebe bestimmter Samenpflanzen zusammengesetzte „Organe", welche die Fähigkeit der Pflanze verbessern, dem Boden Mineralstoffe zu entziehen. Dünne Pilzfäden (Hyphen), die aus dem Pilz-Wurzel-Gewebe herauswachsen, sind in der Lage, Phosphor und andere knappe Nährstoffe aufzunehmen (durch Chelatbildung oder andere, noch nicht genau verstandene Mechanismen), die für Wurzeln ohne Mykorrhiza nicht verfügbar wären. Zum Ausgleich wird der Pilz natürlich seinerseits mit einem Teil der pflanzlichen Photosyntheseprodukte versorgt.

In Abbildung 6.9 sind die zwei Haupttypen von Mykorrhizen dargestellt. Bei den **Ektomykorrhizen** bildet der Pilz eine Hülle oder ein Netz um die aktiv wachsenden Wurzeln, und von dort aus wachsen Pilzhyphen – oft über große Entfernungen – in den Boden. Diese Form findet sich vor allem bei Bäumen, insbesondere bei Fichten und anderen Nadelbäumen sowie tropischen Arten. Bei den **Endomykorrhizen** (oder **vesikulär-arbuskulären Mykorrhizen**) dringen die Pilze in das Wurzelgewebe ein, wo sie charakteristische bläschenartige Strukturen (Vesikel) bilden. Wie bei den Ektomykorrhizen erstrecken sich Hyphen in den Boden.

Mit Ausnahme weniger Gattungen kommt dieser Mykorrhizatyp bei Pflanzen aller Art – darunter Kräuter, Feldfrüchte, Büsche und Bäume – in allen Klimazonen vor; im tropischen Regenwald ist er die vorherrschende Form.

a

b

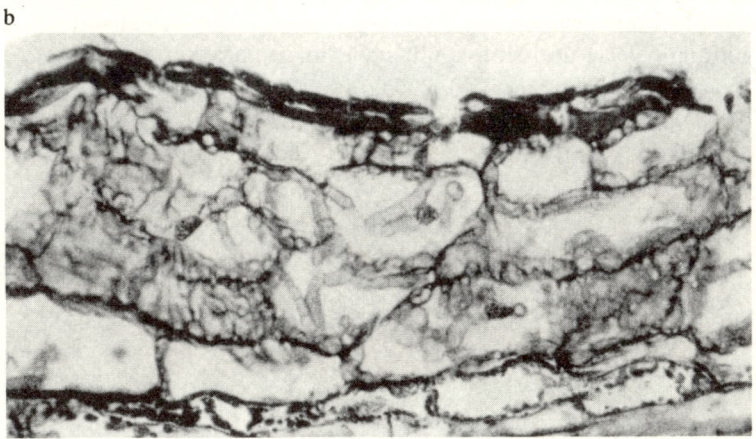

**6.9** Zwei Arten von Mykorrhizen (mutualistischen Beziehungen – Symbiosen – zwischen Pilzen und Pflanzenwurzeln). a) Junge Fichtenschößlinge ohne Mykorrhiza (links) und solche mit einer gutentwickelten Ektomykorrhiza (rechts). b) Endomykorrhiza (vesikulär-arbuskuläre Mykorrhiza) mit Pilzmyzel und Pilzvesikeln in den Wurzelzellen. (Mit freundlicher Genehmigung von S. A. Wilde.)

Mykorrhizen sind im allgemeinen nicht wirtsspezifisch, das heißt, sie können gewöhnlich jede Pflanzenwurzel besiedeln, auf die sie treffen. Einige Ektomykorrhizen bilden große, oberirdische Fruchtkörper („Pilze"), welche die Verbreitung des Pilzes erleichtern. Die Endomykorrhizen produzieren unterirdisch Sporen, die durch Tiere, die im Boden leben, verbreitet werden können. Eine nähere Beschreibung von Mykorrhizen findet man bei Wilde (1968) sowie Ruehle und Marx (1979).

Die Rolle der Mykorrhizen bei der direkten Rückführung von Mineralstoffen sowie ihre Bedeutung in den Tropen und für die Landwirtschaft sind schon in Kapitel 5 herausgestellt worden. Es ist ein glücklicher Umstand, daß sich auf den Millionen von Quadratkilometern im Süden der Vereinigten Staaten, wo der Oberboden infolge der allzu langen rücksichtslosen Bewirtschaftung völlig erodiert war, die Symbiose von Kiefern und Pilzen so gut bewährt hat. Anderenfalls würden sich heute auf vielen dieser erodierten Flächen anstatt der einigermaßen ansehnlichen Kiefernschläge Wüsten ausbreiten. Kiefern, die man schon vor der Pflanzung in der Baumschule massiv mit Mykorrhizapilzen beimpft, können sogar auf dem von Rauchgasen verwüsteten Land bei Copperhill wachsen (siehe Kapitel 3). Mehr über die praktische Bedeutung von Mykorrhizen findet man bei Ruehle und Marx (1979).

Eine ganze Organismengruppe, die **Flechten**, gründet sich auf den Zusammenschluß von symbiontischen Algen und Pilzen; diese sind jeweils so eng miteinander assoziiert, daß Botaniker es einfacher finden, den Verbund als eigene Art zu betrachten. Es ist sehr wahrscheinlich, daß sich Symbiosen nicht nur aus Kommensalismus und Kooperation entwickeln, sondern auch aus parasitischen Beziehungen. Bei einigen primitiven Flechten dringen die Pilze tatsächlich in die Algenzellen ein (Abbildung 6.10a) und sind somit im Prinzip Parasiten der Algen.

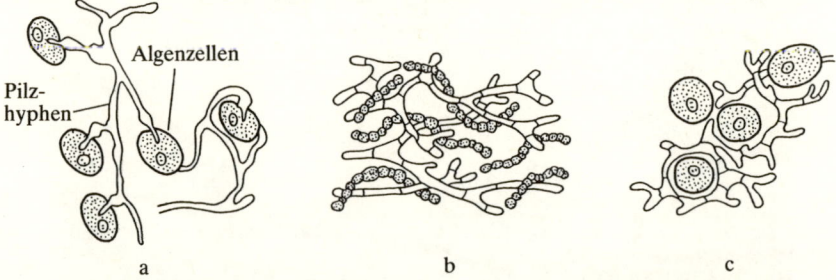

**6.10** Bei den Flechten verläuft der Trend in der Evolution vom Parasitismus zum Mutualismus. Bei einigen primitiven Flechten dringen die Pilzhyphen tatsächlich noch in Manier eines Parasiten in die Algenzellen ein (a), während bei höherentwickelten Arten die beiden Organismen eine harmonischere Beziehung zum gegenseitigen Nutzen eingehen — wie in b, wo die Pilzhyphen sich mit den Algenfäden mischen, und in c, wo die Pilzhyphen den Algenzellen dicht anliegen, aber nicht in sie eindringen.

Bei den höherentwickelten Formen dagegen bricht das Pilzmyzel nicht in die Algenzellen ein; vielmehr leben die beiden in enger Eintracht nebeneinander (Abbildung 6.10b und 6.10c). Der Pilz absorbiert die Photosyntheseprodukte, die aus den Algenzellen freigesetzt werden, und die Alge erhält im Gegenzug Stützung und Schutz durch den Pilz. Diese Partnerschaft ist so erfolgreich, daß Flechten unter härtesten physikalischen Umweltbedingungen, etwa auf anstehendem Granit oder in der arktischen Tundra, leben können.

Mit Blick auf die in Kapitel 4 besprochene „Belohnungsrückkopplung" und weil die Wirkung negativer Wechselbeziehungen in der Regel mit der Zeit nachläßt, erscheint es durchaus gerechtfertigt, ganze Nahrungsketten als mutualistisch zu betrachten. In einer neueren Untersuchung der Beziehung zwischen Algen und Herbivoren hat Sterner (1986) festgestellt, daß Algen in Gegenwart von Algenfressern besser gedeihen, da diese den Stickstoff regenerieren. Mehr über mutualistische Phänomene in Nahrungsketten findet man bei Odum und Biever (1984). Einen allgemeineren Überblick geben Boucher et al. (1982).

Die theoretischen Aspekte der Evolution von Kooperation und Symbiose sowie ihre Bedeutung für den Menschen werden wir im nächsten Kapitel erörtern.

# 7. Ökosystementwicklung und Evolution

Lebensgemeinschaften und Ökosysteme durchlaufen eine Entwicklung von einem Jugend- zu einem Reifestadium, die sich mit dem Heranwachsen und der Reifung eines einzelnen Organismus vergleichen läßt; allerdings sind Muster und Steuermechanismen dabei ganz verschieden, wie wir noch sehen werden. Die Entwicklung einer Lebensgemeinschaft (Biozönose) innerhalb einer erdgeschichtlich kurzen Zeitspanne (1000 Jahre oder weniger) ist allgemein als natürliche oder ökologische **Sukzession** bekannt, wäre aber vielleicht treffender als **Ökosystementwicklung** zu bezeichnen, da es sich um einen aktiven Prozeß handelt, der Veränderungen sowohl bei den Organismen als auch in der physikalischen Umwelt einschließt. Veränderungen, die in geologischen Zeiträumen (Jahrmillionen) ablaufen, fallen in den Bereich der **Evolution**.

Den meisten von uns ist bewußt, daß es eine ökologische Sukzession gibt, denn sie findet fortwährend überall in der Natur statt. Weniger bekannt ist, daß diese Veränderungen nach bestimmten Mustern ablaufen, die − sofern größere Störungen fehlen − vorhersagbar sind. Wenn eine Fläche für die Entwicklung einer Lebensgemeinschaft verfügbar wird (wenn man zum Beispiel ein Getreidefeld aufgibt und wieder der Natur überläßt), besiedeln nach und nach verschiedene Pflanzen und Tiere diese Fläche, und zwar in einer Folge von zeitlich begrenzten Übergangsstadien, die man **Seralstufen** nennt. Im Laufe der Zeit entwickeln sich dann dauerhaftere Gemeinschaften, bis schließlich ein Reife- oder **Klimaxstadium** erreicht ist, das sich im Gleichgewicht mit dem regionalen Klima sowie den lokalen Substrat-, Wasser- und topographischen Verhältnissen befindet beziehungsweise von diesen Faktoren bestimmt wird.

### Ein Fallbeispiel: Sukzession auf Brachflächen

Abbildung 7.1 veranschaulicht das Muster der natürlichen Sukzession auf brachliegendem Ackerland im Piedmont-Gebiet von Georgia. Im oberen Teil der Abbildung sieht man, wie sich mit dem kontinuierlichen Wandel der Lebensgemeinschaften im Laufe der Zeit die Vegetation verändert, wenn keine gravierenden natürlichen oder anthropogenen Störungen auftreten. Einjährige „Unkräuter" wie Kreuzkraut und Fingergras besiedeln als erste den brachliegenden gepflügten Boden. Einige Jahre später folgen ihnen mehrjährige Gräser und Kräuter (unter anderem Astern und Goldrute), ehe Sträucher und Kiefernsämlinge die

| Zeit in Jahren | 1–10 | 10–25 | 25–100 | >100 |
|---|---|---|---|---|
| Vegetationstyp | Grasland | Sträucher | Kiefernwald | Laubwald (Eichen-Hickory-Klimaxwald) |

Feldschwirl (*Ammodramus savannarum*)

Lerchenstärling (*Sturnella magna*)

Baumammerfink (*Spizella pusilla*)

Goldkehlchen (*Geothlypsis trichas*)

Bauchrednerwaldsänger (*Icteria virens*)

Rotkardinal (*Richmondena cardinalis*)

Grundammer (*Pipilo* sp.)

Rostammerfink (*Aimophila aestivalis*)

Baumwaldsänger (*Dendroica discolor*)

Grauer Vireo (*Vireo griseus*)

Tannenwaldsänger (*Dendroica pinus*)

Feuertangar (*Piranga rubra*)

Carolina-Zaunkönig (*Thryothorus ludovicianus*)

Carolina-Meise (*Parus carolinensis*)

Baummückenfänger (*Polioptila caerulea*)

Braunkopfkleiber (*Sitta pusilla*)

Waldpiwih (*Contopus virens*)

Kolibris (Trochilidae)

Indianermeise (*Parus bicolor*)

Gelbbrustvireo (*Vireo flavifrons*)

Kappenwaldsänger (*Wilsonia citrina*)

Rotaugenvireo (*Vireo olivaceus*)

Haarspecht (*Dendrocopus villosus*)

Dunenspecht (*Dendrocopus pubescens*)

Nordamerikanischer Fliegentyrann (*Myiarchus crinitus*)

Walddrossel (*Hylocichla mustelina*)

Gelbschnabelkuckuck (*Coccyzus americanus*)

Baumläuferwaldsänger (*Mniotilta varia*)

Kentucky-Spötter (*Oporornis*)

Wandertyrann (*Empidonax virescens*)

| | | | | |
|---|---|---|---|---|
| Anzahl der häufigen Arten* | 2 | 8 | 15 | 19 |
| Dichte in Paaren pro 0,4 Quadratkilometer | 27 | 123 | 113 | 233 |

* Als „häufig" sei hier jede Art definiert, die in einem oder mehreren der vier Vegetationstypen mit einer Dichte von fünf Brutpaaren pro 0,4 Quadratkilometer oder mehr vorkommt.

**7.1** Allgemeines Schema der natürlichen Sukzession auf brachliegendem Ackerland im Südosten der Vereinigten Staaten (Piedmont-Plateau, Georgia). Die Zeichnung oben zeigt vier Stadien der Vegetation (Grasland, Sträucher, Kiefern und Laubbäume), während das Balkendiagramm die Veränderungen in den Singvogelpopulationen verdeutlicht, die mit den Veränderungen bei den autotrophen Organismen einhergehen. Ein ähnliches Muster wird man überall dort antreffen, wo ein Wald das Klimaxstadium darstellt, nur sind die Pflanzen- und Tierarten, die an der Entwicklungsserie teilhaben, je nach Klima oder Topographie des Gebiets verschieden. (Nach Johnston und Odum 1956.)

Oberhand gewinnen. In der Folgezeit entwickelt sich ein geschlossener Kiefernwald, der ungefähr 100 Jahre lang besteht, aber schließlich nach und nach durch einen schattentoleranten Laubwald ersetzt wird. (Im Klimaxwald des Piedmont-Plateaus dominieren Eichen und Hickory-bäume.) Wie Abbildung 7.1 ebenfalls zeigt, geht mit den Veränderungen in der Vegetation eine Sukzession der Vogelpopulationen einher: Arten des offenen Geländes und der Waldränder werden im Zuge der Wald-entwicklung zunehmend von typischen Waldvogelarten verdrängt. In al-len Gebieten mit einer Waldvegetation als Klimaxstadium kann man mit einem ähnlichen Muster wie dem in Abbildung 7.1 gezeigten rechnen, wenngleich je nach Topographie, Klima und geographischer Lage jeweils andere Pflanzen und Tierarten an der Entwicklung beteiligt sein werden (man erinnere sich an die Erörterung „ökologischer Äquivalente" in Kapitel 3).

**Die Sukzessionstheorie: Ein kurzer geschichtlicher Abriß**

Obwohl europäische Forscher (insbesondere Eugenius Warming im Jahre 1895) die natürliche Sukzession als erste beschrieben, war es der um die Jahrhundertwende in den Prärien Nebraskas geborene und auf-gewachsene Frederic E. Clements, der auf diesem Gebiet bahnbrechen-de Arbeit leistete. Clements betrachtete die Landschaft als eine dyna-mische Einheit mit einer eigenen Lebensgeschichte. Zusammen mit sei-ner Frau Edith, einer erfahrenen Botanikerin, war er unermüdlich auf Reisen, um Geschichte, Struktur und Zusammensetzung der Vegetation in verschiedenen Regionen zu erforschen. In seiner 1916 veröffentlich-ten Monographie *Plant Succession; An Analysis of the Development of Vegetation* beschrieb er die Lebensgemeinschaft als „Superorganismus", der in ähnlicher Weise eine Entwicklung durchläuft wie ein einzelner Organismus. Außerdem nahm Clements an, daß es für eine gegebene Region nur ein Klimaxstadium gibt, auf das sich − wie langsam auch immer − die gesamte Vegetation hin entwickelt. (Diese Annahme wurde später als „Monoklimax"-Theorie bekannt und steht im Gegensatz zu der „Polyklimax"-Theorie, nach der viele Endstadien möglich sind.)

Eine gänzlich andere Betrachtungsweise der Pflanzengemeinschaft legte ein Zeitgenosse Clements', Herbert A. Gleason, in der 1926 veröffent-lichten Abhandlung *The Individualistic Concept of the Plant Association* vor. Gleason bezweifelte, daß es auf der Ebene der Gemeinschaft eine ökologische Gesamtstrategie gibt. Er sah in der natürlichen Sukzession vielmehr das Ergebnis der Wechselwirkungen zwischen Individuen und Arten, die darum kämpfen, neuen Raum zu erobern und zu behaupten. Sowohl Clements als auch Gleason nahmen an, daß Pflanzen völlig oder doch weitgehend für die Veränderungen im Laufe der Sukzession ver-antwortlich sind. Heute weiß man, daß auch Tiere und Mikroorganismen hierbei eine entscheidende Rolle spielen, wie erstmals von Victor E.

Shelford, einem der ersten Tierökologen, nachgewiesen wurde. Im Jahre 1939 brachten Clements und Shelford gemeinsam ein Buch mit dem Titel *Bio-Ecology* heraus, worin sie − ziemlich erfolglos − versuchten, Wechselwirkungen zwischen Tieren und Pflanzen auf der Ebene der Gemeinschaft zu beschreiben. Erst als man begann, die Energetik von Ökosystemen zu untersuchen, vermochte man die Rolle der Interaktionen zwischen Autotrophen und Heterotrophen zu verstehen.

Der bedeutende spanische Ökologe Ramón Margalef (1968) konnte als einer der ersten nachweisen, daß die Entwicklung eines Ökosystems mit einer fundamentalen Verschiebung in der Energieverteilung zwischen Produktion (P) und Atmung (Respiration, R) verbunden ist; in den frühen Stadien ist P größer oder kleiner als R, während im Klimaxstadium P = R gilt. Eine solche Entwicklungstendenz muß man zweifellos als Strategie auf Ökosystemebene ansehen.

Wie es so oft bei wissenschaftlichen Theorien und Kontroversen der Fall ist, genügen die jeweils extremen Positionen nicht, um ein Phänomen vollständig zu erklären. An der Entwicklung einer Organismengemeinschaft scheinen sowohl holistische als auch individualistische Prozesse beteiligt zu sein. Lebensgemeinschaften und Ökosysteme sind keine „Superorganismen", aber Systeme, die sich nicht im thermodynamischen Gleichgewicht befinden und die zur Selbstorganisation fähig sind, wie in Kapitel 4 genauer beschrieben wurde. Nach der heute gültigen Theorie beruht die Ökosystementwicklung erstens auf der Veränderung der physikalischen Umwelt durch die als Ganzes wirkende Gemeinschaft (holistische Komponente), zweitens auf dem Wechselspiel von Konkurrenz und Koexistenz zwischen den beteiligten Populationen (individualistische Komponente) und drittens auf der Verschiebung des Energieflusses von der Produktion zur Atmung, die dadurch zustande kommt, daß immer mehr der verfügbaren Energie benötigt wird, um die wachsende organische Struktur zu erhalten (Komponente des Gemeinschaftsstoffwechsels).

### Sukzessionstypen

Eine Sukzession, die auf unbesiedeltem, unfruchtbarem Gelände unter anfangs ungünstigen Lebensbedingungen beginnt (beispielsweise auf einer neu entstandenen Sanddüne oder einem frisch erstarrten Lavastrom), nennt man **Primärsukzession.** Wie zu erwarten ist, verläuft die Entwicklung auf solchen Böden häufig sehr langsam. Nach Ansicht von Olson (1958), der die Pflanzensukzession auf jenen Sanddünen, die der Michigan-See bei seinem Rückzug nach Norden zurückgelassen hat, noch einmal untersuchte (sie war 1899 erstmalig von H. C. Cowles beschrieben worden), benötigt die Natur ungefähr 1000 Jahre, um auf kahlen Dünen einen Klimaxlaubwald zu entwickeln − vorausgesetzt, es gibt keine Störungen durch Wind, Überspülungen, Planierraupen oder sonstige Faktoren. Natürlich ist es während einer derart langen Zeitspanne ziemlich wahrscheinlich, daß irgendeine Störung den Entwicklungsprozeß behindert. Glücklicherweise gehört ein Teil der erwähnten Dünen zum Indiana Dunes National Park, so daß dieses Naturlabor für die weitere Untersuchung der Primärsukzession erhalten bleibt.

Mit dem Begriff **Sekundärsukzession** bezeichnet man die Entwicklung von Gemeinschaften in Gebieten, die schon vorher von gutentwickelten Gemeinschaften besiedelt waren oder allgemein günstige Bedingungen, etwa ein gutes Nährstoffangebot, aufweisen – wie zum Beispiel aufgelassene Felder, umgepflügtes Grasland, abgeholzte Waldflächen oder neuangelegte Seen und Teiche. Die Sekundärsukzession kann recht schnell verlaufen; in Graslandgebieten und Seen sind die Reifestadien zum Teil schon innerhalb weniger Jahrzehnte erreicht, in Wäldern (Abbildung 7.1) in weniger als 500 Jahren. Die Bodenentwicklung in diesem Zeitrahmen, die an der Entwicklung terrestrischer Lebensgemeinschaften natürlich großen Anteil hat, wurde in Kapitel 5 erörtert.

Es ist wichtig, zwischen **autotropher Sukzession** und **heterotropher Sukzession** zu unterscheiden. Die autotrophe Sukzession kommt in der Natur am häufigsten vor. Sie beginnt in einer überwiegend anorganischen Umwelt und wird durch eine frühe und anhaltende Dominanz grüner, autotropher Pflanzen charakterisiert. Für die heterotrophe Sukzession dagegen ist eine frühe Vorherrschaft von Heterotrophen typisch; sie tritt in den besonderen Fällen überwiegend organischer Umgebungen auf, zum Beispiel in einem stark mit Abwässern verschmutzten Fluß oder – im kleineren Maßstab – in einem modernden Baumstamm. Hier ist der Energievorrat anfangs am größten, und er nimmt im Laufe der Sukzession ab, wenn nicht zusätzliche organische Substanz eingetragen wird oder autotrophe Organismen die Oberhand gewinnen. Im Gegensatz dazu vermindert sich der Energiefluß bei einer autotrophen Sukzession normalerweise nicht, sondern bleibt unverändert oder nimmt zu.

### Modelle der Ökosystementwicklung

Abbildung 7.2 zeigt ein allgemeines Systemmodell der Sukzession; ihm liegt die Annahme zugrunde, daß sowohl interne, **autogene Einträge**, die mehr oder weniger kontinuierlich erfolgen, als auch periodische (sporadische) externe oder **allogene Einträge** die fortschreitende Entwicklung eines Systems hin zum Klimaxstadium beeinflussen können. Theoretisch fördern die autogenen Kräfte die Einstellung jenes Gleichgewichts, in dem P und R sich die Waage halten und das System eine stabile Artenzusammensetzung aufweist. Dagegen unterbrechen starke allogene Einträge gewöhnlich die Annäherung an den Gleichgewichtszustand und versetzen die Sukzession in ein jüngeres Stadium zurück; dies ist bei-

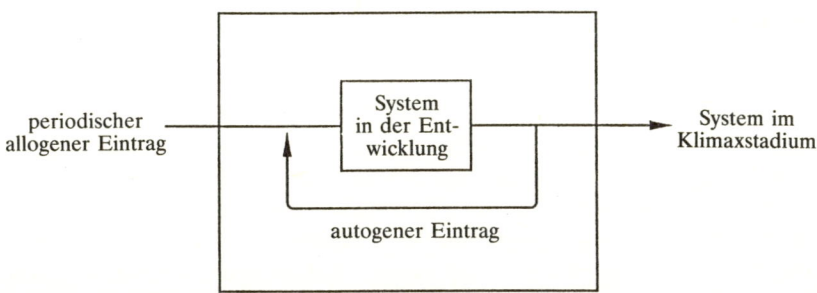

**7.2** Ein Systemmodell der ökologischen Sukzession.

spielsweise der Fall, wenn ein Wald schwere Sturmschäden erleidet oder abgeholzt wird oder wenn Abwässer in einen Teich geleitet werden. Manchmal jedoch kann ein allogener Eintrag die Entwicklung des Gleichgewichtszustands auch beschleunigen, statt sie aufzuhalten.

Das Energieflußmodell in Abbildung 7.3 zeigt die bereits erwähnte grundlegende Veränderung in der Energieverteilung zwischen P und R. In den frühen Phasen der Ökosystementwicklung, wenn erst wenig Biomasse zu unterhalten ist, fließt ein großer Teil der verfügbaren Energie in neues Wachstum (hohe Produktion). Mit dem fortschreitenden Aufbau organischer Strukturen wird jedoch immer mehr Energie benötigt, um diese Strukturen zu erhalten und Störungen abzufedern, so daß für die Produktion zunehmend weniger Energie zur Verfügung steht (siehe Kapitel 4). Diese Verschiebung in der Energienutzung hat Parallelen in der Entwicklung menschlicher Gesellschaften, und sie wirkt sich, wie wir noch sehen werden, in starkem Maße auf die Einstellung des Menschen gegenüber dem Umgang mit seiner Umwelt aus.

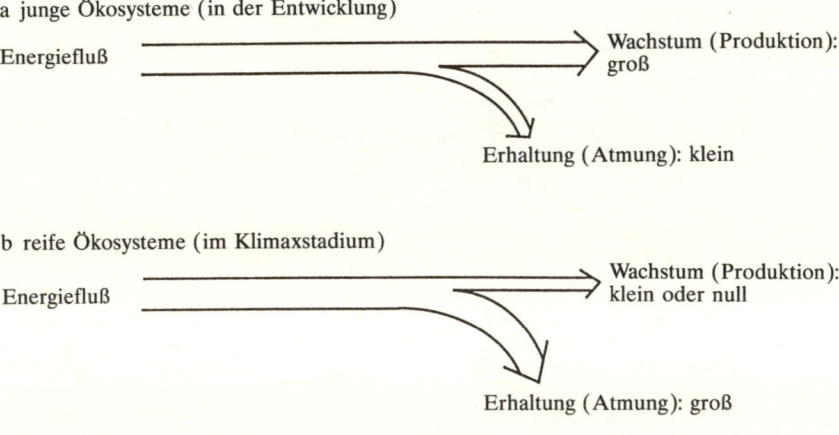

**7.3** Dieses Energieflußmodell der natürlichen Sukzession stellt die Energieverteilung bei sich entwickelnden Systemen (a) und reifen Systemen (b) einander gegenüber.

## Mikrokosmosmodelle

Die Entwicklung eines aquatischen Ökosystems läßt sich − quasi in mikrokosmischem Maßstab − in Glaskolben nachvollziehen, die man im Labor (etwa in einem Wärmeschrank) einer guten Lichtquelle aussetzt. Die Kolben werden zur Hälfte mit einem Kulturmedium gefüllt, das eine ausgewogene Mischung der lebensnotwendigen anorganischen Salze enthält, und dann mit Wasser- und Sedimentproben aus einem Teich beimpft. Es hat sich bewährt, die Kolben mit mehreren Proben zu impfen, um sicherzustellen, daß jeder Behälter viele verschiedene (tierische und pflanzliche) Organismen oder deren Vermehrungsstadien enthält.

Abbildung 7.4a zeigt, wie drei Eigenschaften, nämlich die Produktion (von organischer Substanz) durch Photosynthese (P), die Atmung oder Respiration (R) und die Biomasse (B), sich in einem Mikrokosmosmodell mit der Zeit verändern. Das Grundmuster der Sukzession in einem solchen geschlossenen Mikrokosmos entspricht dem der längerfristigen Entwicklung eines Waldes, der ein offenes System darstellt (Abbildung 7.4b). Während der ersten Wochen in dem Mikrokosmos verwerten die

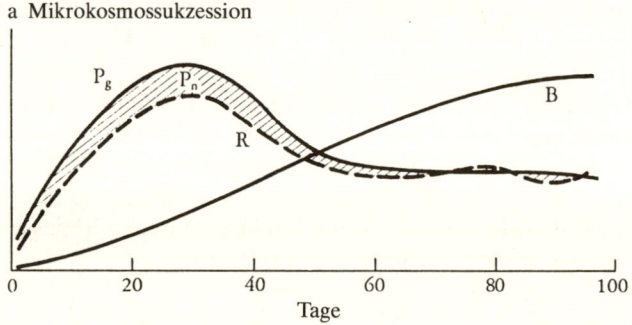

a Mikrokosmossukzession

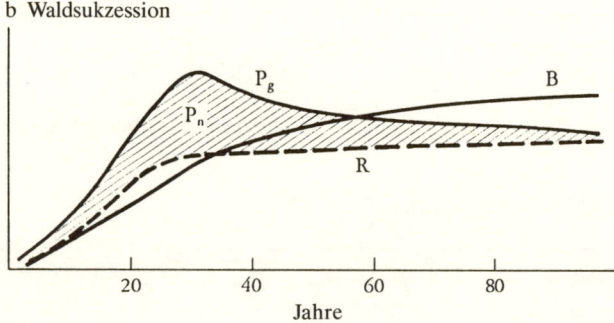

b Waldsukzession

**7.4** Die natürliche Sukzession in einem Mikrokosmosmodell (a), verglichen mit den energetischen Verhältnissen bei der Entwicklung eines Waldökosystems (b). $P_g$ steht für Bruttoprimärproduktion (englisch: *gross primary production*), $P_n$ für Nettoprimärproduktion, R für Respiration (Atmung) und B für Biomasse.

autotrophen Organismen (Algen), die mit dem Teichwasser hineingelangten, die zunächst unbegrenzten Nährstoffe und vermehren sich daher rasch. Kleine heterotrophe Lebewesen (Bakterien, Protozoen, Fadenwürmer, Krebstiere und so weiter) reagieren in gleicher Weise, so daß das Gesamtvolumen an lebender Substanz – die Biomasse – schnell zunimmt. Während dieser frühen Wachstumsphase übersteigt die Gesamt- oder Bruttoprimärproduktion ($P_g$) die Gesamtatmung (R), so daß P/R > 1 ist und die Nettoproduktion ($P_n$), also der in Biomasse umgesetzte Anteil der Gesamtproduktion, einen hohen Wert erreicht.

Wenn vorhandene Ressourcen wie Raum und Nährstoffe in dem geschlossenen System vollständig ausgeschöpft sind, wird die Produktionsrate durch die Rate der Zersetzung und Nährstoffregeneration begrenzt. Es entwickelt sich ein Klimaxfließgleichgewicht, in dem sich Produktion und Atmung die Waage halten (P = R oder P/R = 1) und in dem nur eine geringe oder keine Nettoproduktion und keine weitere Zunahme der Biomasse zu verzeichnen sind. In diesem Reifestadium verändert sich die Farbe der Kultur von hellgrün zu gelbgrün, da Detritus und Detritusfresser an Bedeutung gewinnen. Solche Klimaxkulturen können im Prinzip unbegrenzt weiterbestehen, doch wenn die Artenvielfalt im ursprünglichen Ansatz gering war, kann die Kultur altern und schließlich absterben, weil Organismen, die bestimmte Schlüsselprozesse durchführen, fehlen. Allerdings lassen sich jederzeit wieder neue Sukzessionen in Gang setzen, indem man neues Medium mit alten Kulturen beimpft oder zu alten Kulturen neues Medium hinzugibt.

Wie schon erwähnt, geht die Sukzession entweder von extremen autotrophen Bedingungen aus (wie bei den eben beschriebenen Kulturen) oder von extremen heterotrophen Bedingungen, unter denen die Atmung die Produktion übersteigt (oder die Produktion gleich null ist). Ein interessantes Modell einer heterotrophen Sukzession ist der Heuaufguß – eine Laborkultur, die man oft verwendet, um Protozoen und andere mikroskopisch kleine Einzeller zu züchten. Wenn man ein wenig trockenes Heu kocht und die Lösung dann ein paar Tage im Dunkeln stehenläßt, entwickelt sich darin eine blühende Kultur heterotropher Bakterien. Fügt man etwas Teichwasser hinzu, das einen Grundstock an kleinen Tieren enthält, kann man über ungefähr einen Monat hinweg eine Sukzession der Arten beobachten. Zuerst erscheinen normalerweise kleine Geißeltierchen (Flagellaten), denen Wimpertierchen (Ciliaten) wie *Paramecium* und *Colpoda* folgen. Danach läuft die Entwicklung langsamer ab; es treten spezialisierte Ciliaten (beispielsweise *Hypotricha* und *Vorticella*), Amöben und Rädertierchen auf, die nacheinander die höchste Populationsdichte erreichen. Wenn die Kultur keine Algen enthält oder wenn man sie im Dunkeln aufbewahrt und keinen frischen Heuaufguß hinzufügt, wird der Mikrokosmos schließlich absterben, weil die ursprünglich vorhandene organische Substanz nach und nach verbraucht wird und folglich am Ende alle Organismen verhungern.

Auf diese Weise lassen sich die beiden Sukzessionstypen in kleinem
Maßstab im Labor oder auch im Rahmen einer Übung im Biologieun-
terricht gegenüberstellen. Die Kulturen veranschaulichen die Vorgänge
in den frühen Stadien der autotrophen Sukzession, wie sie sich etwa in
einem neuen (natürlich entstandenen oder künstlich angelegten) Teich
oder See abspielen, beziehungsweise der heterotrophen Sukzession, wie
sie der Einleitung von Abwässern in einen See oder Fluß folgt. (Mehr zu
Mikrokosmen als Sukzessionsmodelle findet man bei Cooke 1967 und
Gorden et al. 1969.)

Im allgemeinen sind die im Labor erzeugten Mikrokosmen allerdings zu
klein, zu geschlossen und von einer zu geringen physikalischen und biologischen Vielfalt, um alle wichtigen Merkmale der Ökosystementwicklung erkennen zu lassen. Wir müssen daher ein umfassenderes Modell
entwickeln.

### Ein tabellarisches Modell für die autogene Ökosystementwicklung

Tabelle 7.1 führt die wichtigsten Veränderungen auf, die im Laufe einer
autogenen Sukzession in Struktur und Funktion einer Organismengemeinschaft zu erwarten sind; die Angaben beruhen auf Untersuchungen
an den großen offenen Systemen der Natur. Entwicklungsrichtungen auf
dem Weg vom Jugend- zum Reifestadium sind unter mehreren Über-
schriften zusammengefaßt. Obwohl Ökologen die Entwicklung von
Ökosystemen schon in vielen Teilen der Welt erforscht haben, war das
Hauptaugenmerk bisher auf beschreibende Aspekte, zum Beispiel auf
die Veränderungen in der Artenzusammensetzung oder im Nährstoff-
gehalt, gerichtet; erst seit kurzem werden auch funktionelle Aspekte berücksichtigt. Infolgedessen muß man vor allem die am Ende der Tabelle
aufgeführten Punkte noch als vorläufig oder hypothetisch betrachten;
das heißt, sie sind bislang nicht völlig durch adäquate Freilanddaten oder
experimentelle Untersuchungen verifiziert worden. Fünf Aspekte des
Modells scheinen von besonderer Bedeutung zu sein und sollen im folgenden genauer erläutert werden.

Erstens verändert sich in den aufeinanderfolgenden Stadien der Ökosystementwicklung die Zusammensetzung der Arten − der Pflanzen und
Tiere wie auch der Mikroorganismen. Trägt man das Vorkommen (oder
besser: die Dichte) der Arten über die Zeit auf, erhält man ein charakteristisches Treppendiagramm wie in Abbildung 7.1. Ein solches Muster
stellt sich fast immer ein, ob man nun eine spezielle taxonomische
Gruppe, zum Beispiel Vögel, oder eine bestimmte trophische Ebene,
etwa Primärproduzenten oder Pflanzenfresser, betrachtet. Typischerweise zeigen einige Arten im Verlauf der Sukzession eine größere Habitat-
toleranz als andere und können sich − wie die Kiefern und die Kardi-
nalvögel des Piedmont-Gebiets von Georgia − über einen längeren

**Tabelle 7.1: Tabellarisches Modell der ökologischen Sukzession vom autogenen autotrophen Typ.**

| Eigenschaft des Ökosystems | Tendenz der ökologischen Entwicklung |
|---|---|
| | Frühstadium → Klimaxstadium<br>Jugend → Reife<br>Wachstumsphase → Fließgleichgewicht |

| Struktur der Lebensgemeinschaft | |
|---|---|
| Artenzusammensetzung | verändert sich zuerst rasch, dann langsamer |
| Körpergröße der Individuen | nimmt in der Regel zu |
| Artenvielfalt | nimmt anfangs zu und stabilisiert sich dann oder geht in späteren Stadien mit steigender Körpergröße der Individuen wieder zurück |
| Gesamtbiomasse (B) | nimmt zu |
| tote organische Substanz | nimmt zu |

| Energiefluß (Gesamtstoffwechsel der Lebensgemeinschaft) | |
|---|---|
| Bruttoprimärproduktion (P) | nimmt in den frühen Phasen einer Primärsukzession zu; geringe oder keine Zunahme während einer Sekundärsukzession |
| Nettoproduktion der Lebensgemeinschaft (Ertrag) | nimmt ab |
| Gesamtatmung (R) | nimmt zu |
| Verhältnis P/R | von P > R zu P = R |
| Verhältnis P/B | nimmt ab |
| Verhältnis B/P und B/R (Biomasse pro Energieflußeinheit) | nimmt zu |
| Nahrungsketten | von linearen Nahrungsketten zu komplexen Nahrungsnetzen |

(Fortsetzung)

**Tabelle 7.1** (Fortsetzung)

| Eigenschaft des Ökosystems | Tendenz der ökologischen Entwicklung |
|---|---|
| | Frühstadium → Klimaxstadium<br>Jugend → Reife<br>Wachstumsphase → Fließgleichgewicht |

| biogeochemische Kreisläufe | |
|---|---|
| Stoffkreisläufe (Mineralstoffe) | werden geschlossener |
| Umsatzzeit und Speicherung essentieller Elemente | nehmen zu |
| interne Kreisläufe | nehmen zu |
| Nährstoffrückführung und -erhaltung | nehmen zu |

| natürliche Selektion und Regulation | |
|---|---|
| Art des Wachstums | von *r*-Selektion (schnelles Populationswachstum) zu *K*-Selektion (Steuerung durch Rückkopplung) |
| Lebenszyklen | zunehmende Spezialisierung, Länge und Komplexität |
| Symbiosen (Mutualismus) | nehmen zu |
| Entropie | nimmt ab |
| Information | nimmt zu |
| Gesamteffizienz der Energie- und Nährstoffausnutzung | nimmt zu |

Zeitraum halten. Allgemein gilt: Je mehr Arten in einer Gruppe (ob taxonomisch oder ökologisch) von der Geographie her für eine Besiedlung zur Verfügung stehen, um so begrenzter wird das Vorkommen jeder einzelnen Art in der Zeitfolge sein; der Grund dafür liegt in den mit Konkurrenz und Koexistenz verbundenen Wechselwirkungen, die in Kapitel 6 erläutert wurden.

Zweitens ist im Verlauf einer Sukzession oft eine Zunahme der Artenvielfalt zu verzeichnen, vor allem in einer Primärsukzession und den frühen Stadien einer Sekundärsukzession. Recht häufig wird die größte Vielfalt in den mittleren Stadien der Sukzession erreicht (Sousa 1984). Jedoch können die Tendenzen bei verschiedenen taxonomischen und trophischen Gruppen unterschiedlich sein. So mag in einer Waldsukzession die Vielfalt der autotrophen Arten ihr Maximum bereits zu einem frühen Zeitpunkt erreichen und dann mit dem Heranwachsen der Bäume abnehmen, während die Vielfalt der heterotrophen Arten bis zum Klimaxstadium fortwährend ansteigt. Das Wechselspiel gegensätzlicher Tendenzen erschwert verallgemeinerte Aussagen über die Artenvielfalt.

Eine Zunahme in der Körpergröße der einzelnen Organismen und ein verstärkter Wettbewerb bewirken oft einen Rückgang der Artenvielfalt, während Zunahmen in der organischen Struktur und der Vielseitigkeit der Habitate sie gewöhnlich steigern. Sporadische oder periodische Störungen (zum Beispiel durch Brände, Unwetter oder Räuber) können die Vielfalt ebenfalls erhöhen, indem sie Arten, die in der ungestörten Gemeinschaft nicht überleben könnten, Flächen für die Besiedlung erschließen. Die „Hypothese der notwendigen kurzfristigen Störung" (*intermediate disturbance hypothesis*) wurde in Kapitel 3 kurz erläutert. Im Falle anhaltender Störungen fällt die Sukzession in ein früheres Stadium zurück oder bleibt in einem gleichgewichtsfernen Zustand erhalten. (Ein verwandtes Konzept, das pulsstabilisierte Subklimaxstadium, wird später in diesem Kapitel erörtert.)

Drittens nehmen im Verlauf der Sukzession Biomasse und „aberntbare" organische Substanz (*standing crop*) zu. Sowohl in aquatischen als auch terrestrischen Lebensräumen wird die Gesamtmenge an lebender Substanz (Biomasse) und sich zersetzendem organischen Material (Detritus und Humus) mit der Zeit größer, bis nahezu ein Gleichgewicht erreicht ist (Eintrag = Austrag). In zunehmender Menge und Vielfalt sammelt sich gelöstes organisches Material (DOM, *dissolved organic matter*) an, das bei Zersetzungsprozessen wie auch von lebenden Zellen freigesetzt wird. Diese „Extrametaboliten" versorgen nicht nur mikrobielle Nahrungsketten – einige der Stoffwechselprodukte wirken auch als Hemmstoffe (etwa die Antibiotika) oder als wachstumsfördernde Substanzen (als Vitamine zum Beispiel), die sich auf Wachstum und Artenzusammensetzung der Gemeinschaft auswirken (siehe dazu Kapitel 4). Die Schaffung einer zunehmend organischen Umwelt ist einer der wichtigsten Wege, auf denen die Lebensgemeinschaft eine Sukzession der Arten fördert.

Viertens sind der Rückgang der Nettoproduktion und eine entsprechende Zunahme der Atmung zwei der auffälligsten und wichtigsten Tendenzen der Sukzession. Diese Veränderungen wurden in diesem Kapitel bereits erläutert und sind in Abbildung 7.3 graphisch dargestellt.

Fünftens verändern sich im Verlauf der Sukzession Lebensweisen und Entwicklungswege. Es kommt nicht nur zum Auftreten und Verschwinden von Arten, sondern auch zu einer Verschiebung der Lebensweise von $r$-Strategien zu $K$-Strategien. Arten, die man in Anfangs- oder frühen Übergangsstadien findet, sind oft $r$-Strategen, die sich durch hohe Fortpflanzungsraten und einfache Lebensentwicklungen auszeichnen. Im Klimaxstadium dagegen hat die als $K$-Strategie bezeichnete Fähigkeit, in einer dichtbesiedelten Welt mit begrenzten Ressourcen zu leben, einen größeren Überlebenswert. Eigenschaften wie größere Körper oder erhöhte Speicherkapazität, spezialisiertere Nischen, längere und komplexere Lebensabläufe und stärkere Kooperation zwischen verschiedenen Arten (Mutualismus) gewinnen gegenüber dem bloßen Fortpflanzungspotential an Bedeutung, wenn das Ökosystem reift. Damit eine bestimmte Art in einer Gemeinschaft, die sich während ihrer Entwicklung von den Anfangsstadien bis zur Reife ständig verändert, überleben kann – und nur sehr wenige Arten sind dazu in der Lage –, müssen in ihrer Lebensweise drastische Anpassungen stattfinden. Auch der Mensch steht auf seinem Weg von kleinen Pioniergesellschaften zu reifen Gesellschaften mit hoher Bevölkerungsdichte dem Problem einer Umorientierung seiner Lebensweise gegenüber.

Als letztes kommen wir nun zu hypothetischen, kontrovers diskutierten und schwer überprüfbaren Aspekten der ökologischen Sukzession. Während die meisten der in dem Modell in Tabelle 7.1 skizzierten Trends gut dokumentiert und von Ökologen allgemein anerkannt sind, bleibt doch das „Wie" und „Warum" so umstritten wie zu Zeiten von Clements und Gleason. Eine Hypothese besagt, daß die Sukzession keine „zielorientierte" Entwicklung mit einer zentralen „neuronal-hormonellen" Steuerung ist (wie die Entwicklung eines individuellen Organismus), sondern auf der natürlichen Fähigkeit von Nicht-Gleichgewichtssystemen zur Selbstorganisation beruht, welche wiederum das Resultat eines diffusen Netzwerkes aus vielen rückgekoppelten Subsystemen darstellt und letztendlich durch die natürliche Selektion gesteuert wird. Nach Brooks und Wiley (1986) ist Selbstorganisation das Ergebnis des Zweiten Hauptsatzes der Thermodynamik – mit der Folge, daß lebende Systeme wegen, und nicht trotz, des Aufwands an Entropie eine steigende Komplexität aufweisen. Die „Gesamtstrategie" umfaßt eine Abnahme der Entropie (der Unordnung), eine Zunahme an Information (Ordnung), eine wachsende Fähigkeit des Ökosystems, Störungen unverändert zu überstehen (*resistance stability*) und eine immer effizientere Verwertung von Energie und Nährstoffen. Zahlreiche Ökologen lehnen diese Hypothese ab. Viel hängt vom Ergebnis der laufenden Diskussion über die Mechanismen evolutionärer Veränderungen ab, mit der wir uns später in diesem Kapitel noch kurz befassen werden.

**Der Zeitfaktor und allogene Kräfte**

Während die Veränderungen, die in Abbildung 7.4 und Tabelle 7.1 dargestellt sind, von der geographischen Lage und vom Typ des Ökosystems unabhängig zu sein scheinen, üben die physikalische Umwelt und allogene Kräfte einen starken Einfluß sowohl auf die Zeit aus, die für die Sukzession erforderlich ist – also darauf, ob diese Spanne (die *x*-Achse in Abbildung 7.1 und 7.4) in Wochen, Monaten oder Jahren bemessen wird –, als auch auf die relative Stabilität oder Beständigkeit des Klimaxstadiums. Nicht anders als in Laborkulturen vermögen Lebensgemeinschaften auch in Systemen des offenen Wassers ihre physikalische Umwelt nur in geringem Maße zu modifizieren; dementsprechend ist die Sukzession – wenn sie überhaupt in Gang kommt – kurz und erstreckt sich vielleicht nur über einige Wochen. Das Klimaxstadium (sofern man von einem solchen sprechen kann) besitzt ebenfalls eine begrenzte Lebensdauer. Margalef (1968) hat seine Beobachtungen der Veränderungen, die im Zuge einer jahreszeitlichen Sukzession in der Wassersäule des Küstenbereichs stattfinden, wie folgt zusammengefaßt:

1. Die durchschnittliche Zellgröße und die relative Häufigkeit mobiler Formen im Phytoplankton nehmen zu.
2. Die Produktivität sinkt.
3. Die chemische Zusammensetzung des Phytoplanktons verändert sich, wie zum Beispiel am Wechsel der Pflanzenpigmente von hellgrün zu gelbgrün zu sehen ist.
4. Die Zusammensetzung des Zooplanktons verschiebt sich von passiven Filtrierern hin zu aktiven und selektiv jagenden Arten – eine Reaktion auf eine Verschiebung im Nahrungsangebot von sehr zahlreichen kleinen Nahrungspartikeln zu weniger, aber höher konzentrierten Einheiten in einer stärker organisierten (stratifizierten) Umwelt.
5. In den späteren Stadien der Sukzession kann der Energiefluß insgesamt geringer sein, seine Effizienz jedoch ist wahrscheinlich höher.

Es zeigt sich, daß diese Beobachtungen ziemlich genau den Tendenzen entsprechen, die in Tabelle 7.1 festgehalten sind.

In einem Waldökosystem, dem anderen Extrem, ist die Lebensgemeinschaft in der Lage, die physikalische Umwelt umfassend zu modifizieren. Hier sammelt sich eine beträchtliche Biomasse an, und die Struktur der Gemeinschaft verändert sich über einen längeren Zeitraum hinweg in vorhersagbarer Weise – außer wenn (beziehungsweise bis) die autogenen Prozesse durch schwerwiegende Störungen, zum Beispiel Stürme, unterbrochen werden. Will man eine Waldsukzession vorhersagen oder im Modell simulieren, muß man in den Raum-Zeit-Bereich, den man untersuchen möchte, störende Einflüsse mit einbeziehen (Shugart 1984). In einer Studie über die Vegetationsgeschichte eines kleinen Gebiets des Harvard Forest in Massachusetts konnten Oliver und Stephens

(1977) 14 natürliche und von Menschen verursachte Störungen unterschiedlichen Ausmaßes dokumentieren, die zwischen 1803 und 1952 in unregelmäßigen Zeitabständen aufgetreten waren; außerdem hatten sich vor 1803 nachweislich zwei Wirbelstürme und ein Brand ereignet. Kleinere Störungen verschafften zwar keinen völlig neuen Baumarten Raum, ermöglichten aber einigen bereits im Unterwuchs vorhandenen Arten (beispielsweise Schwarzbirke, Rotahorn und Hemlocktanne), zur vollen Höhe auszuwachsen. Störungen größeren Ausmaßes wie Wirbelstürme oder ausgedehnte Brände schufen Lichtungen, wo sich anschließend Arten früher Sukzessionsstadien wie Weißbirke und Amerikanische Weichselkirsche ausbreiteten. Oliver und Stephens kommen in ihrer Studie zu dem Schluß, daß die gegenwärtige Zusammensetzung des Waldes eher das Ergebnis allogener Kräfte als die Folge einer autogenen Entwicklung ist − oder anders ausgedrückt, daß der Wald, den man heute vorfindet, eine Mischung aus Klimaxvegetation, frühen Sukzessionsstadien und durch Störungen modifizierter Vegetation darstellt.

### Die Dynamik von Stränden

Ein Meeresstrand eignet sich besonders gut, um das Wechselspiel von autogenen und allogenen Prozessen zu beobachten. Solange die Wellentätigkeit mäßig und der Sandhaushalt ausgeglichen ist − das heißt, solange sich durchschnittlich genausoviel Sand ablagert, wie durch Gezeiten und Wellen fortgetragen wird −, formt der Wind Dünen, auf denen sich die Vegetation in einer vorgegebenen Folge entwickelt: Erst erscheinen Strandgräser, dann ausdauernde Kräuter, anschließend Sträucher und am Ende Bäume wie zum Beispiel Wacholder, Kiefern und Eichen. Nach und nach stabilisiert die Lebensgemeinschaft die Dünen und macht sie gegen Hochwasser und Stürme widerstandsfähig. Bei positivem Sandhaushalt verlagert sich der Strand seewärts, und die Dünensukzession setzt sich fort. Wird jedoch der Sandhaushalt negativ − zum Beispiel durch veränderte Strömungsverhältnisse vor der Küste, durch ein Ansteigen des Meeresspiegels oder durch Ausbaggerungs- und Aufschüttungsmaßnahmen −, wandert der Strand landeinwärts, und die Dünen werden trotz ihres Bewuchses allmählich erodiert. Der Dünensand bildet in diesem Falle das Reservoir, aus dem der Strand aufgefüllt und erhalten wird.

Erst seit kurzem beginnen die Wissenschaftler diese Wechselwirkungen von geophysikalischen und biologischen Kräften zu verstehen. Früher hielt man (kostspielige) Steindämme, Buhnen, Tetrapoden und andere künstliche Barrieren für geeignete Maßnahmen gegen die Erosion der Strände. Doch in vielen Fällen haben sich diese Mittel nicht nur als wirkungslos erwiesen, sondern die Stranderosion sogar noch beschleunigt. Kaimauern oder sonstige Barrieren lenken die gesamte Energie der Wellen und Gezeiten auf die Strandzone zurück, die dadurch ausgewaschen und vertieft wird; zudem schneidet das Hindernis den Strand von dem Sandreservoir der Dünen ab und unterbindet daher eine natürliche Reparatur. Abbildung 7.5 stellt diese Tendenzen schematisch dar. Eine Kaimauer mag also durchaus ein Ferienhaus am Strand schützen (zumindest eine Zeit lang), doch sorgt sie auch für einen allmählichen Verlust des Strandes – und damit des ursprünglichen Motivs für den Bau (oder Erwerb) des Ferienhauses. (Zur Dynamik von Stränden siehe das 1983 erschienene Buch *The Beaches Are Moving* von Kaufman und Pilkey.)

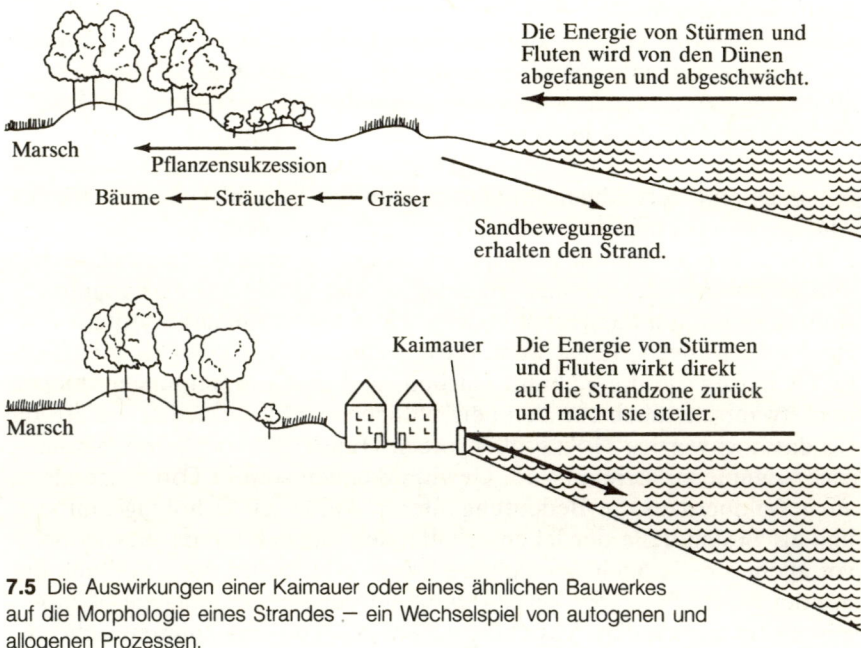

**7.5** Die Auswirkungen einer Kaimauer oder eines ähnlichen Bauwerkes auf die Morphologie eines Strandes – ein Wechselspiel von autogenen und allogenen Prozessen.

---

**Wo ist der Strand geblieben?**

Man sollte während eines Urlaubs am Meer einmal darauf achten, daß an Stellen, wo Kaimauern errichtet sind (oder Häuser- und Hotelfronten den freien Auslauf der Wellen blockieren), bei Hochwasser oft kein Strand mehr zu finden ist. An Küstenabschnitten, wo man sehr viel in den Tourismus investiert hat, mag die künstliche Erhaltung der Strände durch Aufspülungen oder Aufschütten von Sand gerechtfertigt sein. Ein vernünftigerer Ansatz zur Entwicklung der Uferzonen besteht darin, die den tiefliegenden Küstenregionen eigene Instabilität zu erkennen und künstlich errichtete Strukturen daran anzupassen. Baut man zum Beispiel die Häuser auf Pfähle, so daß das Wasser bei Flut oder Stürmen ungehindert darunter hindurchfließen kann, nimmt man der Brandung nach und nach die Energie, ohne daß Schäden entstehen – wie an einem natürlichen Strand. Vielerorts verlangen die Bauvorschriften mittlerweile solche umsichtigen Vorgehensweisen.

### Altern und zyklische Sukzession

Auch ohne äußere Störungen wird ein Klimaxstadium gewöhnlich nicht für immer unverändert erhalten bleiben. Beobachtungen in alten Wäldern deuten darauf hin, daß selbstzerstörerisch wirkende biologische Veränderungen auftreten, die dem Alterungsprozeß eines Organismus ähneln. So kann es passieren, daß junge Bäume nicht im vollen Umfang die alten, abgestorbenen Exemplare ersetzen oder daß sich die Nährstoffregeneration verzögert und der Stoffwechsel der Gemeinschaft sich damit verlangsamt. Zur Zeit liegen noch zuwenig quantitative Studien vor, um sagen zu können, ob natürliche Lebensgemeinschaften (ähnlich wie einzelne Organismen) nach dem Erreichen des Reifestadiums zu altern beginnen oder ob ungestörte Gemeinschaften (anders als Organismen) die Fähigkeit besitzen, sich selbst unbegrenzt zu erhalten.

Forstfachleute verteidigen im allgemeinen das Einschlagen alter Wälder (die sie als „überaltert" bewerten) mit dem Argument, daß – da kein Nettowachstum mehr zu verzeichnen ist und da große Bäume absterben und verrotten – der Bestand geschlagen oder zumindest ausgedünnt werden sollte, um das Heranwachsen einer neuen Generation junger Bäume zu fördern. Selbst wenn diese Fachleute sich tatsächlich aufrichtig Gedanken um die Zukunft machen, sind ihre Empfehlungen doch höchstwahrscheinlich von den beträchtlichen Geldsummen motiviert, die für das hochwertige Holz großer, oft in Hunderten von Jahren gewachsener Bäume zu erzielen sind. Gewiß erkennen sowohl Forstwirte als auch Waldbesitzer die Bedeutung älterer Wälder als Erholungsräume und als Bestandteile der lebenserhaltenden Umwelt an; da dies jedoch vor allem ideelle, nicht handelbare Werte sind, bleibt die Erhaltung der Wälder gegenüber ihrer Vermarktung auf der Strecke, solange ökonomische Interessen den Ausschlag geben. Andererseits könnten sich Waldbesitzer auch für die Erhaltung entscheiden, wenn das betreffende Stück Land nicht ihre einzige Einkommensquelle darstellt. Das ist in der Umgebung großer Städte häufig der Fall, wo sich ländliche Flächen zunehmend in Besitz von Städtern befinden (Healy und Short 1981).

Atlanta und das Piedmont-Gebiet von Georgia liefern ein Beispiel dafür. Wie Abbildung 7.1 zeigt, verläuft die Sukzession dort von Kiefern zu Laubbäumen. Da Kiefern den höheren Marktwert besitzen, ist die Forstwirtschaft daran interessiert, diesen Trend der Sukzession aufzuhalten, so daß die Kiefernstadien erhalten und regeneriert werden können. Für Städter, die etwas Land besitzen, ist jedoch dessen Erholungswert und Qualität als Zweitwohnsitz oft wichtiger als die Faserholzproduktion. Johnson und Sharpe (1976) berichten, daß trotz der Anstrengungen seitens der Forstwirtschaft, die Kiefern zu erhalten, der Laubwaldanteil im Piedmont-Gebiet zwischen 1961 und 1972 flächenmäßig zugenommen hat. Auf der Grundlage eines 30-Jahre-Modells gehen sie davon aus, daß dieser Anteil auch weiterhin wachsen wird, wenngleich langsamer als unter ausschließlich natürlichen Entwicklungsbedingungen. Die ständige Ausdehnung der Siedlungsgebiete und die Unterdrückung von Bränden – zwei Faktoren, die Laubbäume gegenüber Kiefern begünstigen – sind wichtige Parameter in diesem Modell. Obgleich also die Zusammensetzung des Waldes im Piedmont-Gebiet stark von der Nachfrage nach Kiefernholz beeinflußt ist, wird seine zukünftige Zusammensetzung den Trends der natürlichen Sukzession folgen.

In vielen Situationen mag die Frage nach der Stabilität beziehungsweise dem Altern reifer Systeme akademischer Natur sein – nämlich immer dann, wenn Krankheiten, Unwetter, Feuer oder andere Störungen den Niedergang der Lebensgemeinschaft im oder noch vor dem Klimaxstadium beschleunigen und somit einen neuen Zyklus von Übergangsstadien (Seralstufen) in Gang setzen. Die **zyklische Sukzession**, wie sie der englische Ökologe A. S. Watt (1947) genannt hat, ist ein verbreitetes Phänomen. (Sie wird auch als „Mosaik-Zyklus-Theorie" diskutiert.) Ein gutes Beispiel dafür liefert die kalifornische Chaparral-Vegetation, die bereits in Kapitel 2 erwähnt wurde. Diese Zwergwaldvegetation scheint sich quasi selbst auf die Zerstörung durch immer wieder auftretende Brände zu programmieren. Mit zunehmender Reife der Lebensgemeinschaft sammelt sich leichtbrennbares Material (trockenes, totes Holz und Laub) schneller an, als es während des langen, trockenen Sommers zersetzt werden kann. Antibiotisch wirkende chemische Substanzen, die von den Sträuchern abgesondert werden, hemmen das Wachstum von Bodendeckern. Die Vegetation wird immer leichter entzündbar, und früher oder später rasen Brände durch das Buschland. Das Feuer beseitigt angesammeltes Laub und Holz, neutralisiert die antibiotischen Stoffe und vernichtet die oberirdischen Teile der Sträucher und Bäume. Danach beginnt die Entwicklung der Sukzessionsstadien von neuem: Krautige Pflanzen keimen aus Samen, und Holzgewächse schlagen wieder aus und wachsen bis zum Reifestadium heran. Auf diese Weise verjüngt sich die alternde Gemeinschaft für eine gewisse Zeit. Eine Variante der zyklischen Sukzession, in der aufeinanderfolgende Stadien zur selben Zeit nebeneinander zu finden sind, kann man in Wäldern der Höhenlagen beobachten (Sprugel und Bormann 1981). In Stürmen stürzen ältere, hochgewachsene Bäume um und werden durch nachwachsende jüngere Exemplare ersetzt, so daß sich entsprechend der vorherrschenden Windrichtung eine Sukzession junger und reifer Vegetation wellenförmig über die Landschaft fortsetzt (*wave-generated succession*).

### Das pulsstabilisierte Subklimaxstadium

Bisher haben wir die destabilisierenden Effekte allogener physikalischer Einflüsse hervorgehoben. Doch plötzliche starke Störungen können auch stabilisierend wirken, wenn sie als regelmäßige Impulse auftreten, die von entsprechend angepaßten Arten als zusätzliche Energiebeiträge ausgenutzt werden. Tatsächlich halten regelmäßig wiederkehrende kurzfristige Störungen von außen (in der Terminologie der Modelle als Steuer- oder Führungsgrößen bezeichnet) ein Ökosystem oftmals auf einer Stufe innerhalb der Entwicklungssequenz, die letztlich einen Kompromiß zwischen Jugend- und Reifestadium darstellt. **Ökosysteme mit fluktuierenden Wasserständen** sind dafür beispielhaft; Ästuare (Flußmündungen), Küsten unter Gezeiteneinfluß, Reisfelder, die Everglades in Florida oder auch die Bucht von New York (siehe Kapitel 1) werden infolge der täglichen oder saisonalen Hebung und Senkung des Wasserspiegels in überaus produktiven frühen Übergangsstadien gehalten. Die Lebenszyklen der in diesen Systemen lebenden Organismen sind den Fluktuationen hervorragend angepaßt. Solche **pulsstabilisierten Subklimaxstadien** (als **Subklimax** bezeichnet man eine Entwicklungsstufe vor dem Klimaxstadium, welches sich beim Ausbleiben von Störungen entwickeln würde) sind sehr wichtige Landschaftsbestandteile, da sie sich − wie junge Systeme − durch eine hohe Nettoproduktion auszeichnen. Ein Teil dieser Produktion trägt zum Erhalt benachbarter Systeme bei, die vielleicht eine geringere Produktivität aufweisen, dafür aber ästhetische und lebenserhaltende Qualitäten besitzen und wertvolle Arten beherbergen, die in frühen Sukzessionsstadien nicht vorkommen.

### Die Bedeutung der Ökosystementwicklung für die Flächennutzungsplanung

Der „Flächennutzungsplan" der Natur mit seinen typischen Entwicklungstrends, zu denen unter anderem die Zunahme an Struktur und Komplexität pro Energieflußeinheit gehört (hohe B/P-Effizienz, siehe Tabelle 7.1), steht im Gegensatz zu und oft im Konflikt mit dem wirtschaftlichen Ziel des Menschen, die Produktion zu maximieren, also aus der ihn umgebenden Landschaft den höchstmöglichen Ertrag an vermarktbaren Produkten herauszuziehen (hohe P/B-Effizienz). Das Erkennen der unterschiedlichen Strategien von natürlicher oder naturnaher Umwelt (Naturlandschaft) einerseits und landwirtschaftlich genutzter Umwelt (Kultur- oder Agrarlandschaft) andererseits verhilft uns zu einem besseren Verständnis jener Konflikte in der Frage der Flächennutzung, die mit dem Bestreben des Menschen, seine Umwelt im eigenen langfristigen Interesse mit rationalen Verfahrensweisen zu gestalten und zu bewirtschaften, immer häufiger auftreten.

Die natürliche Sukzession kann man als eine „schützende" Strategie betrachten, da die Anhäufung organischer Strukturen, die Schaffung von Nährstoffvorräten und die Vielfalt der Landschaft einen Schutz gegen ungünstige Bedingungen bieten − so wie Ersparnisse auf der Bank oder Haus- und Grundbesitz eine Absicherung für wirtschaftlich schlechte Zeiten darstellen. Im Gegensatz dazu umfaßt eine „produktive" Strategie, wie sie der Mensch verfolgt, die Entwicklung und Erhaltung von

---

**Ferien im Kornfeld?**

Der Bedarf des Menschen an lebenserhaltenden Ressourcen wie auch sein Bedürfnis nach Ästhetik und Erholung werden oft von jenen Landschaftsteilen am besten gedeckt, die eine geringe Nettoproduktion aufweisen. Mit anderen Worten: Die Landschaft ist nicht nur eine Vorratskammer, sondern auch das *oikos* – also das Heim oder Haus –, in dem der Mensch lebt. Man kann die riesigen Kornfelder in Iowa durchaus bewundern und ihre Bedeutung würdigen, doch wohl kaum jemand würde inmitten eines solchen Feldes leben oder dort seinen Urlaub verbringen wollen. Menschen umgeben ihre Wohnhäuser mehr oder weniger instinktiv mit einer schützenden, aber nicht zur Nahrungsproduktion bestimmten Vegetationsdecke (Bäume, Sträucher, Gras), während sie andererseits bestrebt sind, im Getreideanbau ständig höhere Erträge zu erzielen. Und als Ferienziele sind Nationalparks und andere naturbelassene Gegenden weitaus beliebter als intensiv landwirtschaftlich genutzte Gebiete.

---

Ökosystemen in frühen Sukzessionsstadien, welche Nahrung, Naturfasern und andere nachwachsende Rohstoffe hervorbringen; deren Ernte erfolgt auf dem Höhepunkt des Wachstums, so daß die Landschaft danach fast schutzlos ungewissen physikalischen Faktoren wie dem Wetter und der Erosion ausgeliefert ist. Doch der Mensch lebt nicht allein von Nahrungsmitteln und Faserrohstoffen; er benötigt auch eine Atmosphäre mit einem ausgewogenen Kohlendioxid-Sauerstoff-Verhältnis, braucht die als klimatische Pufferzonen dienenden Ozeane und vegetationsreichen Großräume und ist auf sauberes (also unproduktives) Wasser für private und gewerbliche Verwendungszwecke angewiesen.

Kurz gesagt, wir brauchen beides: produktive *und* schützende Ökosysteme. Am angenehmsten und zweifellos am sichersten lebt es sich in einer Landschaft, die verschiedenartige Lebensgemeinschaften unterschiedlicher ökologischer Altersstufen vereint, sich also aus einem vielfältigen Nebeneinander von bebauten Feldern, Wäldern, Seen, Flüssen, Grünzonen an Straßenrändern, Marschen, Küsten und „Ödland" zusammensetzt. (Übrigens zeigt schon ein kurzer Blick in einen Wildblumenführer, daß zahlreiche interessante und schöne Blumen gerade auf solchen Öd- und Brachflächen zu finden sind, die immer irgend jemand – Straßenbauingenieure zum Beispiel – durch Rasenflächen oder ordentliche, aber langweilige Bodendecker ersetzen möchte.) In diesem Buch wurde bereits mehrfach darauf hingewiesen, daß große Flächen sowohl natürlicher und naturnaher als auch landwirtschaftlich genutzter Umwelt nötig sind, um die hochentwickelten, energieintensiven, ökologisch jedoch parasitären städtischen Siedlungsgebiete zu erhalten.

Da es unmöglich ist, sich widersprechende Nutzungsweisen im gleichen System zur gleichen Zeit zu maximieren, bieten sich als Lösung zwei Alternativen an. Man kann entweder einen allgemeinen Kompromiß zwischen Ertrag und Umweltqualität anstreben oder bewußt (und hoffentlich mit viel weiser Voraussicht) die Landschaft so aufteilen, daß sowohl hochproduktive als auch vornehmlich schützende Landschaftstypen nebeneinander erhalten bleiben; das Spektrum der unterschiedlichen Nutzungsstrategien, denen diese eigenständigen Einheiten dann unterliegen, reicht von intensiv betriebenem Ackerbau bis zur Einrichtung von Naturschutzgebieten. Eine Landwirtschaft, welche die Methoden der konservierenden Bodenbearbeitung einsetzt (siehe Kapitel 5), ist ein gutes Beispiel für eine erfolgreiche Kompromißstrategie, da gute Erträge und die Qualität der Böden gewahrt bleiben und die chemische Verunreinigung angrenzender Gewässer verringert wird. Eine wünschenswerte Einteilung in verschiedenartige Landschaftseinheiten läßt sich erreichen, wenn man Naturschutzgebiete und andere grüne Pufferzonen der wirtschaftlichen Nutzung entzieht und diesen Maßnahmen entsprechende Gesetze und Raumordnungspläne zur Seite stellt.

In den Vereinigten Staaten reicht der Anteil der natürlichen oder naturnahen Flächen, die (beispielsweise als Nationalparks, Staatswälder, Schutzzonen und Wildnisse) weitgehend unangetastet bleiben, von weniger als zehn Prozent der gesamten Landfläche in vielen Bundesstaaten des Ostens und des Mittleren Westens bis zu mehr als 50 Prozent in einigen westlichen Staaten. Mindestens 20 Prozent (in trockenen Klimazonen wie dem Westen der USA eher mehr) scheinen in Anbetracht der Nachfrage nach Erholungsgebieten und des Bedarfs einer zunehmend urbanen Zivilisation an lebenserhaltender Umwelt ein angemessenes Planziel zu sein. (Für die Bundesrepublik Deutschland liegt der Anteil von natürlichen und naturnahen Biotopen bei nur etwa vier Prozent, und als Ziel strebt man eine Erhöhung auf zehn Prozent an.)

Die Verschiebung in der Energienutzung vom Wachstum zur Erhaltung, die wir als den vielleicht wichtigsten Trend der ökologischen Sukzession angeführt haben (siehe das Energieflußmodell in Abbildung 7.3), hat eine Parallele im Wachstum von Städten und Staaten. Menschen und ihre Regierungen sind durchweg nicht imstande, vorausschauend zu erkennen, daß bei steigender Bevölkerungsdichte und einem weiteren Anwachsen der städtisch-industriellen Ballungsräume dem Dienstleistungssektor (zum Beispiel Trinkwasserversorgung, Abwasserentsorgung, Verkehrssysteme und Polizei) immer mehr Energie, Organisationsaufwand und Steuereinnahmen zur Verfügung gestellt werden müssen, um zu erhalten, was bereits entwickelt ist, und um die „Unordnung herauszupumpen", die jedem komplexen, hochenergetischen System innewohnt. Folglich steht zunehmend weniger Energie für neues Wachstum zur Verfügung, das schließlich nur auf Kosten bereits bestehender Entwicklungen erfolgen kann. Genau wie für Individuen ist auch für Gesellschaften der Übergang von der Jugend zur Reife eine schmerzliche und schwierige Zeit, weil viele Einstellungen und Ziele revidiert werden müssen. Im Epilog werden wir darauf noch genauer eingehen.

**Sukzession in menschlichen Gesellschaften**

Genauso wie es Parallelen zwischen der Entwicklung auf der Ebene des einzelnen Organismus und derjenigen auf der Ebene der Lebensgemeinschaft gibt, so sind auch zwischen der Entwicklung von Ökosystemen und der von menschlichen Gesellschaften interessante Parallelen festzustellen (obwohl diese nicht auf der gleichen Ursache-Wirkung-Beziehung beruhen). Wie in frühen Sukzessionsstadien sind auch in menschlichen Pioniergesellschaften eine opportunistische Ausbeutung der Umwelt und ein „großzügiger" Umgang mit den Ressourcen notwendig, um Überleben und Wachstum der Populationen zu sichern. Dementsprechend stehen Rodungen ganz oben auf der „Tagesordnung". Die Ausbeutung von Menschen (Sklaverei) ist in den frühen Stadien gesellschaftlicher Entwicklung ebenfalls geläufig. Dem Schutz und der Bewahrung lebenserhaltender Ressourcen (wie auch schließlich der Menschenrechte) kommt in dieser Phase keine Priorität zu, hauptsächlich weil das Angebot noch spürbar größer erscheint als die Nachfrage. Die Ruinen der Zivilisation und vom Menschen verursachte Wüsten in vielen Teilen der Welt legen Zeugnis davon ab, daß Gesellschaften, die sich ganz dem Wachstum ihrer Bevölkerung und ihrer Wirtschaftskraft (manchmal auch Kriegen) verschrieben haben, oft den Bedarf produktiver *und* schützender Umwelt nicht erkennen, bis es zu spät ist. Wenn die Hügel erst einmal entwaldet und die Böden weggeschwemmt sind, läßt sich das Land nur durch massive Kapitalzufuhr wieder instand setzen. Auch wenn Städte unbegrenzt weiterwuchern, kann es für die Sicherung von Luft- und Wasserqualität bald zu spät sein.

## Die Evolution der Biosphäre

Nicht anders als die vergleichsweise kurzfristigen Entwicklungen von Lebensgemeinschaften unterliegt auch die langfristige Evolution der Biosphäre dem Wechselspiel von geologischen und klimatischen Kräften mit jenen autogenen Prozessen, die sich aus den Aktivitäten der Organismen ergeben. Die Geschichte des Lebens auf der Erde haben wir bereits in Verbindung mit der Diskussion der Gaia-Hypothese in Kapitel 3 kurz umrissen. Die Evolution der Biosphäre − unter besonderer Berücksichtigung des Zusammenhangs zwischen der Anreicherung von Sauerstoff in der Atmosphäre und der Entwicklung der Lebewesen − ist in Abbildung 7.6 dargestellt.

Auch wenn wir vielleicht niemals genau erfahren werden, wie das Leben auf der Erde seinen Anfang nahm, besagt die allgemein akzeptierte Theorie, daß die ersten Lebewesen winzige (einzellige) anaerobe heterotrophe Organismen waren, die sich von abiotisch entstandener organischer Substanz ernährten. Die Zusammensetzung der Atmosphäre wurde zu jener Zeit vor allem von den Gasen bestimmt, die aus Vulkanen austraten; Geologen sprechen von Atmosphärenbildung durch Entgasung des Erdmantels (Cloud 1988). Diese Uratmosphäre enthielt

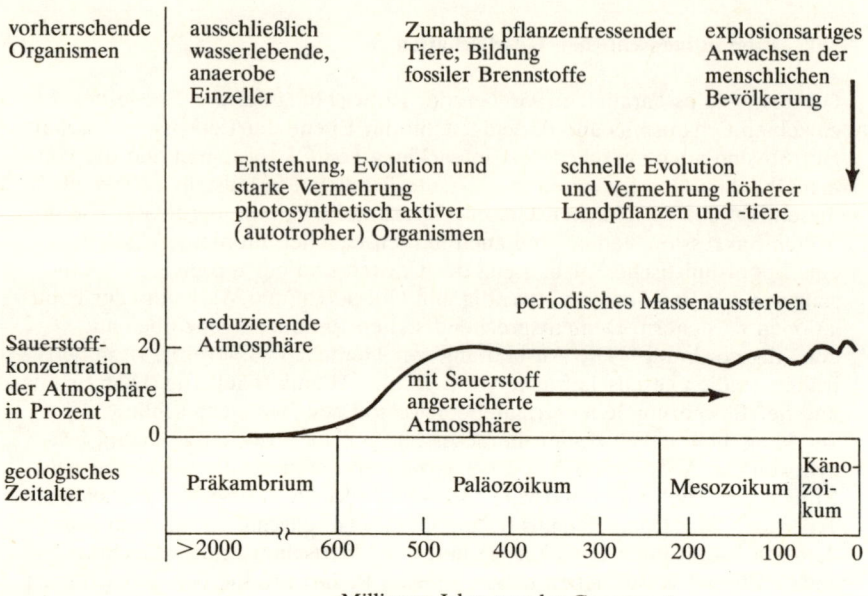

**7.6** Die Evolution der Biosphäre unter besonderer Berücksichtigung des Zusammenhangs zwischen der Sauerstoffanreicherung in der Atmosphäre und der Evolution der verschiedenen Typen von Lebewesen.

große Mengen an Stickstoff, Wasserstoff, Kohlendioxid und Wasserdampf. Außerdem waren Kohlenmonoxid, Chlor und Schwefelwasserstoff in Konzentrationen vorhanden, die für uns Menschen und die meisten der heute auf der Erde lebenden Organismen giftig wären. Die frühe, **reduzierende Erdatmosphäre** (im Gegensatz zu der heutigen **sauerstoffhaltigen Atmosphäre**), mag jenen Atmosphären, die man heute auf Venus und Jupiter vorfindet, geähnelt haben. Da gasförmiger Sauerstoff damals fehlte, gab es auch keine schützende Ozonschicht. Leben konnte deshalb anfangs nur dort existieren, wo es durch Wasser oder andere isolierende Schichten geschützt war. Man vermutet jedoch, daß gerade jene kurzwellige Sonnenstrahlung, die heute durch die Ozonschicht von der Erde ferngehalten wird, die chemische Evolution in Gang setzte, die schließlich zur Bildung komplexer organischer Moleküle − der Bausteine (und Nahrungsstoffe) des frühen Lebens − führte. Nach dieser Hypothese existieren die Bedingungen, unter denen auf solche Weise aus organischer Substanz Leben entstehen kann, heute nicht mehr auf unserem Planeten − und sie wären für die meisten gegenwärtigen Lebensformen sogar tödlich!

Für eine Zeitspanne von einer Milliarde oder mehr Jahren behauptete das Leben auf der Erde offenbar nur eine winzige Basis mit begrenzten Besiedlungsräumen und Energiequellen inmitten einer lebensfeindlichen physikalischen Umwelt. Mit dem Erscheinen der ersten zur Photosynthese fähigen Mikroorganismen – der **Cyanobacteria** – vor mindestens zwei Milliarden Jahren kam dann die große Wende; diese früher als Blaualgen bezeichneten Organismen waren in der Lage, mit Hilfe des Sonnenlichtes einfache anorganische Substanzen in Nahrungsstoffe zu verwandeln, und setzten dabei als Nebenprodukt gasförmigen Sauerstoff frei. Als sich der Sauerstoff in der Atmosphäre ausbreitete, entwickelten sich die in der Energieausnutzung sehr viel effizienteren aeroben Organismen, und die langsam entstehende Ozonschicht schuf die Voraussetzung für die Ausbreitung des Lebens über die ganze Erde. Eine fast explosionsartige Entwicklung immer komplexerer mehrzelliger Organismen schloß sich an. Über lange Zeiträume hinweg überstieg die Produktion die Atmung ($P/R > 1$), bis irgendwann im Paläozoikum der Sauerstoffgehalt der Atmosphäre auf sein heutiges Niveau angestiegen war und der Kohlendioxidgehalt entsprechend abgenommen hatte (Abbildung 7.6). Unsere fossilen Brennstoffe entstanden ebenfalls in Zeiten, in denen P weit größer als R war und erhebliche Mengen von pflanzlichen Rückständen in flachen Meeren und Feuchtgebieten, die damals einen größeren Teil der Erde bedeckten, abgelagert und eingebettet (und letztlich in Kohle oder Erdöl umgewandelt) wurden.

Natürlich gibt es die Wiege des Lebens auch heute noch, nämlich tief in den anaeroben Sedimenten und fest eingebunden in die ausgedehnte aerobe Welt, in der wir „Sauerstoffatmer" leben. Bestimmte Schlüsselrollen, die anaerobe Vorgänge bei der Aufrechterhaltung biogeochemischer Zyklen und einer stabilen Atmosphäre spielen, wurden in den Kapiteln 3 und 5 beschrieben.

---

**Das Drama unserer Atmosphäre**

Ich kann mir keinen besseren Weg vorstellen, um die absolute Abhängigkeit des Menschen von anderen Organismen in seiner Umgebung deutlich zu machen, als darzulegen, wie unsere Atmosphäre entstand – mit dem ausdrücklichen Hinweis, daß sie von Mikroorganismen geschaffen wurde, nicht von Menschen (die erst jetzt allmählich verstehen, wie sie erhalten wird und wie unsere massiven Energieumwandlungsprozesse ihre Stabilität gefährden). Die Geschichte unserer Luft liest sich wie ein faszinierendes Drama mit tiefen Geheimnissen und einem möglicherweise tragischen Ausgang. Von Berkner und Marshall stammen sowohl eine literarische Darstellung (1966) als auch eine wissenschaftliche Abhandlung zu diesem Thema (1965), die ebenso wie die Arbeiten von Cloud (1988), Margulis (1982) und Margulis und Sagan (1986) einen guten Zugang zu weiterer Literatur eröffnen.

### Die Mechanismen der Evolution

Das Wort **Evolution** (abgeleitet vom lateinischen *evolvere* für „abwik-
keln") wird im weiteren Sinne zur Beschreibung einer mit der Zeit
fortschreitenden Veränderung benutzt, und zwar üblicherweise im Sinne
einer Verbesserung (zum Beispiel von einem niederen zu einem höheren
oder von einem einfachen zu einem komplexeren Zustand). So kann
man etwa von der Evolution einer Gesellschaft oder einer Idee sprechen. Unter biologischer (organischer) Evolution versteht man die Veränderung von Organismen mit der Zeit, die im allgemeinen eine langfristige Entwicklung von einem einfachen zu einem komplexeren oder
besser angepaßten Zustand umfaßt. Wie schon Charles Darwin 1859 in
seiner bahnbrechenden Abhandlung *On The Origin of Species* (*Über die
Entstehung der Arten*) darstellte, ist die **natürliche Selektion** als Folge des
Druckes durch Umwelt und konkurrierende Organismen eine Hauptur-
sache des Wandels von Organismen und Arten. Die Individuen, die am
besten in der Lage sind zu überleben und die meisten Nachkommen
produzieren, werden so durch natürliche Prozesse „ausgewählt", die
nächste Generation hervorzubringen. Darwin nannte dieses Phänomen
„das Überleben des Tüchtigsten" (*survival of the fittest*), was ein brauch-
bares Konzept ist, solange man unter den „Tüchtigsten" nicht unbedingt
die größten und stärksten Individuen oder die besten Kämpfer versteht;
viele Arten haben im Laufe der Zeit mit Hilfe subtilerer Mittel über-
lebt, beispielsweise durch Tarnung oder Kooperation (oder auch – wie
es etwa für Kaninchen gilt – durch die ausgeprägte Fähigkeit, vor Fein-
den zu flüchten und sich zu verstecken, sowie eine Vermehrungsrate,
welche die durch Raubtiere beigefügten Verluste übersteigt).

Mit zunehmendem Wissen auf dem Gebiet der Genetik wurde klar, daß
sich verändernde Genhäufigkeiten (Genfrequenzen), die auf immer
wieder auftretenden **Mutationen** (Veränderungen in einzelnen Genen)
beruhen, zusammen mit der sogenannten **Gendrift** (stochastischen, also
zufälligen Verschiebungen in den Genfrequenzen) für jene Variation
sorgen, an der die natürliche Selektion angreift. Auf die Bedeutung der
Gendrift in der Evolution hat erstmals der bedeutende Genetiker Sewall
Wright (1938) hingewiesen. Die Gendrift ist ein wichtiger Faktor des
genetischen oder Populationsengpasses, der zum Aussterben einer Art
führen kann, wenn die entsprechende Population zu klein wird.

Die biologische Evolution ist heute in der Wissenschaft als Tatsache
anerkannt (nicht nur als Theorie), doch bezüglich ihrer Mechanismen
gibt es noch viele offene Fragen. Seit Darwin haben Biologen allgemein
an der Vorstellung festgehalten, daß der evolutionäre Wandel ein langsamer, schrittweise ablaufender Prozeß ist, in dem viele kleine Mutationen und Veränderungen in der Genstruktur mit einer ständigen natürlichen Auslese derjenigen genetischen Veränderungen einhergehen, die
einen Überlebenswert für das Individuum besitzen. Jedoch haben Lük-

ken in der fossilen Überlieferung und die vielfach vergebliche Suche nach Übergangsformen (den *missing links*) zahlreiche Paläontologen von der von Gould und Eldredge (1977) vorgebrachten Theorie des **unterbrochenen Gleichgewichts** (*punctuated equilibrium*) überzeugt. Nach dieser Theorie (Punktualismus) bleiben Arten für lange Zeit in einer Art von evolutionärem Gleichgewicht unverändert; von Zeit zu Zeit aber wird dieser Gleichgewichtszustand unterbrochen, wenn sich eine kleine Population abspaltet und rasch zu einer völlig anderen Art entwickelt, ohne fossile Übergangsformen zu hinterlassen.

Bislang hat noch niemand eine gute Antwort auf die Frage gefunden, was solche „makroevolutionären" Sprünge verursachen könnte. Einige faszinierende Essays über Darwin, den Evolutionsgedanken, über andere Theorien zur Evolution, über Form und Funktion, Erdgeschichte, Naturgeschichte, Wissenschaft, Rassismus und weitere interessante Themen finden sich in Stephen J. Goulds Buch *Ever Since Darwin* (1977); siehe außerdem seinen Artikel *Darwinism Defined: The Difference Between Fact and Theory* im amerikanischen Wissenschaftsmagazin *Discover* (1987).

### Artbildung (Speziation)

Die Entstehung neuer Arten und damit die Erweiterung der Artenvielfalt setzen ein, wenn der Genfluß innerhalb eines gemeinsamen Genbestands (Genpools) durch Isolationsmechanismen unterbrochen wird. Wenn die Isolation auf der geographischen Trennung von Populationen beruht, die auf einen gemeinsamen Vorfahren zurückgehen, kann eine **allopatrische Artbildung** (vom griechischen *allos* für „fremd" und *patris* für „Heimat") die Konsequenz sein. Erfolgt die Isolation durch ökologische oder genetische Mechanismen innerhalb desselben Gebiets, spricht man von **sympatrischer Artbildung.**

Die allopatrische Speziation gilt allgemein als wichtigster Mechanismus der Artbildung. Ein klassisches Beispiel sind die Darwin-Finken, die Charles Darwin auf seiner berühmten Reise mit der *Beagle*, die ihn unter anderem auf die Galapagos-Inseln vor der Küste Ecuadors führte, erstmalig beschrieben hat. Von einem gemeinsamen Vorfahren aus entwickelten sich auf den verschiedenen Inseln in räumlicher Isolation voneinander mehrere Arten; im Prozeß der **adaptiven Radiation** veränderten sich die getrennten Populationen jeweils so, daß sie die verschiedenen Habitate und Nischen, die sie auf den einzelnen Inseln vorfanden, optimal nutzen konnten. Wie Abbildung 7.7 zeigt, gibt es unter den heute dort lebenden Arten Insektenfresser mit schmalen Schnäbeln, pflanzenfressende Boden- und Baumbewohner, größere und kleinere Arten und sogar einen spechtähnlichen Fink, der Dornen als Werkzeug benutzt, um Insekten aus der Rinde von Bäumen hervorzuholen. Man kann die Galapagos-Inseln − wie Tausende anderer Touristen − auf

**Insektenfresser**

Mittlerer Baumfink
(*Camarhynchus pauper*)

Großer Baumfink
(*Camarhynchus psittacula*)

Spechtfink oder
Werkzeug-Baumfink
(*Cactospiza pallida*)

Kleiner Baumfink
(*Camarhynchus parvulus*)

Mangrovenfink
(*Camarhynchus heliobates*)

**Körnerfresser**

Spitzschnabelgrundfink
(*Geospiza difficilis*)

Großer Grundfink oder
Dickschnabelgrundfink
(*Geospiza magnirostris*)

Mittlerer Grundfink
(*Geospiza fortis*)

Kleiner Grundfink
(*Geospiza fuliginosa*)

**Früchte- und Körnerfresser**

**Früchte- und Knospenfresser**

Kaktusfink
(*Geospiza scandens*)

Großer Kaktusfink
(*Geospiza conirostris*)

Pflanzenfresser-Baumfink
(*Platyspiza crassirostris*)

**7.7** Darwin-Finken. Jede Art besitzt eine besondere Schnabelform, die an die jeweilige Ernährungsweise angepaßt ist. (Nach Bowman 1961.)

geführten Touren erkunden, um die Darwin-Finken an Ort und Stelle zu beobachten, oder sich in David Lacks Buch *Darwin's Finches* (1947) oder der neueren Abhandlung von Grant (1986) über diese Vögel informieren.

Bei Land- und Süßwasserorganismen trug die sogenannte **Kontinentaldrift** − die Abspaltung der heutigen Kontinente von einer großen gemeinsamen Landmasse − in erheblichem Maße zu Isolation und anschließender Artbildung bei. Irgendwann im frühen Mesozoikum (vor vielleicht 200 Millionen Jahren) begannen sich die nördlichen Kontinente (Nordamerika, Eurasien) abzulösen; im Mittelmesozoikum trennten sich dann Südamerika und Afrika voneinander, und Australien löste sich von der Antarktis. Die Theorie der Kontinentalverschiebung ist heute unter Geologen allgemein anerkannt und durch Fossilfunde gut belegt (Kurtén 1969).

Die Hinweise mehren sich, daß eine strikte geographische Trennung für das Entstehen neuer Arten keine Voraussetzung ist und daß die sympatrische Artbildung weit häufiger vorkommt als zuvor angenommen. Populationen können innerhalb desselben Gebiets infolge abweichender Verhaltens- und Fortpflanzungsmuster genetisch isoliert werden; zu nennen sind hier Koloniebildung, eingeschränkte Ausbreitung der Vermehrungsstadien oder Nachkommen, ungeschlechtliche Fortpflanzung, Räuber und dergleichen. Mit der Zeit häufen sich in einem begrenzten Gebiet so viele genetische Unterschiede an, daß Kreuzungen unmöglich werden.

### Künstliche Selektion: Gentechnologie

Wenn der Mensch eine Auslese vornimmt, um Pflanzen und Tiere seinen eigenen Bedürfnissen anzupassen, spricht man von **künstlicher Selektion** (im Gegensatz zur natürlichen Selektion). Die Domestikation − hier im weitesten Sinne sowohl für die Kultivierung von Pflanzen als auch für die Haltung und Züchtung von Tieren benutzt − umfaßt mehr als nur die Modifizierung der Genausstattung der betroffenen Arten, denn zwischen den domestizierten Organismen und denen, die sie domestizieren, sind reziproke Anpassungen erforderlich. Wir sind zum Beispiel von den heute angebauten Getreidepflanzen ebenso abhängig wie diese von uns. Eine Gesellschaft, die vom Getreide abhängt, entwickelt eine völlig andere Kultur als eine Gesellschaft, die sich auf Viehzucht gründet. Demzufolge führt die Domestikation zu einer speziellen Form des Mutualismus und bringt − wie schon in Kapitel 1 beschrieben worden ist − einen besonderen Landschaftstyp hervor.

Bahnbrechende Entdeckungen über die biochemische Natur des genetischen Materials (DNA) sowie die Entwicklung von Techniken, mit denen man auf Zellebene Gene hinzufügen, entfernen, verändern oder neu kombinieren kann – ein Beispiel ist das **Spleißen** –, versprechen die Möglichkeiten der künstlichen Selektion wesentlich zu erweitern. Was man heute unter **Gentechnologie** und **Biotechnologie** versteht, entwickelt sich zu einer technologischen Revolution ersten Ranges. Wenn man von früheren umwälzenden technologischen Neuerungen (zum Beispiel der Entwicklung der Atomenergie, die in Kapitel 4 angeschnitten wurde, oder der von Schädlingsbekämpfungsmitteln) ausgeht, kann man von den genannten neuen Technologien durchaus Nutzen und Gewinn erwarten, jedoch auch Kosten und Probleme – besonders dann, wenn man diese Technologien massiv fördert, bevor klar ist, wie sie sich insgesamt auswirken werden. Bei einer neuen Technologie, die noch in den Anfängen steckt, schätzt man den erwarteten Nutzen meist zu hoch ein, während Kosten und Probleme unterschätzt oder gar nicht eingeplant werden. Zu den bislang nützlichsten Ergebnissen der Biotechnologie zählt die Produktion von Arzneimitteln wie etwa Insulin durch gentechnisch veränderte Bakterien.

Die Möglichkeit, daß gentechnisch manipulierte Organismen mit Absicht oder durch Zufall in die Umwelt gelangen und dort Schaden anrichten, ist ein Gesichtspunkt, der künftig besondere Aufmerksamkeit verdient. Wie bereits in früheren Kapiteln dargelegt wurde, sind viele der schlimmsten Krankheiten und Schädlingsplagen, mit denen wir heute zu kämpfen haben, von natürlich vorkommenden Organismen ausgegangen, die in eine fremde Umgebung eingeschleppt wurden. Deshalb erscheint es vernünftig, zunächst möglichst umfassende Tests unter Bedingungen vorzunehmen, welche die offenen Systeme der Natur simulieren, bevor eine Freisetzung genetisch manipulierter Organismen gestattet wird. In diesem Zusammenhang gibt es noch viele ungeklärte rechtliche und ethische Fragen.

Eine der ersten Kontroversen über die beabsichtigte Freisetzung eines genetisch manipulierten Organismus betraf eine neue Form des Bakteriums *Pseudomonas syringae*, das die Bildung von Eiskristallen fördert und im Obst- und Gemüseanbau in Kalifornien aufgrund dieser Eigenschaft die Frostschäden verstärkt. Indem man das Gen, das die Produktion der Lipoproteinhülle dieser Mikroorganismen steuert, entfernt, kann man die Fähigkeit zur Eiskristallbildung ausschalten. Das so veränderte Bakterium (das man *Pseudomonas minus* nannte) sollte dann in großen Mengen auf die Blätter von Erdbeerpflanzen aufgebracht werden, wobei man hoffte, daß es die natürliche Form (*Pseudomonas plus*) genügend lange ersetzen beziehungsweise fernhalten würde, um Kälteschäden während der Frostperioden zu verringern. Dies erschien als angemessenes Experiment mit einem sehr geringen Gefahrenpotential für die Umwelt – bis man herausfand, daß *Pseudomonas syringae* nicht einfach ein „Schädling" ist, sondern offenbar die positive Eigenschaft besitzt, die Entstehung von Niederschlägen zu fördern. Anscheinend bilden nämlich die Lipoproteinhüllen, wenn sie durch Luftströmungen in den Bereich von Wolken gelangen, ideale Kondensationskeime für die Eiskristallbildung, die eine Voraussetzung für Regen ist – und eine verringerte Niederschlagsmenge könnte weit schlimmer sein als Frostschäden. Dieses Beispiel verdeutlicht die Notwendigkeit, primäre *und* sekundäre Effekte jeder geplanten Freisetzung gleichermaßen zu bedenken (Odum 1985). Zur Zeit sind begrenzte experimentelle Freisetzungen von *Pseudomonas minus* unter kontrollierten Bedingungen erlaubt. Es bleibt zu hoffen, daß man sich außer mit dem erwarteten Nutzen auch mit den Problemen, die mit der Biotechnologie verknüpft sind, in angemessenerer Weise befassen wird, als dies bei der Atomenergie der Fall war. In beiden Fällen werden Fragen der Umweltverträglichkeit wesentlich über Erfolg oder Mißerfolg entscheiden. Wie weit der Mensch bei der Schaffung neuer Lebensformen gehen und damit die Richtung der Evolution beeinflussen kann oder wird, bleibt abzuwarten.

### Inselbiogeographie

Seit Darwins Forschungsaufenthalt auf den Galapagos haben Inseln, die sich von Natur aus ideal zum Studium von Evolutionsprozessen eignen, Biologen und Ökologen immer wieder fasziniert. Das Wechselspiel von Isolation, Einwanderung (Immigration) und Aussterben hat in neuerer Zeit viel Aufmerksamkeit erregt, besonders nachdem MacArthur und Wilson ihre Theorie der **Inselbiogeographie** veröffentlicht hatten (1967). Danach sind – vereinfacht ausgedrückt – die Anzahl der Arten und die Artenzusammensetzung auf einer Insel dynamische Größen (also ständigen Veränderungen unterworfen) und werden durch das Gleichgewicht zwischen der Einwanderung neuer Arten (Immigration) und dem Aussterben vorhandener Arten bestimmt. Da Immigrations- und Aussterberate von der Größe einer Insel und ihrer Entfernung vom Artenreservoir des Festlandes abhängen und da mit steigender Gesamtzahl der Arten die Einwanderung ab- und die Aussterberate zunimmt, läßt sich ein allgemeines Gleichgewichtsmodell in einer Graphik wie Abbildung 7.8 darstellen. Je kleiner die Insel ist und/oder je weiter sie von der Küste entfernt liegt, desto weniger Arten beherbergt sie und desto instabiler ist deren Zusammensetzung.

Die Theorie der Inselbiogeographie liefert einige nützliche Richtlinien für die Landschaftsplanung und die Einrichtung von Naturschutzgebieten, denn in einer landwirtschaftlich genutzten oder urbanen Umgebung werden natürliche oder naturnahe Gebiete früher oder später zu „ökologischen Inseln". Ein großes Schutzgebiet ist mehreren kleinen mit der gleichen Gesamtfläche im allgemeinen vorzuziehen, da mit wachsender Größe auch die biologische Vielfalt zunimmt, die sich dort behaupten kann. Wenn man sich mit kleineren Gebieten begnügen muß, sollten diese dicht zusammenliegen oder über „Korridore" miteinander verbunden sein, um den ständigen Austausch von Organismen zu erleichtern. In den USA wird gegenwärtig auf staatlicher wie regionaler Ebene die Einrichtung eines Systems von geschützten Verbindungsstücken zwischen bereits vorhandenen und noch geplanten Naturschutzgebieten stark gefördert, und zwar sowohl von privaten Naturschutzverbänden wie etwa Nature Conservancy als auch von öffentlichen Einrichtungen, zum Beispiel dem United States Fish and Wildlife Service (Harris 1984).

In Brasilien läuft mit Unterstützung des World Wide Fund For Nature (WWF, früher World Wildlife Fund) eine Studie, welche die optimale Größe und Form von Waldstücken herausfinden soll, die beim Roden ausgespart werden, um den Erhalt der typischen Flora und Fauna des tropischen Regenwaldes zu gewährleisten. In dem für die Studie ausgewählten Gebiet geht der kommerziell betriebene Holzeinschlag weiter, jedoch darf auf bestimmten Flächen und Verbindungsstücken, deren Größe und Form die Forscher festlegen, der Wald stehenbleiben.

Wird eine Population in einem kleinen Habitat – etwa auf einer Insel – isoliert oder teilt sich auf andere Weise in kleine isolierte Kolonien auf, nimmt die genetische Vielfalt in einem solchen Maße ab, daß sich eine Aufstockung aus größeren, genetisch vielfältigeren Populationen als notwendig erweisen kann, um ein Aussterben zu verhindern (siehe Kapitel 6). Vrijenhoek et al. (1985) beschreiben diese Situation am Beispiel eines gefährdeten Fischbestands.

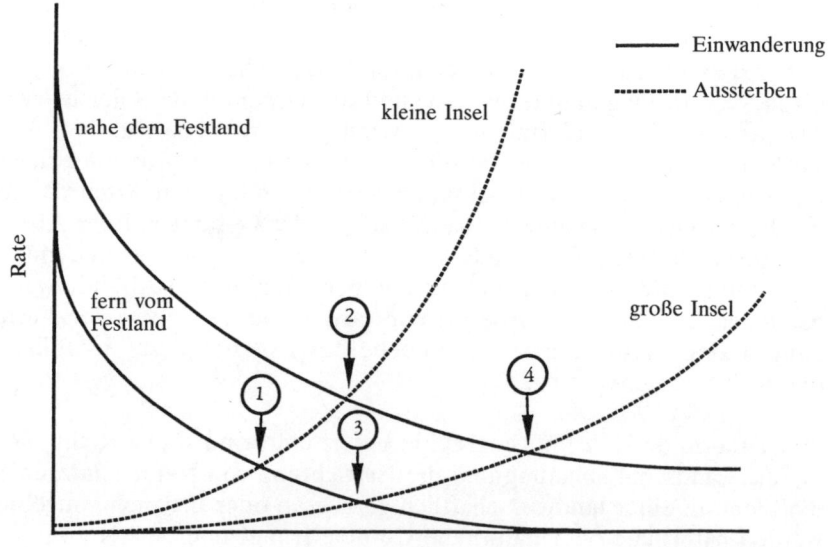

**7.8** Die Theorie der Inselbiogeographie. Die Anzahl der Arten auf einer Insel wird durch das Gleichgewicht zwischen Einwanderung und Aussterben bestimmt. Die vier Gleichgewichtspunkte stellen verschiedene Kombinationen von großen und kleinen Inseln in kürzerer oder weiterer Entfernung von einem Kontinent dar. (Nach MacArthur und Wilson 1963.)

## Koevolution

Als **Koevolution** bezeichnet man die (durch natürliche Selektion gesteuerte) Herausbildung von Merkmalen im Zuge längerfristiger Wechselwirkungen zwischen zwei oder mehr Gruppen von Organismen, die in
einer engen ökologischen Beziehung stehen, jedoch keine genetische
Information untereinander austauschen. Ehrlich und Raven (1965), die
diesen Begriff als erste verwendeten, stellten auf der Grundlage von
Studien an Schmetterlingsraupen und Pflanzen die folgende Hypothese
auf: Pflanzen erzeugen aufgrund gelegentlicher Mutations- und Rekom-
binationsereignisse chemische Stoffe – möglicherweise als Abfallprodukte –, die für die Pflanze selbst unschädlich sind, sich aber für pflanzenfressende Insekten wie die Schmetterlingsraupen als giftig oder
ungenießbar erweisen. Eine Pflanze, die auf diese Weise einen Schutz
vor ihren Freßfeinden erwirbt, würde besonders gut gedeihen und die
günstige Mutation an die folgenden Generationen weitergeben. Insekten
besitzen jedoch eine ausgeprägte Fähigkeit, gifttolerante Stämme zu
entwickeln – wie die rapide wachsende Zahl der Fälle von Insektizidre-
sistenzen belegt. Wenn es in der Insektenpopulation zu einer solchen
Mutation oder Rekombination kommt und damit einzelnen Individuen
das Fressen der vorher geschützten Pflanze wieder ermöglicht wird, ergibt sich für diese genetische Linie ein deutlicher Selektionsvorteil. Anders ausgedrückt, Pflanze und Pflanzenfresser entwickeln sich gemeinsam, und zwar in dem Sinne, daß die Evolution des einen von der
Evolution des anderen abhängt. Pimentel (1968) hat für diese Form der
Evolution, die er in Experimenten mit Fliegen und parasitischen Wespen
demonstrierte (siehe Kapitel 6), den Ausdruck **genetische Rückkopplung**
verwendet.

Höchstwahrscheinlich hat die Koevolution bei der Entstehung jener
mutualistischen Beziehungen zwischen Pflanzen und Tieren, Tieren und
Mikroorganismen und so weiter, die in Kapitel 6 beschrieben wurden,
eine wichtige Rolle gespielt. Die Kooperation zwischen Arten, die nicht
aufgrund von Nahrungs- oder anderen Ansprüchen eng miteinander
verbunden sind, vermag sie jedoch nicht zu erklären.

## Die Entwicklung von Kooperation und Komplexität: Gruppenselektion

Um die unglaubliche Vielfalt und Komplexität der Biosphäre sowie die
weitverbreitete Kooperation zwischen verschiedenen Arten zum gegenseitigen Nutzen zu erklären, gehen viele Wissenschaftler von der Annahme aus, daß die natürliche Selektion über die Ebene des Individuums und die der Art wie auch über die Koevolution hinaus wirksam
wird. Als **Gruppenselektion** definiert man dementsprechend die natürliche Auslese zwischen Gruppen von Organismen, die nicht unbedingt
über mutualistische Beziehungen verbunden sind. Theoretisch führt die

Gruppenselektion zur Erhaltung von Eigenschaften, die für Populationen und Lebensgemeinschaften insgesamt (für das „Gemeinwohl") günstig sind, für einzelne Indidviduen innerhalb der Populationen aber einen Selektionsnachteil bedeuten können. In den Worten von D. S. Wilson (1980):

»Mit der evolutionären Entwicklung einer Population geht gewöhnlich eine Stimulation oder Hemmung anderer Populationen einher, von denen ihre eigene Fitness (Adaptionswert) abhängt. Über den Zeitraum der Evolution ist die Fitness eines Organismus insofern weitgehend ein Ausdruck seiner Wirkung auf die Gemeinschaft und der Reaktion dieser Gemeinschaft auf seine Gegenwart. Wenn diese Reaktion stark genug ist, überdauern nur Organismen mit einer positiven Wirkung auf ihre Gemeinschaft.«

Wie Kooperation und ausgeklügelte mutualistische Beziehungen ihren Anfang nehmen und wie sie dann genetisch fixiert werden, ist im Rahmen der Evolutionstheorie schwer zu erklären, denn wenn Individuen erstmalig in Wechselwirkung treten, erweist es sich für den einzelnen Organismus fast immer als vorteilhafter, im eigenen Interesse zu handeln statt zu kooperieren. Wenn beispielsweise ein Pilz auf eine Baumwurzel trifft, lohnt sich für ihn der Versuch, sich von der Wurzel zu ernähren, während es für den Baum besser ist, den Pilz loszuwerden. Wie konnten sich unter diesen Voraussetzungen Mykorrhizasysteme entwickeln, in denen beide Organismen zum gegenseitigen Nutzen kooperieren? Axelrod und Hamilton (1981) sowie Axelrod (1984) haben eine Möglichkeit beschrieben, wie solche Wechselbeziehungen in Erweiterung der konventionellen, auf Wettbewerb beruhenden Theorie vom Überleben des Tüchtigsten entstehen können. Das von ihnen entworfene Modell baut auf dem sogenannten „Gefangenen-Dilemma" auf, einem „Spiel", in dem zwei Spieler sich entscheiden müssen, ob sie im gegenseitigen Interesse zusammenarbeiten wollen oder nicht. Einzeln betrachtet erbringt eine eigennützige Entscheidung gegen eine Zusammenarbeit für jeden der beiden Spieler den höchsten Gewinn, ohne Rücksicht darauf, was der jeweils andere Spieler tut. Wenn beide Spieler eine Zusammenarbeit ablehnen, schneiden sie jedoch schlechter ab, als wenn sie beide kooperiert hätten. Wenn Individuen eine Wechselwirkung aufrechterhalten, (wenn das „Spiel" also fortgesetzt wird), ist es wahrscheinlich, daß auch Kooperation einmal als Strategie gewählt wird oder einfach durch Zufall auftritt. Erweist sich die Kooperation nun für beide Teilnehmer als vorteilhaft, entwickelt sich durch die Wirkung der natürlichen Selektion auf der Ebene der Individuen eine Partnerschaft.

Wilson wie Axelrod verweisen auf die Parallele zwischen dem Paradoxon von individueller gegenüber gemeinschaftlicher Fitness in biologischen Gemeinschaften und dem von privatem Nutzen kontra Gemeinwohl in menschlichen Gesellschaften. Darüber hinaus sieht Axelrod die

Zeit für gekommen, daß Nationen vom Wettbewerb zur Zusammenarbeit übergehen. Allman (1984) hat einen provokativen Artikel mit dem Titel *Nice Guys Finish First* verfaßt, dem die Arbeiten und Ideen von Axelrod zugrunde liegen.

Auch wenn nur wenige Evolutionsforscher das Phänomen der Gruppenselektion bezweifeln, bleibt deren Bedeutung für den Verlauf der Evolution doch umstritten. Aber andererseits zweifelt auch niemand daran, daß die biologische Evolution im allgemeinen stattgefunden hat und weiterhin stattfindet, obwohl wir diesen Vorgang in seiner ganzen Komplexität noch nicht verstehen. Es scheint fast so, als weise die langfristig ablaufende Evolution genau wie die kurzfristigere ökologische Sukzession sowohl individualistische als auch holistische Komponenten auf.

# 8. Die wichtigsten Ökosystemtypen

Wir haben die Ökologie in diesem Buch hauptsächlich über die Analyse von Landschaftseinheiten als ökologischen Systemen erschlossen. Dabei wurden Prinzipien und gemeinsame Nenner herausgearbeitet, die für jeden beliebigen Standort gelten, gleich ob aquatisch oder terrestrisch, natürlich oder vom Menschen geschaffen. Die Bedeutung der natürlichen Umwelt als Lebenserhaltungseinheit des Planeten Erde sowie der Energie als Antriebskraft wurde ebenfalls betont. In Kapitel 6 haben wir einen anderen nützlichen Ansatz kennengelernt: die Konzentration auf das Studium von Populationen als den Trägern evolutionärer Veränderungen. Als zweckmäßig erweist sich schließlich auch eine Betrachtung aus geographischer Sicht, also die Untersuchung des Musters der Bodenformen, Klimazonen und Lebensgemeinschaften, die gemeinsam die Biosphäre aufbauen. In diesem Kapitel wollen wir die wichtigsten ökologischen Formationen beziehungsweise leicht unterscheidbaren Ökosystemtypen aufführen und kurz charakterisieren (siehe Tabelle 8.1). Einen Schwerpunkt werden dabei die geographischen und biologischen Unterschiede bilden, die der bemerkenswerten Vielfalt des Lebens auf der Erde zugrunde liegen. Auf diese Weise soll nicht zuletzt ein umfassender Bezugsrahmen für den abschließenden Epilog hergestellt werden, der sich unter anderem mit der neuartigen Herausforderung für die Menschheit befaßt, Probleme in großem, das heißt globalem Maßstab anzugehen.

Es ist sinnvoll, unsere Reise um die Erde mit dem Meer, dem größten und stabilsten Ökosystem, zu beginnen. Vermutlich war der Ozean überhaupt das erste Ökosystem, geht man doch heute davon aus, daß das Leben im Salzwassermilieu entstanden ist.

## Das Meer

Die großen Ozeane (Atlantik, Pazifik und Indischer Ozean) und ihre Nebenmeere bedecken ungefähr 70 Prozent der Erdoberfläche. Das Leben im Meer wird von physikalischen Faktoren beherrscht (Abbildung 8.1a). Wellenbewegungen, Gezeiten, Strömungen, Salzgehalt, Temperatur, Druck und Lichtintensität bestimmen maßgeblich die Zusammensetzung der marinen Lebensgemeinschaften. Diese wiederum haben beträchtlichen Einfluß auf die Beschaffenheit der Bodensedimente und auf die Gaszusammensetzung im Wasser und in der Atmosphäre.

**Tabelle 8.1: Die großen Ökosystemtypen und Biome der Biosphäre.**

**terrestrische Biome**

arktische und alpine Tundren

boreale Nadelwälder

sommergrüne Laubwälder

Steppen der gemäßigten Breiten

tropisches Grasland und Savannen

Hartlaubwälder in Gebieten mit Winterregen und Sommertrockenheit

Wüsten und Halbwüsten mit Kraut- und Strauchvegetation

regengrüne tropische Wälder mit ausgeprägten Regen- und Trockenzeiten

immergrüne tropische Regenwälder

**Süßwasserökosysteme**

stehende Gewässer: Seen und Teiche

Fließgewässer: Bäche und Flüsse

Feuchtgebiete: Moore, Sümpfe und Bruchwälder

**marine Ökosysteme**

offenes Meer (Pelagial)

Schelfgebiete (küstennahe Gewässer)

Auftriebsgebiete (Gebiete hoher Produktivität, gute Fischgründe)

Ästuare (Buchten, Fjorde, Flußmündungen, Salzmarschen)

**Kulturlandschaften**

großstädtische Ballungsräume und Industriereviere

Ökosysteme der Kleinstädte und ländlichen Siedlungsgebiete (mit Transportwegen und Gewerbeflächen)

Agrarökosysteme

Die Nahrungsketten des Meeres beginnen mit den kleinsten bekannten autotrophen Organismen, und zu den Endkonsumenten gehören einige der größten Tierarten (große Fische, Riesenkalmare und Wale). Die **Ozeanographie**, eine Art „Superdisziplin", die das Studium der Physik, Chemie, Geologie und Biologie des Meeres beinhaltet, erlangt als Grundlage internationaler Zusammenarbeit zunehmende Bedeutung. Obwohl die Erforschung der Ozeane nicht ganz so kostspielig ist wie die des Weltraumes, erfordern Forschungsschiffe, Küstenlaboratorien, Aus-

a

b Gezeitenzone

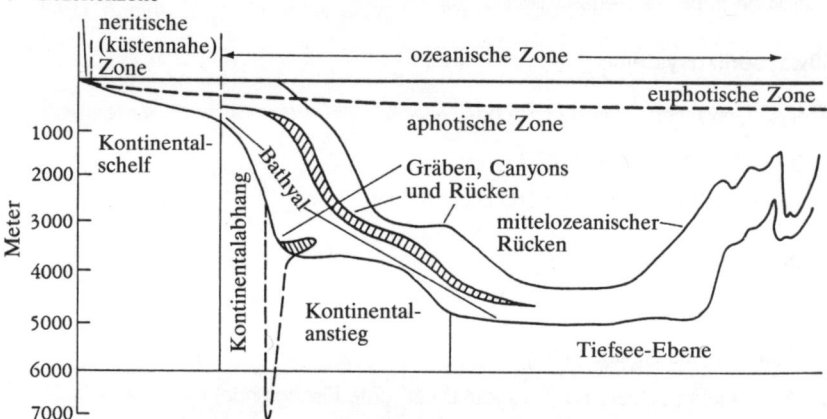

c

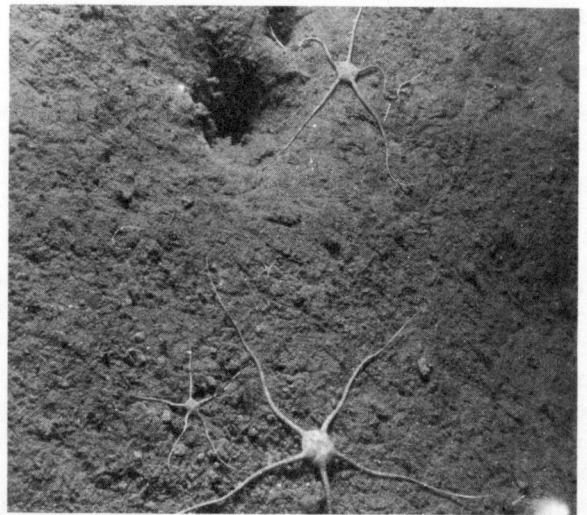

rüstungen und Spezialisten dennoch einen beträchtlichen finanziellen Aufwand. Die meisten Forschungsvorhaben werden daher zwangsläufig von relativ wenigen großen Institutionen mit Hilfe staatlicher Subventionen durchgeführt, die vor allem von den wohlhabenden Nationen kommen.

Um die Erwartungen und die Probleme, die mit der Nutzung der Ozeane durch den Menschen verbunden sind, richtig einschätzen zu können, müssen wir uns dem Profil des Meeresbodens zuwenden. Abbildung 8.1b zeigt ein solches Profil und enthält außerdem die in der Ozeanographie gebräuchlichen Bezeichnungen für die verschiedenen Zonen des Meeres. Nach der inzwischen allgemein anerkannten Theorie der Kontinentalverschiebung – die heute in dem umfassenderen Gedankengebäude der **Plattentektonik** aufgegangen ist – bildeten Afrika und Südamerika sowie Europa und Nordamerika einst zusammenhängende Landmassen, die aber im Laufe der Jahrmillionen zerbrachen und auseinanderdrifteten. Die **mittelozeanischen Rücken** (Abbildung 8.1b) entsprechen nach dieser Theorie den ehemaligen Berührungslinien der Kontinente, die heute Hunderte von Kilometern voneinander entfernt liegen. Der **Kontinentalschelf**, jenes flach abfallende Plateau, das die Kontinente umgibt, enthält den größten Teil der unterseeischen Vorräte an Öl und anderen Bodenschätzen. Von dort stammt auch die Hauptmenge der gegenwärtig eingebrachten Fischereierträge. Vom Rande des Schelfs, dessen Breite regional sehr verschieden sein kann, fällt der **Kontinentalabhang** jäh in die Tiefen des Ozeans ab. Die Topographie des Kontinentalabhangs ist zerklüftet; es gibt gewaltige Schluchten und Gebirgskämme, die sich infolge vulkanischer Aktivität und durch unterseeische Erdrutsche ständig verändern.

Da vermutlich unter jedem Quadratmeter Wasseroberfläche Phytoplankton existiert, und auch in den größten Tiefen noch bestimmte Lebensformen vorkommen (Abbildung 8.1c), stellen die Meere die horizontal und vertikal ausgedehntesten Ökosysteme dar. Gleichzeitig weisen sie die größte biologische Vielfalt auf. Meeresorganismen zeigen eine unglaubliche Bandbreite von Anpassungen – von den Schwebefortsätzen der winzigen Planktonorganismen, mit denen diese sich in den oberen Wasserschichten halten, bis hin zu den vergleichsweise riesigen Mäulern

**8.1** a) Die nie endende Wellenbewegung des Meeres veranschaulicht das Vorherrschen physikalischer Faktoren in der offenen See. (Mit freundlicher Genehmigung der Woods Hole Oceanographic Institution und von D. M. Owen.) b) Zonierung und Bodenprofil des Atlantischen Ozeans. (Nach Heezen et al. 1959.) c) Der Grund des Ozeans ist an vielen Stellen eine relativ ruhige und stabile Umgebung (im Gegensatz zu seiner Oberfläche). Das Photo zeigt einen Ausschnitt von ungefähr 40×50 Zentimetern in einer Tiefe von 1500 Metern auf einer Linie zwischen Cape Cod und den Bermuda-Inseln im Atlantik. Man erkennt mehrere zerbrechlich wirkende Schlangensterne sowie Wurmröhren und zwei größere Wurmbauten. (Mit freundlicher Genehmigung der Woods Hole Oceanographic Institution.)

und Mägen der Tiefseefische, in deren dunkler, kalter Welt es nur hin und wieder eine sperrige Mahlzeit gibt. Wie aus Abbildung 4.6 hervorgeht, sind die Kontinentalschelfgebiete ziemlich produktive Regionen: Die hier gefangenen Meerestiere bilden eine bedeutende Eiweiß- und Mineralstoffquelle für die menschliche Ernährung. Die produktivsten Gebiete und besten Fischgründe liegen dort, wo Nährstoffe durch Strömungen in die euphotische Zone hinauf befördert werden – ein Vorgang, den man als **Auftrieb** (*upwelling*) bezeichnet. Starke Auftriebszonen sind an den Westküsten mehrerer Kontinente zu finden. Das Auftriebsgebiet entlang der Küste von Peru zählt zu den produktivsten Naturräumen der Welt. Im Gegensatz dazu sind ausgedehnte Bereiche der Tiefsee gewissermaßen Halbwüsten mit einem (aufgrund ihrer großen Fläche) zwar beträchtlichen Gesamtenergiefluß, aber einem geringen Energiefluß pro Flächeneinheit. Die autotrophe Schicht (**euphotische Zone**) des Meeres ist im Vergleich zur heterotrophen Schicht (**aphotische Zone**) so dünn, daß ihre Nährstoffvorräte schnell erschöpft sind. Es gibt verschiedene Vorschläge und sogar schon einige Versuche, die potentielle Energie aus den vertikalen Temperaturunterschieden im Meer nutzbar zu machen, um einen künstlichen Auftrieb auszulösen. Experimente mit treibenden Plattformen oder „Riffen", auf denen Tange, Krabben und Muscheln gezüchtet werden, zeigen einige Erfolgsaussichten. Doch selbst wenn es uns nie gelingen sollte, größere Nahrungsmengen aus der Tiefsee zu gewinnen, ist diese für uns von großer Bedeutung. Die Weltmeere sorgen als gigantische Regulatoren für gemäßigte Klimaverhältnisse an Land und für günstige Kohlendioxid- und Sauerstoffkonzentrationen in der Atmosphäre.

Seit Jahren wird auf internationalen Konferenzen das heikle Thema einer weltweit verbindlichen gesetzlichen Regelung zur Ausbeutung der im Meeresboden enthaltenen Bodenschätze und Energieressourcen diskutiert. Die meisten objektiven Einschätzungen (siehe zum Beispiel Cloud 1969) warnen davor, die Tiefsee mit übertriebenem Optimismus als ein riesiges, nur auf seine Ausbeutung wartendes Warenlager zu betrachten. Der Abbau von Rohstoffen in der Tiefsee wird noch kostspieliger sein als die Öl- und Mineralstoffgewinnung aus den Kontinentalschelfen, die schon immense Summen verschlingt. Man sollte vor allem bedenken, daß die lebenserhaltenden und klimaregulierenden Funktionen des Meeres wesentlich wichtiger sind als die eines bloßen Vorratslagers. Alles, was wir unternehmen, um dieses Lager auszubeuten, darf die erstgenannten Funktionen auf keinen Fall gefährden.

### Ästuare und Meeresküsten

Zwischen den Meeren und den Kontinenten erstreckt sich ein Band verschiedenartiger Ökosysteme. Diese weisen einen ganz eigenen ökologischen Charakter auf, stellen also nicht bloß Übergangszonen dar. Obwohl physikalische Faktoren wie Salzgehalt und Temperatur in Küstennähe sehr viel stärker variieren als im offenen Meer, ist hier das Nahrungsangebot so reichhaltig, daß diese Gebiete voller Leben sind. Entlang der Küste leben Tausende speziell angepaßter Arten, die im offenen Meer, an Land oder im Süßwasser nicht vorkommen. Vier Typen küstennaher mariner Ökosysteme sind in Abbildung 8.2 ausschnittweise dargestellt: eine Felsküste, ein Sandstrand, ein Watt und ein von den Gezeiten beeinflußtes, durch Salzmarschen gekennzeichnetes Ästuar.

Das Wort Ästuar (vom lateinischen *aestuarium* für „Bucht", „Lagune") bezeichnet einen halbumschlossenen Wasserkörper — beispielsweise eine Flußmündung oder eine Bucht —, dessen Salzgehalt zwischen dem des Meerwassers und dem des Süßwassers liegt und in dem die Gezeitentätigkeit ein bedeutender physikalischer Regulator und Energielieferant ist. Ästuare und marine Küstengewässer gehören zu den von Natur aus fruchtbarsten Ökosystemen der Welt. Drei wichtige autotrophe Lebensformen, die bei der Aufrechterhaltung einer hohen Gesamtproduktivität unterschiedliche Rollen spielen, kommen in Ästuaren häufig gemeinsam vor: das Phytoplankton, die benthische Mikroflora (Algen, die in oder auf Schlick, Sand, Fels oder den Körpern und Schalen von Tieren leben) und die Makroflora (große festsitzende Pflanzen, darunter Tange, Seegräser, Marschgräser und — in den Tropen — Mangroven). Ästuare sind die „Kinderstuben" der meisten in Küstennähe lebenden Schalentiere und Fische, die vom Menschen sowohl hier als auch in den Gewässern vor der Küste gefangen werden. All diese Organismen haben sich auf viele verschiedene Weisen dem Zyklus von Ebbe und Flut angepaßt und können sich so die Vorteile eines Lebens in der Gezeitenzone zunutze machen. Einige Tiere, etwa die Winkerkrabben, verfügen über innere biologische Uhren, mit deren Hilfe sie ihre Freßaktivität mit der jeweils günstigsten Phase des Gezeitenzyklus in Einklang bringen. Versetzt man solche Tiere im Experiment in eine gleichbleibende Umgebung, so bleiben sie trotzdem weiterhin im Rhythmus der Gezeiten aktiv.

**8.2** Die Abbildungen auf der folgenden Doppelseite zeigen vier verschiedene Küstenökosysteme. a) Eine Felsküste in Kalifornien mit den charakteristischen untergetauchten Seegraswiesen und den vielgestaltigen Gezeitentümpeln, in denen oft farbenfrohe wirbellose Tiere leben; im Wasser und auf den Felsen vor der Küste sind Seelöwen und Seevögel zu Hause. b) Ein Sandstrand mit einer Geisterkrabbe neben ihrer Höhle. c) Eine Wattfläche in Massachusetts bei Niedrigwasser; obwohl ein Watt an der Oberfläche wie eine Wüste erscheint, kann es doch überaus große Populationen von Schalentieren und anderen Lebewesen ernähren, vorausgesetzt, es ist nicht verschmutzt oder durch übermäßige Nutzung belastet. (Mit freundlicher Genehmigung des U.S. Fish and Wildlife Service.) d) Eine produktive Gezeitenmündung (Ästuar) an der Küste Georgias mit kleinen Buchten, einem Netz von Prielen und ausgedehnten Salzmarschen. Die flachen Priele und die Marschen beherbergen nicht nur eine Fülle charakteristischer Organismen, sondern dienen auch als „Kinderstube" der Garnelen und Fische, die später in küstennahe Meeresgebiete abwandern, wo sie letztlich oft den Schleppnetzen der Trawler zum Opfer fallen. (Mit freundlicher Genehmigung des University of Georgia Marine Institute.)

a

b

c

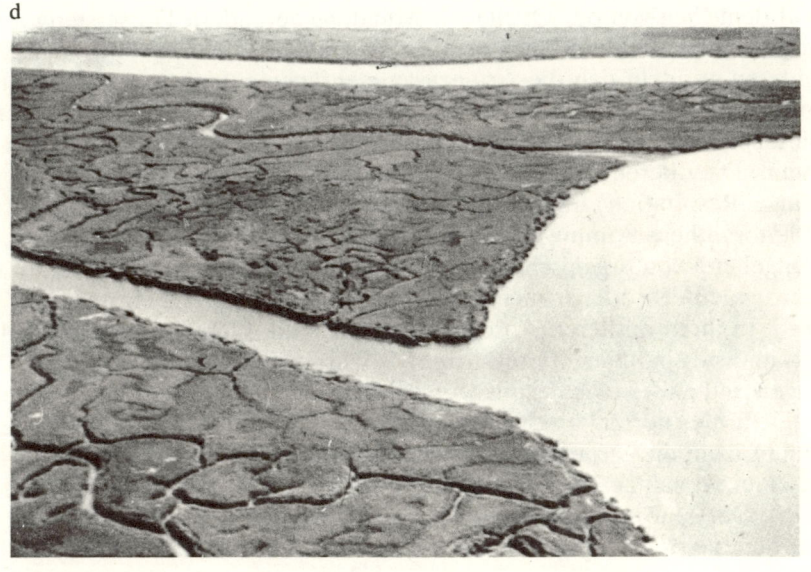

d

Viele Ästuare sind effiziente Nährstoffallen, die teils physikalisch (Unterschiede im Salzgehalt hemmen die vertikale, nicht aber die horizontale Durchmischung der Wassermassen), teils biologisch funktionieren. Diese Eigenschaft steigert die Aufnahmefähigkeit eines Ästuars für Nährstoffe aus Abwässern, vorausgesetzt, die organische Substanz wurde zuvor durch entsprechende Reinigungsschritte weitestgehend abgebaut (reduziert). Traditionell werden Ästuare von küstennahen Städten vielfach als kostenlose Entsorgungssysteme genutzt, aber selten in dieser Funktion gewürdigt, wie das Beispiel der Bucht von New York in Kapitel 1 gezeigt hat. Das Wissen über den Wert von Ästuaren wie auch ihre Erforschung haben allerdings seit 1970 erheblich zugenommen, und in vielen Staaten sind bereits Gesetze zu ihrem Schutz erlassen worden.

**Bäche und Flüsse**

In der Geschichte des Menschen haben Flüsse nicht nur als Wasserlieferanten und Transportwege, sondern auch als Abfall- und Abwasserbeseitigungssysteme stets eine bedeutende Rolle gespielt. Zwar ist der Anteil der Fließgewässer an der Erdoberfläche im Vergleich zu dem der Meere und Landmassen eher gering, doch gehören Bäche und Flüsse zu jenen natürlichen Ökosystemen, die durch den Menschen besonders intensiv genutzt werden. Die verschiedenen Nutzungsarten (zum Beispiel Wasserversorgung, Abwasserbeseitigung und Fischfang, aber auch Eingriffe zum Hochwasserschutz) sollte man genau wie bei Ästuaren stets gemeinsam betrachten und nicht als voneinander unabhängige Probleme behandeln. (Eine andere Situation liegt bei Ackerland oder anderen Ökosystemen mit nur einer Nutzungsart vor.)

Auf dem Weg von der Quelle zur Mündung verändern Flüsse stetig ihren Charakter. Zum einen nehmen Breite und Wasserführung zu, zum anderen wandeln sich die Artenzusammensetzung und die Artenvielfalt sowie der Stoffwechsel der Lebensgemeinschaft. Ökologen sprechen bei dieser in Längsrichtung verlaufenden Aufeinanderfolge vom **Flußkontinuum.** Die oberen Zuflüsse sind oft heterotroph – das heißt, die Atmung (Respiration) übersteigt die Produktion, und das Verhältnis P/R (Photosynthese/Atmung) ist kleiner als eins. Die Lebensgemeinschaft ist weitgehend von organischer Substanz abhängig, die aus den Böden des Einzugsgebiets (oder manchmal aus angrenzenden Seen) eingetragen wird. In ihren mittleren Abschnitten werden die Flüsse breiter und lichter, und sie sind hier oft autotroph (P/R ist größer oder gleich eins), da Algen und andere Wasserpflanzen zahlreicher werden. Die Artenvielfalt erreicht hier normalerweise ein Maximum. Im Unterlauf großer Flüsse nimmt dann die Strömung ab, und das Wasser ist häufig schlammig, was zu einer Abnahme des Lichteinfalls und der aquatischen Photosynthese führt. Der Fluß wird wieder heterotroph, und die Artenvielfalt nimmt auf den meisten Trophieebenen ab.

Obgleich Bäche und Flüsse natürliche Aufbereitungssysteme für abbaubare Abfälle sind (man erinnere sich an die wiederholten Bemerkungen über „kostenlose Entsorgungssysteme"), tragen fast alle großen Flüsse der Erde eine gefährlich große Fracht von Rückständen aus der menschlichen Zivilisation. Überall auf der Welt hat man die Wasserläufe derart gründlich gestaut, eingedeicht und kanalisiert, daß es immer schwieriger wird, noch einen wirklich wilden Fluß zu finden. Dabei weiß man inzwischen, daß einige dieser sehr kostspieligen Maßnahmen nur einen zeitlich oder örtlich begrenzten Nutzen bringen und darüber hinaus neue Probleme schaffen, für deren Beseitigung wiederum große Summen aufgewendet werden müssen (wie es beispielsweise bei einigen Eindeichungsprojekten zum Hochwasserschutz der Fall gewesen ist). Überschwemmungen, die früher „Naturkatastrophen" (und deshalb unvermeidbar) waren, werden heute mehr und mehr zu von Menschen herbeigeführten (und somit vermeidbaren) Unglücken. Belt (1975) beschreibt eine solche Entwicklung am Beispiel des Mississippi. In Zukunft wird man Eingriffe in Fließgewässer einer gründlicheren Kosten-Nutzen-Analyse als bisher unterziehen müssen.

Ökologen teilen Fließwasserökosysteme gerne in zwei Gruppen ein: Flüsse (oder Flußabschnitte), die ihr Bett erodieren und deren Grund daher gewöhnlich fest ist, und solche, in denen sich Material ablagert und deren Grund deshalb meist aus weichen Sedimenten besteht. In vielen Fällen kann man allerdings beides im selben Fluß beobachten; man denke nur an den Wechsel von Stromschnellen und strömungsarmen Wasserbereichen in kleineren Flüssen. Aufgrund der verschiedenartigen Existenzbedingungen unterscheiden sich auch die Lebensgemeinschaften der beiden Standorte. Die Gemeinschaften im Stillwasser eines Flusses ähneln denen in Teichen, weil sich hier wie dort in beträchtlichem Maße Phytoplankton entwickeln kann. Auch die Fisch- und Wasserinsektenarten dieser Zonen sind denen der Teiche und Seen gleich oder ähnlich. Die Lebensgemeinschaften der Stromschnellenbereiche mit festem Untergrund hingegen setzen sich aus charakteristischeren, stärker spezialisierten Formen zusammen. Dazu gehören beispielsweise die netzspinnenden Larven der Köcherfliegen (Trichoptera), die mit Netzen aus feinen Seidenfäden Nahrungsteilchen aus dem fließenden Wasser auffangen.

Die riesigen Sedimentfrachten, welche die großen Flüsse der Welt ununterbrochen in die Ozeane transportieren, geben uns nicht zuletzt Hinweise auf die mißbräuchliche Nutzung des Festlandes durch den Menschen. So verliert Asien, der Kontinent mit den ältesten Zivilisationen und dem stärksten Bevölkerungsdruck, pro Quadratkilometer Landfläche, die von Flüssen entwässert wird, jährlich weit über 500 Tonnen Erde. Für Nordamerika liegt der entsprechende Wert bei ungefähr 95 Tonnen, für Südamerika bei 60 Tonnen und für Europa bei 35 Tonnen (Holeman 1968).

## Seen und Teiche

Geologisch betrachtet sind die meisten Becken, die heute stehende Gewässer enthalten, relativ jung. Die Lebensdauer von Teichen (Abbildung 8.3b) reicht von einigen Wochen oder Monaten bei kleinen, temporären Tümpeln bis zu mehreren Jahrhunderten bei den größeren Vertretern. Wenn auch einige wenige Seen, wie zum Beispiel der Baikal-See in Sibirien, schon uralt sind, datieren die meisten großen Seen nicht weiter zurück als bis zur letzten Eiszeit (Pleistozän). Man kann davon ausgehen, daß sich Stillwasserökosysteme mit einer Geschwindigkeit verändern, die in etwa umgekehrt proportional zu ihrer Größe und Tiefe ist. Obwohl die geographische Isolation von Süßwasserökosystemen die Artbildung begünstigt, steht die fehlende Isolation in der Zeit ihr entgegen. Im allgemeinen ist die Artenvielfalt in Süßwassergemeinschaften gering, und dieselben Taxa (zum Beispiel Arten, Gattungen und Familien) können über einen ganzen Kontinent verbreitet sein und sogar auf benachbarten Kontinenten vorkommen. In Kapitel 3 wurde das Ökosystem Teich genauer betrachtet, da es sich durch seine überschaubare Größe gut zur Einführung in das Studium der Ökologie eignet.

Deutliche Zonierung und Schichtung sind charakteristische Merkmale für Seen und größere Teiche. Folgende Zonen lassen sich unterscheiden: die Uferzone (**Litoral**) mit bewurzelter Vegetation, die vom Plankton beherrschte Freiwasserzone (**Pelagial**) und die Tiefenzone (**Profundal**), die ausschließlich von Heterotrophen besiedelt wird. Diese Zonen sind den in Abbildung 8.1b dargestellten Hauptzonen des Meeres vergleichbar. In gemäßigten Breiten bilden sich im Sommer und im Winter aufgrund ungleichmäßiger Erwärmung oder Abkühlung oft thermische Schichtungen in Seen aus. Die wärmere obere Schicht des Sees (das **Epilimnion**, vom griechischen *epi* für „auf" und *limne* für „Teich") ist zeitweilig vom kälteren Tiefenwasser (oder **Hypolimnion**) durch die sogenannte **Sprungschicht** (**Metalimnion**, Thermokline) getrennt, die als Barriere gegen den Austausch von Stoffen wirkt. Infolgedessen kann es im Hypolimnion zu Sauerstoffmangel und im Epilimnion zu Nährstoffarmut kommen. Im Frühjahr und im Herbst, wenn der gesamte Wasserkörper eines Sees annähernd die gleiche Temperatur aufweist, findet eine Durchmischung statt. Diesen jahreszeitlich bedingten „Verjüngungen" des Ökosystems folgen häufig sogenannte Phytoplanktonblüten. In

**8.3** Drei Süßwasserökosysteme. a) Die Vereinigung zweier Flüsse im nördlichen New Jersey. Der Fluß im Vordergrund kommt aus einem von Gras und Bäumen geschützten Einzugsgebiet; der von links kommende Strom führt infolge mangelhaft geführter Landwirtschaft eine starke Schlammfracht. (Mit freundlicher Genehmigung des Soil Conservation Service.) b) Ein natürlicher Teich in der Graslandregion des westlichen Kanada. c) Ein Feuchtgebiet im Sacramento National Wildlife Refuge in Kalifornien, wo große Gänseschwärme in einer produktiven aquatischen und semiaquatischen Vegetation Nahrung und Schutz finden. (Mit freundlicher Genehmigung des U.S. Fish and Wildlife Service.)

a

b

c

wärmeren Klimazonen tritt eine Durchmischung des Wassers meist nur einmal jährlich, nämlich im Winter, auf, während dieser Prozeß in den Tropen kontinuierlich abläuft oder in unregelmäßigen Abständen einsetzt.

Die Primärproduktion in Ökosystemen stehender Gewässer hängt von der chemischen Zusammensetzung des Untergrundes, von der Art der Einträge aus Bächen oder aus der Umgebung sowie von der Tiefe des Gewässers ab. Flache Seen sind normalerweise produktiver als tiefe, und zwar aus Gründen, die wir bereits bei der Besprechung der Meere skizziert haben. Dementsprechend verhält sich der Fischertrag pro Hektar Oberfläche in der Regel umgekehrt proportional zur mittleren Tiefe eines Sees. Nach ihrer Produktivität kann man zwischen **oligotrophen** (nährstoffarmen) und **eutrophen** (nährstoffreichen) Seen unterscheiden.

Das als künstliche oder anthropogene **Eutrophierung** von Seen bekannte Phänomen hat in der näheren Umgebung von Großstädten und in vielbesuchten Feriengebieten zu schwerwiegenden Problemen geführt. Einige anorganische Substanzen in Abwässern wirken wie Düngemittel und erhöhen so die Primärproduktionsrate von Seen. Dadurch verändert sich die Zusammensetzung der aquatischen Lebensgemeinschaften in einer Weise, die der Öffentlichkeit gewöhnlich nicht gefällt. Jagdbare Fische wie die Forelle, die kaltes, sauberes, sauerstoffreiches Wasser brauchen, verschwinden oft, und ein übermäßiges Wachstum von Algen und anderen Wasserpflanzen kann zu Beeinträchtigungen bei Freizeitaktivitäten wie Schwimmen, Bootfahren und Sportangeln führen. Auch verleihen unzersetzte, gelöste organische Stoffe dem Wasser einen unangenehmen Geschmack, der sich mitunter auch durch Reinigungsmaßnahmen nicht beseitigen läßt. Vom Standpunkt der Wassernutzung und der Erholung ist also ein nährstoffarmer See einem nährstoffreichen See vorzuziehen. Paradoxerweise sind in einigen Teilen der Erde die Menschen intensiv bestrebt, die Produktivität von Gewässern zu Zwecken der Nahrungsgewinnung zu erhöhen, während man anderswo versucht, sie herabzusetzen (durch Entfernen der Nährstoffe, Vergiften von Pflanzen und so weiter), um eine angenehme Umgebung zu erhalten. Ein produktiver grüner Teich, der viele Fische hervorbringt, gilt nicht gerade als geeigneter Badesee. Bemühungen, kommunale Abwässer von bestimmten Seen fernzuhalten, haben gezeigt, daß sich die künstliche Eutrophierung rückgängig machen läßt; die entsprechenden Gewässer verlieren an Fruchtbarkeit, zeigen aber eine (für menschliche Zwecke) verbesserte Wasserqualität, sobald deutlich weniger oder keine Nährstoffe mehr hineingelangen. Der Lake Washington in Seattle ist ein gut dokumentiertes Beispiel für eine solche Entwicklung (Edmondson 1968).

Durch Anlage künstlicher Teiche und Seen (Stauseen im weitesten Sinne) verändert der Mensch in Gebieten, die über keine natürlichen Gewässer verfügen, die Landschaft in augenfälliger Weise. In den Vereinigten Staaten besitzt heute fast jede Farm mindestens einen Teich, und größere Stauseen sind praktisch an jedem Fluß entstanden. Meistens erweisen sich diese Maßnahmen als vorteilhaft für Mensch und Landschaft, da sie Wasser- und Nährstoffkreisläufe stabilisieren und durch eine gesteigerte Vielfalt die oft monotonen Kulturlandschaften bereichern. Dennoch ist die Anlage von Stauseen nicht in jedem Falle sinnvoll: Wird zum Beispiel fruchtbares Land mit einer Wasserfläche bedeckt, die nur geringe Erträge erbringen kann, so ist dies wohl kaum eine optimale Bodennutzung.

Viele Menschen scheinen merkwürdig unvorbereitet auf die Veränderungen zu sein, welche die natürliche Sukzession in künstlichen Teichen und Seen mit sich bringt. Sie gehen offenbar davon aus, daß sich ein See, ist er erst einmal angelegt, nicht mehr verändert, ähnlich wie eine Brücke oder ein Hochhaus. Doch natürlich laufen auch dort all jene Vorgänge der Sukzession ab, die in Kapitel 7 beschrieben wurden – sowohl als Resultat der Aktivitäten der Lebensgemeinschaft (autogene

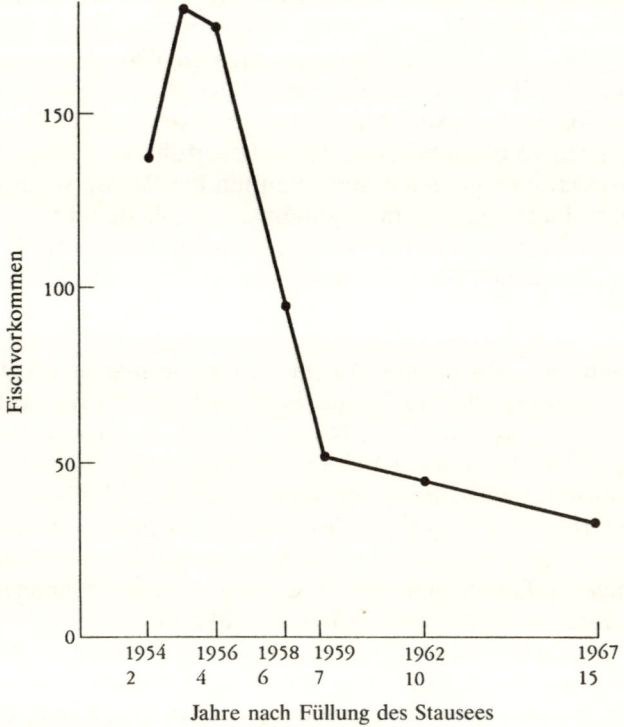

**8.4** Fischvorkommen (Mittelwerte der mit zwei Meßmethoden ermittelten Abundanz) in einem neuangelegten Stausee am Oberlauf des Missouri (Lake Francis Case in South Dakota) in der Zeit zwischen dem zweiten und 15. Jahr nach Fertigstellung des Dammes und maximaler Füllung des Stausees. (Daten aus Gasaway 1970.)

Prozesse) wie auch, besonders in Teichen und flachen Seen, als Ergebnis der Sedimenteinträge aus dem jeweiligen Einzugsgebiet (allogene Prozesse). Der Fischertrag in einem neuangelegten Gewässer ist in den ersten Jahren oft gut, geht jedoch dann durch den fortschreitenden Abbau der im überschwemmten Untergrund enthaltenen Nährstoffe und durch die beginnende Alterung des Gewässers oftmals drastisch zurück (Abbildung 8.4).

### Sumpflandschaften

Vieles von dem, was eben über Ästuare gesagt wurde, gilt auch für Sumpfgebiete, die gleichfalls von Natur aus fruchtbare Ökosysteme sind (Abbildung 8.3c). In einigen küstennahen Flußmarschen macht sich noch der Gezeiteneinfluß bemerkbar, und periodisch schwankende Wasserstände als Folge jahreszeitlich und von Jahr zu Jahr variierender Niederschlagsmengen tragen häufig in ähnlicher Weise zum Erhalt einer dauerhaften Stabilität und Fruchtbarkeit bei. Brände während der Trockenzeiten vernichten angesammelte organische Substanz, vertiefen dadurch die wasserführenden Mulden und begünstigen den nachfolgenden aeroben Abbau sowie die Freisetzung löslicher Nährstoffe; auf diese Weise erhöhen sie die Produktionsrate. Bleiben Wasserstandsschwankungen und Brände aus, können die zunehmende Ablagerung von Sedimenten und die Bildung von Torf aus unzersetzter organischer Substanz zum Vordringen von Bäumen und Sträuchern führen. Wo der Mensch in Überschwemmungsgebieten und Sümpfen den Wasserstand durch Deiche kontrolliert, müssen im allgemeinen Herbizide oder mechanische Maßnahmen eingesetzt werden, um ein Verlanden zu verhindern und damit den Lebensraum für Enten und andere semiaquatische Lebewesen zu erhalten.

Feuchtgebiete bieten nicht nur Wasservögeln und manchen Pelztieren Zuflucht, sondern spielen auch eine wichtige Rolle für die Aufrechterhaltung des Grundwasserspiegels in angrenzenden Ökosystemen. Die Everglades in Florida sind ein außergewöhnlich großes und interessantes Sumpfgebiet mit natürlicherweise wechselnden Wasserständen. Eine vollständige Trockenlegung (selbst wenn sie möglich oder wünschenswert wäre) würde nicht nur ein bedeutendes Tierparadies zerstören; sie brächte auch die Gefahr mit sich, daß Salzwasser in die unterirdischen Trinkwasserreservoire der großen Küstenstädte eindringt.

Es ist bezeichnend, daß Reisfelder, die zu den produktivsten vom Menschen erdachten landwirtschaftlichen Systemen gehören, Überschwemmungsökosysteme sind. Das alljährliche Überfluten, Drainieren und sorgfältige Bearbeiten eines Reisfeldes steht im engen Zusammenhang mit der Erhaltung seiner Fruchtbarkeit und der hohen Produktivität der Reispflanze, die selbst eine Art kultiviertes Sumpfgras ist.

**Die terrestrischen Biome**

Große, leicht erkennbare Einheiten von terrestrischen Lebensgemeinschaften werden **Biome** genannt. Die Erscheinungsform der Klimaxvegetation (zur Erläuterung des Klimaxkonzepts siehe Kapitel 7) ist in
einem gegebenen Biom einheitlich und stellt den Schlüssel zu seiner
Bestimmung dar. So bilden im Graslandbiom Gräser die dominierende
Klimaxvegetation, wenngleich die jeweils dominanten Arten mit den
geographischen Regionen, in denen das Graslandbiom liegt, wechseln.
Auch andere Vegetationstypen werden in dem Biom zu finden sein,
beispielsweise „krautige" Sukzessionsstadien, Subklimaxstadien von
Wäldern (in Abhängigkeit von den örtlichen Boden- und Wasserverhält-
nissen), Feldfrüchte und sonstige eingeführte Pflanzen.

Abbildung 8.5 zeigt die Verbreitung von sechs wichtigen Biomen in
Abhängigkeit von Temperatur und Niederschlagsmenge. Das Schema
erlaubt es, anhand der jeweiligen Jahresmittelwerte von Temperatur und
Niederschlag für den eigenen Wohnort festzustellen, in welchem Biom
man lebt − sogar wenn man mitten in einer Stadt ohne jegliche Klimaxvegetation wohnt. Das Vorkommen verschiedener anderer Biome, zum
Beispiel von Hartlaubgehölzen, Dornsavannen und tropischen Monsun-
regenwäldern (in Abbildung 8.5 nicht dargestellt), hängt mehr von der
jahreszeitlichen Verteilung der Niederschläge als von der durchschnittlichen Jahresniederschlagsmenge ab.

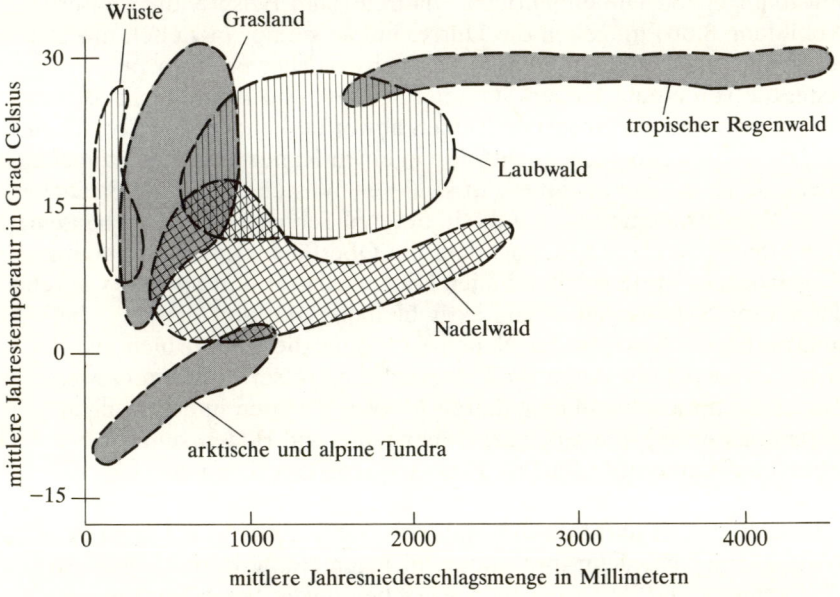

**8.5** Verteilung der sechs wichtigsten Biome nach den Jahresmittelwerten von Temperatur und
Niederschlagsmenge. (Mit freundlicher Genehmigung der National Science Foundation.)

## Wüsten

Wüstenbiome kommen in Gebieten mit weniger als 250 Millimeter Niederschlag pro Jahr vor, manchmal auch in heißen Regionen mit größerer, aber ungleichmäßig über das Jahr verteilter Niederschlagsmenge. In mittleren Breiten ist der Mangel an Regen oft die Folge stabiler Hochdruckgebiete; die Wüsten der gemäßigten Zonen liegen häufig im Regenschatten, also dort, wo hohe Berge die vom Meer kommende Feuchtigkeit abfangen. Abbildung 8.6 zeigt zwei nordamerikanische Wüstentypen: eine „heiße" Wüste in Arizona, die durch Kreosotbüsche und Kakteen geprägt ist (Abbildung 8.6a), und eine „kühle", mit Sträuchern der Art *Artemisia tridentata* (*sagebrush*) bestandene Halbwüste im Bundesstaat Washington (Abbildung 8.6b). Die für die Wüstenvegetation charakteristische gleichmäßige Verteilung und die dafür verantwortliche Fähigkeit der Pflanzen, allelopathisch wirkende Stoffe auszuscheiden (welche das Wachstum benachbarter Pflanzen beeinträchtigen), wurden bereits in Kapitel 6 erörtert. Die nordamerikanischen Wüsten weisen nicht so extreme Bedingungen auf wie einige Wüsten anderer Kontinente, zum Beispiel die Sahara in Afrika oder die asiatische Wüste Gobi. In den Wüsten der Vereinigten Staaten ist im Jahreslauf stets mit geringen saisonalen Niederschlägen zu rechnen, während sich in extremen Wüsten die regenlosen Perioden über mehrere Jahre erstrekken können.

Vier unterschiedliche pflanzliche Lebensformen sind an das Ökosystem Wüste angepaßt. Die einjährigen Pflanzen (zum Beispiel die Gräser in Abbildung 8.6b) umgehen die Dürre, indem sie nur in Zeiten mit ausreichender Feuchtigkeit wachsen. Wüstensträucher besitzen zahlreiche Äste, die von einem kurzen Stamm ausgehen, und kleine dicke Blätter, die sie während der Trockenperioden abwerfen können. Sie überleben aufgrund ihrer Fähigkeit, rechtzeitig in einen Ruhezustand überzugehen, bevor sie zu welken beginnen. In kühleren Wüsten bilden die Sträucher lange Wurzelsysteme aus, um die in tieferen Schichten noch vorhandene Feuchtigkeit zu erreichen, nachdem die Oberfläche schon vollständig ausgetrocknet ist. In solchen Fällen können Blätter und Sprosse während des ganzen Sommers grün und aktiv bleiben. Die Sukkulenten – beispielsweise die Kakteen der Neuen Welt oder die Euphorbien (Wolfsmilchgewächse) der Alten Welt – speichern Wasser in ihrem Gewebe. Zur Mikroflora schließlich gehören Moose, Flechten und Blaualgen (Cyanobakterien), die lange als Dauerstadien im Boden ruhen, aber schnell auf kühle oder feuchte Perioden reagieren können.

Etliche Reptilien und Insekten sind von Natur aus an das Leben in Wüsten angepaßt, denn ihre undurchlässigen Häute beziehungsweise Chitinpanzer und ihre trockenen Ausscheidungen befähigen sie, mit wenig Wasser auszukommen. Dagegen ist die Gruppe der Säugetiere als Ganzes nur schlecht für das Leben in Wüsten ausgerüstet, doch haben sich einzelne Arten sekundär angepaßt. Einige nachtaktive Nagetiere zum Beispiel, die hochkonzentrierten Urin ausscheiden und kein Wasser für ihre Temperaturregulation benötigen, können in der Wüste leben, ohne zu trinken. Andere Tiere, wie die Kamele, müssen zwar regelmäßig trinken, sind aber durch physiologische Anpassungen in der Lage, einer

a

b

**8.6** Zwei Wüstentypen im westlichen Nordamerika. a) Eine „heiße" Wüste in Arizona. (Mit freundlicher Genehmigung von R. R. Humphries.) b) Eine „kühle" Wüste im Osten des Staates Washington im beginnenden Frühjahr. (Mit freundlicher Genehmigung der Hanford Atomic Products Operation.) Die Lebensform „Wüstenstrauch" vertreten im ersten Falle die dunklen Kreosotbüsche und im zweiten die Sträucher der zu den Beifußgewächsen zählenden Art *Artemisia tridentata* (*sagebrush*). Bemerkenswert ist die relativ gleichmäßige Verteilung der Sträucher. Zur Lebensform der Sukkulenten gehören die Kakteen in a, während die Gräser, welche in b zwischen den Beifußsträuchern wachsen (*cheat grass*, eine Trespenart), die einjährigen Wüstenpflanzen repräsentieren. (Die in b erkennbare Versuchsanordnung dient der Bestimmung der relativen Aufnahme spezifischer Mineralstoffe aus dem Boden durch die beiden innerhalb des Metallringes wachsenden Lebensformen mit Hilfe radioaktiv markierter Verbindungen).

Gewebeaustrocknung einige Zeit lang zu widerstehen. (Mehr über Anpassungen von Wüstentieren findet man bei Schmidt-Nielsen 1964.)

Im Laufe der Jahrtausende hat die Menschheit in oder am Rande von Wüsten bemerkenswerte Kulturen hervorgebracht, wozu auch speziell angepaßte Haustiere und Kulturpflanzen gehören. Tatsächlich erfordert das Leben in trockenen (ariden) Regionen Einfallsreichtum und eine bewahrende Ethik, also zwei Eigenschaften, an denen es in wirtlicheren Gegenden oft mangelt.

Weil Wasser in ariden Zonen den wichtigsten begrenzenden Faktor darstellt, ist die Produktivität einer Wüstenregion eine nahezu lineare Funktion der Niederschlagsmenge. In der kalifornischen Mojave-Wüste ermöglicht ein jährlicher Niederschlag von 100 Millimetern eine Nettoproduktion von ungefähr 600 Kilogramm pro Hektar. Eine Regenmenge von 200 Millimetern steigert die Nettoproduktion auf etwa 1000 Kilogramm pro Hektar. Wo die Verluste durch Verdunstung geringer sind, wie in den kühleren Wüsten des Great Basin im Westen der USA, ergeben sich bei 200 Millimeter Regen 1500 bis 2000 Kilogramm pro Hektar.

Wenn die Bodenverhältnisse es zulassen, können Wüsten durch Bewässerung in sehr produktive landwirtschaftliche Flächen umgewandelt werden. Ob diese Produktivität allerdings von Dauer oder nur ein kurzes „Aufblühen" ist, hängt davon ab, wie gut der Mensch die biogeochemischen Kreisläufe und Energieflüsse auf dem nun erhöhten Niveau zu stabilisieren vermag. Wenn eine große Menge Wasser durch ein Bewässerungssystem fließt, können im Boden Salze zurückbleiben, deren Konzentration im Laufe der Jahre so stark zunimmt, daß sie zum limitierenden Faktor für das Pflanzenwachstum werden – es sei denn, man findet Mittel und Wege, dieses Problem zu vermeiden. Auch die Wasserversorgung selbst kann zusammenbrechen, wenn das Einzugsgebiet durch die Entnahme übermäßig beansprucht wird. Die Ruinen versunkener Zivilisationen und ihrer Bewässerungssysteme in den Wüsten der Alten Welt stehen als Warnung, daß die Wüste aufhören wird zu blühen, wenn wir die Gesetze dieses Ökosystems nicht verstehen und bei unserem Handeln berücksichtigen.

**Tundren**

Zwischen den borealen Nadelwäldern im Süden und dem Nordpolarmeer (sowie polaren Eiskappe) im Norden erstreckt sich ein zirkumpolares Band baumlosen Landes von mehr als drei Millionen Quadratkilometer Fläche: die arktische Tundra (Abbildung 8.7). Kleinere, aber ökologisch ähnliche Regionen oberhalb der Baumgrenze in Gebirgen nennt man alpine Tundren. Wie in den Wüsten wirkt auch in den Tundren ein physikalischer Faktor limitierend auf die biologischen Funktionen, aber hier ist es eher die Temperatur als die verfügbare Wassermenge. Die Niederschläge sind zwar ebenfalls rar, doch gibt es aufgrund der niedrigen Verdunstungsrate keine Wasserknappheit. Man könnte sich

a

b

**8.7** Die Tundra. a) Aufnahme eines mit Gräsern und Seggen bestandenen Tundragebiets in der Nähe des Arctic Research Laboratory in Point Barrow (Alaska) im August. (Mit freundlicher Genehmigung von R. E. Shanks und J. Koranda.) b) Luftaufnahme einer Rentierherde in der Tundra. Die Unebenheit der Landschaft ist eine Folge der Frosteinwirkung; typisch sind auch die zahlreichen kleinen Tümpel und Teiche. (Mit freundlicher Genehmigung des U.S. Fish and Wildlife Service.)

die Tundra auch als arktische Wüste vorstellen, aber am besten läßt sie sich wohl als feuchtes arktisches Grasland oder als kalte Sumpfzone charakterisieren, die einen Teil des Jahres gefroren ist.

Obgleich man Tundren häufig als „Ödland" bezeichnet und deshalb erwarten könnte, dort nur eine geringe biologische Produktivität vorzufinden, hat eine überraschend große Anzahl von Arten bemerkenswerte Anpassungen entwickelt, die ihnen das Überleben in der Kälte gestatten. Die dünne Vegetationsdecke besteht aus Flechten, Gräsern und Seggen, die zu den robustesten Landpflanzen gehören. Wo die topographischen Bedingungen günstig sind, ist während der langen Tage des kurzen Sommers (bei langer Photoperiode) die Primärproduktionsrate hoch (wie etwa in den tiefgelegenen Bereichen, die in Abbildung 8.7a zu erkennen sind). Tausende von kleinen Seen wie auch das angrenzende Nordpolarmeer versorgen die Nahrungsketten der Tundra mit zusätzlicher Nahrung. Die aquatische und die terrestrische Nettoproduktion zusammen reichen tatsächlich aus, um nicht nur die während des Sommers hier brütenden Zugvögel und schlüpfenden Insekten, sondern auch die ganzjährig aktiven Säugetiere dieser Region zu ernähren; zu diesen gehören große Tiere wie Moschusochsen, Rentiere (Abbildung 8.7b), Eisbären, Wölfe und Meeressäuger ebenso wie die Lemminge, die in der Vegetationsdecke ihre Gänge anlegen. Das dramatische Auf und Ab im Bestand der Lemminge wurde in Kapitel 6 erörtert. Die großen Pflanzenfresser ziehen über weite Strecken umher, da nirgendwo in der Tundra die Nettoproduktion ausreicht, um sie dauerhaft zu ernähren. Wo der Mensch versucht, diese Tiere „einzufrieden" oder nichtwandernde Stämme zu Haustieren zu machen — ein Beispiel sind die domestizierten Rentiere —, ist eine Überweidung fast unvermeidbar, es sei denn, die Weideflächen werden in umsichtiger Weise regelmäßig gewechselt, um so das fehlende Wanderverhalten auszugleichen. Die Belastung der Tundra durch den Menschen wird weiter zunehmen, da er sich anschickt, die Ressourcen an Öl und anderen Bodenschätzen in den polaren Regionen auszubeuten.

### Grasland

Natürliche Graslandbiome sind dort zu finden, wo die Niederschlagsmengen zwischen denen der Wüsten und denen der Waldregionen liegen (Abbildung 8.8). In den gemäßigten Breiten bedeutet dies im allgemeinen einen jährlichen Niederschlag von 250 bis 600 Millimetern — je nach Temperatur, jahreszeitlicher Verteilung der Regenmenge und Speicherkapazität des Bodens. Auf tropische Graslandgebiete können während einer kurzen Regenzeit, die mit einer längeren Trockenzeit abwechselt, bis zu 1200 Millimeter Niederschlag fallen. Die Bodenfeuchtigkeit ist ein Schlüsselfaktor, insbesondere weil sie die mikrobielle Zersetzung und Rückführung von Nährstoffen begrenzt. Ausgedehnte Graslandgebiete bedecken das Innere Nordamerikas und Eurasiens. Weitere große natürliche Graslandregionen gibt es im Süden Südamerikas, in Zentral- und Südafrika sowie in Australien.

Abbildung 8.8 zeigt verschiedene Aspekte des nordamerikanischen Graslandes, der Prärie. Die dominierende pflanzliche Lebensform sind Gräser, deren Höhe zwischen 150 und 250 Zentimetern bei den hoch- wüchsigen Arten (Hochgrasprärie) beziehungsweise bei 15 Zentimetern und weniger im Falle der niederwüchsigen Arten (Kurzgrasprärie) liegt. Man unterscheidet horstbildende, also in Gruppen wachsende Gräser und rasenbildende Formen mit unterirdischen Wurzelstöcken. Eine gutentwickelte Graslandgemeinschaft besteht aus Arten, die an unterschiedliche Temperaturen angepaßt sind: Eine Gruppe wächst während der kühlen Zeiten des Jahres in Frühjahr und Herbst, eine andere im heißen Sommer. Das Biom als Ganzes „kompensiert" damit die Temperaturunterschiede und verlängert so die Periode der Primär- produktion. Die Rolle des $C_3$- und des $C_4$-Typs der Photosynthese wurde bereits in Kapitel 4 erörtert. Krautige Pflanzen sind oft wichtige Be- standteile einer Graslandgemeinschaft, und es treten auch Gehölze (Bäume und Sträucher) auf, die häufig in Gruppen oder in Streifen entlang von Bächen und Flüssen vorkommen. In weiten Gebieten Ost- afrikas und anderer äquatorialer Regionen dominiert eine Variante des Graslandbioms, die **tropische Savanne**, für deren Erscheinungsbild die verstreut wachsenden Schirmakazien und ähnliche Bäume charakteri- stisch sind.

Graslandgemeinschaften bauen einen völlig anderen Bodentyp auf als Wälder, selbst wenn das Muttergestein gleich ist. Da Gräser, verglichen mit Bäumen, eine kurze Lebensdauer haben, wird dem Boden mehr organische Substanz hinzugefügt. Die erste Phase der Zersetzung ver- läuft rasch, so daß kaum „Streu", aber viel Humus entsteht; mit anderen Worten, die Humifizierung erfolgt schnell, die Mineralisation hingegen langsam. Demzufolge können Böden von Graslandbiomen fünf- bis zehnmal mehr Humus als Waldböden enthalten. Diese dunklen Böden eignen sich besonders gut für den Anbau wichtiger Nahrungspflanzen wie Mais und Weizen (Abbildung 8.8d), die selbst kultivierte Grasarten sind.

Die Rolle des Feuers bei der Erhaltung der Graslandvegetation im Wettstreit mit holzigen Pflanzen in warmen oder feuchten Gebieten wurde in Kapitel 5 erörtert (siehe Abbildung 5.12). Für die Fauna von Graslandregionen sind vor allem die großen Pflanzenfresser typisch (Abbildung 8.8a). Meist handelt es sich um Säuger, doch kennt man aus der ursprünglichen Fauna Neuseelands auch große pflanzenfressende Vögel. Die „ökologische Äquivalenz" von Bison, Antilope und Kängu- ruh in Graslandgebieten verschiedener geographischer Regionen wurde in Kapitel 3 erwähnt. Die großen Herbivoren treten in zwei Lebensformen auf: als „Läufer" (wie die obenerwähnten Arten) und als grabende, Erdbauten anlegende Arten wie beispielsweise Erdhörnchen und Taschenratten. Wenn Grasland als natürliches Weideland genutzt wird, treten an die Stelle der ursprünglichen dort heimischen Grasfresser im allgemeinen deren domestizierte Verwandte, also Rinder, Schafe und Ziegen. Da die Gebiete an einen hohen Energiefluß durch die Herbivorennahrungskette angepaßt sind, ist dieser Wechsel ökologisch vertretbar. Jedoch hat der Mensch Graslandregionen immer wieder durch Überweidung (Abbildung 8.8c) und übermäßige Bodenbearbeitung mißbraucht und dadurch vielfach zu Wüsten gemacht. Die Bedeutung ökologischer Indikatoren zum frühzeitigen Erkennen einer Überweidung wurde in Kapitel 5 erwähnt.

Morello (1970) hat in einer hervorragenden Studie über die Wechselwirkung von Bränden und Weideviehhaltung in Argentinien aufgezeigt, wie Dornbüsche große Gebiete des dortigen Graslandes erobern konnten. Er wies nach, daß durch intensive Beweidung die brennbare Substanz abnimmt, so daß Brände, die zur Erhaltung der Grasdecke notwendig sind, nicht mehr auftreten. Als Folge davon nehmen Dornbüsche, die vorher durch die periodischen Feuer in Schach gehalten wurden, überhand. Die einzige Möglichkeit, produktives Weideland

a

b

wiederherzustellen, besteht darin, Brennstoffenergie für das mechanische Entfernen und Abbrennen der Strauchvegetation einzusetzen – ein weiteres Beispiel für den großen Aufwand, den es oft kostet, vom Menschen herbeigeführte Veränderungen in der Vegetation rückgängig zu machen.

Den aufstrebenden Nationen Afrikas, die bemüht sind, die Ernährungssituation ihrer wachsenden Bevölkerungen zu verbessern, stellt sich der-

c

d

**8.8** Vier Graslandaspekte. a) Natürliches Grasland mit einer Bisonherde im National Bison Range in Montana. (Mit freundlicher Genehmigung des U.S. Fish and Wildlife Service.) b) Dieses von Rindern beweidete natürliche Grasland ist in gutem Zustand. Demgegenüber wirkt die in c gezeigte überweidete Fläche wie eine vom Menschen gemachte Wüste. (Mit freundlicher Genehmigung des U.S. Forest Service.) d) In intensiv bewirtschaftete Getreideanbauflächen umgewandeltes Grasland. (Mit freundlicher Genehmigung des U.S. Fish and Wildlife Service.)

zeit die drängende Frage, was mit den großen Savannengebieten geschehen soll, in denen eine ungewöhnliche Vielfalt pflanzenfressender Säugetiere lebt. Wegen des Wanderverhaltens der Herden müssen Nationalparks und andere Schutzgebiete groß genug und/oder untereinander durch Korridore verbunden sein; eine lückenlose Einzäunung ist nicht zweckmäßig. Einige Ökologen sehen die Möglichkeit, Antilopen, Flußpferde und Gnus dauerhaft wirtschaftlich zu nutzen, statt diese Tiere auszurotten und Rinder an ihre Stelle zu setzen. Zum einen wird die Primärproduktion durch die natürliche Vielfalt der großen Herbivoren besser ausgenutzt, zum anderen sind einheimische Arten weniger anfällig für die vielen tropischen Parasiten und Krankheiten, welche die Rinder heimsuchen.

## Wälder

In Kapitel 3 haben wir festgestellt, daß das offene Meer und der Wald sich im Vergleich als Extremfälle unter den natürlichen Ökosystemtypen der Biosphäre erweisen, und zwar in bezug auf die „erntbare" Biomasse (*standing crop*) und die relative Bedeutung von allogener und autogener Regulation. Wie Abbildung 7.1 zeigt, ist für Waldgebiete eine wohlgeordnete, oft sehr langsam verlaufende Sukzession charakteristisch, bei der gewöhnlich krautige Pflanzen den Bäumen vorangehen. Infolgedessen wird man in jeder Waldregion eine Mischvegetation vorfinden, zu der sowohl baumlose Sukzessionsstadien gehören als auch Waldvarianten, die an besondere Boden- und Feuchtigkeitsverhältnisse angepaßt sind.

Da Wälder sich in einem sehr breiten Temperaturbereich entwickeln können, lösen in einem Nord-Süd-Gradienten verschiedene Waldtypen einander ab. Die verfügbare Feuchtigkeit ist für Bäume entscheidender als für Gräser, dennoch kommen Wälder ebenso an trockenen wie an extrem nassen Standorten vor. Abbildung 8.9 zeigt drei deutlich unterschiedliche Waldformen in einem Nord-Süd-Gradienten. Für die Wälder im hohen Norden (Abbildung 8.9a), die einen Gürtel südlich der Tundra bilden, sind immergrüne Nadelbäume der Gattungen *Picea* (Fichte) und *Abies* (Tanne) typisch (borealer Nadelwald, Taiga). Die Artenvielfalt ist gering; oft bilden eine oder zwei Baumarten reine Bestände. Sommergrüne Laubwälder (Abbildung 8.9b) kennzeichnen weiter südlich gelegene, feucht-gemäßigte Regionen und weisen eine ausgeprägtere Stockwerkbildung und eine größere Artenvielfalt auf. Kiefern (*Pinus*) sind

**8.9** Drei Waldtypen entlang eines Nord-Süd-Temperaturgradienten. a) Ein artenarmer Fichtenwald der borealen Klimazone (Taiga) in Idaho. b) Ein sommergrüner Laubwald aus Eichen, Hikkorybäumen und anderen Hartholzbäumen in Indiana. (Mit freundlicher Genehmigung des U.S. Forest Service.) c) Ein tropischer Regenwald in Puerto Rico. (Mit freundlicher Genehmigung der University of Puerto Rico.)

a

b

c

sowohl in den borealen Nadelwäldern als auch in den Laubwäldern der gemäßigten Breiten anzutreffen, und zwar häufig als Übergangsstadien der Sukzession (Seralstufen).

Zu den tropischen Wäldern (Abbidung 8.9c), dem dritten großen Waldtypus, gehören nicht nur die immergrünen Regenwälder mit ihren breitblättrigen Bäumen und den reichlichen, gleichmäßig über das Jahr verteilten Niederschlägen, sondern auch Laubwälder, deren Bäume ihre Blätter in der trockenen Jahreszeit abwerfen. Zwei Lebensformen sind für tropische Wälder besonders typisch: die Kletterpflanzen (Lianen) und die Epiphyten. Einige Vertreter dieser Lebensformen kommen auch in nördlicheren Wäldern vor, doch nur in den tropischen Regionen stellen sie einen auffälligen Teil der biologischen Gesamtstruktur. Die Vielfalt der Pflanzen- und Tierarten in tropischen Regenwäldern ist oft enorm; auf einer Fläche von nur wenigen Hektar kann man dort mehr Pflanzen- und Insektenarten finden, als in der gesamten europäischen Flora und Fauna heimisch sind. Die Besonderheiten der Stoffkreisläufe in tropischen Regenwäldern und ihre Auswirkungen bei der Umwandlung von Wald in landwirtschaftliche Nutzflächen wurden bereits in Kapitel 5 näher besprochen. Wie Jordan (1971) hervorgehoben hat, bilden sich im tropischen Regenwald Laub und Holz im Verhältnis von 1:1 neu, während für gemäßigte Zonen ein Verhältnis von 1:6 gilt. Tropische Bäume verwenden also einen deutlich größeren Anteil ihrer Nettoproduktion für die Bildung von Laub als die Bäume der gemäßigten Breiten. Dementsprechend ist in den Tropen auch die Menge des jährlich fallenden Laubes größer, der Energiegehalt der Blätter pro Trockengewichtseinheit jedoch geringer.

Abbildung 8.10 zeigt zwei Waldtypen, die als Extreme in einem Feuchtegradienten gelten können. Hartlaubgehölze wie der für Kalifornien typische Chaparral (Abbildung 8.10a) kommen in Gebieten mit Winterregen und Sommertrockenheit vor und sind als „Feuerökosysteme" natürlicherweise Bränden ausgesetzt und an diesen Faktor angepaßt (siehe Kapitel 2). Ähnliche Zwergwaldformationen sind in mediterranen Regionen als Macchie und in Australien als *mallee scrub* bekannt. Zu den zwergwüchsigen Waldtypen in trockenen Klimabereichen gehören außerdem die Pinon-Wacholder-Wälder in den tieferen Lagen der westlichen Gebirge der Vereinigten Staaten und die tropischen Dornstrauchwälder in Afrika.

Im Gegensatz dazu findet man die immergrünen Wälder der gemäßigten Breiten – wie jene entlang der nordamerikanischen Pazifikküste von Nordkalifornien bis Washington (Abbildung 8.10b) – dort, wo es ausreichend Feuchtigkeit gibt. Diese Wälder verfügen nicht über eine derart große Artenvielfalt wie die tropischen Regenwälder, weisen jedoch die größeren Bäume und oft das größere Nutzholzvolumen auf. Die kalifornischen Mammutbäume bilden eine Variante dieses Waldtyps.

a

b

**8.10** Zwei Wälder, die an verschiedenartige Feuchtigkeitsverhältnisse angepaßt sind. a) Der Chaparral, ein „Zwergwald" des winterfeuchten, sommertrockenen Klimabereichs nahe der kalifornischen Küste. Die hier periodisch auftretenden Brände sind ein wichtiger Umweltfaktor. b) Ein Douglastannenwald im Bundesstaat Washington, einer von mehreren Waldtypen des feuchten pazifischen Nordwestens der USA, die einige der größten Nutzholzbestände der Welt hervorbringen. (Mit freundlicher Genehmigung des U.S. Forest Service.)

Die Verteilung verschiedener Waldtypen in Abhängigkeit von Klima und Substrat läßt sich im Great Smoky Mountains National Park an der Grenze zwischen Tennessee und North Carolina gut beobachten. Auf Meereshöhe müßte man Hunderte von Kilometern zurücklegen, um eine solche Vielfalt klimatischer Bedingungen anzutreffen, wie sie dieses relativ kleine geographische Gebiet aufweist. Abbildung 8.11 erleichtert es, die Landschaft dort mit den Augen eines Ökologen zu betrachten. Der Höhenunterschied schafft einen Temperaturgradienten von Norden nach Süden, während die Topographie der Täler und Gebirgszüge in jeder gegebenen Höhe einen Bodenfeuchtigkeitsgradienten erzeugt. Die

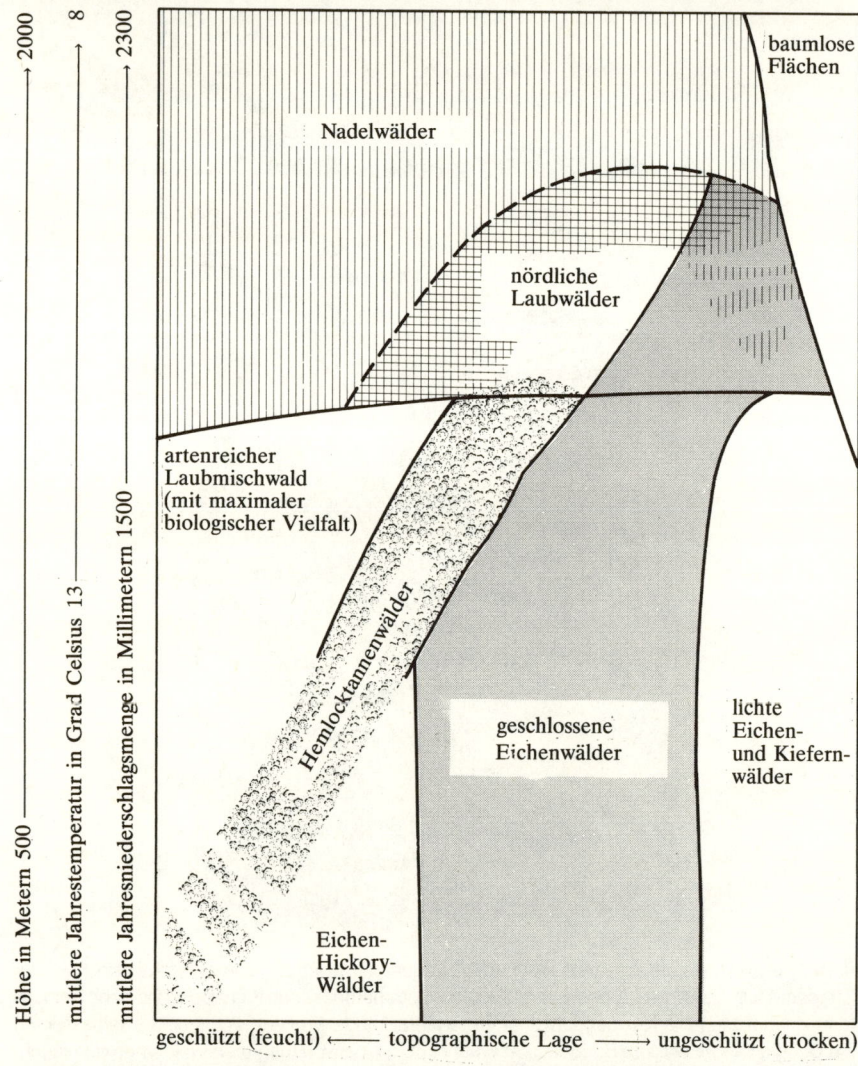

**8.11** Verteilung der Waldvegetation im Great Smoky Mountains National Park in Abhängigkeit von Temperatur und Feuchtigkeit. (Von R. Shanks nach Whittaker 1952.)

Verteilung der Vegetationstypen entlang der Gradienten tritt am deutlichsten im Mai und Anfang Juni hervor (wenn auch die Blüte am schönsten ist), doch kann man während des ganzen Jahres erkennen, in welch bemerkenswerter Weise sich Wälder den topographischen und klimatischen Bedingungen anpassen.

Wie Abbildung 8.11 zeigt, reichen die Wälder der Great Smoky Mountains von lichten Eichen- und Kiefernbeständen auf den trockeneren, wärmeren Hängen der tieferen Lagen bis zu den Nadelwäldern aus Fichten und Tannen auf den feuchtkalten Gipfeln weiter im Norden. Die Kiefernbestände im Süden erstrecken sich entlang der ungeschützten Kämme aufwärts, und die Hemlocktannen im Norden breiten sich abwärts bis in die geschützten Schluchten aus, wo Feuchtigkeit und lokale Temperaturbedingungen wie in den größeren Höhen herrschen. Eine maximale Vielfalt von Baumarten findet sich an geschützten (also feuchten) Standorten, die ungefähr im mittleren Bereich des Temperaturgradienten liegen.

Warum einige der hohen, ungeschützten Hänge der Great Smoky Mountains mit Rhododendrondickichten oder Gras anstelle von Bäumen bewachsen sind, ist bisher nicht hinreichend geklärt. Diese „kahlen" Stellen entsprechen nicht den alpinen Tundren, denn für echte baumlose Zonen liegen sie nicht hoch genug. Was auch immer für die ursprüngliche Ansiedlung dieser Strauchgemeinschaften gesorgt haben mag (eventuell Brände) – mittlerweile sind sie dort so etabliert, daß sie dem Vordringen des Waldes widerstehen. An solchen Standorten kann man beobachten, wie ganze Gemeinschaften miteinander konkurrieren (ebenso wie die Individuen in ihnen). Das jeweilige Endergebnis kann von Ereignissen wie Bränden oder Stürmen abhängen, die das Gleichgewicht zugunsten des einen oder des anderen ökologischen Systems verschieben.

Die forstwirtschaftliche Nutzung von Wäldern durchläuft zwei Phasen. In der ersten wird die Nettoproduktion abgeerntet, die ein Wald über viele Jahre hinweg in Form von Holz gespeichert hat. Wenn das gesammelte Wachstum der Vergangenheit aufgebraucht ist, muß sich die Forstwirtschaft darauf einstellen, nicht mehr Holz einzuschlagen, als dem jährlichen Zuwachs entspricht, um den Ertrag dauerhaft zu sichern. Im Nordwesten der USA dauert die erste Phase noch an; der jährliche Holzeinschlag in dieser Region entspricht ungefähr der doppelten Menge des jährlichen Zuwachses. Im Gegensatz dazu hat man im Südosten der USA bereits die zweite Phase erreicht. Der alte Baumbestand ist zum größten Teil geschlagen, so daß die Forstwirtschaft es nun primär mit jungen Wäldern zu tun hat, in denen sich Holzgewinnung und jährliches Wachstum die Waage halten. Zwar ist die Jahresnettoproduktion in jungen Wäldern oft größer als in alten, doch die Holzqualität ist geringer, da das Holz schnell gewachsener junger Bäume eine geringere

Dichte aufweist als das Holz langsam gewachsener älterer Bäume. Wie in so vielen Situationen zeigt sich auch hier eine Unvereinbarkeit von Quantität und Qualität.

### Waldrandhabitate — Lebensraum des Menschen

Die menschliche Zivilisation scheint sich am besten in Gegenden zu entwickeln, die ursprünglich aus Wald und Grasland bestanden, vor allem in den gemäßigten Breiten. Infolgedessen sind heute die meisten Wald- und Graslandgebiete dieser Zonen gegenüber ihrem urzeitlichen Zustand stark verändert, ohne daß sich allerdings der grundlegende Charakter jener Ökosysteme gewandelt hätte. Tatsächlich neigt der Mensch dazu, Bestandteile der beiden Ökosysteme zu Lebensräumen für sich selbst zusammenzufügen, die man **Waldrandhabitate** nennen könnte. Bei der Besiedlung von Graslandgebieten pflanzt er Bäume um die Häuser, Städte und Höfe, so daß letztlich in einem vorher baumlosen Land kleine Waldstücke verstreut sind. Siedeln Menschen dagegen in Waldgebieten, so ersetzen sie den größten Teil des ursprünglichen Waldes durch Gras- und Ackerland (da ein Wald Menschen nur wenig Nahrung bietet), lassen aber in der Nähe der Höfe oder um Ansiedlungen herum einzelne Waldstücke bestehen. Viele der kleineren Pflanzen und Tiere, die ursprünglich in einem der beiden Biome heimisch waren, können sich an das Leben in enger Nachbarschaft mit Menschen und ihren Haustieren und Kulturpflanzen anpassen und dort gedeihen. Der amerikanischen Wanderdrossel beispielsweise, einem einstigen Waldvogel, ist die Anpassung an das vom Menschen geschaffene Waldrandhabitat so gut gelungen, daß sie nicht nur zahlenmäßig zugenommen, sondern auch ihre geographische Verbreitung ausgedehnt hat. Auch in Europa haben sich die meisten Waldvögel auf ein Leben in Gärten, Städten und Hecken umgestellt; andere, weniger anpassungsfähige sind ausgestorben, da es kaum noch zusammenhängende Waldgebiete gibt. Fast alle heimischen Arten, die sich in dicht von Menschen besiedelten Regionen halten können, werden zu nützlichen Mitgliedern des Waldrandökosystems, nur einige wenige entwickeln sich zu Plagen. Die schlimmsten Schädlinge sind jedoch häufig Arten, die von weit her eingeschleppt wurden (siehe Kapitel 2).

Betrachtet man Ackerland und Weideflächen als modifizierte Graslandgebiete in frühen Sukzessionsstadien, so kann man sagen, daß der Mensch das Grasland braucht, um sich zu ernähren, sich aber gern im Schutze des Waldes aufhält, der ihn überdies noch mit nützlichen Holzprodukten versorgt. Mit anderen Worten (und sehr vereinfacht ausgedrückt): Der Mensch erwartet, genau wie andere Heterotrophe, von seiner Umgebung zweierlei — Produktion und Protektion, also Nahrung und Schutz. Darüber hinaus empfinden wir noch, anders als weniger hochentwickelte Lebewesen, die Schönheit natürlicher Landschaften als ästhetischen Genuß. Der Wald vermag alle drei Bedürfnisse, vor allem aber die beiden letzteren, zu befriedigen. In vielen Fällen ist der Geldwert des Holzes, das man beim Kahlschlag eines Waldes gewinnt, weit geringer als der Wert des intakten Waldes, der nicht nur lebenserhaltende Funktionen wie den Schutz des Grundwassers übernimmt, sondern auch noch Erholung, Platz zum Leben und einen angemessenen Holzertrag bietet.

### Agrarökosysteme

Agrarökosysteme nehmen in vielen grundlegenden Punkten eine Zwischenstellung zwischen natürlichen Ökosystemen (zum Beispiel Wäldern und Graslandgebieten) und den Siedlungs- und Industrielandschaften ein. Wie die natürlichen Ökosysteme beziehen sie ihre Energie überwiegend von der Sonne, aber ansonsten unterscheiden sie sich in mehrfacher Hinsicht von diesen: Als zusätzliche, produktivitätssteigernde Energiequellen dienen − neben der eingesetzten tierischen und menschlichen Arbeit − eher künstlich hergestellte Brennstoffe als natürliche Energieformen; die Artenvielfalt ist durch Eingriffe des Menschen weitgehend reduziert, um die Gewinnung ganz bestimmter Nahrungsmittel oder anderer Produkte zu maximieren; die dominanten Pflanzen und Tiere unterliegen eher einer künstlichen als der natürlichen Selektion; schließlich erfolgt die Steuerung extern und zielorientiert statt über interne Rückkopplungen wie in natürlichen Ökosystemen. (Vergleiche hierzu die Erörterung der Gaia-Hypothese in Kapitel 3.)

Agrarökosysteme ähneln urban-industriellen Systemen in ihrer ausgeprägten Abhängigkeit von und Wirkung auf externe Systeme; das heißt, beide beanspruchen weite Teile ihrer Umgebung für den Bezug von Energie und Nahrung und den Export von Abfall und Wärme (haben also große *input* und *output environments*, siehe Kapitel 3). Agrarökosysteme unterscheiden sich von Städten insofern, als sie eher autotroph als heterotroph sind. Die Energieflußdichte (Energiefluß pro Flächeneinheit) der vorindustriellen Landwirtschaft, wie sie in wirtschaftlich unterentwickelten Ländern betrieben wird, ist von dem natürlicher Ökosysteme nicht sehr verschieden. Für die industrialisierte Landwirtschaft dagegen liegt dieser Wert ungefähr zehnfach über dem der meisten natürlichen Ökosysteme, und zwar aufgrund des massiven Einsatzes von Energie und Chemikalien. Dementsprechend kann diese Form der Landwirtschaft die Gewässer, die Atmosphäre und andere globale Lebenserhaltungssysteme durch chemische Umweltgifte und Bodenerosion ähnlich schwer schädigen, wie es die städtisch-industriellen Systeme tun.

In Anbetracht der gestiegenen Kosten, die Energieverbrauch und Umweltverschmutzung verursachen, sind große technologische, ökonomische und politische Anstrengungen erforderlich, um die Input-Kosten sowohl der landwirtschaftlichen als auch der städtischen Systeme zu senken. Anderenfalls wird die Fähigkeit der natürlichen Umwelt, ihre lebenserhaltenden Funktionen zu erfüllen, bald gefährdet sein. Die Betrachtung von Ackerland, Weideflächen sowie Wirtschaftswäldern als abhängige Ökosysteme, die funktionelle Teile größerer regionaler und globaler Systeme sind (also ein hierarchischer Ansatz), ist der erste Schritt zu einem fachübergreifenden Konzept, wie wir es zum Verfolgen langfristiger Ziele brauchen. Das sogenannte Welternährungsproblem kann durch die Anstrengungen einer einzelnen Disziplin, beispielsweise der Agronomie, nicht gelöst werden. Auch die Ökologie als Wissenschaft bietet keine sofortigen oder unmittelbaren Lösungen an, doch können die holistischen und systemanalytischen Ansätze, die der ökologischen Theorie zugrunde liegen, einen Beitrag zur Integration der Disziplinen leisten.

Die Eigenschaften der Agrarökosysteme und ihr Einfluß auf andere Ökosysteme haben sich in den Vereinigten Staaten und anderen Industrienationen in den vergangenen 50 Jahren dramatisch verändert. Um die gegenwärtigen Probleme und den Forschungsbedarf beurteilen zu können, ist es hilfreich, sich diese Entwicklung noch einmal vor Augen zu führen. Auclair (1976) beschreibt für den mittleren Westen der USA drei Abschnitte auf dem Weg zur Intensivlandwirtschaft:

»Zwischen 1833 und 1934 wurden über 90 Prozent der Prärien, 75 Prozent der Feuchtgebiete und sämtliches Waldland mit guten Böden in Ackerland, Weiden und Forstparzellen umgewandelt. Die natürliche Vegetation wurde auf Hanglagen und flachgründige, unfruchtbare Böden zurückgedrängt. Jedoch waren die Farmen allgemein noch klein, die angebauten Feldfrüchte vielfältig und die von Menschen und Tieren erbrachten Arbeitsleistungen groß, so daß sich die Landwirtschaft insgesamt nicht schädlich auf Wasser-, Boden- und Luftqualität auswirkte. Zwischen 1934 und 1961 war eine Intensivierung der Landwirtschaft zu verzeichnen, die durch die Verfügbarkeit von billigem Treibstoff und neuen Agrochemikalien eine verstärkte Mechanisierung sowie die zunehmende Spezialisierung auf wenige Arten und Monokulturen gefördert wurde. Die Gesamtanbaufläche nahm ab − weniger Farmer produzierten nun auf geringerer Fläche eine größere Menge an Nahrungsmitteln −, und die Waldflächen dehnten sich um zehn Prozent aus.

Zwischen 1961 und 1980 nahmen sowohl die „Energiebeihilfen" und die Größe der Farmen als auch die Anbauintensität auf den besten Böden zu. Der Schwerpunkt lag dabei auf dem kontinuierlichen Anbau der gewinnbringenden *cash crops* (Getreide und Sojabohnen), die zu einem großen Teil für den Export bestimmt sind. Bodenerhaltende Methoden und Maßnahmen wie Fruchtwechsel, Brache, Terrassierung und naturnahe Gräben wurden vernachlässigt, da die Farmer wegen der steigenden Kosten für Energie und Maschinen gezwungen waren, den Anbau der besonders einträglichen Feldfrüchte immer weiter auszudehnen. Die Erträge pro Flächeneinheit stiegen, aber für einige Getreidesorten wurde während dieser Zeit auch schon der Höhepunkt überschritten. Die Verluste von Ackerland durch Bebauung und Bodenerosion nahmen immer rascher zu, während die Wasserqualität aufgrund des übermäßigen Düngemittel- und Pestizideinsatzes schnell schlechter wurde.«

Eine von Brugam (1978) vorgenommene Analyse der chemischen Zusammensetzung von Bohrkernen, die einem See in Connecticut (Linsley Pond) entnommen wurden, zeichnet die historische Entwicklung der Einflüsse von Landwirtschaft und Verstädterung auf angrenzende Ökosysteme nach. Der frühe Ackerbau im 19. Jahrhundert zeigte keine nennenswerten Auswirkungen auf den See, doch die Intensivierung der Landwirtschaft ab etwa 1915 bewirkte durch den Eintrag chemischer Substanzen eine Eutrophierung des Gewässers. Infolge einer beschleunigten Verstädterung und einer noch gestiegenen Anbauintensität kam es zwischen 1960 und heute schließlich zu einer „Hypereutrophierung", da durch die Abwässer der Agrarindustrie und die ausgeprägte Erosion große Mengen an Erde, Schwermetallen und anderen giftigen Substanzen in den See gelangten. Deutliche Veränderungen der Flora und Fauna im direkten Zusammenhang mit Veränderungen der den Eintrag liefernden Umgebung (*input environment*) sind für diesen See ebenfalls dokumentiert.

Zusammenfassend kann man sagen, daß die Agrarökosysteme, die sich früher als naturnahe Systeme relativ harmonisch in die Umwelt einfügten, den urban-industriellen Systemen hinsichtlich des Energie- und Materialbedarfs und der Abfallproduktion immer ähnlicher geworden sind. Die Kräfte des Marktes sowie andere wirtschaftliche und politische Faktoren, aber auch Verstädterung und wachsender Bevölkerungsdruck, haben diese Entwicklung vorangetrieben; sie läßt sich jedoch, wie bereits festgestellt, zum Wohle aller umkehren.

# Epilog: Der Übergang von der Jugend zur Reife

Ökonomische Defizite mögen unsere Schlagzeilen beherrschen, aber ökologische Defizite werden unsere Zukunft prägen.

Lester Brown et al. *The State of the World* (1986)

Die Zukunft vorherzusagen ist ein faszinierendes Spiel und gerade in Krisenzeiten besonders beliebt. Tatsächlich aber kann niemand zukünftige Entwicklungen zuverlässig voraussagen − es gibt einfach zu viele unbekannte Größen, zu viele neue Ereignisse, technologische Innovationen und sonstige Faktoren, die sich nicht absehen lassen. Dennoch ist es aufschlußreich, ein Spektrum von möglichen Entwicklungen näher zu betrachten und zu versuchen, auf der Grundlage der heute herrschenden Bedingungen und unserer derzeitigen Vorstellungen und Kenntnisse die Wahrscheinlichkeit ihres Eintretens abzuschätzen. Der entscheidende Aspekt dabei ist, daß wir vielleicht schon jetzt geeignete Maßnahmen ergreifen können, die eine nicht erstrebenswerte Zukunft weniger wahrscheinlich machen.

Während die Welt sich dem Jahre 2000 nähert, können nur wenige Punkte als gesichert gelten: Die Weltbevölkerung wird − zumindest bis weit ins nächste Jahrhundert − weiter wachsen; der massiven Verschmutzung der Lebenserhaltungssysteme der Erde (insbesondere der Atmosphäre) muß unter allen Umständen Einhalt geboten werden; die Menschheit wird eine schwerwiegende, vielleicht schmerzhafte Veränderung im Energieverbrauch erleben, da die fossilen Brennstoffe allmählich zur Neige gehen und bei sinkender Qualität höhere Kosten verursachen. Diese Übergangsphase im Energiesektor hat bereits begonnen, und so sind einige der Begleiterscheinungen, die in Kapitel 4 im Abschnitt über die Energieformen der Zukunft kurz erörtert wurden, schon absehbar. Wohl fast alle Zukunftsforscher sind der Überzeugung, daß wir unsere gegenwärtige maßlose Verschwendung reduzieren und künftig mit unseren Ressourcen effizienter umgehen müssen, um mit weniger hochwertiger Energie mehr zu erreichen und die mit der bisherigen Energievergeudung einhergehende Umweltbelastung einzudämmen. Außerdem herrscht weitgehende Übereinstimmung darüber, daß in den Industriestaaten eine Steigerung des Energieverbrauchs pro Kopf über das derzeitige Niveau hinaus die Lebensqualität nicht verbessern, sondern sich gerade gegenteilig auswirken würde (Nader und Beckerman 1978).

Einig sind sich die meisten Zukunftsforscher auch darin, daß rasches Wachstum schon allein deshalb vermieden werden sollte, weil dadurch soziale Konflikte und Umweltprobleme schneller entstehen, als man sie lösen kann. Die Eigendynamik eines rasanten Bevölkerungswachstums und einer weiteren rapiden Ausdehnung von Großstädten und Industriezentren kann zu überschießenden Reaktionen führen, deren schädliche Folgen unter Umständen von Dauer sind (siehe National Academy of Sciences 1971 und Catton 1980). In einem Artikel aus dem Jahre 1984 drängt Robert McNamara, der frühere US-Außenminister und Präsident der Weltbank, die Regierungen jener Länder, deren Bevölkerungswachstum sich noch nicht erkennbar verlangsamt hat, dazu, die Geburtenkontrolle und andere geeignete Maßnahmen energisch zu fördern, um die Zuwachsrate möglichst rasch zu senken. Seiner Ansicht nach ist eine baldige Verlangsamung aber nur mit der Unterstützung durch die entwickelten Länder zu erreichen.

Es gibt heute genügend Studien, Berichte und Sachbücher, welche die Zwangslage, in der sich die Menschheit zur Zeit befindet, einzuschätzen versuchen. Viele zeichnen ein recht düsteres Bild von den globalen Problemen der Gegenwart, andere dagegen beurteilen die Zukunft eher optimistisch. Die Art und Weise, wie Wissenschaftler − und „der Mann auf der Straße" − die Zukunft bewerten, reicht vom völligen Vertrauen auf neue Technologien (also von einer Philosophie des „Weiter und Mehr") bis zu der Überzeugung, daß die Gesellschaft sich von Grund auf neu organisieren und im internationalen Rahmen neuartige, ganzheitliche politische und wirtschaftliche Konzepte entwickeln muß, um in einer Welt begrenzter Ressourcen weiter bestehen zu können. Der inzwischen verstorbene Herman Kahn (*The Next 200 Years*, 1976) und der Wirtschaftswissenschaftler Julian Simon (*The Ultimate Resource*, 1981) sind bekannte Vertreter der optimistischen Sichtweise, während der Biologe Paul Ehrlich (*The Population Bomb*, 1968), E. F. Schumacher (*Small Is Beautiful*, 1973; deutsch: *Die Rückkehr zum menschlichen Maß*, 1977), Kenneth Watt (*The Unsteady State*, 1977) und der Physiker Fritjof Capra (*The Turning Point*, 1982; deutsch: *Wendezeit*, 1983) zu denen gehören, die für fundamentale Veränderungen plädieren.

Einige der umfassendsten Zukunftsstudien sind in größeren, oft internationalen Arbeitsgruppen entstanden, so die Berichte des Club of Rome und die diversen Weltmodelle, die von den Regierungen der Vereinigten Staaten und anderer Länder sowie von den Vereinten Nationen in Auftrag gegeben wurden.

Der Club of Rome ist eine Gruppe von Wissenschaftlern, Ökonomen, Pädagogen, Humanisten, Industriellen und Staatsbeamten, die der italienische Unternehmer Aurelio Peccei mit dem Ziel zusammenbrachte, eine Reihe von Büchern über die zukünftige Lage der Menschheit entstehen zu lassen. Das erste und bekannteste Buch dieser Serie, *Die*

Grenzen des Wachstums (*The Limits to Growth*, Meadows et al. 1972), sagte auf der Grundlage von Modellen heftige, von schweren Krisen begleitete Entwicklungsschwankungen voraus, falls Politik und Wirtschaft ihren gegenwärtigen Kurs unverändert beibehalten sollten. Diese erste Studie des Club of Rome führte einen modernen systemanalytischen Ansatz in die Diskussion ein, für die „Klassiker" wie *Man and Nature* von George Perkins Marsh (1864; 1965 neu aufgelegt), *Road to Survival* von William Vogt (1948), Fairfield Osborns *Our Plundered Planet* (1948) und Rachel Carsons *Silent Spring* (1962; deutsch: *Der stumme Frühling*, 1963) den Boden bereitet hatten. Die Studie verurteilt das geradezu zwanghafte Streben nach Wachstum, also der ständigen Vermehrung von Reichtum, Größe und Macht auf allen Ebenen einer Gesellschaft – vom einzelnen über Familien, Interessengruppen und Unternehmen bis hin zum Staat als Ganzem –, das keine oder wenig Rücksicht nimmt auf grundlegende menschliche Werte oder auf den Preis, der am Ende für den ungehemmten, ungeplanten Verbrauch der Ressourcen und für die Belastung der lebenserhaltenden Umwelt zu zahlen sein wird.

Die Verfasser von *Die Grenzen des Wachstums* wollten mit ihrer Studie einfach zeigen, was passieren könnte, wenn wir unsere „pioniergesellschaftliche", ausbeuterische Lebensweise nicht bald zugunsten eines „reifen", kooperativen Umgangs mit der Umwelt aufgeben (ein Übergang, der in Kapitel 7 sowie einem späteren Abschnitt dieses Kapitels näher erörtert wird). Doch viele Menschen – einschließlich der Mehrzahl der maßgeblichen Politiker – werteten diesen Bericht so, als sage er geradewegs den Jüngsten Tag für die Zivilisation voraus. Etliche Kritiker wiesen darauf hin, daß die verwendeten Modelle Aspekte wie die Entwicklung neuartiger Technologien, die mögliche Entdeckung noch ungenutzter Rohstoffquellen sowie den Ersatz verbrauchter Ressourcen durch neue nicht berücksichtigten. Aber trotz aller Kritik hatte das Buch eine enorme Wirkung als Mahnung an die heute lebenden Menschen, intensiver über den Weg, den die Menschheit eingeschlagen hat, nachzudenken.

In mehreren nachfolgenden Studien versuchte man, nicht nur die gegenwärtige Situation und die möglichen zukünftigen Entwicklungen detaillierter zu beschreiben, sondern auch Maßnahmen vorzuschlagen, mit denen sich der drohende Zusammenbruch der Welt vermeiden ließe. Diese Studien erschienen unter Titeln wie *Mankind at the Turning Point*, *Reshaping the International Order*, *Goals for Mankind*, *Wealth and Welfare* und *No Limits to Learning: Bridging the Human Gap* in Buchform (die genannten übrigens alle im Verlag Pergamon Press in New York). Zahlreiche hervorragende Wissenschaftler, darunter Ingenieure, Wirtschaftswissenschaftler, Philosophen, Historiker und Pädagogen, lieferten Beiträge. Laszlo (1977) hat die allgemeine Wirkung dieser Veröffentlichungen so bewertet:

»Es ist vor allem den Bemühungen des Club of Rome zu verdanken, daß das Bewußtsein gegenüber den globalen Problemen überall auf der Welt rasch zugenommen hat. Der Club of Rome ebnete, um es mit einer medizinischen Analogie auszudrücken, den Weg von der Diagnose zur Rezeptverschreibung; die eigentliche Therapie blieb allerdings vage. Oder anders gesagt: Der Club half, den Weg zu weisen, trug aber wenig zur Bildung des Willens bei, ihn auch zu gehen.«

Allem Anschein nach müssen die globalen Probleme erst noch gravierender und sich noch mehr Menschen und Regierungen ihrer bewußt werden, bevor eine Therapie für den kränkelnden Patienten Erde ernsthaft erwogen wird. So wie der Mensch veranlagt ist (das heißt, angesichts seiner Neigung, erst dann etwas zu unternehmen, wenn die Lage sich dramatisch zuspitzt), zieht oft erst eine schwere Krise oder ein Unglück eine gute, umweltverträgliche Planung nach sich. Ein Beispiel dafür liefert Flanagan (1988):

»Im Jahre 1972 wurde die Stadt Rapid City in South Dakota plötzlich von einer verheerenden Überschwemmung des Rapid Creek heimgesucht. 238 Menschen starben, 1200 Gebäude wurden zerstört, und die entstandenen Schäden beliefen sich auf etwa 160 Millionen Dollar. Auf Initiative des Bürgermeisters Don Barnett erwarb die Gemeinde in einem für das ganze Land beispielhaften Programm die gesamte hochwassergefährdete Fläche im Stadtgebiet, riß die dort stehenden beschädigten Häuser ab und legte mitten im Stadtzentrum einen knapp zehn Kilometer langen, 600 Meter breiten Grüngürtel an, der mittlerweile zu einem vielbesuchten Erholungsgebiet mit Parks und Golfplätzen geworden ist. Durch den Einsatz von Angelfischen machte man den Rapid Creek überdies zu dem bei Sportanglern beliebtesten Fluß im ganzen Bundesstaat. Rapid City kann als Musterbeispiel einer aufgeklärten und kreativen politischen Führung gelten, die es verstand, eine Katastrophe zum Wohle der ganzen Gemeinde und zum Vorteil von Handel und Tourismus zu nutzen.«

### Beunruhigende Gegensätze

Wer die Zwangslage ermessen will, in der sich die Menschheit derzeit befindet, sollte sich jene auf der Welt bestehenden Unterschiede vor Augen führen, die es auszugleichen gilt, damit Mensch und Umwelt wie auch Nationen in eine harmonischere Beziehung miteinander eintreten können. Zu diesen Unterschieden, von denen einige bereits in Kapitel 4 genannt wurden, gehören:

1. das Einkommensgefälle zwischen reich und arm, sowohl innerhalb eines Landes als auch zwischen Industrienationen (mit 30 Prozent der Weltbevölkerung) und nichtindustrialisierten Ländern (70 Prozent);

2. die Unterschiede im Ernährungszustand zwischen den Wohlgenährten und den Hungernden;

3. die Unterschiede in der Wertschätzung zwischen den öffentlichen, „freien" Gütern und Dienstleistungen der Natur und denen des Marktes;

4. das Bildungsgefälle zwischen denen, die lesen und schreiben können, und den Analphabeten, zwischen Ausgebildeten und Ungelernten.

Keiner dieser Gegensätze ist in den letzten Jahrzehnten merklich gemildert worden; tatsächlich haben sich sowohl die Einkommens- als auch die Wertschätzungsunterschiede noch vergrößert. Zwischen 1950 und 1980 stieg nach Seligson (1984) die Kluft zwischen den durchschnittlichen Pro-Kopf-Einkommen der reichen und der armen Länder von 3617 Dollar auf 9648 Dollar. Gutgemeinte Bemühungen der wohlhabenden Staaten, den ärmeren Nationen zu helfen, sind allzu oft gescheitert, weil die schädlichen Auswirkungen der jeweiligen Hilfsmaßnahmen auf Kultur und Umwelt des Empfängerlandes nicht vorausgesehen wurden. Beispielsweise kann die Anlage eines Stausees in einem fruchtbaren Tal die dort ansässigen Bauern zwingen, weiter stromaufwärts in weniger fruchtbares Land zu ziehen; die zur Landgewinnung vorgenommenen Rodungen und die dadurch verstärkte Erosion des Wassereinzugsgebiets können dann letztlich eine Verschlammung des Stausees zur Folge haben. Morehouse und Sigurdson (1977) weisen darauf hin, daß der Transfer moderner Technologie in ärmere Länder oft genug nur einer kleinen, gebildeten und zukunftsorientierten Schicht nützt, nicht jedoch der Masse der armen Bevölkerung auf dem Lande. Wohlstand „springt" nicht einfach auf alle Schichten über, wenn innerhalb eines Volkes tiefgreifende Unterschiede in Kultur, Bildung und sozioökonomischem Status bestehen. Wie bereits in Kapitel 4 erwähnt wurde, kann man ein armes Land nicht mit neuen, energieintensiven Technologien für Industrie und Landwirtschaft ausrüsten, ohne gleichzeitig die notwendige hochwertige Energie bereitzustellen. Es ist wahrscheinlich besser, zunächst die schon vorhandenen, einfachen Techniken zu fördern und auszubauen, bis das Land sich aus eigener Kraft der Hochtechnologie zuwenden kann. Wic in der Natur ist auch in einer Gesellschaft das „Klimaxstadium" erst nach einigen wegbereitenden Zwischenstufen zu erreichen.

## Weltmodelle

Zwischen 1971 und 1981 wurden von verschiedenen Arbeitsgruppen ungefähr zehn Weltmodelle erstellt – mathematische Computersimulationen der physikalischen und sozioökonomischen Systeme der Welt mit Projektionen in die Zukunft, die sich als logische Folgerung aus den Daten und Annahmen ergaben, welche in das Modell eingingen. (Es sei hier betont, daß jedes einzelne Modell hinsichtlich der zugrundeliegenden Annahmen einmalig ist.) Diese Weltmodelle sind in einem vom

Office of Technology Assessment des amerikanischen Kongresses herausgegebenen Bericht (OTA 1982) sowie von Donella Meadows (Meadows et al. 1982; Meadows 1982) verglichen und bewertet worden. Trotz unterschiedlicher Ausgangsannahmen und Schwerpunkte stimmen sie in mehreren Punkten überein:

1. Ein technologischer Fortschritt wird erwartet, und er ist auch unabdingbar; ebenso unerläßlich sind jedoch soziale, ökonomische und politische Veränderungen.
2. Auf einem begrenzten Planeten können Bevölkerungszahlen und verfügbare Ressourcen nicht unbegrenzt zunehmen.
3. Eine deutliche Verringerung des Bevölkerungswachstums und der Ausdehnung städtisch-industrieller Ballungsräume wird die Wahrscheinlichkeit von überschießenden Reaktionen oder schwerwiegenden Zusammenbrüchen der Lebenserhaltungssysteme wesentlich verringern.
4. Eine unveränderte Fortsetzung der gegenwärtigen Verhaltensweisen und Trends führt nicht in eine erstrebenswerte Zukunft, sondern wird die schon bestehenden unerwünschten Gegensätze (zum Beispiel die Kluft zwischen Armen und Reichen) noch vergrößern.
5. Langfristige kooperative Ansätze werden für alle Beteiligten vorteilhafter sein als kurzfristige Konkurrenzstrategien.
6. Da die gegenseitige Abhängigkeit zwischen Völkern, Staaten und der Umwelt viel größer ist als allgemein angenommen, sollten Entscheidungen in einem holistischen Kontext, also mit Blick auf das Gesamtsystem, getroffen werden. Maßnahmen zur Eindämmung gegenwärtiger unerwünschter Entwicklungen (beispielsweise der Vergiftung unserer Atmosphäre), die man bald (innerhalb der nächsten Jahre) ergreift, werden sich als effektiver und weniger kostspielig erweisen als später einsetzende Maßnahmen. Dies erfordert neben einer starken politischen Führung auch eine wirkungsvolle öffentliche Aufklärung, denn bis ein Problem endlich für jedermann erkennbar ist, kann es längst zu spät sein.

Im Jahre 1987 veröffentliche die World Commission on Environment and Development einen Bericht mit dem Titel *Our Common Future*, der als „Brundtland-Report" bekannt wurde. (Die norwegische Ministerpräsidentin Gro Harlem Brundtland war Vorsitzende der Kommission.) Der Bericht zieht die Schlußfolgerung, daß die gegenwärtigen Trends der wirtschaftlichen Entwicklung und der damit einhergehenden Verschlechterung der Umweltsituation auf Dauer unhaltbar sind. Irreparable Schäden an den großen Ökosystemen der Erde bedeuten für einen beträchtlichen Teil der Weltbevölkerung unweigerlich eine Einschränkung der Lebensgrundlagen. Unser Überleben hängt von *sofortigen Veränderungen* ab. Um diese herbeizuführen, müssen zunächst einmal multilaterale und kooperative Begegnungen und Beziehungen zwischen den Staaten gefördert werden, um den Erhalt der Welt durch internationale Zusammenarbeit zu ermöglichen. Die Bedeutung des Brundtland-Reports liegt allerdings gar nicht so sehr in seinen Aussagen als vielmehr in der Tatsache, daß hier führende Politiker und Wissenschaftler aus entwickelten und weniger entwickelten Ländern zu der gemeinsamen Überzeugung kamen, daß eine gesunde globale Umwelt für die Zukunft aller Menschen wichtig ist.

### Die ökologische Sichtweise

Die Einsichten der vielen Mitarbeiter an den Studien des Club of Rome und die Ergebnisse der Weltmodelle stehen weitgehend in Einklang mit den zentralen Konzepten der Ökosystemtheorie, insbesondere mit den folgenden drei Grundsätzen: Der Umgang mit komplexen Systemen erfordert einen holistischen Ansatz; wenn Grenzen (etwa in den Ressourcen) erreicht werden, hat kooperatives Verhalten einen größeren Überlebenswert als Konkurrenz; eine geordnete, tragfähige Entwicklung menschlicher und biologischer Gemeinschaften erfordert sowohl negative als auch positive Rückkopplungen. Wie ich schon an anderer Stelle erwähnt habe (Odum 1977), finden diese Schlußfolgerungen auch Parallelen in den alten Weisheiten zahlreicher Sprichwörter und Redensarten, zum Beispiel: „Das Ganze ist mehr als die Summe der Teile", „Erst wägen, dann wagen", „Was Du heute kannst besorgen, das verschiebe nicht auf morgen", „Vorsorgen ist besser als Heilen", „Spare in der Zeit, dann hast Du in der Not".

Ein wiederkehrendes Thema dieses Buches ist die Behauptung, daß nicht zuletzt die allzu eng gefaßten ökonomischen Theorien und wirtschaftspolitischen Grundsätze, welche heute die Weltpolitik bestimmen, den Weg zu einem angemessenen und vernünftigen Gleichgewicht zwischen den beiden Bedürfnissen des Menschen nach den nicht an Märkte gebundenen, „freien" und den materiellen, auf dem Markt gehandelten Gütern und Dienstleistungen blockieren. Um die Jahrhundertwende begründete eine Gruppe von Wissenschaftlern, die sich selbst als „holistische Ökonomen" bezeichneten, eine Schule, welche sich kritisch mit den Wirtschaftsmodellen jener Tage auseinandersetzte. Damalige Bemühungen, eine holistische Volkswirtschaftslehre einzurichten, gingen in den USA in der Flut des auf einmal reichlich sprudelnden Öles und damit in dem plötzlich wachsenden Reichtum und Wohlstand unter. Die klassische Theorie des Wachstums traf so lange zu, wie der Vorrat an billigem Öl die Nachfrage weit überstieg. Jetzt, da der Höhepunkt des Ölzeitalters offenbar erreicht ist, scheint die Zeit gekommen, eine neue **ganzheitliche Volkswirtschaftslehre** (*holoeconomics*) zu entwickeln, die neben den monetären auch kulturelle und die Umwelt betreffende Werte umfaßt. Nicht nur die Tatsache, daß 1982 eine bedeutende internationale Konferenz unter dem Thema *Integration of Economy and Ecology* stattfand (Jansson 1984) und daß es seit 1988 eine neue Zeitschrift mit dem Titel *Ecological Economics* gibt, weist darauf hin, daß das entsprechende Bewußtsein – zumindest bei den Wissenschaftlern – gestiegen ist.

Im Gegensatz zu der Auffassung, die Arnold Toynbee in seinem Werk *A Study of History* (1961; deutsch: *Gang der Weltgeschichte*, Neuauflage 1979) vertritt, ist eine Zivilisation kein Organismus, sondern ein System. Anders als Organismen müssen Zivilisationen nicht zwangsläufig wachsen, reifen, altern und sterben, auch wenn es solche Entwicklungen in der Vergangenheit zweifellos gegeben hat (zum Beispiel beim Aufstieg und Untergang des Römischen Imperiums). Nach Ansicht des Geographen Karl Butzer (1980) werden Zivilisationen dann instabil und brechen zusammen, wenn der hohe Aufwand für ihre Erhaltung in einer Bürokratie mündet, die übermäßige Anforderungen an den Produktionssektor stellt. Diese Auffassung deckt sich mit den Aussagen der ökologischen Theorie über Energiefluß und Komplexität (Kapitel 3).

## Historische Perspektiven

Dem Versuch, eine Überbeanspruchung der Umwelt zu vermeiden, stellt sich oft ein Problem in den Weg, das Garrett Hardin **die Tragödie der Allmende** (*the tragedy of the commons*) genannt hat (Hardin 1968). Hardin ist Professor für Humanökologie und befaßt sich intensiv – und in seinen Schriften sehr ausdrucksstark – mit den gegenwärtigen Bevölkerungs- und Umweltproblemen. Mit „Allmende" (einem alten Begriff für Land, das von den Mitgliedern einer Gemeinde gemeinschaftlich genutzt wird) meint er jenen Teil unserer Umwelt, der jedermann gleichermaßen zur Verfügung steht und für dessen Pflege keine bestimmte Person verantwortlich ist. Am Beispiel eines Stückes Weideland, das sich viele Hirten teilen, läßt sich das Dilemma gut veranschaulichen. Da es für den einzelnen Hirten vorteilhaft ist, soviel Vieh wie möglich dort grasen zu lassen, wird die Kapazität des Gebiets als Weide bald erschöpft sein – sofern die Nutzergemeinschaft nicht Beschränkungen vereinbart und durchsetzt. Vor der Industriellen Revolution waren viele Allmenden durch solche Nutzungsbeschränkungen geschützt. „Primitive" Hirtengesellschaften lösen das Problem, indem sie ihr Vieh regelmäßig weitertreiben, bevor ein Platz überweidet wird. In vielen europäischen Städten entspricht es einer langen Tradition, „Allmenden" in Form großer Parkanlagen und Grüngürtel zu erhalten. Die „Tragödie" in unserer heutigen Zeit liegt in diesem Falle darin, daß örtliche Beschlüsse zu Pflege und Schutz solcher öffentlichen Grünflächen unter dem Druck des „großen Geldes" allzu leicht zurückgenommen werden. (Darunter sei jenes Kapital verstanden, das für Entwicklungen zur Verfügung gestellt wird, die kurzfristig große Gewinne abwerfen – wenn auch oft genug auf Kosten der örtlichen Lebensqualität.) In zu vielen Städten müssen sich Bürger ständig dagegen wehren (häufig leider ohne Erfolg), daß ihre Umgebung immer weiter zugebaut wird.

In seinem neuesten Buch wirft Hardin (1985) eine faszinierende Frage auf: Wäre die Industrielle Revolution ohne die anfängliche rücksichts-

lose Ausbeutung von Menschen und Umwelt überhaupt in Gang gekommen? Man denke an die Romane von Charles Dickens, die von dem
Elend und der Rechtlosigkeit der Arbeiter sowie der völligen Gleich-
gültigkeit gegenüber der Luft- und Gewässerverschmutzung im 19.
Jahrhundert erzählen. Gewiß ist die Kapitalanhäufung, auf welcher der
heutige Wohlstand in der industrialisierten Welt beruht, durch die Ausbeutung von Menschen in den damals aufkommenden Industriebetrieben
und durch die ungehemmte Verschmutzung der Umwelt erheblich beschleunigt worden. Aber während in den frühen Phasen der Entwicklung
eine solche Ausbeutung von Mensch und Umwelt zur Schaffung materiellen Wohlstands vielleicht zu rechtfertigen gewesen sein mag, beginnen wir heute einzusehen, daß wir (wie Hardin darlegt) an einem
Wendepunkt der Geschichte angekommen sind, an dem wir den Preis,
den Menschen und Umwelt für diese Entwicklung bezahlen müssen,
nicht länger ignorieren können, ohne den globalen Lebenserhaltungssystemen einen kaum übersehbaren Schaden zuzufügen.

Anzeichen für eine Überlastung der Umwelt finden sich allerorten, und
sie nehmen ständig zu. Was im Bereich von Planung, Gesetzgebung und
wirtschaftlicher Infrastruktur zu tun ist, um Wachstum und Entwicklung
in der Zukunft besser steuern zu können, liegt auf der Hand: Wir müssen uns mit mehr Aufmerksamkeit um die Erhaltung von Grünzonen,
Flußauen, Oberflächen- und Grundwasser sowie anderen natürlichen
Pufferzonen kümmern, müssen uns sorgfältiger der Kontrolle von Umweltbelastungen aus diffusen und punktförmigen Quellen widmen und
müssen uns im Bereich der Wirtschaft intensiver für die jeweilige „In-
ternalisierung" *aller* anfallenden Herstellungs- und Betriebskosten einsetzen (im Gegensatz zu der gegenwärtig üblichen Praxis, »die Kosten zu
vergesellschaften und die Gewinne zu privatisieren«, wie Hardin es ausdrückt). Wahrscheinlich wird all dies − zumindest kurzfristig − die Rate
des wirtschaftlichen Wachstums senken. Die meisten Menschen jedoch
werden wohl zustimmen, daß ökonomische Mäßigung und eine „Zahle
gleich!"-Politik (Vorsorge- und Verursacherprinzip) dem Risiko eines
Schadens oder sogar eines Zusammenbruches der natürlichen Ressourcen und der Lebenserhaltungssysteme vorzuziehen sind. **Wachstums-
lenkung** ist ein neues „Schlagwort", welches die Kommunikation zwischen verschiedenen Disziplinen und Interessengruppen eröffnen könnte, die bei der Entwicklung der neuen politischen und ökonomischen
Infrastrukturen zum Schutze der Lebensqualität einbezogen werden
müssen.

### Soziale Fallen

Eine Situation, in der einem kurzfristig erzielten Gewinn langfristig
kostspielige oder schädliche Umstände folgen, die weder im Interesse
des einzelnen noch in dem der Gesellschaft liegen, hat man als **soziale**

**Falle** bezeichnet (Platt 1973; Cross und Guyer 1980). Als Analogie könnte eine Tierfalle mit einem attraktiven Köder dienen: Das angelockte Tier geht in der Hoffnung auf einen leicht erreichbaren Bissen in diese Falle, aus der es jedoch anschließend nur schwer oder gar nicht wieder entkommen kann. Rauchen ist ein Beispiel für eine soziale Falle im Bereich menschlichen Verhaltens, während die unkontrollierte Lagerung von Giftmüll, die Zerstörung von Feuchtgebieten (oder anderen lebenserhaltenden Teilen der Umwelt) und ein Atomkrieg Beispiele für umweltbezogene soziale Fallen sind.

Edney und Harper (1978) haben ein einfaches Spiel vorgeschlagen, das die Beziehung zwischen sozialen Fallen und der „Tragödie der Allmende" veranschaulichen soll. Eine Spielkasse wird mit Spielmarken gefüllt, und reihum kann jeder Mitspieler eine, zwei oder drei Marken entnehmen. Die Kasse wird nach jeder Runde in Relation zu den noch übriggebliebenen Marken aufgefüllt. Wenn die Spieler nur an ihren unmittelbaren, kurzfristigen Gewinn denken (sich also „gierig" verhalten) und jeweils das Maximum von drei Marken entnehmen, wird die zu erneuernde Menge in dem gemeinsamen Vorrat immer kleiner, bis dieser letztlich endgültig verbraucht ist. Entnehmen alle Spieler pro Runde nur jeweils eine Marke, bleibt die Ressource auf Dauer erhalten.

Cross und Guyer (1980) und Costanza (1987) schlagen vor, soziale Fallen mit wirtschaftlichen Instrumenten zu entschärfen, indem man den Verursachern von Langzeitumweltschäden − beispielsweise einem Giftmüllproduzenten − eine Art Umweltsteuer oder -abgabe auferlegt. Das Geld, welches so zusammenkommt, könnte in ein Treuhandvermögen einfließen und auf diese Weise der Überwachung und Reparatur der anfallenden Umweltschäden dienen. Erweist sich ein Schaden als geringer als ursprünglich vermutet, könnte der Verursacher Geld zurückerhalten oder in Zukunft weniger Steuern zahlen. Wenn in dem Spiel von Edney und Harper die Spieler, die zwei oder gar drei Marken aus der Kasse nehmen, eine „Steuer" in Höhe von einer beziehungsweise zwei Marken zahlen müßten, läge für sie kein Vorteil mehr darin, mehr als eine Marke zu entnehmen − und damit gäbe es die Falle nicht mehr.

### Kehrtwendung und Rückbesinnung

In Kapitel 7 haben wir dargelegt, daß menschliche Gesellschaften auf ähnliche Weise von frühen Entwicklungsstufen zum Reifestadium fortschreiten, wie es natürliche Lebensgemeinschaften im Zuge der ökologischen Sukzession und Individuen beim Übergang von Kindes- und Jugend- zum Erwachsenenalter tun. Während man beim Individuum von „Adoleszenz" spricht, wird auf der Ebene menschlicher Gesellschaften oft die Bezeichnung „demographischer Übergang" verwendet. Der entscheidende Unterschied liegt darin, daß die Entwicklung eines Individuums genetisch gesteuert ist, denn ob wir wollen oder nicht – in einem bestimmten Alter werden aus Kindern Erwachsene. Im Gegensatz dazu reifen Gesellschaften aufgrund von Rückkopplungen und ohne vorherbestimmten Zeitpunkt für den Übergang. Paul Shepard (1982) beschreibt in einem Buch, das sich aus psychologischer Sicht mit der historischen Entwicklung des Umweltbewußtseins befaßt, den Entwicklungszustand der westlichen Gesellschaften als eine Art „Prä-Adoleszenz", die darauf ausgerichtet zu sein scheint, die Erde zu zerstören. Diese Zerstörungswut gegenüber der Umwelt sieht Shepard als eine Fehlentwicklung des „Ich" an. Man darf jedoch hoffen, daß das natürliche menschliche Reifungsmuster hier Abhilfe schaffen wird. Ob der demographische Übergang „von selbst" erfolgen kann („laissez-faire") oder ob die Eigendynamik der Entwicklung und die Gefahr von überschießenden Reaktionen es wünschenswert erscheinen lassen, den Übergang mit politischen und/oder ökonomischen Mitteln zu beschleunigen, ist noch strittig (siehe dazu auch Kapitel 7).

Auf allen Entwicklungsebenen gibt es zahlreiche Prozesse, die während der Jugendphasen angemessen und zum Überleben notwendig sind, sich aber in der Reifezeit als ungeeignet und nachteilig erweisen. Behält beispielsweise eine Gesellschaft, die immer größer und komplexer wird, ihr kurzsichtiges Handeln nach dem Motto „Ein Problem, eine Lösung" bei, führt das zur „Tyrannei der kleinen Schritte", wie es der Wirtschaftswissenschaftler A. E. Kahn (1966) ausgedrückt hat. Höhere Schlote etwa – eine schnelle Abhilfe bei lokaler Umweltverschmutzung durch Rauch – sind ein Beispiel dafür, wie sich viele solcher „kleinen Schritte" in ein größeres Problem verwandeln (nämlich einen Anstieg der regionalen Luftverschmutzung herbeiführen). W. E. Odum (1982) nennt ein anderes Beispiel: Niemand hat bewußt geplant, zwischen 1950 und 1970 50 Prozent der Feuchtgebiete entlang der Nordostküste der Vereinigten Staaten zu zerstören, doch trotzdem ist es geschehen – infolge Hunderter kleiner Schritte und Entscheidungen zugunsten der Erschließung von Sumpf- und Marschland. Schließlich registrierten die entsprechenden staatlichen Stellen, daß hier wertvolle lebenserhaltende Umwelt zerstört wurde, und erließen Gesetze und Verordnungen zum Schutz der noch verbliebenen Feuchtgebiete.

Für die Zukunft bedeutet all dies, daß die Zeit des Übergangs für die menschliche Gesellschaft bereits gekommen ist oder kurz bevorsteht und daß folglich eine Abkehr oder Neubewertung vieler einstmals annehmbarer Konzepte und Handlungsweisen notwendig ist.

### Noch einmal: Input-Management

Die Strategie, in einem System statt der Austräge (Outputs) eher die Einträge (Inputs) zu steuern, wurde erstmals in Kapitel 1 als notwendige „Kehrtwendung" zur Verringerung der Umweltverschmutzung erwähnt. **Input-Management** in Produktionssystemen (zum Beispiel in Landwirtschaft, Kraftwerken und Fabriken) ist eine zweckmäßige und wirtschaftlich durchführbare Methode, um die Qualität unserer Lebenserhaltungssysteme zu bewahren und zu verbessern. Abbildung E.1 verdeutlicht dieses Konzept. In der Vergangenheit (Zeichnung a) galt das Interesse fast ausschließlich der Erhöhung der Austräge, also des Ausstoßes; man setzte verfügbare Ressourcen (beispielsweise Düngemittel und fossile Brennstoffe) ein, ohne sonderlich auf die Effizienz der Nutzung und die dabei anfallenden unerwünschten Austräge (die diffuse Umweltverschmutzung) zu achten. Input-Management stellt (wie Abbildung E.1b zeigt) eine Abkehr von der bisherigen Praxis dar und strebt eine Beschränkung der Produktionsinputs auf solche an, die sich mit hohem Wirkungsgrad in das gewünschte Produkt umwandeln lassen. Man kann die Regelung der Inputs auch als **Top-down-Management** bezeichnen, weil *zuerst* die Einträge in das Gesamtsystem (als die äußeren Steuergrößen oder Antriebskräfte) bewertet werden und erst danach die internen Prozesse und die Austräge. Wendet man dieses Konzept beispielsweise auf das Müllproblem an, ergibt sich, daß die Abfallreduzierung den Vorrang vor der Abfallbeseitigung erhält. Wie bereits in Kapitel 1 festgestellt wurde, ist es auf Dauer unmöglich, daß die Stadt New York ihre Abfallprodukte ins Meer entläßt, ohne deren Menge zu reduzieren.

Länder der Dritten Welt werden auf absehbare Zeit wohl kaum imstande sein, sich dem sehr energieintensiven und stark umweltbelastenden Niveau der Industrie und Landwirtschaft in den USA anzupassen; außerdem ist zu bezweifeln, ob die Lebenserhaltungssysteme der Erde eine solche Entwicklung in weltweitem Maßstab überhaupt verkraften könnten. Vor diesem Hintergrund stellt sich die Frage, was man tun kann, um die globalen Unterschiede in Ernährung und Wirtschaftskraft zu verringern? Auf einem Seminar an der University of Georgia im Jahre 1988 empfahl Professor Luo Shi Ming von der South China Agricultural University den Ländern der Dritten Welt, bei der weiteren Entwicklung ihrer Landwirtschaft die verschwenderische, von hohen Inputs (Energie, Düngemittel, Pestizide) abhängige Stufe auszulassen und von ihren traditionellen Bewirtschaftungsmethoden direkt zu neuen, mit geringeren Inputs auskommenden Techniken überzugehen. Biotechnologie und Gentechnik könnten dabei eine große Hilfe sein, da sich mit diesen Verfahren Pflanzen erzeugen lassen, die bei gleichen Erträgen eine geringere Energiezufuhr und weniger umweltschädigende Chemikalien benötigen. Warum sollte man eine solche Strategie nicht auch auf die industrielle Entwicklung anwenden?

a

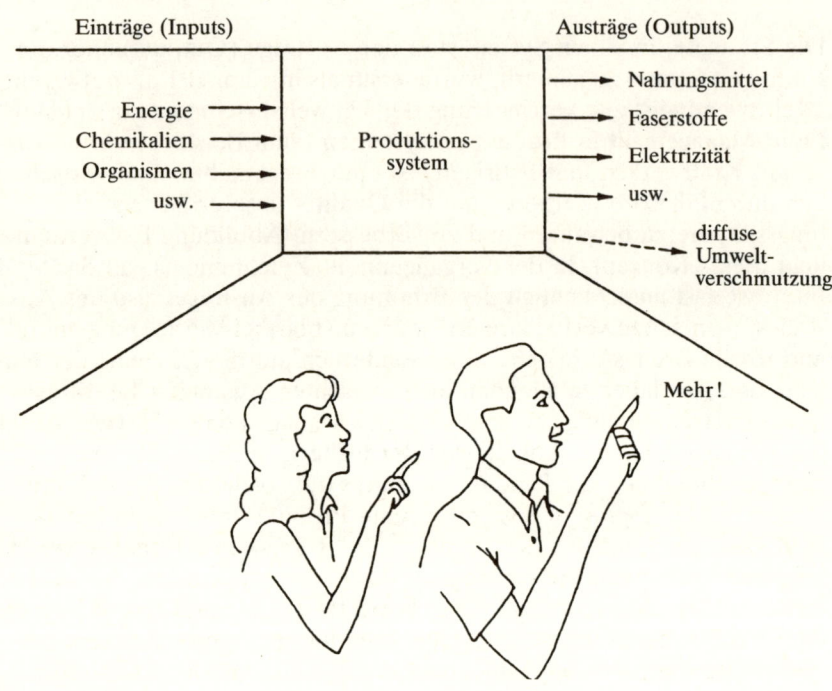

b

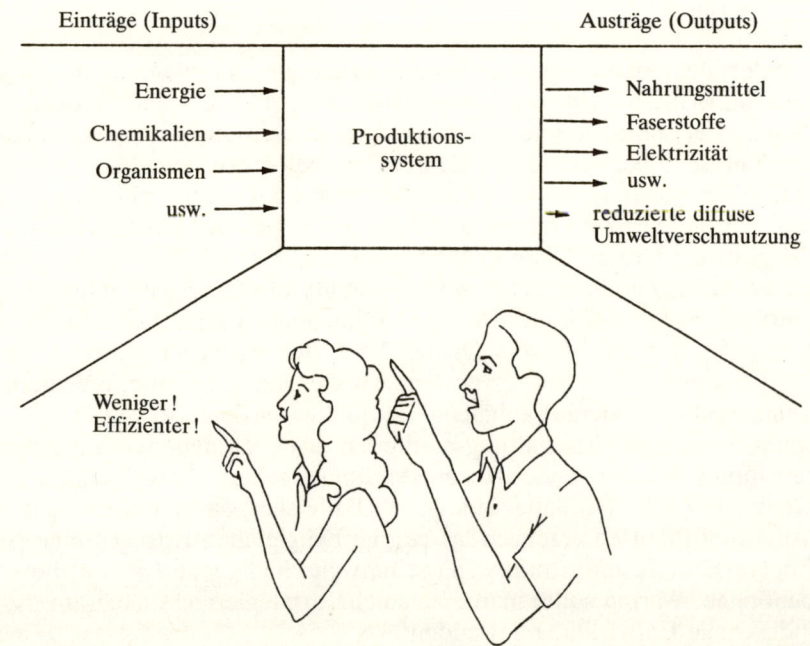

## Umweltethik und Umweltästhetik

Um die Qualität der Umwelt zu erhalten und zu verbessern, bedarf es einer unterstützenden Ethik. *Der Mißbrauch der natürlichen Lebenserhaltungssysteme darf nicht lediglich rechtswidrig sein, er muß auch als unmoralisch empfunden werden.* Zu den bekanntesten und am häufigsten zitierten Abhandlungen über dieses Thema zählt *The Land Ethic* von Aldo Leopold – erstmals veröffentlicht im Jahre 1933 und später aufgenommen in sein klassisches Werk *A Sand County Almanac* (1949). Als junger Mann verbrachte Leopold einige Jahre als Förster in einer abgelegenen Gegend im Westen der USA, die nur zu Pferde zu erreichen war und in der es noch Wölfe gab. Später leistete er Pionierarbeit auf dem Gebiet der Wildtierhege und wurde Professor. Zusammen mit seiner Familie hielt er sich so oft wie möglich in einer Hütte (heute ein „Heiligtum" für Natur- und Umweltschützer) auf einem heruntergekommenen Gut in Sand County im Staate Wisconsin auf, das sie erworben hatten und wieder in einen Ort natürlicher Schönheit verwandelten. Aldo Leopold wird vor allem wegen seiner dort entstandenen Werke in Erinnerung bleiben – Werke, die denen von Henry David Thoreau (Neuenglands Fürsprecher für die Schönheit der Natur) ebenbürtig sind.

In *The Land Ethic* beschreibt Leopold zunächst, wie der Grieche Odysseus, als er vom Krieg gegen Troja zurückgekehrt war, ein Dutzend Sklavinnen aufhängen ließ, die er des Mißverhaltens während seiner Abwesenheit verdächtigte. »Die Rechtmäßigkeit dieser Hinrichtungen wurde nicht in Frage gestellt. Die Sklavinnen zählten zum Besitz, und seines Eigentums entledigte man sich damals – nicht anders als heute – unter dem Aspekt der Nützlichkeit, nicht unter dem von Recht und Unrecht.« Die Konzepte von Recht und Unrecht waren in der Antike zwar durchaus bekannt, doch bezog man sie nicht auf Sklaven. Nun ist den Menschenrechten seit jener Zeit sowohl von seiten der Ethik als auch von seiten der Gesetzgebung und der Politik steigende Beachtung zuteil geworden. Doch wie steht es um die Rechte anderer Lebewesen und der Umwelt? Leopold definierte den Begriff **Ethik** im ökologischen Kontext als »eine Einschränkung der Handlungsfreiheit beim Kampf ums Dasein« und philosophisch als »eine Differenzierung zwischen sozialem und unsozialem Verhalten«. Nach seiner Ansicht vollzieht sich die Ausprägung der Ethik mit der Zeit in folgenden Schritten: Zuerst entwickelt sich die Religion als eine Ethik zwischen den Menschen; ihr folgt

**E.1** Die notwendige „Kehrtwendung" bei der Steuerung unserer Produktionssysteme. In a gilt das vorrangige Interesse den Austrägen oder Outputs (zum Beispiel dem höchstmöglichen Produktausstoß oder dem maximalen Ernteertrag) – mit der Folge, daß die Umweltverschmutzung aus diffusen Quellen zunimmt. Zeichnung b veranschaulicht die Hinwendung auf eine Regelung der Einträge in das System (Input-Management); Ziel ist eine effizientere Produktion mit einer verringerten Menge von kostspieligen und umweltschädigenden Inputs, um so die Umweltverschmutzung aus diffusen Quellen zu verringern. (Nach Odum 1987.)

die Demokratie als eine Ethik zwischen Mensch und Gesellschaft; den Abschluß bildet eine *noch zu entwickelnde* ethische Beziehung zwischen Mensch und Umwelt, denn – so Leopold – »bislang ist das Verhältnis zur Umwelt noch ausschließlich ökonomisch definiert, woraus Privilegien, jedoch keine Verpflichtungen erwachsen«.

Eine Art moralischer Landverwaltung – im Englischen *land stewardship* genannt –, ein Konzept, das seine Wurzeln in der Religionslehre hat, wird heute in den USA als ein ethisches Programm für (privaten wie öffentlichen) Landbesitz weithin diskutiert. Darüber hinaus lassen sich, wie wir mit diesem Buch zu dokumentieren versucht haben, aber auch gewichtige wissenschaftliche und technische Gründe für die Behauptung anführen, daß eine Ausdehnung der Ethik auf die lebenserhaltende Umwelt für das Überleben der Menschheit unerläßlich ist. Es gibt viele gesetzliche Möglichkeiten, um Landbesitzer zu ermuntern, sich angesichts von Steuererleichterungen oder anderer wirtschaftlicher Vorteile gegen eine vollständige Erschließung ihres Besitzes zu entscheiden. Ermutigend ist auch, daß die Zahl der Artikel, Bücher, Kurse und Zeitschriften, die sich mit Umweltethik befassen, in den letzten zehn Jahren deutlich zugenommen hat (Rolston 1986; Callicott 1987; Potter 1988).

### Ein Überlebensmodell

In Abbildung E.2 sind zwei alternative **Szenarien** umrissen (ein „Szenario" ist der Entwurf einer Folge von Szenen oder Ereignissen), welche die zukünftige Lebensqualität der Menschen bestimmen könnten. Diese Szenarien stellen keine exakten Voraussagen dar, denn – wie schon betont wurde – kann niemand (auch kein Computer) die Zukunft wirklich vorhersagen. Sie lassen sich eher mit Wetterprognosen vergleichen, die mit einer gewissen Wahrscheinlichkeit zutreffen oder falsch sind.

Die linke Sequenz geht von der Annahme aus, daß wir auch weiterhin an einer kurzfristigen Betrachtungsweise festhalten und unsere ethischen und rechtlichen Grundsätze darauf beschränken, das Wohlergehen des einzelnen zu schützen und zu fördern (und somit das Allgemeinwohl unter der Maxime, daß das, was dem Individuum nützt, auch der Gesellschaft und der Welt gut tut, vernachlässigen). Die logischen Folgen dieser Überbetonung des Individuums sind eine rapide weiterwachsende Weltbevölkerung sowie belastete und geschwächte lebenserhaltende Ökosysteme. Insgesamt beschwört dies ein für alle (außer vielleicht einigen sehr reichen Leuten) wenig befriedigendes Leben herauf, da Luft, Nahrung und Wasser in immer schlechterer Qualität und immer geringeren Mengen zur Verfügung stehen werden.

Im Gegensatz dazu beruht das in der rechten Sequenz dargestellte Szenario auf der Annahme, daß wir uns mehr und mehr einer langfristigen

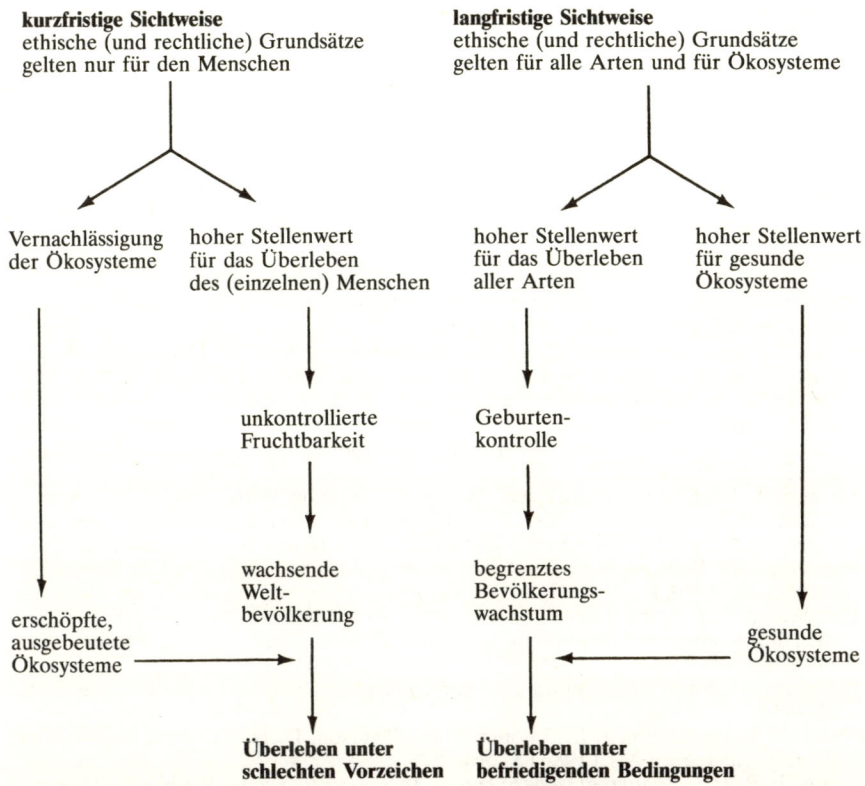

**E.2** Ein Überlebensmodell mit zwei gegensätzlichen Szenarien. (Nach Potter 1988.)

Betrachtungsweise zuwenden werden, die besonderen Wert auf den Erhalt der Arten (des Menschen ebenso wie aller anderen) und gesunder Ökosysteme überall auf der Welt legt. Die logischen Folgen einer Ausdehnung unserer ethischen und rechtlichen Grundsätze auf Arten und Ökosysteme sind ein verringertes Wachstum der Weltbevölkerung (mit einer Stabilisierung im nächsten Jahrhundert) und intakte Lebenserhaltungssysteme – Voraussetzungen eines befriedigenden Lebens für alle Menschen und sämtliche andere Organismen auf der Erde.

**Fazit**

Wenn es gelingt, „Haushaltslehre" (Ökologie) und „Haushaltsführung" (Ökonomie) zusammenzuführen, und wenn ethische Grundsätze auch den Wert der Umwelt berücksichtigen, dürfen wir optimistisch in die Zukunft der Menschheit blicken. Die Verbindung von Ökologie, Ökonomie und Ethik ist Holismus in seiner umfassendsten Bedeutung – und die größte Herausforderung für die Zukunft.

# Literatur

## Kapitel 1

*Borgstrom, G. *The Hungry Planet*. New York (Macmillan) 1967. [Das Konzept der *ghost acres* ist in Kapitel 5, S. 70–86, behandelt.]

Cloud, P. *Oasis in Space: Earth History from the Beginning*. New York (Norton) 1988.

Dorney, R. S.; McLellan, P. W. *The Urban Ecosystem: Its Spatial Structure, Its Subsystem Attributes*. In: *Environments* 16/1 (1984) S. 9–20. [In diesem Artikel werden Natur-, Agrar- und Stadtlandschaft als die drei grundlegenden Ökosystemtypen betrachtet, die letzteren beiden speziell als „Inseln" oder „Subsysteme", die in die Naturlandschaft eingebettet sind.]

Ehrlich, A. H.; Ehrlich, P. R. *Earth*. New York (Franklin Watts) 1987.

*Greeson, P. E.; Clark, J. R.; Clark, J. E. (Hrsg.) *Wetland Functions and Values: The State of Our Understanding*. Minneapolis (American Water Resources Association) 1979.

*Havera, S. P.; Bellrose, F. C. *The Illinois River: A Lesson to Be Learned*. In: *Wetlands* 4 (1985) S. 29–40.

Hutchinson, G. E. (Hrsg.) *The Biosphere*. In: *Sci. Am.* 223/3 (1970) S. 44–208. [Die Artikel dieses Sonderheftes von *Scientific American* sind auch als Buch bei Freeman, San Francisco, erschienen.]

*Maranto, G. *Earth's First Visitors to Mars; Biosphere II*. In: *Discover* 8/5 (1987) S. 28–43.

*Nichols, F. H.; Cloern, J. E.; Luoma, S. N.; Peterson, D. H. *The Modification of an Estuary*. In: *Science* 231 (1986) S. 567–573.

Odum, E. P. *The Life Support Value of Forests*. In: *Forests for People*. Washington (Society of American Foresters) 1977. S. 101–105.

Odum, E. P.; Franz, E. H. *Whither the Life-Support System?* In: Polunin, N. (Hrsg.) *Growth Without Ecodisasters?* London (Macmillan) 1977.

*Odum, E. P.; Odum, H. T. *Natural Areas as Necessary Components of Man's Total Environment*. In: *Trans. 37th N. A. Wildl. and Nat. Res. Conf.* Washington (Wildlife Management Institute) 1972.

*Smith, R. A.; Alexander, R. B.; Wolman, M. G. *Water-Quality Trends in the Nation's Rivers*. In: *Science* 235 (1987) S. 1607–1615.

*Young, R. A.; Swift, D. J. P.; Clarke, T. L.; Harvey, G. R.; Betzer, P. R. *Dispersal Pathways for Particle-Associated Pollutants*. In: *Science* 229 (1985) S. 431–435.

## Kapitel 2

*Allen, G. E. (Hrsg.) *Integrated Pest Management*. Sonderheft *BioScience* 30 (1980) S. 655–701.

*Allen, T. F. H.; Starr, T. B. *Hierarchy: Perspectives for Ecological Complexity*. Chicago (University of Chicago Press) 1982.

*Belt, C. B. jr. *The 1973 Flood and Man's Constriction of the Mississippi River*. In: *Science* 189 (1975) S. 681–684.

Fiebleman, J. K. *Theory of Integrated Levels*. In: *Brit. J. Phil. Sci.* 5 (1954) S. 59–66.

*Hall, C. A. S.; Day, J. W. *Systems and Models: Terms and Basic Principles*. In: *Ecosystem Modeling in Theory and Practice*. New York (Wiley) 1977. S. 5–36.

---

*Die mit einem Stern gekennzeichneten Literaturstellen sind im Text des jeweiligen Kapitels zitiert.

Hutchinson, G. E. *The Lacustrine Microcosm Reconsidered.* In: *Am. Sci.* 52 (1964) S. 334–341. [Dieser Artikel stellt den ganzheitlichen oder „hololologischen" Ansatz und den teilbezogenen oder „merologischen" Ansatz als zwei unterschiedliche Philosophien bei der Untersuchung von Seen und anderen komplexen Systemen gegenüber.]

*Jeffers. J. N. R. *Modeling. Outline Studies in Ecology.* London (Chapman & Hall) 1982.

*Minnich, R. A. *Fire Mosaics in Southern California and Northern Baja California.* In: *Science* 219 (1983) S. 1287–1294.

*Murdoch, W. W.; Chesson, J.; Chesson, P. L. *Biological Control in Theory and Practice.* In: *Am. Nat.* 125 (1985) S. 344–366.

Novikoff, A. B. *The Concept of Integrative Levels in Biology.* In: *Science* 101 (1945) S. 209–215.

Odum, E. P. *The Emergence of Ecology as a New Integrative Discipline. Ecology Must Combine Holism with Reductionism if Applications Are to Benefit Society.* In: *Science* 195 (1977) S. 1289–1293.

Odum, E. P. *The Scope of Ecology.* In: *Basic Ecology.* Philadelphia (Saunders College Publishing) 1983. Kap. 1.

*Odum, H. T. *The World System.* In: *Environment, Power, and Society.* New York (Wiley-Interscience) 1971. Kap. 1, S. 1–25.

*Salt, G. W. *A Comment on the Use of the Term Emergent Properties.* In: *Am. Nat.* 113 (1979) S. 145–148.

*Schlesinger, A. M. *The Cycles of American History.* Boston (Houghton Mifflin) 1986. [Auf einer These von Henry Adams aufbauend, diskutiert der Autor den augenscheinlichen Wechsel von „konservativ" und „liberal" geprägten Perioden.]

Simon, H. A. *The Organization of Complex Systems.* In: Pattee, H. H. (Hrsg.) *Hierarchy Theory.* New York (Braziller) 1973.

Urban, D. L.; O'Neill, R. V.; Shugart, H. H. *Landscape Ecology.* In: *BioScience* 37 (1987) S. 119–127.

**Kapitel 3**

*Barrett, G. W. *The Effects of an Acute Insecticide Stress on a Semi-Enclosed Grassland Ecosystem.* In: *Ecology* 49 (1968) S. 1019–1035.

*Carson, R. *Silent Spring.* Boston (Houghton Mifflin) 1962. [Deutsche Ausgabe: *Der stumme Frühling.* München (Biederstein) 1963.]

Evans, F. C. *Ecosystem as the Basic Unit in Ecology.* In: *Science* 123 (1956) S. 1127f.

Golley, F. B. *Historical Origins of the Ecosystem Concept in Biology.* In: Moran, E. F. *The Ecosystem Concept in Anthropology.* AAAS Selected Symposium 92. Boulder (Westview Press) 1984. S. 33–49.

*Hubbell, S. P. *Tree Dispersion, Abundance, and Diversity in a Tropical Dry Forest.* In: *Science* 203 (1979) S. 1299–1309.

*Kerr, R. A. *No Longer Willful, Gaia Becomes Respectable.* In: *Science* 240 (1988) S. 393–395.

Lawson, G. J.; Cottam, G.; Loucks, O. L. *Terrestrial Primary Production of Adjacent Urban and Natural Ecosystems.* Unveröffentlichtes Manuskript.

*Lovelock, J. E. *Gaia, A New Look at Life on Earth.* New York (Oxford University Press) 1979. [Deutsche Ausgabe: *Unsere Erde wird überleben. GAIA – eine optimistische Ökologie.* München 1982.]

Lovelock, J. E. *The Ages of Gaia: A Biography of Our Living Earth.* New York (Norton) 1988. [Deutsche Ausgabe: *Das GAIA-Prinzip. Die Biographie unseres Planeten.* Zürich (Artemis & Winkler) 1991.]

*Mann, K. H. *Seaweeds: Their Productivity and Strategy for Growth.* In: *Science* 182 (1973) S. 975–981.

Margulis, L. *Early Life.* Boston (Science Books International) 1982.

Odum, E. P. *The Ecosystem.* In: *Basic Ecology.* Philadelphia (Saunders College Publishing) 1983. Kap. 2.

Odum, H. T. *Environment, Power, and Society.* New York (Wiley-Interscience) 1971.

*Odum, H. T.; Odum, E. C. *Energy Basis for Man and Nature.* 2. Aufl. New York (McGraw-Hill) 1981. [Siehe die Seiten 293 und 294 für die Erklärung der Energiesymbole.]

*Patten, B. C.; Odum, E. P. *The Cybernetic Nature of Ecosystems.* In: *Am. Nat.* 118 (1981) S. 886–895.
*Redfield, A. C. *The Biological Control of Chemical Factors in the Environment.* In: *Am. Sci.* 46 (1958) S. 205–221.
*Rice, E. L. *Phytosociological Analysis of a Tall-Grass Prairie in Marshall County, Oklahoma.* In: *Ecology* 33 (1952) S. 112–116.
*Serafin, R. *Noosphere, Gaia and the Science of the Biosphere.* In: *Environ. Ethics* 10 (1988) S. 121–137.
*Sousa, W. P. *The Role of Disturbance in Natural Communities.* In: *Annu. Rev. Ecol. Syst.* 15 (1984) S. 353–391.
*Tansley, A. G. *The Use and Abuse of Vegetational Concepts and Terms.* In: *Ecology* 16 (1935) S. 284–307.
Wernadski, W. I. *La Biosphere.* Nouvelle Collection Scientifique. Paris (Alcan) 1929. [Die russische Originalausgabe erschien 1926, eine englische Übersetzung 1986 bei Synergetic Press, London.]
*Wernadski, W. I. *The Biosphere and the Noösphere.* In: *Am. Sci.* 33 (1945) S. 1–12.
Wiegert, R. G.; Owen, D. F. *Trophic Structure, Available Resources and Population Density in Terrestrial and Aquatic Ecosystems.* In: *J. Theor. Biol.* 30 (1971) S. 69–81. [Gegenüberstellung von Struktur und Funktion aquatischer und terrestrischer Ökosysteme.]
*Wilson E. O. (Hrsg.) *Biodiversity.* Washington (National Academy Press) 1988. [Dieses Buch umfaßt 57 Beiträge verschiedener Autoren über Erhaltung, Wert und Wiederherstellung biologischer Vielfalt. Eine deutsche Übersetzung ist bei Spektrum der Wissenschaft in Vorbereitung.]

**Kapitel 4**

*Abrahamson, W. G.; Gadgil, M. *Growth Form and Reproductive Effort in Goldenrods (Solidago, Compositae).* In: *Am. Nat.* 107 (1973) S. 651–661.
Adey, W. H. *Food Production in Low-Nutrient Seas.* In: *BioScience* 37 (1987) S. 340–348. [Dieser Artikel behandelt die Zucht von Muschel- und Krabbenkulturen auf künstlichen Bänken in der euphotischen Zone.]
Altieri, M. A.; Letourneau, D. K.; Davis, J. R. *Developing Sustainable Agroecosystems.* In: *BioScience* 33 (1983) S. 45–49.
Black, C. C. *Ecological Implications of Dividing Plants into Groups with Distinct Photosynthetic Capacities.* In: *Adv. Ecol. Res.* 7 (1971) S. 87–114.
*Boulding, K. E. *A Reconstruction of Economics.* New York (Science Editions) 1965.
*Boulding, K. E. *The Economics of the Coming Spaceship Earth.* In: *Environmental Quality in a Growing Economy.* Baltimore (Johns Hopkins Press) 1966.
*Briand, F.; Cohen, J. E. *Environmental Correlates of Food Chain Length.* In: *Science* 238 (1987) S. 956–960.
*Brown, L. R. *Food or Fuel: New Competition for the World's Cropland.* Worldwatch Paper 35. Washington (Worldwatch Institute) 1980.
Cook, E. *The Flow of Energy in an Industrial Society.* In: *Sci. Am.* 224(225)/3 (1971) S. 135–144.
*Eckholm, E. P. *The Other Energy Crisis: Firewood.* Worldwatch Paper 1. Washington (Worldwatch Institute) 1975.
*Emery, K. O.; Iselin, C. O. 'D. *Human Food from Ocean and Land.* In: *Science* 157 (1967) S. 1279–1281.
Food and Agricultural Organization of the United Nations. *FAO Production Yearbook.* Bd. 39. Paris (Food and Agricultural Organization) 1985.
Gates, D. M. *Energy and Ecology.* Sunderland (Sinauer) 1985.
*Gosselink, J. G.; Odum, E. P.; Pope, R. M. *The Value of the Tidal Marsh.* LSU-SG-74-03. Baton Rouge (Center for Wetland Resources, Louisiana State University) 1974.
*Hall, C. A. S.; Cleveland, C. J.; Kaufmann, R. *Energy and Resource Quality: The Ecology of the Economic Process.* New York (Wiley) 1986.
*Hulbert, M. K. *The Energy Resources of the Earth.* In: *Sci. Am.* 225/3 (1971) S. 60–70.
*Jenny, H. *Alcohol or Humus?* In: *Science* 209 (1980) S. 444.
Lewin, R. *On the Benefits of Being Eaten.* In: *Science* 236 (1987) S. 519f. [Überblick über neuere Arbeiten zur positiven Rückkopplung bei Pflanzen-Pflanzenfresser- und Räuber-Beute-Beziehungen.]

Lieth, H.; Whittaker, R. H. *Primary Productivity of the Biosphere.* In: *Ecological Studies.* Bd. 14. New York (Springer) 1975.

Lieth, H.; Whittaker, R. H. *Productivity of World Ecosystems.* Washington (National Academy of Sciences) 1975.

*Lotka, A. J. *Elements of Physical Biology.* Baltimore (Williams & Wilkins) 1925.

*McNaughton, S. J. *Serengeti Migratory Wildebeest: Facilitation of Energy Flow by Grazing.* In: *Science* 191 (1976) S. 92–94.

Odum, E. P. *Energy in Ecological Systems.* In: *Basic Ecology.* Philadelphia (Saunders College Publishing) 1983. Kap. 3.

*Odum, E. P.; Biever, L. J. *Resource Quality, Mutualism, and Energy Partitioning in Food Chains.* In: *Am. Nat.* 124 (1984) S. 360–376.

*Odum, H. T. *Energy, Ecology, and Economics.* In: *Ambio* 2/6 (1973) S. 220–227.

*Odum, H. T.; Odum, E. C. *Energy Basis for Man and Nature.* 2. Aufl. New York (McGraw-Hill) 1981. [Das *maximum power principle* ist auf den Seiten 32–34 erklärt.]

*Paul, E. A.; Kucey, R. M. N. *Carbon Flow in Plant Microbial Associations.* In: *Science* 213 (1981) S. 473f.

*Pomeroy, L. R. *The Ocean's Food Web, a Changing Paradigm.* In: *BioScience* 24 (1974) S. 499–504.

*Prigogine, I.; Nicoles, G.; Babloyantz, A. *Thermodynamics and Evolution.* In: *Physics Today* 25/11 (1972) S. 23–38 und 25/12 (1972) S. 138–141.

Prigogine, I.; Stengers, I. *Order Out of Chaos: Man's New Dialogue with Nature.* New York (Bantam) 1984. [Deutsche Ausgabe: *Dialog mit der Natur.* 5. Aufl. München (Piper) 1986.]

*Smil, V. *On Energy and Land.* In: *Am. Sci.* 72 (1984) S. 15–21.

Starr, C. (Hrsg.) *Energy and Power.* In: *Sci. Am.* 224(225)/3 (1971) S. 36–200.

Sun, M. *Pests Prevail Despite Pesticides.* In: *Science* 226 (1984) S. 1293. [Bericht über eine internationale Konferenz zum Thema „Pestizide".]

*Vitousek, P. M.; Ehrlich, P. R.; Ehrlich, A. H.; Matson, P. A. *Human Appropriation of the Products of Photosynthesis.* In: *BioScience* 36 (1986) S. 368–373.

*Whittaker, R. H.; Likens, G. E. (Hrsg.) *Primary Production of the Biosphere.* In: *Human Biol.* 1 (1971) S. 301–369.

*Wilson, C. L. *Nuclear Energy: What Went Wrong?* In: *Bull. Atom. Sci.* 35/6 (1979) S. 13–17.

## Kapitel 5

Abrahamson, W. G. *Fire: Smokey Bear Is Wrong.* In: *BioScience* 34 (1984) S. 179f.

Agarwal, A. *Why the World's Deserts Are Still Spreading.* In: *Nature* 277 (1979) S. 167f.

*Altieri, M. A. *Agroecology: The Scientific Basis of Alternative Agriculture.* Berkeley (Div. Biol. Control, University of California) 1983. [Traditionelle Bewirtschaftungsverfahren sind auf den Seiten 41–59 beschrieben.]

*Batie, S. S. *Soil Erosion: Crisis in America's Croplands?* Washington (The Conservation Foundation) 1983.

*Batie, S. S.; Healy, R. G. *The Future of American Agriculture.* In: *Sci. Am.* 248/2 (1983) S. 45–53.

Berner, E. K.; Berner, R. A. *The Global Water Cycle.* Englewood Cliffs (Prentice Hall) 1987.

Blaikie, P. M.; Brookfield, H. *Land Degradation and Society.* New York (Chapman & Hall) 1987.

*Bloom, A. J.; Chapin III, F. S.; Mooney, H. A. *Resource Limitation in Plants – An Economic Analogy.* In: *Annu. Rev. Ecol. Syst.* 16 (1985) S. 363–392.

Bolin, B. *The Carbon Cycle.* In: *Sci. Am.* 223/3 (1970) S. 124–132.

Bolin, B.; Doos, B. R.; Jager, J.; Warrick, R. A. (Hrsg.) *The Greenhouse Effect: Climate Change and Ecosystems.* Chichester/New York (Wiley) 1986.

Bormann, F. H. *Air Pollution and Forests: An Ecosystem Perspective.* In: *BioScience* 35 (1985) S. 434–441.

Bormann, F. H.; Likens, G. E. *The Nutrient Cycles of an Ecosystem.* In: *Sci. Am.* 223/4 (1970) S. 92–101.

*Bowman, K. P. *Global Trends in Total Ozone.* In: *Science* 239 (1988) S. 48–50.

Bryson, R. A. *A Perspective on Climatic Change.* In: *Science* 184 (1974) S. 753–760. [Eine frühe Warnung, daß bestimmte Eigenschaften der Atmosphäre wie Trübungsgrad und Kohlendioxidgehalt durch menschliche Aktivitäten verändert werden.]

*Bullock, T. H. *Compensation for Temperature in the Metabolism and Activity of Poikilotherms.* In: *Biol. Rev.* 30 (1955) S. 311–342.

*Carter, V. G.; Dale, T. *Topsoil and Civilization.* Norman (University of Oklahoma Press) 1974.

Chaboussou, F. *How Pesticides Increase Pests.* In: *The Ecologist* 16/1 (1986) S. 29–35. [Pestizide verändern gelegentlich den Pflanzenstoffwechsel und machen die Pflanzen auf diese Weise anfälliger für Krankheiten und Schädlingsbefall.]

*Clark, E. H.; Haverkamp, J. A.; Chapman, W. *Eroding Soils: The Off-Farm Impacts.* Washington (The Conservation Foundation) 1985.

*Clausen, J. C.; Keck, D. D.; Hiesey, W. M. *Experimental Studies on the Nature of Species.* Bd. 3: *Environmental Responses to Climatic Races of Achillea.* Veröffentlichung Nr. 581. Washington (Carnegie Institution of Washington) 1948. S. 1–129.

*Cohn, J. *Chlorofluorocarbons and the Ozone Layer.* In: *BioScience* 37 (1987) S. 647–650.

*Cooper, C. F. *The Ecology of Fire.* In: *Sci. Am.* 204/4 (1961) S. 150–160.

*Council on Environmental Quality. *Environmental Quality.* 12. Jahresbericht. Washington (U.S. Government Printing Office) 1981.

Deevey, E. S. *Mineral Cycles.* In: *Sci. Am.* 223/3 (1970) S. 148–158.

Delwiche, C. C. *The Nitrogen Cycle.* In: *Sci. Am.* 223/3 (1970) S. 136–146.

*Ehrlich, P. R. et al. *Long-Term Biological Consequences of Nuclear War.* In: *Science* 222 (1983) S. 1293–1300.

*Faulkner, E. H. *Plowman's Folly.* Norman (University of Oklahoma Press) 1943.

Frieden, E. *The Chemical Elements of Life.* In: *Sci. Am.* 227/1 (1972) S. 52–60.

*Gebhardt, M. R.; Daniel, T. C.; Schweizer, E. E.; Allmaras, R. R. *Conservation Tillage.* In: *Science* 230 (1985) S. 625–630.

*Gliessman, S. R.; Garcia, E. P.; Amador, A. M. *The Ecological Basis for the Application of Traditional Agricultural Technology in the Management of Tropical Agroecosystems.* In: *Agroecosystems* 7 (1981) S. 173–185.

*Haagen-Smit, A. J.; Darley, E. F.; Zaitlin, E. F.; Hulland, M.; Noble, W. *Investigation of Injury to Plants by Air Pollution in the Los Angeles Area.* In: *Plant Physiol.* 27 (1952) S. 18–34.

*Hall, G. F.; Daniels, R. B.; Foss, J. E. *Rate of Soil Formation and Renewal in the USA.* In: *Determinants of Soil Loss Tolerance.* ASA-Sonderveröffentlichung Nr. 45. Madison (American Society of Agronomy; Soil Science Society of America) 1982. Kap. 3.

Hobbie, J.; Cole, J.; Dungan, J.; Houghton, R. A.; Peterson, B. *Role of Biota in Global $CO_2$ Balance: The Controversy.* In: *BioScience* 34 (1984) S. 492–498.

Holden, P. W. *Pesticides and Groundwater Quality.* Washington (National Academy Press) 1986. [Zwischen 1960 und 1980 stieg der Nitratgehalt im Wasser des Big Spring, der 250 Quadratkilometer Ackerland in Iowa entwässert, auf das Dreifache – ein ungewöhnlich klarer Fall von Grundwasserverschmutzung durch Agrochemikalien.]

Houghton, R. A. *Terrestrial Metabolism and Atmospheric $CO_2$ Concentrations.* In: *BioScience* 37 (1987) S. 672–678.

Jenny, H. *The Soil Resource: Origin and Behavior.* Ecological Studies, Bd. 37. New York (Springer) 1980.

*Jordan, C. F. *Amazon Rain Forests.* In: *Am. Sci.* 70 (1982) S. 394–401.

*Jordan, C. F. *Nutrient Cycling in Tropical Forest Ecosystems: Principles and Their Application in Management and Conservation.* New York (Wiley) 1985.

Kellogg, W. W.; Cadle, R. D.; Allen, E. R.; Lazarus, A. L.; Martell, E. A. *The Sulfur Cycle.* In: *Science* 175 (1972) S. 587–596. [Die Abwassermengen aus Industrieregionen überfordern die der natürlichen Reinigungsprozesse.]

*Kneese, A. V. *Measuring the Benefits of Clean Air and Water.* Washington (Resources for the Future) 1984.

*Kubiena, W. L. *Bestimmungsbuch und Systematik der Böden Europas.* Stuttgart 1953.

*Langdale, G. W.; Barnett, A. R.; Leonard, R. A.; Fleming, W. E. *Reduction of Soil Erosion by the No-Till System in the Southern Piedmont.* In: *Trans. Am. Soc. Agric. Engr.* 22 (1979) S. 83–86.

*Little, C. E. *Green Fields Forever: The Conservation Tillage Revolution in America.* Washington (Island Press) 1987.

*Lowrance, R.; Todd, R.; Fail, J.; Hendrickson, O.; Leonard, R.; Asmussen, L. *Riparian Forests as Nutrient Filters in Agricultural Watersheds.* In: *BioScience* 34 (1984) S. 374–377.

*Oberle, M. *Forest Fires: Suppression Policy Has Its Ecological Drawbacks.* In: *Science* 165 (1969) S. 568–571. [Feuerbekämpfung durch Feuer.]

*Phillips, R. E.; Blevins, R. L.; Thomas, G. W.; Frye, W.; Phillips, S. H. *No-Tillage Agriculture.* In: *Science* 208 (1980) S. 1108–1113. [Die Autoren sind die modernen Pioniere der Erforschung einer Landwirtschaft ohne Pflug.]

*Pye, V. I.; Patrick, R. *Ground Water Contamination in the United States.* In: *Science* 221 (1983) S. 713–718.

*Reich, P. B.; Amundson, R. G. *Ambient Levels of Ozone Reduce Net Photosynthesis in Tree and Crop Species.* In: *Science* 230 (1985) S. 566–570.

Richards, B. N. *Introduction to the Soil Ecosystem.* New York (Longman) 1974. [Revidierte Auflage 1987 unter dem Titel *The Microbiology of Terrestrial Ecosystems*.]

*Sanford, R. L. *Apogeotropic Roots in an Amazon Rain Forest.* In: *Science* 235 (1987) S. 1062–1064.

Schindler, D. W. *Evolution of Phosphorus Limitation in Lakes.* In: *Science* 195 (1977) S. 260–262. [Ein Stickstoffmangel kann durch Stickstoffixierung „selbständig" korrigiert werden; für Phosphor fehlt eine solche Möglichkeit, so daß dieses Element langfristig zum limitierenden Nährstoff wird.]

*Spencer, D. F.; Alpert, S. B.; Gilman, H. H. *Cool Water: Demonstration of a Clean and Efficient New Coal Technology.* In: *Science* 232 (1986) S. 609–612.

*Steila, D. *The Geography of Soils.* Englewood Cliffs (Prentice Hall) 1976.

Svensson, B. H.; Soderlund, R. (Hrsg.) *Nitrogen, Phosphorus and Sulfur – Global Cycles.* Ecological Bulletins 22. Stockholm (Royal Swedish Academy of Sciences) 1976.

Turco, R. P. et al. *Nuclear Winter: Global Consequences of Multiple Nuclear Explosions.* In: *Science* 222 (1983) S. 1283–1292.

United States Soil Conservation Service. *Soil Taxonomy.* Agriculture Handbook, Bd. 436. Washington (U.S. Government Printing Office) 1975.

*Wernadski, W. I. *The Biosphere and the Noösphere.* In: *Am. Sci.* 33 (1945) S. 1–12. [Wernadskis Buch *Die Biosphäre* wurde 1926 in Russisch veröffentlicht.]

*Winfree, A. T. *Biologische Uhren.* Heidelberg (Spektrum der Wissenschaft) 1988.

## Kapitel 6

*Alexander, M. *Why Microbial Parasites and Predators Do Not Eliminate Their Prey and Hosts.* In: *Annu. Rev. Microbiol.* 35 (1981) S. 113–133.

Allee, W. C. *The Social Life of Animals.* Boston (Beacon Press) 1958.

*Allee, W. C. *Cooperation Among Animals, with Human Implications.* New York (Schuman) 1951.

*Anagnostakis, S. L. *Biological Control of Chestnut Blight.* In: *Science* 215 (1982) S. 466–471.

Ayala, F. J. *Competition Between Species.* In: *Am. Sci.* 60 (1972) S. 348–357.

*Boucher, D. H.; James, S.; Keeler, K. H. *The Ecology of Mutualism.* In: *Annu. Rev. Ecol. Syst.* 13 (1982) S. 315–347.

*Brown, L. R.; Jacobson, J. L. *Our Demographically Divided World.* Worldwatch Paper 74. Washington (Worldwatch Institute) 1986.

Burkholder, P. R. *Cooperation and Conflict Among Primitive Organisms.* In: *Am. Sci.* 40 (1952) S. 601–631. [Darstellung der neun möglichen Typen von Wechselwirkungen, wie sie erstmals von E. F. Haskell in *Main Currents in Modern Thought* 7 (1949) S. 45–51 vorgestellt wurden.]

Calhoun, J. B. *Population Density and Social Pathology.* In: *Sci. Am.* 206/2 (1962) S. 139–148.

*Carpenter, J. R. *Insect Outbreaks in Europe.* In: *J. Anim. Ecol.* 9 (1940) S. 108–147.

*Catton, W. R. *The World's Most Polymorphic Species: Carrying Capacity Transgressed Two Ways.* In: *BioScience* 37 (1987) S. 413–419.

*Christensen, A. M.; McDermott, J. *Life History and Biology of the Oyster Crab,* Pinnotheres ostreum. In: *Biol. Bull.* 144 (1958) S. 146–179.

*Coley, P. D.; Bryant, J. P.; Chapin III, F. S. *Resource Availability and Plant Antiherbivore Defense*. In: *Science* 230 (1985) S. 895–899.

Colinvaux, P. A. *Why Big Fierce Animals Are Rare: An Ecologist's Perspective*. Princeton (Princeton University Press) 1982. [Ein vergnüglich geschriebenes und provozierendes Buch.]

*Connell, J. H. *The Influence of Interspecific Competition and Other Factors on the Distribution of the Barnacle* Chthamalus stellatus. In: *Ecology* 42 (1961) S. 710–723.

Dawkins, R. *The Blind Watchmaker*. New York (Norton) 1986. [Guter Überblick über Evolutionstheorien. Deutsche Ausgabe: *Der blinde Uhrmacher*. München (Kindler) 1987.]

*den Boer, P. J. *The Present Status of the Competition Exclusion Principle*. In: *Trends Ecol. Evol.* 1 (1986) S. 25–28.

Ehrlich, P. R. *The Population Bomb*. New York (Ballantine Books) 1968.

*Ehrlich, P. R.; Mooney, H. A. *Extinction, Substitution, and Ecosystem Services*. In: *BioScience* 33 (1983) S. 248–254. [Das Aussterben wichtiger Wildtierarten kann zum Ausfall unersetzlicher lebenserhaltender Dienstleistungen der Natur führen.]

Enke, S. *Birth Control for Economic Development*. In: *Science* 164 (1969) S. 798–802. [Die Senkung der menschlichen Fruchtbarkeit kann in unterentwickelten Ländern das Pro-Kopf-Einkommen steigern.]

*Ewald, P. W. *Host-Parasite Relations, Vectors, and the Evolution of Disease Severity*. In: *Annu. Rev. Ecol. Syst.* 14 (1983) S. 465–485.

*Freedman, D.; Berelson, B. *The Human Population*. In: *Sci. Am.* 231/3 (1974) S. 30–39.

Galle, O. R.; Gove, W. R.; McPherson, J. M. *Population Density and Pathology: What Are the Relations for Man?* In: *Science* 176 (1972) S. 23–30. [Belege aus einer Stadt für die mögliche Verbindung zwischen hoher Besiedlungsdichte und pathologischem Verhalten, die John B. Calhoun bei Tierexperimenten nachgewiesen hat; siehe Calhoun 1962.]

*Gause, G. F. *Ecology of Populations*. In: *Quart. Rev. Biol.* 7 (1932) S. 27–46.

*Hardin, G. *The Competitive Exclusion Principle*. In: *Science* 131 (1960) S. 1292–1297.

*Harper, J. L. *Approaches to the Study of Plant Competition*. In: *Mechanisms in Biological Competition*. Sym. Soc. Exp. Biol. XV (1961).

*Harper, J. L.; Chatworthy, J. N. *The Comparative Biology of Closely Related Species of Clover in Mixed and Pure Culture*. In: *J. Exp. Bot.* 14 (1963) S. 172–190.

*Harris, L. D. *The Fragmented Forest: Island Biogeography Theory and Preservation of Biotic Diversity*. Chicago (University of Chicago Press) 1984.

Hutchinson, G. E. *An Introduction to Population Ecology*. New Haven (Yale University Press) 1978.

*Levin, S.; Pimentel, D. *Selection of Intermediate Rates of Increase in Parasite-Host Systems*. In: *Am. Nat.* 117 (1981) S. 308–315.

*Loehle, C. *Tree Life History Strategies: The Role of Defense*. In: *Can. J. For. Res.* 18 (1988) S. 209–222. [Die Langlebigkeit von Bäumen steht im Zusammenhang mit langsamem Wachstum und erhöhter Investition in Verteidigungsmechanismen.]

Mauldin, W. P. *Population Trends and Prospects*. In: *Science* 209 (1980) S. 148–157.

*McCullough, D. R. *The George Reserve Deer Herd: Population Ecology of a K-Selected Species*. Ann Arbor (University of Michigan Press) 1979.

*McNamara, R. *Demographic Transition Theory*. In: *International Encyclopedia of Population*. Bd. 1. Englewood Cliffs (Prentice Hall) 1982.

Myers, N. *The Sinking Ark: A New Look at the Problem of Disappearing Species*. Elmsford (Pergamon Press) 1979.

*Myers, N. *A Wealth of Wild Species: Storehouse for Human Welfare*. Boulder (Westview Press) 1983.

National Academy of Sciences. *Rapid Population Growth: Consequences and Policy Implications*. Baltimore (Johns Hopkins Press) 1971. [Diese Studie kommt zu dem Schluß, daß ein schnelles Bevölkerungswachstum mehr ökonomische Nachteile als Vorteile mit sich bringt, da sich kostspielige Probleme rascher entwickeln als ihre Lösungen.]

National Research Council. *Population Growth and Economic Development: Policy Questions*. Washington (National Academy Press) 1986. [Rasches Bevölkerungswachstum ist zwar nicht der Ursprung aller Probleme in der Dritten Welt, aber es behindert den Fortschritt eher, als daß es ihn fördert.]

*Newell, S. J.; Tramer, E. J. *Reproductive Strategies in Herbaceous Plant Communities During Succession.* In: *Ecology* 59 (1978) S. 228–234.
*Norton, B. G. *The Preservation of Species: The Value of Biological Diversity.* Princeton (Princeton University Press) 1986.
*Odum, E. P. *Population Ecology.* In: *Basic Ecology.* Philadelphia (Saunders College Publishing) 1983. Kap. 6 und 7.
*Odum, E. P.; Biever, L. J. *Resource Quality, Mutualism, and Energy Partitioning in Food Chains.* In: *Am. Nat.* 124 (1984) S. 360–376.
*Paine, R. T. *Food Web Diversity and Species Diversity.* In: *Am. Nat.* 100 (1966) S. 65–75.
*Park, T. *Experimental Studies on Interspecific Competition.* In: *Physiol. Zool.* 27 (1954) S. 177–238.
Park, T. *Beetles, Competition and Populations.* In: *Science* 138 (1962) S. 1369–1375.
*Peakall, O. B.; Whit, P. N. *The Energy Budget of an Orb Web-Building Spider.* In: *Biochem. Physiol.* 54 (1976) S. 187–190.
Perry, N. *Symbiosis: Close Encounters of the Natural Kind.* New York (Sterling) 1983.
*Pimentel, D. *Population Regulation and Genetic Feedback.* In: *Science* 159 (1968) S. 1432–1437. [In der Evolution werden schwerwiegende negative Wechselwirkungen gewöhnlich abgemildert oder in positive umgewandelt.]
*Pimentel, D.; Stone, F. A. *Evolution and Population Ecology of Parasite-Host Systems.* In: *Can. Ent.* 100 (1968) S. 655–662.
Quinn, J. A. *Plant Ecotypes: Ecological or Evolutionary Units.* In: *Bull. Torrey Bot. Club* 105 (1978) S. 58–64.
*Riechert, S. E. *The Consequences of Being Territorial: Spiders, a Case Study.* In: *Am. Nat.* 117 (1981) S. 871–892.
*Ruehle, J. L.; Marx, D. H. *Fiber, Food, Fuel, and Fungal Symbionts.* In: *Science* 206 (1979) S. 419–422. [Die Bedeutung von Mykorrhizen für die Produktion von Nahrung, Faserstoffen und Brennmaterial.]
*Scientific American* 231/3 (1974). [Sonderheft zur Bevölkerungsproblematik.]
Seaman, G. A. *The Mongoose and Caribbean Wildlife.* In: *Trans. N. Amer. Wildl. Conf.* 17 (1952) S. 188–197.
Selye, H. *The Evolution of the Stress Concept.* In: *Am. Sci.* 61 (1973) S. 692–699. [Das medizinische Konzept von Streß als unspezifischer Reaktion des Körpers auf erhöhte Anforderungen ist auch in Bezug zum Populationsdruck und zur Existenz von Giftstoffen in der Umwelt von Bedeutung.]
Soulé, M. E. (Hrsg.) *Conservation Biology: The Science of Scarcity and Diversity.* Sunderland (Sinauer) 1986.
*Sterner, R. W. *Herbivores' Direct and Indirect Effects on Algal Populations.* In: *Science* 231 (1986) S. 605–607.
*Stoddard, H. L. *Relation of Burning to Timber and Wildlife.* In: *Proc. 1st N.A. Wildl. Conf.* 1 (1936) S. 1–4.
*Teitelbaum, M. S. *Relevance of Demographic Transition Theory for Developing Countries.* In: *Science* 188 (1975) S. 420–425.
*Werner, E. E.; Hall, D. J. *Optimal Foraging and the Size Selection of Prey by the Bluegill Sunfish* (Lepomis Macrochirus). In: *Ecology* 55 (1974) S. 1042–1052.
*Wilde, S. A. *Mycorrhizae and Tree Nutrition.* In: *BioScience* 18 (1968) S. 482–484.
*Wilson, E. O. (Hrsg.) *Biodiversity.* Washington (National Academy Press) 1988. [Eine deutsche Übersetzung ist bei Spektrum der Wissenschaft in Vorbereitung.]

**Kapitel 7**

*Allman, W. F. *Nice Guys Finish First.* In: *Science* 5/8 (1984) S. 24–32. [Besprechung von Axelrods Buch *The Evolution of Cooperation* mit dem Tenor „In Natur und Gesellschaft zahlt Kooperation sich aus".]
*Axelrod, R. *The Evolution of Cooperation.* New York (Basic Books) 1984. [Deutsche Ausgabe: *Die Evolution der Kooperation.* München (Oldenbourg) 1988.]
*Axelrod, R.; Hamilton. W. D. *The Evolution of Cooperation.* In: *Science* 211 (1981) S. 1390–1396.
*Berkner, L. V.; Marshall, L. C. *History of Major Atmospheric Components.* In: *Proc. Natl. Acad. Sci.* 53 (1965) S. 1215–1226. [Eine verständliche Darstellung ist in der *Saturday Review*-Jubiläumsausgabe vom 7. Mai 1966 auf den Seiten 30–33 erschienen.]

*Bowman, R. I. *Morphological Differentiation and Adaptation in the Galapagos Finches.* In: *Occasional Papers of the California Academy of Sciences* 58 (1961) S. 1–302.

*Brooks, D. R.; Wiley, E. O. *Evolution as Entropy.* Chicago (University of Chicago Press) 1986. [Aus den Beschränkungen, die der Zweite Hauptsatz der Thermodynamik lebenden Systemen auferlegt, erwächst Selbstorganisation; solche Systeme zeigen also wegen und nicht trotz oder auf Kosten der Entropie eine zunehmende Komplexität und Selbstorganisation.]

Carson, H. L. *The Process Whereby Species Originate.* In: *BioScience* 37 (1987) S. 715–720. [Ausgezeichnete Darstellung der gegenwärtigen Vorstellungen von der Artbildung.]

*Clements, F. E. *Plant Succession; An Analysis of the Development of Vegetation.* Veröffentlichung Nr. 242. Washington (Carnegie Institution of Washington) 1916. [Nachdruck in Buchform 1928 bei Wilson, New York.]

*Clements, F. E.; Shelford, V. E. *Bio-Ecology.* New York (Wiley) 1939.

*Cloud, P. E. *Cosmos, Earth and Man: A Short History of the Universe.* New Haven (Yale University Press) 1978.

*Cloud, P. E. *Oasis in Space: Earth History from the Beginning.* New York (Norton) 1988.

Connell, J. H.; Slayter, R. O. *Mechanism of Succession in Natural Communities and Their Role in Community Stability and Organization.* In: *Am. Nat.* 111 (1977) S. 1119–1144. [Überblick über verschiedene Sukzessionstheorien.]

*Cooke, G. D. *The Pattern of Autotrophic Succession in Laboratory Microecosystems.* In: *BioScience* 17 (1967) S. 717–721.

*Cowles, H. C. *The Ecological Relations of the Vegetation of the Sand Dunes of Lake Michigan.* In: *Bot. Gaz.* 27 (1899) S. 95–391. [Die bahnbrechende amerikanische Untersuchung zur natürlichen Sukzession.]

*Darwin, C. *The Origin of Species.* London (Murray) 1859. [Deutsche Ausgabe: *Über die Entstehung der Arten.* Stuttgart (Reclam) 1963.]

Dolan, R.; Godfrey, P. J.; Odum, W. E. *Man's Impact on the Barrier Islands of North Carolina.* In: *Am. Sci.* 61 (1973) S. 152–162. [Bebilderte Darstellung der autogenen und allogenen Einflüsse auf Strände.]

*Ehrlich, P. R.; Raven, P. H. *Butterflies and Plants: A Study of Coevolution.* In: *Evolution* 18 (1965) S. 586–608.

*Gleason, H. A. *The Individualistic Concept of the Plant Association.* In: *Bull. Torrey Bot. Club* 33 (1926) S. 7–20.

*Gorden, R. W.; Beyers, R. J.; Odum, E. P.; Eagon, R. G. *Studies of a Simple Laboratory Microecosystem.* In: *Ecology* 50 (1969) S. 86–100.

Gosselink, J. G.; Odum, E. P.; Pope, R. M. *The Value of the Tidal Marsh.* LSU-SG-74-03. Baton Rouge (Center for Wetland Resources, Louisiana State University) 1974.

*Gould, S. J. *Ever Since Darwin.* New Work (Norton) 1977.

*Gould, S. J. *Darwinism Defined: The Difference Between Fact and Theory.* In: *Discover* 8/1 (1987) S. 64–70.

*Gould, S. J.; Eldredge, N. *Punctuated Equilibria: The Tempo and Mode of Evolution Reconsidered.* In: *Paleobiology* 3 (1977) S. 115–151.

*Grant, P. R. *Ecology and Evolution of Darwin's Finches.* Princeton (Princeton University Press) 1986.

*Harris, L. D. *The Fragmented Forest: Island Biogeography Theory and Preservation of Biotic Diversity.* Chicago (University of Chicago Press) 1984.

*Healy, R. G.; Short, J. L. *The Market for Rural Land.* Washington (The Conservation Foundation) 1981.

*Johnson, W. C.; Sharpe, D. M. *An Analysis of Forest Dynamics in the North Georgia Piedmont.* In: *For. Sci.* 22 (1976) S. 307–322.

*Johnston, D. W.; Odum, E. P. *Breeding Bird Populations in Relation to Plant Succession of the Piedmont of Georgia.* In: *Ecology* 37 (1956) S. 50–62.

*Kaufman, W.; Pilkey, O. H. jr. *The Beaches Are Moving.* Durham (Duke University Press) 1983.

*Kurtén, B. *Continental Drift and Evolution.* In: *Sci. Am.* 220/3 (1969) S. 54–65.

*Lack, D. L. *Darwin's Finches.* Cambridge (Cambridge University Press) 1947.

*MacArthur, R. H.; Wilson, E. O. *The Theory of Island Biogeography.* Princeton (Princeton University Press) 1967. [Deutsche Ausgabe: *Biogeographie der Inseln.* München (Goldmann) 1971. Siehe auch MacArthur, R. H.; Wilson, E. O. In: *Evolution* 17 (1963) S. 373–387.]

*Margalef, R. *Succession of Populations.* In: *Adv. Front. Pl. Sci.* (New Delhi, India) 2 (1963) S. 137–188.
*Margalef, R. *Perspectives in Ecological Theory.* Chicago (University of Chicago Press) 1968.
*Margulis, L. *Early Life.* Boston (Science Books International) 1982.
*Margulis, L.; Sagan, D. *Microcosmos: Four Billion Years of Microbial Evolution.* New York (Simon & Schuster) 1986.
*Mumford, L. *Quality in Control of Quantity.* In: Ciriacy-Wantrup; Parsons (Hrsg.) *Natural Resources, Quality and Quantity.* Berkeley (University of California Press) 1967.
Odum, E. P. *The Strategy of Ecosystem Development.* In: *Science* 164 (1969) S. 262–270.
*Odum, E. P. *Biotechnology and the Biosphere.* In: *Science* 229 (1985) S. 1338.
*Oliver, C. D.; Stephens, E. P. *Reconstruction of a Mixed-Species Forest in Central New England.* In: *Ecology* 58 (1977) S. 562–572.
*Olson, J. S. *Rates of Succession and Soil Changes on Southern Lake Michigan Sand Dunes.* In: *Bot. Gaz.* 119 (1958) S. 125–176.
*Pimentel, D. *Population Regulation and Genetic Feedback.* In: *Science* 159 (1968) S. 1432–1437.
*Shugart, H. H. *A Theory of Forest Dynamics: The Ecological Implications of Forest Succession Models.* New York (Springer) 1984.
*Sousa, W. P. *The Role of Disturbance in Natural Communities.* In: *Annu. Rev. Ecol. Syst.* 15 (1984) S. 353–391.
*Sprugel, D. G.; Bormann, F. H. *Natural Disturbance and the Steady State in High-Altitude Balsam Fir Forests.* In: *Science* 211 (1981) S. 390–393.
Stearns, S. C. *Rapid Evolution in Ecological Time.* In: *BioScience* 33 (1983) S. 460.
Stanley, S. M. *Periodic Mass Extinctions of the Earth's Species.* In: *Bull. Amer. Acad. Arts. Sci.* 40/8 (1987) S. 29–48. [Perioden des Massenaussterbens scheinen regelmäßig etwa alle 20 Millionen Jahre aufzutreten, was auf außerirdische Auslöser – zum Beispiel Einschläge von Kometen auf der Erde – hindeutet. Eiszeiten hatten bloß geringe Auswirkungen, da das Eis jeweils nur einen kleinen Teil der Erde bedeckte.]
*Vrijenhoek, R. C.; Douglas, M. E.; Meffe, G. K. *Conservation Genetics of Endangered Fish Populations in Arizona.* In: *Science* 229 (1985) S. 400–402.
*Warming, E. *Oecology of Plants.* Oxford (Clarendon Press) 1909. [Die Originalausgabe ist 1895 in dänischer Sprache erschienen.]
*Watt, A. S. *Pattern and Process in the Plant Community.* In: *J. Ecol.* 35 (1947) S. 1–22.
Wilson, D. S. *Evolution on the Level of Communities.* In: *Science* 192 (1976) S. 1358–1360.
*Wilson, D. S. *The Natural Selection of Populations and Communities.* Menlo Park (Benjamin Cummings) 1980.
Wilson, J. T. (Hrsg.) *Continents Adrift.* San Francisco (Freeman) 1972.
*Wright, S. *Size of Population and Breeding Structure in Relation to Evolution.* In: *Science* 89 (1938) S. 430f. [Der „Sewall-Wright-Effekt" und die Bedeutung der Gendrift.]

**Kapitel 8**

Biographie:

Brown, J. H.; Gibson, A. C. *Biogeography.* St. Louis (Mosby) 1983.
Cox, C. B.; Healey, I. N.; Moore, P. D. *Biogeography: An Ecological and Evolutionary Approach.* 2. Aufl. Oxford (Blackwell) 1973.
Hallam, A. *Continental Drift and the Fossil Record.* In: *Sci. Am.* 227/5 (1972) S. 56–66.
MacArthur, R. H. *Geographical Ecology.* New York (Harper & Row) 1972.
Pielou, E. C. *Biogeography.* New York (Wiley) 1979.

Meere:

Barber, R. T.; Smith, R. L. *Coastal Upwelling Ecosystems.* In: Longhurst, A. R. (Hrsg.) *Analysis of Marine Ecosystems.* New York (Academic Press) 1980.
Bretherton, F. P. (Hrsg.) *Changing Climates and the Oceans.* In: *Oceanus* 29/4 (1986). [Sonderheft mit zwölf farbig illustrierten Artikeln.]

Carson, R. *The Sea Around Us*. New York (Oxford University Press) 1952.
*Cloud, P. E. *Resources and Man*. San Francisco (Freeman) 1969.
Falkowski, P. G. (Hrsg.) *Primary Productivity in the Sea*. New York (Plenum Press) 1980.
[Siehe auch die Rezension in *Science* 212 (1981) S. 794.]
Grassle, J. F. *Hydrothermal Vent Animals: Distribution and Biology*. In: *Science* 229
(1985) S. 713–717. [Dieser Artikel wie auch der von Jannasch und Mottl (1985) be-
schreiben die neu entdeckten „geothermalbetriebenen" Lebensgemeinschaften. Hei-
ßes schwefelhaltiges Wasser, das aus Tiefseeschloten hervorquillt, dient hier – statt
der Sonne – als Energiequelle für chemosynthetische Bakterien, die ihrerseits die
Grundlage einer Gemeinschaft von Röhrenwürmern, Muscheln und Krabben bilden.]
*Heezen, B. C.; Tarp, C. M.; Ewing, M. *The Floors of the Ocean. I. North Atlantic*. Special
Paper 65. (Geological Society of America) 1959.
Jannasch, H. W.; Mottl, M. J. *Geomicrobiology of Deep-Sea Hydrothermal Vents*. In:
*Science* 229 (1985) S. 717–725. [Siehe auch Grassle 1985.]
MacIntyre, F. *Why the Sea is Salt*. In: *Sci. Am.* 223/5 (1970) S. 104–115.
Odum, E. P. *Fundamentals of Ecology*. 3. Aufl. Philadelphia (Saunders) 1971. Kap. 12.
[Deutsche Ausgabe: *Grundlagen der Ökologie*. 2 Bde. Stuttgart (Thieme) 1980.]
Pomeroy, L. R. *The Ocean's Food Web, a Changing Paradigm*. In: *BioScience* 24 (1974)
S. 499–504.
Revelle, R. (Hrsg.) *The Ocean*. Sonderheft *Sci. Am.* 221/3 (1969).
Thorson, G. *Life in the Sea*. New York (McGraw-Hill) 1971.


Ästuare und Meeresküsten:


Amos, W. H. *The Life of the Seashore*. New York (McGraw-Hill) 1966.
Carson, R. *The Edge of the Sea*. Boston (Houghton Mifflin) 1956.
Goldreich, P. *Tides and the Earth-Moon System*. In: *Sci. Am.* 226/4 (1972) S. 42–52.
Kaufman, W.; Pilkey, O. H. *The Beaches Are Moving*. Durham (Duke University Press)
1983.
MacLeish, W. H. (Hrsg.) *Estuaries*. Sonderheft *Oceanus* 19/5 (1976). [In Beiträgen von
zehn Autoren werden verschiedene Aspekte von Ästuaren untersucht.]
Mann, K. H. *Ecology of Coastal Waters*. Studies in Ecology, Bd. 8. Berkeley (University
of California Press) 1982.
Odum, E. P. *The Role of Tidal Marshes in Estuarine Production*. In: *The Conservationist*
Juni/Juli (1961) S. 12–15.
Odum, E. P. *The Status of Three Ecosystem-Level Hypotheses Regarding Salt Marsh Estua-
ries*. In: Kennedy, V. S. (Hrsg.) *Estuarine Perspectives*. New York (Academic Press)
1980.
Odum, W. E. *Insidious Alteration of the Estuarine Environment*. In: *Trans. Am. Fish. Soc.*
90 (1970) S. 836–847.
Pearse, A. S.; Humm, H. J.; Wharton, G. W. *Ecology of Sand Beaches*. In: *Ecol. Monogr.*
12 (1942) S. 136–190.
Stephenson, T. A.; Stephenson, A. *Life Between Tidemarks on Rocky Shores*. San Fran-
cisco (Freeman) 1973.
Teal, J.; Teal, M. *Life and Death of the Salt Marsh*. Boston (Little, Brown) 1969.
Warner, W. W. *Beautiful Swimmers; Watermen, Brabs, and the Chesapeake Bay*. New York
(Penguin Books) 1976.


Süßwasserökosysteme und Feuchtgebiete:


Baxter, R. M. *Environmental Effects of Dams and Impoundments*. In: *Annu. Rev. Ecol.
Syst.* 8 (1977) S. 255–284.
*Belt, C. B. *The 1973 Flood and Man's Constriction of the Mississippi River*. In: *Science* 189
(1975) S. 681–684.
Coker, R. E. *Streams, Lakes, Ponds*. Chapel Hill (University of North Carolina Press)
1954.
Cummins, K. W. *Structure and Function of Stream Ecosystems*. In: *BioScience* 24 (1974)
S. 631–641.
Deevey, E. S. *Life in the Depths of a Pond*. In: *Sci. Am.* 185/4 (1951) S. 68–72.

*Edmondson, W. T. *Water Quality Management and Lake Eutrophication: The Lake Washington Case.* In: Campbell; Sylvester (Hrsg.) *Water Resources Management and Public Policy.* Seattle (University of Washington Press) 1968. [Darstellung eines erfolgreichen Kampfes gegen Umweltverschmutzung; siehe auch die Sonntagsbeilage der *Seattle Times*, 4. Aug. 1985 und Emondson 1970.]

Edmondson, W. T. *Phosphorus, Nitrogen, and Algae in Lake Washington After Diversion of Sewage.* In: *Science* 169 (1970) S. 690f.

Eliassen, R. *Stream Pollution.* In: *Sci. Am.* 186/3 (1952) S. 17–21.

Fisher, S. G.; Likens, G. E. *Stream Ecosystem: Organic Energy Budget.* In: *BioScience* 22 (1972) S. 33–35.

*Gasaway, C. R. *Changes in the Fish Population of Lake Francis Case in South Dakota in the First 16 Years of Impoundment.* Technical Paper 56. Washington (Bureau of Sport Fisheries and Wildlife) 1970.

Good, R. E.; Whigham, D. F.; Simpson, R. L. *Freshwater Wetlands: Ecological Processes and Management Potential.* New York (Academic Press) 1978.

Greeson, P. E.; Clark, J. R.; Clark, J. E. (Hrsg.) *Wetland Functions and Values: The State of Our Understanding.* Minneapolis (American Water Resources Association) 1979. [Alles, was man schon immer über Feuchtgebiete wissen wollte – und mehr!]

*Holeman, J. N. *The Sediment Yield of Major Rivers of the World.* In: *Water Res.* 4 (1968) S. 737–747.

Niering, W. A. *The Life of the Marsh.* New York (McGraw-Hill) 1966.

Odum, E. P. *Wetlands and Their Values.* In: *J. Soil Water Conserv.* 38 (1983) S. 380.

Patrick, R. *Benthic Stream Communities.* In: *Am. Sci.* 58 (1970) S. 546–549.

Porter, K. G. *The Plant-Animal Interface in Freshwater Ecosystems.* In: *Am. Sci.* 65 (1977) S. 159–170.

Ragotzkie, R. A. *The Great Lakes Rediscovered.* In: *Am. Sci.* 62 (1974) S. 454–464.

Smith, R. A.; Alexander, R. B.; Wolman, M. G. *Water-Quality Trends in the Nation's Rivers.* In: *Science* 235 (1987) S. 1607–1615.

Wolman, M. G. *The Nation's Rivers.* In: *Science* 174 (1971) S. 905–918. [Enthält ausgezeichnete Graphiken und Tabellen zur Beurteilung der Wasserqualität nordamerikanischer Flüsse.]


Terrestrische Biome:

Allen, D. L. *The Life of Prairies and Plains.* New York (McGraw-Hill) 1967.

Caufield, C. *In the Rainforest: Report from a Strange, Beautiful, Imperiled World.* Chicago (University of Chicago Press) 1984. [Deutsche Ausgabe: *Der Regenwald. Ein schwindendes Paradies.* Frankfurt (Krüger) 1987.]

Cox, T. R.; Maxwell, R. S.; Thomas, P. D.; Malone, J. J. *This Well-Wooded Land: Americans and Their Forests from Colonial Times to the Present.* Lincoln (University of Nebraska Press) 1985.

Denison, W. C. *Life in Tall Trees.* In: *Sci. Am.* 228/6 (1973) S. 74–80.

Douglas, I. *Man, Vegetation and Sediment Yields of Rivers.* In: *Nature* 215 (1967) S. 925–928.

Hadley, N. F. *Desert Species and Adaptation.* In: *Am. Sci.* 60 (1972) S. 338–347.

Hunt, C. B. *Natural Regions of the United States and Canada.* San Francisco (Freeman) 1973.

McCormick, J. *The Life of the Forest.* New York (McGraw-Hill) 1966.

*Morello, J. *Modelo de relaciones entre Pastizales y lenosas colonzodores en el Chaco-Argentino.* [Ein Modell der Beziehungen zwischen Grasland und holzigen Pionierpflanzen im argentinischen Chaco.] In: *Idia* 276 (1970) S. 31–51.

Richards, P. W. *The Tropical Rain Forest.* In: *Sci. Am.* 229/6 (1973) S. 58–67.

*Schmidt-Nielsen, K. *Desert Animals: Physiological Problems of Heat and Water.* Oxford (Oxford University Press) 1964.

Shelford, V. E. *The Ecology of North America.* Urbana (University of Illinois Press) 1963.

Shelford, V. E.; Olson, S. *Sere, Climax and Influent Animals with Special Reference to the Transcontinental Coniferous Forest of North America.* In: *Ecology* 16 (1935) S. 375–402. [Ein klassischer Artikel, der zeigt, wie Tiere verschiedene Entwicklungsstadien der Vegetation in einem Biomtyp miteinander koppeln.]

Sinclair, A. R. E.; Norton-Griffiths, M. (Hrsg.) *Serengeti: Dynamics of an Ecosystem.* Chicago (University of Chicago Press) 1979.

Sutton, A.; Sutton, M. *The Life of the Desert.* New York (McGraw-Hill) 1966.

Waring, R. H.; Franklin, J. F. *Evergreen Coniferous Forests of the Pacific Northwest.* In: *Science* 204 (1979) S. 1380–1386.

Waring, R. H.; Schlesinger, W. H. *Forest Ecosystems: Concepts and Management.* Orlando (Academic Press) 1985.

*Whittaker, R. H. *Vegatation of the Great Smoky Mountains.* In: *Ecol. Monogr.* 26 (1952) S. 1–80.


Agrarökosysteme:

Altieri, M. A. *Agroecology: The Scientific Basis of Alternative Agriculture.* Berkeley (Div. Biol. Control, University of California) 1983. [Stellt die mechanisierte, chemieabhängige Landwirtschaft den traditionellen Anbauweisen in Entwicklungsländern und der in Industrieländern zunehmend Beachtung findenden schonenden Bodenbearbeitung gegenüber.]

*Auclair, A. N. *Ecological Factors in the Development of Intensive-Management Ecosystems in the Midwestern United States.* In: *Ecology* 57 (1976) S. 431–444.

*Brugam, R. B. *Human Disturbance and the Historical Development of Linsley Pond.* In: *Ecology* 59 (1978) S. 19–36.

Dover, M. J.; Talbot, L. M. *To Feed the Earth: Agro-Ecology for Sustainable Development.* Washington (World Resources Institute) 1987.

Lowrance, R.; Stinner, B. R.; House, G. J. (Hrsg.) *Agricultural Ecosystems: Unifying Principles.* New York (Wiley) 1984.

**Epilog**

*Brown, L. R. (Hrsg.) *The State of the World.* Washington (Worldwatch Institute) 1986, 1987 und 1988. [Jährlich erscheinende Übersichten über den Zustand von Umwelt und Ressourcen.]

*Butzer, K. W. *Civilizations: Organisms or Systems?* In: *Am. Sci.* 68 (1980) S. 517–523.

*Callicott, J. B. (Hrsg.) *Companion to a Sand County Almanac.* Madison (University of Wisconsin Press) 1987.

*Capra, F. *The Turning Point.* New York (Bantam Books) 1982. [Deutsche Ausgabe: *Wendezeit. Bausteine für ein neues Weltbild.* München (Scherz) 1983.]

*Carson, R. *Silent Spring.* Boston (Houghton Mifflin) 1962. [Deutsche Ausgabe: *Der stumme Frühling.* München (Biedenstein) 1963.]

*Catton, W. R. *Overshoot.* Urbana (University of Illinois Press) 1980.

Conrad, M. *Adaptability: The Significance of Variability from Molecule to Ecosystem.* New York (Plenum Press) 1983.

*Costanza, R. *Social Traps and Environmental Policy.* In: *BioScience* 37 (1987) S. 407–412.

*Cross, J. G.; Guyer, M. J. *Social Traps.* Ann Arbor (University of Michigan Press) 1980.

Eckholm, E. P. *Down to Earth – Environment and Human Needs.* New York (Norton) 1982. [Dieser Bericht wurde zum zehnjährigen Jubiläum der historischen Stockholmer Konferenz über Umweltfragen verfaßt.]

*Edney, J. J; Harper, C. *The Effect of Information in Resource Management: A Social Trap.* In: *Human Ecol.* 6 (1978) S. 387–395.

*Ehrlich, P. R. *The Population Bomb.* New York (Ballantine Books) 1968.

*Flanagan, R. D. *Planning for Multi-Purpose Use of Greenway Corridors.* In: *Natl. Wetlands Newsletter* 10/2 (1988) S. 7f. [Eine Veröffentlichung des Environmental Law Insitute in Washington, D.C.]

Gilliland, M. W. (Hrsg.) *Energy Analysis: A New Public Policy Tool.* AAAS Selected Symposium 9. Boulder (Westview Press) 1978.

*Hardin, G. *The Tragedy of the Commons.* In: *Science* 162 (1968) S. 1243–1248.

*Hardin, G. *Filters Against Folly.* New York (Viking Press) 1985.

Hawkins, P.; Ogilvy, J.; Schwartz, P. *Seven Tomorrows; Toward a Voluntary History.* New York (Bantam Books) 1982. [Die Autoren von der „Denkfabrik" der Stanford Univer-

sity vertreten die Ansicht, daß Nationen und Menschen Schritte nach vorn unternehmen, wenn es eine gemeinsame Vision als Motivation gibt. Sie sehen die Entwicklung
einer „Option für den Übergang" voraus, welche die besten Konzepte von „links" und
„rechts" vereint und so das Wohl des einzelnen mit dem Gemeinwohl verbindet.]

*Jansson, A.-M. (Hrsg.) *Integration of Economy and Ecology: An Outlook for the Eighties.*
Proc. Wallenberg Symposia. Stockholm 1984.

*Kahn, A. E. *The Tyranny of Small Decisions: Market Failures, Imperfections and the Limit
of Economics.* In: *Kyklos* 19 (1966) S. 23–47.

*Kahn, H.; Brown, W.; Martel, L. *The Next 200 Years.* New York (Morrow) 1976.

*Laszlo, E. *The Club of Rome of the Future vs. the Future of the Club of Rome.* In: Laszlo,
E.; Bierman, J. *Goals in a Global Community.* New York (Pergamon Press) 1977.

*Leopold, A. *The Land Ethic.* In: *A Sand County Almanac.* New York (Oxford University
Press) 1949. [Frühere Fassung in: *J. For.* 31 (1933) S. 634–643.]

*Marsh, G. P. *Man and Nature, or Physical Geography as Modified by Human Nature.*
Nachdruck des 1864 erschienenen Originals, hrsg. von D. Lowenthal. Cambridge
(Harvard University Press) 1965. [Eine Bewertung von Marshs „Klassiker" findet man
bei F. Russel in *Horizon* 10 (1968) S. 17–22.]

*McNamara, R. S. *Time Bomb or Myth: The Population Problem.* In: *Foreign Affairs* 62
(1984) S. 1107–1131.

*Meadows, D. H. *Whole Earth Models and Systems.* In: *Coevol. Quart.* (1982) S. 98–108.

*Meadows, D. H.; Meadows, D. L.; Randers, J.; Behrens, W. W. *The Limits to Growth: A
Report for the Club of Rome's Project on the Predicament of Mankind.* New York (Universe Books) 1972. [Dieses Buch brachte die weltweite Debatte über die Zukunft einer auf Wachstum fixierten Wirtschaft in Gang. Deutsche Ausgabe: *Die Grenzen des
Wachstums.* Stuttgart (DVA) 1972.]

*Meadows, D. H.; Richardson, J.; Bruckmann, C. *Groping in the Dark: The First Decade
of Global Modelling.* New York (Wiley) 1982.

Moore, J. W. *The Changing Environment.* New York (Springer) 1986. [Erörterung ak-
tueller Umweltprobleme in Industrie- und Entwicklungsländern.]

*Morehouse, W.; Sigurdson, J. *Science, Technology and Poverty.* In: *Bull. Atom. Sci.* 33
(1977) S. 21–28.

*Nader, L; Beckerman, S. *Energy as It Relates to the Quality and Style of Life.* In: *Annu.
Rev. Energy* 3 (1978) S. 1–28.

Nash, R. *Wilderness and the American Mind.* 3. Aufl. New Haven (Yale University Press)
1982. [Im Epilog stellt Nash eine von Großstädten und sich ausdehnenden Ballungsräumen geprägte Zukunft einer vollständig in Kultur genommenen „Gartenwelt" mit
verstreuten ländlichen Strukturen und kleinen Städten gegenüber. In beiden Fällen
gibt es keine Wildnisse oder sonstige unbeeinflußte Naturlandschaften mehr. Solche
Gebiete sind nur durch Raumordnungs- und Schutzmaßnahmen zu erhalten, die die
Nutzung und die Zahl der Nutzer steuern.]

*National Academy of Sciences. *Rapid Population Growth.* Baltimore (Johns Hopkins
Press) 1971.

*Odum, E. P. *Ecology – The Common Sense Approach.* In: *The Ecologist* 7 (1977) S.
250–253.

Odum, E. P. *Epilogue.* In: *Basic Ecology.* Philadelphia (Saunders College Publishing)
1983.

*Odum, E. P. *Reduced-Input Agriculture Reduces Nonpoint Pollution.* In: *J. Soil Water
Conserv.* 42 (1987) S. 412–414.

*Odum, W. E. *Environmental Degradation and the Tyranny of Small Decisions.* In: *Bio-
Science* 32 (1982) S. 728f.

*Osborn, F. *Our Plundered Planet.* Boston (Little, Brown) 1948.

*OTA (Office of Technology Assessment, U.S. Congress). *Global Models, World
Futures, and Public Policy.* Washington (U.S. Government Printing Office) 1982.

*Platt, J. *Social Traps.* In: *Am. Psychol.* 28 (1973) S. 641–651.

*Potter, V. R. *Global Bioethics: Building on the Leopold Legacy.* East Lansing (Michigan State University Press) 1988. [Siehe auch *Persp. Biol. Med.* 30 (1987) S.
157–169.]

*Rolston, H. *Philosophy Gone Wild: Essays in Environmental Ethics.* Buffalo (Pro-
metheus Books) 1986.

Schneider, S. H.; Morton, L. *The Primordial Bond: Exploring Connection Between Man
and Nature Through the Humanities and Sciences.* New York (Plenum Press) 1981.

*Schumacher, E. F. *Small is Beautiful: Economics as if People Mattered.* New York (Harper & Row) 1973. [Deutsche Ausgabe: *Die Rückkehr zum menschlichen Maß.* Reinbek (Rowohlt) 1977.]

*Seligson, M. A. *The Gap Between Rich and Poor: Contending Perspectives on Political Economy and Development.* Boulder (Westview Press) 1984. [Zwischen 1950 und 1980 ist die Differenz des Pro-Kopf-Einkommens zwischen armen und reichen Ländern von 3677 Dollar auf 9648 Dollar gestiegen. Auch innerhalb der reichen Nationen nimmt das Einkommensgefälle zu.]

*Shepard, P. *Nature and Madness.* San Francisco (Sierra Club Books) 1982.

*Simon, J. L. *The Ultimate Resource.* Princeton (Princeton University Press) 1981. [Diesem Buch zufolge kann menschlicher Einfallsreichtum jeden Ressourcenmangel überwinden.]

Simon, J. L.; Kahn, H. (Hrsg.) *The Resourceful Earth: A Response to Global 2000.* New York (Blackwell) 1984.

*Speth, J. G. *The Global Possible: Resources, Development and the New Century.* Washington (World Resources Institute) 1984.

*Toynbee, A. J. *A Study of History.* New York (Oxford University Press) 1961. [Deutsche Ausgabe: *Gang der Weltgeschichte.* Neuaufl. Zürich (Europa) 1979.]

Villee, C. A. (Hrsg.) *Fallout from the Population Explosion.* New York (Paragon House) 1986. [Sammlung zeitgenössischer Schriften, die die Extreme von Hysterie einerseits und Selbstgefälligkeit andererseits meiden.]

*Vogt, W. *The Road to Survival.* New York (Sloane) 1948.

*Watt, K. E. F.; Molloy, L. F.; Varshney, C. K.; Weeks, D.; Wirosardjono, S. *The Unsteady State: Environmental Problems, Growth, and Culture.* Honolulu (University Press of Hawaii) 1977.

*World Commission on Environment and Development. *Our Common Future.* New York (Oxford University Press) 1987. [Deutsche Ausgabe: *Unsere gemeinsame Zukunft (Brundtland-Bericht).* Greven (Eggenkamp) 1987.]

**Auswahl neuerer deutschsprachiger Bücher**

Lehr- und Fachbücher:

Arndt, U.; Nobel, W.; Schweizer, B. *Bioindikatoren.* 2. Aufl. Stuttgart (Ulmer) 1990.

Bick, H. *Ökologie.* Stuttgart/New York (G. Fischer) 1989.

Bick, H.; Hansmeyer, K. H.; Olschowy, G.; Schmoock; P. *Angewandte Umwelt — Mensch und Umwelt.* 2 Bde. Stuttgart/New York (G. Fischer) 1984.

Cox, C. B.; Moore, P. D. *Einführung in die Biogeographie.* Stuttgart/New York (G. Fischer) 1987.

Enquete-Kommission „Vorsorge zum Schutz der Erdatmosphäre" des Deutschen Bundestages. *Schutz der Erde. Eine Bestandsaufnahme mit Vorschlägen zu einer neuen Energiepolitik.* Karlsruhe (Economica/C. F. Müller) 1990.

Fellenberg, G. *Ökologische Probleme der Umweltbelastung.* Berlin/Heidelberg/New York (Springer) 1985.

Förstner, U. *Umweltschutztechnik.* Berlin/Heidelberg/New York (Springer) 1990.

Jedicke, E. *Biotopverbund. Grundlagen und Maßnahmen einer neuen Naturschutzstrategie.* Stuttgart (Ulmer) 1990.

Kaule, G. *Arten und Biotopschutz.* Stuttgart (Ulmer) 1986.

Kloft, W.; Gruschwitz, M. *Ökologie der Tiere.* 2. Aufl. Stuttgart (Ulmer) 1988.

Klötzli, F. A. *Ökosysteme.* 2. Aufl. Stuttgart (G. Fischer) 1989.

Knauer, N. *Vegetationskunde und Landschaftsökologie.* Heidelberg (Quelle & Meyer) 1981.

Leser, H. *Landschaftsökologie.* 3. Aufl. Stuttgart (Ulmer) 1990.

Odum, E. P. *Grundlagen der Ökologie.* 2 Bde. 2. Aufl. Stuttgart/New York (Thieme) 1983.

Odzuck, W. *Umweltbelastungen.* Stuttgart (Ulmer) 1982.

Plachter, H. *Naturschutz.* Stuttgart (G. Fischer) 1991.

Remmert, H. *Ökologie.* 4. Aufl. Berlin/Heidelberg/New York (Springer) 1989.

Schaefer, M; Tischler, W. *Wörterbücher der Biologie: Ökologie.* 2. Aufl. Stuttgart (G. Fischer) 1983.

Schubert, R. *Lehrbuch der Ökologie.* 3. Aufl. Jena (G. Fischer) 1991.

Schultz, J. *Die Ökozonen der Erde. Die ökologische Gliederung der Geosphäre.* Stuttgart (Ulmer) 1988.

Stugren, B. *Grundlagen der Allgemeinen Ökologie.* 4. Aufl. Stuttgart/New York (G. Fischer) 1986.

Tischler, W. *Biologie der Kulturlandschaft.* Stuttgart/New York (G. Fischer) 1980.

Tischler, W. *Einführung in die Ökologie.* 3. Aufl. Stuttgart/New York (G. Fischer) 1984.

Tischler, W. *Ökologie der Lebensräume.* Stuttgart (G. Fischer) 1990.

Trepl, L. *Geschichte der Ökologie.* Frankfurt (Athenäum) 1987.

Umweltbundesamt (Hrsg.) *Daten zur Umwelt 1988/89.* Berlin (E. Schmidt) 1989.

Walter, H. *Vegetation und Klimazonen. Grundriß der globalen Ökologie.* 6. Aufl. Stuttgart (Ulmer) 1990.

Walter, H.; Breckle, S. W. *Ökologie der Erde.* Bd. 1: *Ökologische Grundlagen in globaler Sicht.* 2. Aufl. Stuttgart (G. Fischer) 1990.

Wicke, L. *Umweltökonomie.* 2. Aufl. München (Vahlen) 1989.

Wissel, C. *Theoretische Ökologie. Eine Einführung.* Berlin/Heidelberg/New York (Springer) 1989.

World Resources Institute. *Welt-Ressourcen. Fakten – Daten – Trends.* Landsberg (ecomed) 1991.


Sachbücher:


Bechmann, A. *Ökobilanz. Anleitung für eine neue Umweltpolitik.* München (Heyne) 1987.

Binswanger, H. C.; Frisch, H.; Nutzinger H. G. *Arbeit ohne Umweltzerstörung.* Frankfurt (Fischer) 1988.

Club of Rome. *Die Herausforderung des Wachstums.* Bern/München/Wien (Scherz) 1990.

Council on Environmental Quality (Hrsg.) *Global 2000. Der Bericht an den Präsidenten.* Frankfurt (2001) 1980.

Fabian, P. *Atmosphäre und Umwelt.* 3. Aufl. Heidelberg/Berlin/New York (Springer) 1989.

Forum für Umweltfragen der ETH Zürich (Hrsg.) *Wissenschaft in Sorge um die Umwelt.* Basel (Birkhäuser) 1991.

Hahlbrock, K. *Kann unsere Erde die Menschen noch ernähren?* München (Piper) 1991.

Heinrich, D.; Hergt, M. *dtv-Atlas zur Ökologie.* München (dtv) 1990.

Huber, J. *Unternehmen Umwelt. Weichenstellungen für eine ökologische Marktwirtschaft.* Frankfurt (S. Fischer) 1991.

Kurt, F. *Naturschutz – Illusion und Wirklichkeit.* Hamburg/Berlin (Parey) 1982.

Lovelock, J. *Das GAIA-Prinzip. Die Biographie unseres Planeten.* München (Artemis & Winkler) 1991.

Markl, H. *Natur als Kulturaufgabe.* Stuttgart (DVA) 1986.

McKibben, B. *Das Ende der Natur.* München (List) 1991.

Michelsen, G.; Öko-Institut Freiburg/Br. *Der Fischer Öko-Almanach 91/92.* Frankfurt (Fischer) 1991.

Myers, N. *GAIA – Der Öko-Atlas unserer Erde.* Stuttgart (G. Fischer) 1985.

Nutzinger, H. G.; Zahrnt, A. *Öko-Steuern. Umweltsteuern und -abgaben in der Diskussion.* Karlsruhe (C. F. Müller) 1989.

Osche, G. *Ökologie. Grundlagen – Erkenntnisse – Entwicklungen der Umweltforschung.* Freiburg (Herder) 1981.

Simonis, U. E. *Ökonomie und Ökologie. Auswege aus einem Konflikt.* 5. Aufl. Karlsruhe (C. F. Müller) 1988.

Streich, J. *Global 1990. Zwischenbilanz der Umweltstudie „Global 2000".* Hamburg (Rasch & Röhring) 1989.

Wagner, C. *Schlüssel zur Ökologie.* Düsseldorf (Econ) 1989.

Walletscheck, H; Graw, J. (Hrsg.) *Öko-Lexikon. Stichworte und Zusammenhänge.* München (Beck) 1988.

Weizsäcker, E. U. v. *Erdpolitik. Ökologische Realpolitik an der Schwelle zum Jahrhundert der Umwelt.* 2. Aufl. Darmstadt (Wissenschaftliche Buchgesellschaft) 1990.

Wicke, L.; Hucke, J. *Der ökologische Marshallplan.* Berlin (Ullstein) 1989.

# Index

# Spektrum
# Sach- und Fachbücher

J. R. Anderson
**Kognitive Psychologie**
432 Seiten, ISBN 3-89330-703-6

J. Burgess/M. Marten/R. Taylor
**Mikrokosmos**
216 Seiten, ISBN 3-89330-695-1

F. Close/M. Marten/C. Sutton
**Spurensuche im Teilchenzoo**
304 Seiten, ISBN 3-89330-693-5

L. Crapo
**Hormone**
176 Seiten, ISBN 3-922508-15-4

R. Davies/S. Ollier
**Allergien**
200 Seiten, ISBN 3-89330-714-1

C. de Duve
**Die Zelle**
456 Seiten, ISBN 3-922508-96-0

Foundation Scientific Europe
**Wissenschaft und Technik
in Europa**
508 Seiten, ISBN 3-89330-704-4

U. Gräfe
**Biochemie der Antibiotika**
ca. 400 Seiten, ISBN 3-86025-002-7

W. Hartkopf/G. Wangermann
**Dokumente zur Geschichte der
Berliner Akademie der
Wissenschaften**
ca. 600 Seiten, ISBN 3-86025-008-6

T. Hey/P. Walters
**Quantenuniversum**
256 Seiten, ISBN 3-89330-709-5

B. Hoffman
**Einsteins Ideen**
200 Seiten, ISBN 3-922508-18-9

N. A. Jassamanow
**Geologie: Exkursion zur Erde**
ca. 200 Seiten, ISBN 3-89330-667-6

R. Kail/J. W. Pellegrino
**Menschliche Intelligenz**
192 Seiten, ISBN 3-89330-702-8

I. K. Kikoin
**Physik: Experimentieren als
Spielerei**
ca. 100 Seiten, ISBN 3-89330-668-4

M. G. Koch
**AIDS**
320 Seiten, ISBN 3-922508-97-9

M. K. Kumakhov/R. Wedell
**Radiation of Relativistic
Light Particles**
ca. 288 Seiten, ISBN 3-86025-004-3

R. Lewin
**Evolution des Menschen**
ca. 180 Seiten, ISBN 3-89330-691-9

L. Margulis/K. V. Schwartz
**Die fünf Reiche der Organismen**
336 Seiten, ISBN 3-89330-694-3

W. J. H. Nauta/M. Feirtag
**Neuroanatomie**
344 Seiten, ISBN 3-89330-707-9

R. Penrose
**Computerdenken**
480 Seiten, ISBN 3-89330-708-7

D. M. Prescott/A. S. Flexer
**Krebs**
336 Seiten, ISBN 3-89330-706-0

S. B. Primrose
**Biotechnologie**
216 Seiten, ISBN 3-89330-700-1

**PPM Star Catalogue,** 2 Bände
Je 936 Seiten, ISBN 3-86025-000-0

U. Röseberg
**Niels Bohr**
ca. 432 Seiten, ISBN 3-86025-017-5

**Andrej D. Sacharow**
ca. 176 Seiten, ISBN 3-86025-011-6

R. N. Shepard
**Ansichten und Einblicke**
ca. 256 Seiten, ISBN 3-89330-660-9

M. Spies
**Unsicheres Wissen**
ca. 350 Seiten, ISBN 3-86025-006-X

S. P. Springer/G. Deutsch
**Linkes/Rechtes Gehirn**
248 Seiten, ISBN 3-86025-007-8

L. Stryer
**Biochemie**
1160 Seiten, ISBN 3-86025-005-1

R. F. Thompson
**Das Gehirn**
360 Seiten, ISBN 3-89330-696-X

J. D. Watson/J. Tooze/D. T. Kurtz
**Rekombinierte DNA**
232 Seiten, ISBN 3-922508-34-0

R. W. Weisberg
**Kreativität und Begabung**
208 Seiten, ISBN 3-89330-698-6

E. O. Wilson (Hrsg.)
**Biologische Vielfalt**
ca. 600 Seiten, ISBN 3-89330-661-7

K. Zänker (Hrsg.)
**Kommunikationsnetzwerke
im Körper**
ca. 144 Seiten, ISBN 3-89330-665-X

Originaltitel: Ecology and Our Endangered
Life-Support Systems

Aus dem Amerikanischen übersetzt
von Sabine Grein

CIP-Titelaufnahme der Deutschen
Bibliothek

**Odum, Eugene P.:**
Prinzipien der Ökologie: Lebensräume,
Stoffkreisläufe, Wachstumsgrenzen /
Eugene P. Odum.
Mit einem Vorwort zur deutschen Ausgabe von
Jürgen Overbeck. [Aus dem Amerikan. übers.
von Sabine Grein.] – Heidelberg: Spektrum-
der-Wissenschaft-Verlagsges., 1991.
   Einheitssacht.: Ecology and our endangered
   life-support systems ⟨dt.⟩
   ISBN 3-89330-712-5

Amerikanische Erstausgabe bei
Sinauer Associates, Inc., Sunderland.
© 1989 bei Sinauer Associates, Inc., Sunderland.

© der deutschen Ausgabe 1991
Spektrum der Wissenschaft
Verlagsgesellschaft mbH
6900 Heidelberg.

Lektorat: Frank Wigger
Produktion: Karin Kern

Umschlaggestaltung:
Studio für Visuelle Gestaltung
Paul-Henri Wirthner, Gengenbach

Gesamtherstellung:
Colordruck Kurt Weber GmbH, 6906 Leimen.

Gedruckt auf umweltfreundlichem Papier.

**In eigener Sache:**

Die Ressourcen der Erde sind begrenzt und ihre
Lebenserhaltungssysteme – wie dieses Buch
immer wieder betont hat – ernsthaft bedroht.
Als ein bescheidener Beitrag zum Umweltschutz
mag der Entschluß des Verlages gelten, das vorliegende Buch (und folgende Titel in der Reihe
kleiner Spektrum-der-Wissenschaft-Sachbücher)
auf umweltfreundlichem, chlorfrei gebleichtem
Papier ohne optische Aufheller zu drucken.
Zusätzlich hat das Buch statt der üblichen Ein-
schweißfolie (auch wenn diese aus biologisch
abbaubarem Polyethylen besteht) eine Bandero-
le aus ebenfalls umweltschonend hergestelltem
Papier erhalten.